U0375529

气体与湿度传感器MEMS技术及应用

Gas/Humidity Sensors and MEMS Technology Applications

汪 飞 刘 欢 等著

国防工業出版社

·北京·

内容简介

本书拟重点讲述气体和湿度传感器设计制作的基本原理、方法及其应用，从气体和湿度传感器的器件结构、材料、制作工艺等方面展开，分析介绍了典型传感器件和材料的表征技术与主要性能参数，并结合国内外前沿研究动态提出本领域的发展趋势。

全书将气体和湿度传感技术分为三个方面：基础原理（第1章~第3章）、器件分类（第4章~第9章）以及传感器微系统的应用（第10章）。本书首先阐述了气体和湿度传感器的基本概念，包括工作原理与结构、主要性能参数、机理研究方法等；结合前沿研究进展介绍了气体和湿度敏感材料的合成方法与表征技术，以及不同纳米结构的敏感效应；从表面加工工艺与体硅加工工艺两方面介绍了气体和湿度传感器的关键MEMS工艺；在此基础上分类介绍了多种气体传感器包括半导体原理、电化学原理、光学原理等以及湿度传感器，针对每种器件从基础原理、结构特点、工艺与性能参数等方面展开详细介绍；最后结合国防应用特点，列举了气体和湿度传感器在航空航天、地面武装及海洋装备等领域的应用实例。

本书可作为应用物理、微电子、电子信息、化学、材料科学、环境科学等领域大学本科生及研究生教材，也可供在气体和湿度传感器领域工作的研究人员参考。

图书在版编目（CIP）数据

气体与湿度传感器MEMS技术及应用 / 汪飞等著 .
北京 : 国防工业出版社, 2024. 7. -- （传感器与MEMS技术丛书）. ISBN 978-7-118-13403-2

Ⅰ. TP212

中国国家版本馆CIP数据核字第2024G5U451号

※

国防工業出版社 出版发行

（北京市海淀区紫竹院南路23号　邮政编码100048）

雅迪云印（天津）科技有限公司印刷

新华书店经售

*

开本 710×1000　1/16　**印张** 25¾　**字数** 460千字

2024年7月第1版第1次印刷　**印数** 1—3000册　**定价** 148.00元

国防书店：(010) 88540777　　书店传真：(010) 88540776

发行业务：(010) 88540717　　发行传真：(010) 88540762

《传感器与 MEMS 技术丛书》
编写委员会

《气体与湿度传感器 MEMS 技术及应用》编委会

前言

随着工业技术的发展和规模的扩大，有害气体的种类和数量不断增多。传统的化石能源与化工企业在创造巨大经济效益并为人类生活带来便利的同时，也对人类赖以生存的环境造成了严重污染，并威胁人类的健康与生存。气体和湿度传感器在保障人身安全和改善环境质量方面发挥着至关重要的作用，对于环境保护、工业流程控制、安防报警以及医疗诊断等众多领域具有重要应用价值。特别地，在各类武器装备的开放或密闭环境中，保障气体浓度和湿度处于允许或正常范围内，可以为系统操作人员提供较好的工作环境，提高作战人员的反应和作战能力。在武器装备的危化品泄漏探测、火灾早期预警检测方面，气体传感器可预防和减少事故的发生，避免重大灾难性损失，并保障武器装备的正常运转和打击能力。

本书编写团队长期从事气体和湿度传感器相关的前沿科学及应用技术研究。近年来，在各种传感器的基础科学原理、先进材料制造、集成工艺开发、关键领域应用等方面积累了丰富的科研成果和教学经验。与气体和湿度传感器相关的其他书籍相比，本书不局限于基本概念、器件结构、发展历程的综合性论述，而是全面系统地针对各类气体和湿度检测手段进行归类，形成了由基本原理、器件分类、传感器微系统应用三大部分组成的气体和湿度传感器及 MEMS。

本书撰写的主要内容围绕传感微系统展开，包括气体和湿度传感器的工作原理、主要性能参数、表征技术、分析方法、MEMS 工艺以及在国防应用实例。重点讲述气体和湿度传感器设计制作的基本原理、方法及其应用，从气体和湿度传感器的器件结构、材料、制作工艺等方面展开，分析介绍了典型传感器件和材料的表征技术与主要性能参数，并结合国内外前沿研究动态提出本领域的发展趋势。

本书由南方科技大学汪飞和华中科技大学刘欢共同编写，全书共分 10 章。参编单位包括吉林大学、中国科学院上海微系统与信息技术研究所、上海交通大学、上海大学、宁波大学、中国电子科技集团公司第四十九研究所、郑州炜盛电子科技有限公司等。其中，第 1 章由刘欢、李华曜编写；第 2 章由汪飞、赵长辉、张源编写；第 3 章由汪飞编写；第 4 章由许鹏程编写；第 5 章由古瑞琴编写；第 6 章由金涵、邹杰编写；第 7 章由刘欢、李华曜编写；第 8 章由张彤、赵红然编写；第 9 章由刘欢、李华曜、张彤、赵红然、古瑞琴编写；第 10 章由刘继江编写。汪飞对全书进行了策划、校核和统稿。

本书在撰写过程中参考的相关文献已在每章后列出，在此对相关学者表示衷心感谢。由于作者水平有限，书中难免仍有疏漏和不当之处，希望广大读者、专家学者批评指正。

作　者

2024 年 5 月

目录

第1章 气体和湿度传感器的基本概念

第2章 气体和湿度敏感材料

第4章 半导体气体传感器

第5章 电化学气体传感器

第1章 气体和湿度传感器的基本概念

1.1 气体和湿度传感器的发展历程

1.1.1 气体传感器技术的发展状况

气体传感器（gas transducer/sensor）是能感受气体（组分、分压）并转换成可用输出信号的传感器[1]。作为气体检测仪器仪表的核心元器件和上游产品，气体传感器已成功应用于环境保护、工业流程控制、安防报警，以及医疗诊断等众多领域，在保障人身安全和改善环境质量方面发挥着不可替代的重要作用。特别是近年来，气体传感器技术的发展也促进了其在智能家居、智能办公室及楼宇、智能能源、智能交通、暖通空调、老年护理和运动/健身等消费市场的应用。

气体传感器的发展可以追溯到1815年，世界上第一个气体传感器由英国戴维爵士发明，主要用于探测矿井里面的甲烷浓度，该传感器实际上是一个火焰灯，外界气体的成分决定了火焰的高度（如果甲烷浓度高，火焰高度高；氧气浓度低火焰高度低），因此该传感器也被称为“戴维灯”。直到现在，在一些矿井中，根据该原理制备的甲烷传感器仍在使用中。1927年，约翰逊博士开发出了用于探测可燃气体的催化燃烧型传感器，并成功实现商业化量产，也是首个真正意义上的气体传感器。

20世纪50年代至60年代是气体传感器发展的黄金年代，呈现多种类型传感器共同发展的局面。Kiukkola、Wagner、Peters和Mobius根据能斯特原理开发了固态电解质氧分压传感器，并成功用于汽油机燃烧过程控制，极大提高了汽油机燃油效率与排放水平。同一时间，Brattain和Bardeen等[2]首先报道了锗半导体的电性能会因周围气体环境而变化，半导体气体传感器得到了广泛的研究和应用。之后，日本九州大学的Seiyama等[3]研究发现ZnO薄膜的电阻会随着气氛不同而发生变化，可用于检测气体成分。随后，日本Taguchi申请了一项基于金属氧化物的气体传感器专利，同时将这个半导体式气体传感器命名为TGS（Taguchi Gas Sensor）内置在气体泄漏报警器中，日本和海外的许多家庭和工厂都设置了这些报警器，用于检测液化气等气体的泄漏，进而把这项技术推进到了顶峰，标志着金属氧化物气体传感器正式走上台前[4]。而欧洲人在发现了半导体传感器的种种不足后开始研究催化传感器和电化学传感器。气体传感器的理论直到20世纪70年代才传入到我国，20世纪80年代我国才开始研制气体传感器，整个生产技术主要继承于德国。

20世纪末到21世纪初，随着电子技术的突破和纳米材料的引入，气体传感器再次迎来黄金发展阶段，多种气体传感器成功实现商业化。同时，越来越多的纳米材料被研发出来并运用于半导体传感器中。Taguchi经过十几年的研究成功在20世纪90年代实现了金属氧化物半导体气体传感器的商业化[4]。与此同时，有关研究人员结合固态电解质与半导体气体传感器的特点，研发了电化学型气体传感器，并实现了商业化。另外，由于电子技术的发展，其他类型气体传感器也陆续被研发出来，如基于频率变化的声表面波气体传感器，实现了无源气体传感器；基于朗伯-比尔定律研发的红外光谱型气体传感器，实现了气体的非接触测试。

随着气体传感器应用的发展，电子鼻系统已经成为气体传感器发展的新方向。环境中的气体通常都是以多种气体混合状态存在的，而气体传感器又难以做到只针对一种气体而相应排除其他气体的干扰，因此将多只具有交叉敏感的气体传感器阵列组成的电子鼻系统能有效监测被测单一气体或混合气体，这种气体识别和测量的概念最早是由美国的Zaromb和Stetter提出[5]。20世纪80年代末，英国Wawick大学的J. W. Gardner正式提出电子鼻（electric nose）一词[6]，并于20世纪90年代初与P. Barttlet共同提出电子鼻的概念，即“电子鼻是有气敏性能，彼此重叠的多个气体传感器构成的阵列和适当的模式识别系统组成的仪器装置，具有简单和复杂气味识别能力。”

目前，随着人工智能、微纳加工技术、物联网技术的飞速发展，气体传感器作为一种能感知环境中气体/气味的器件又迎来了一次发展机遇。基于微纳加工技术，气体传感器在小型化、微型化方面有了重要的突破，特别是基于 MEMS 技术，实现了微米尺度的半导体传感器制备。红外光谱气体传感器中的红外光源与探测器尺寸也有极大的缩小，使得微型非接触式红外光谱气体传感器有着巨大的应用前景。由于尺寸的缩小，使得在相同面积内可以集成更多的传感器，形成传感器阵列，结合物联网技术与人工智能技术，可用于复杂环境中多种气体/气味的检测。实现由原来单一气体检测的气体传感器到完成更加复杂气味识别的嗅觉感知器件的进化。

1.1.2　湿度传感器技术的发展状况

湿度与温度一样，对于人们的生活和生产都具有相当重要的意义。在工农业生产、气象、环保、国防、科研、航天等领域，经常需要对环境湿度进行测量及控制。对环境温度和湿度的控制以及对工业材料水份值的监测与分析都已成为比较普遍的技术条件之一，但在常规的环境参数中，湿度是最难准确测量的参数。这是因为测量湿度要比测量温度复杂得多，温度是个独立的被测量，而湿度却受其他因素（大气压强、温度）的影响。为了创造舒适的生活环境和理想的生产条件，必须调整或控制环境湿度，为了调节或控制环境的湿度，首先要求对湿度进行检测和度量。

早在 18 世纪人类就发明了干湿球湿度计，干湿球湿度计由大小和形状一样的干球、湿球两支温度计组成的，用于测定空气温度的称为干球温度表，另一支温度表的球部则缠着纱布，纱布一端引入水杯，称为湿球温度表。湿球温度表的示度通常均低于干球温度。根据干球和湿球温度表的示度，利用湿度查算表可以查得观测时空气的绝对湿度、相对湿度、饱和差和露点温度。

地面气象测量工作对湿度测试的要求越来越高，随着高空气象探测技术的发展和科学的进步，尤其是计算机在自动控制系统中的广泛应用，促使人们不仅对湿度的测量要求准确和可靠，而且对于湿度的遥测和自动控制系统中的测试器件也提出了更高的要求，于是各种湿度传感器应运而生。Dunmore 于 1938 年率先发明了柱状氯化锂（LiCl）湿敏器件[7]，并将其运用于无线电遥测探空仪。随后各类湿度敏感器件相继问世，如利用高分子湿敏电阻/电容效应制备的湿度传感器，以及基于红外光学吸收原理的红外湿度传感器。

近年来，国内外在湿度传感器研发领域取得了长足进步。湿敏传感器正从简单的湿敏元件向集成化、智能化、多参数检测的方向迅速发展，为开发新一代湿度/温度测控系统创造了有利条件，也将湿度测量技术提高到新的水平。特别是微电子技术的发展，湿度传感器也越来越微型化，同时也进一步与温度传感器、气体传感器以及其他元器件集成在一起，在消费类电子领域也有着更加广泛的应用。

1.2 气体传感器原理及分类

1.2.1 气体传感器的基本概念

气体传感器是化学传感器的一大门类。从工作原理、特性分析到测量技术，从所用材料到制造工艺，从检测对象到应用领域，都可以构成独立的分类标准。按照工作原理不同，气体传感器主要分为半导体式气体传感器、催化燃烧型气体传感器、电化学式气体传感器、红外光学式气体传感器和声表面波型气体传感器等。

1.2.2 气体传感器的工作原理与结构

1. 半导体式气体传感器

半导体式气体传感器是目前研究最广泛的气体传感器，半导体式气体传感器是由金属半导体氧化物或者金属氧化物材料制成的检测元件，其工作原理为：当气体吸附在气敏材料表面时，会与敏感材料发生可逆氧化还原反应，导致敏感材料的电子发生得失，从而改变气敏材料的电学性能，通过检测其电学性能的变化即可准确地检测气体，如图 1.1 所示[8]。相比其他种类的气敏传感器，这类传感器的优点为制作简单、操作简洁、成本低廉、易于微型化装配；其缺点为半导体材料的响应为广谱响应模式，导致其选择性不高。此外还有一些非电阻型的半导体气体传感器也受到了广泛研究，如利用 MOS 二极管的电容-电压特性变化以及 MOS 场效应晶体管的阈值电压变化等特性而制成的气体传感器[9]。由于这类传感器的制造工艺成熟，便于器件集成化，因而其性能稳定价格便宜，利用特定材料还可以使传感器对某些气体特别敏感。

2. 催化燃烧式气体传感器

催化燃烧气体传感器的工作原理是基于可燃气体催化燃烧产生的热效应（图 1.2），在一定温度条件下，可燃气体在传感器表面催化剂的作用下发生

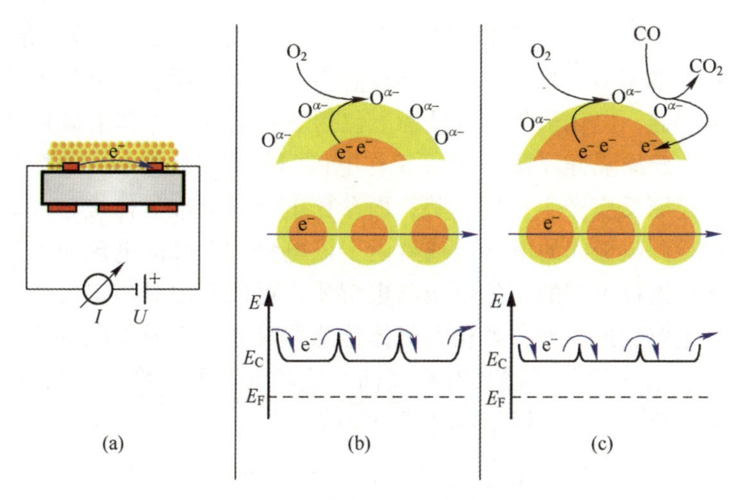

图 1.1　半导体气体传感器工作原理

无焰燃烧，此时该检测元件的温度升高，使得其内部用于测温的铂丝电阻相应升高，通过测量铂丝的电阻变化，就知道可燃性气体的浓度。催化燃烧气体传感器的检测电路通常由检测元件（黑元件，由于添加贵金属催化剂，因此表面较黑）和补偿元件（白元件）配对构成测量电桥，通过电桥可以将检测元件与补偿元件的电阻变化为电压信号输出。通过测量该电压信号可以换算得到检测元件中铂丝的电阻变化的大小，进而得到可燃性气体的浓度。从原理中可知，催化燃烧型气体传感器主要用于可燃性气体的检测，该类型传感器具有输出信号线性好，指数可靠，价格便宜，不会与其他非可燃性气体发生交叉敏感等特点。

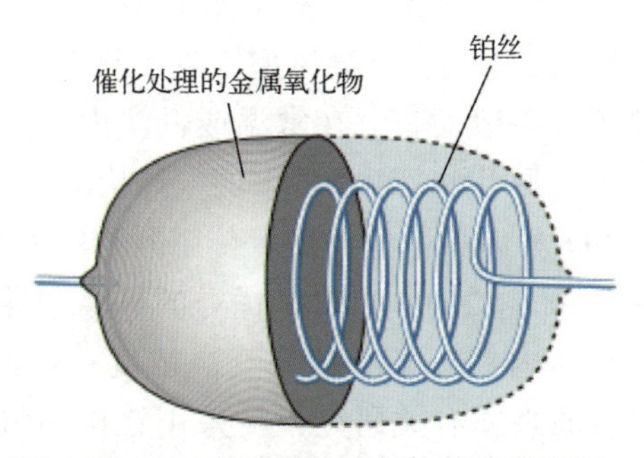

图 1.2　催化燃烧式气体传感器原理

3. 电化学式气体传感器

电化学气体传感器将测量对象气体在电极处氧化或还原形成电流，通过检测电流的大小即可确定气体浓度。常见的电化学传感器类型分为原电池型、恒定电位电解池型等。目前，电化学传感器是检测有毒、有害气体最成熟和最常见的传感器。电化学传感器结构上包括敏感电极（工作电极）和参比电极，并通过电解质隔开（图 1.3）。工作电极与待测气体接触，电极与气体分子发生氧化还原反应产生反应电势，而参比电极与标准气体接触，形成恒定电势，通过检测电极间的电势差或者由于该电势差形成的电流即可测定气体的浓度。通过选择不同的工作电极与电解质，可以实现对特定气体的选择性响应。根据电解质的类型，电化学气体传感器可以分为液态电解质与固态电解质传感器。电化学传感器具有精度高，检测下限低，稳定性较好的特点，已经完成商业化并广泛应用于环境探测领域。

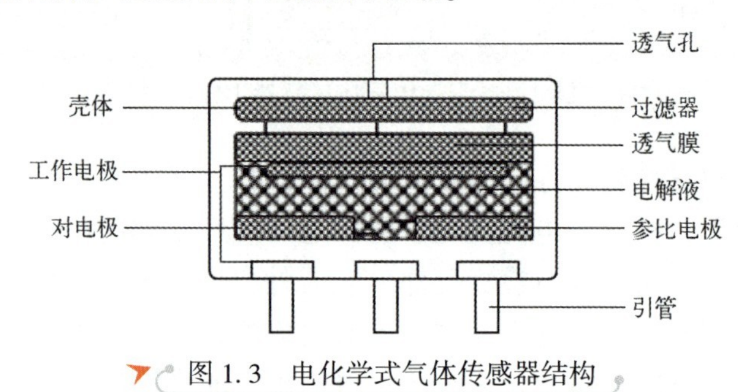

图 1.3 电化学式气体传感器结构

固态电解质型气体传感器是利用固态快离子导体作为敏感材料的气体传感器。主要原理是借助敏感材料中的离子与环境气体反应，进而改变离子传输性质，使传感器电学性能发生变化。与液态电解质型气体传感器的差别是将能流动的液态电解质换成了固体。固态电解质型与半导体型气体传感器的区别在于敏感材料中载流子不同，半导体型为电子与空穴作为传输的载流子，而固态电解质型为离子。一般而言，在常温或低温中，离子迁移率较低，因此固态电解质型传感器主要用作高温条件下的气体检测。

下面以氧化锆（ZrO_2）基固态电解质氧传感器为例进行介绍。

氧化锆在高温下（700~1200℃）时是优秀的氧离子导体。在氧化锆两端的氧气浓度不同时，其体内氧离子会从氧气高浓度一端向低浓度一端移动，进而形成电流。根据该原理，有关研究人员采用钇掺杂氧化锆（YSZ）进一步提高敏感材料的稳定性和氧离子的传输性能，设计出了浓差电池型氧传感器（图 1.4），并由德国博世公司在 1976 年实现商业化，用于汽车发动机燃烧过程控制。其电动势计算公式为

$$E = -\frac{1}{4F}(\mu_0^{\mathrm{II}} - \mu_0^{\mathrm{I}}) = \frac{RT}{4F}\ln\frac{pO_2^{\mathrm{I}}}{pO_2^{\mathrm{II}}}$$

在实际应用过程中，通常气氛Ⅰ为参比空气，气氛Ⅱ为汽车尾气，我们可以测量相应的电势来计算出汽车尾气的氧含量。由于汽车尾气的温度在300~900℃间变化，因此需要使用加热器使氧传感器在稳定的温度下工作。

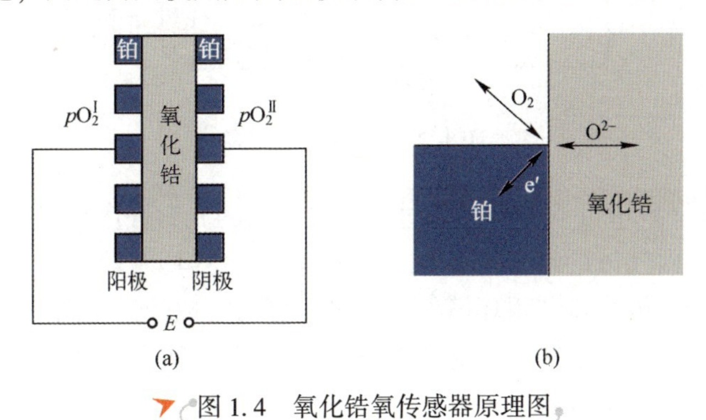

图1.4 氧化锆氧传感器原理图

由于固态电解质中氧离子的传导只有在温度大于600℃下才能进行，因此该类型的传感器主要适用于高温条件下，如发动机尾气排放中氮氧化物的监测，锅炉及化工厂废气排放监测等领域。

4. 红外光学式气体传感器

红外光学式气体传感器是一种基于不同气体分子的近红外光谱选择吸收特性，利用气体浓度与吸收强度关系来检测气体组分并确定其浓度的气体传感装置（图1.5）。采用红外光谱检测气体成分与浓度主要有三种方法：色散红外光谱法、可调谐半导体激光吸收光谱法（Tunable Diode Laser Absorption Spectroscopy，TDLAS）和非色散红外光谱法（non-dispersive infraRed，NDIR）。非色散红外光谱法方法的原理是根据Beer-Lambert定律，即不同的气体分子由于其原子组成和分子结构不同，会吸收不同波段的红外光谱，这即为该气体分子的特征吸收谱线。例如，二氧化碳在4200nm和4320nm，甲烷在1330nm光谱范围内存在特征吸收峰值，当红外线波长与被测气体吸收谱线相吻合时，红外光的能量被大量吸收。红外光线穿过被测气体后的光强衰减满足Beer-Lambert定律：

$$I = I_0\exp(-KLC) \tag{1.1}$$

式中：I_0为红外线光谱经过被测气体前光强；I为红外线光谱经过被测气体后的光强；K为被测物体的吸收系数；L为红外线光源和探测元件之间的距离；

C 为被测气体的浓度值。

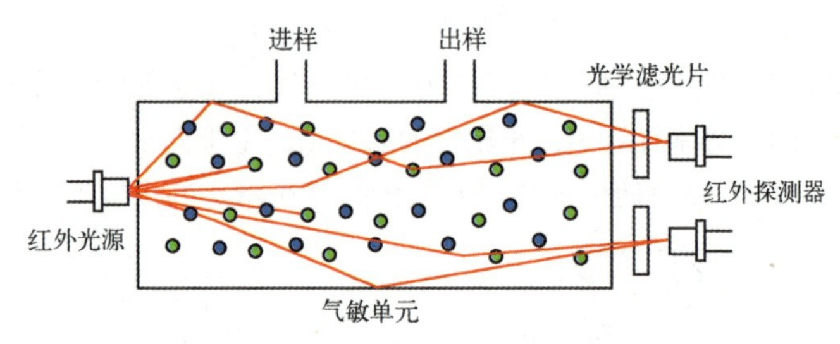

图 1.5　NDIR 气体传感器

从式（1.1）中可以得到，通过测量吸收后的光谱强度即可推算出气体的浓度。因为不同气体的特征峰不同，因此该传感器具有较好的选择性。同时红外光谱型气体传感器利用环境作为气室，可以实现较远距离的探测（遥测）以及非接触测量，这是其他类型传感器无法实现的特点，使得其在高污染环境以及在文物保护中有着重要的用途。

5. 声表面波型气体传感器

声表面波型（Surface-Acoustic Wave，SAW）气体传感器属于频率型器件，即敏感材料与气体反应后的电学性能改变会使得整体器件的频率发生变化，在采样电路上呈现不同的实现方式。传感器是由 SAW 振荡器、敏感的界面膜材料和振荡电路组成（图 1.6）。SAW 传感器的核心部件是 SAW 振荡器，由压电材料基片和沉积在基片上不同功能的叉指换能器所组成。SAW 传感器具有抗干扰能力强、环境适应性强、无线无源、使用寿命长等优点，特别适合用于难以维护或需要长期工作的场合。

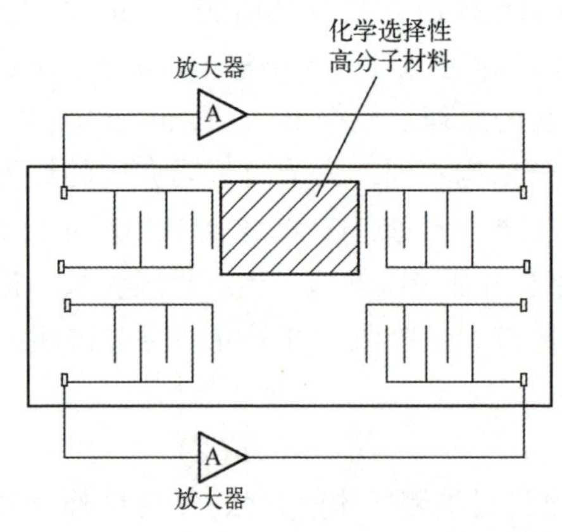

图 1.6　双通道延迟线 SAW 传感器原理图

1.2.3 气体传感器的主要性能参数

为了表征传感器的性能，下面列出了气体传感器最重要的参数及其定义[10]。

1. 响应度

响应度（Response）代表传感信号的变化大小，以 SnS_2 半导体气体传感器为例，响应度 S 代表相对电阻变化，$S=R_{gas}/R_{air}$ 或 $S=R_{air}/R_{gas}$，其中 R_{air} 代表传感器在洁净空气中的电阻，R_{gas} 代表传感器在测试气氛中的电阻。半导体气体传感器的响应度一般与传感器工作温度相关，根据响应-工作温度曲线可以确定气体传感器的最佳工作温度点（图 1.7（a）），图 1.7（b）为气体传感器对不同浓度 NO_2 的响应曲线，通过将响应度与气体浓度进行数值拟合可以实现传感器的浓度标定。

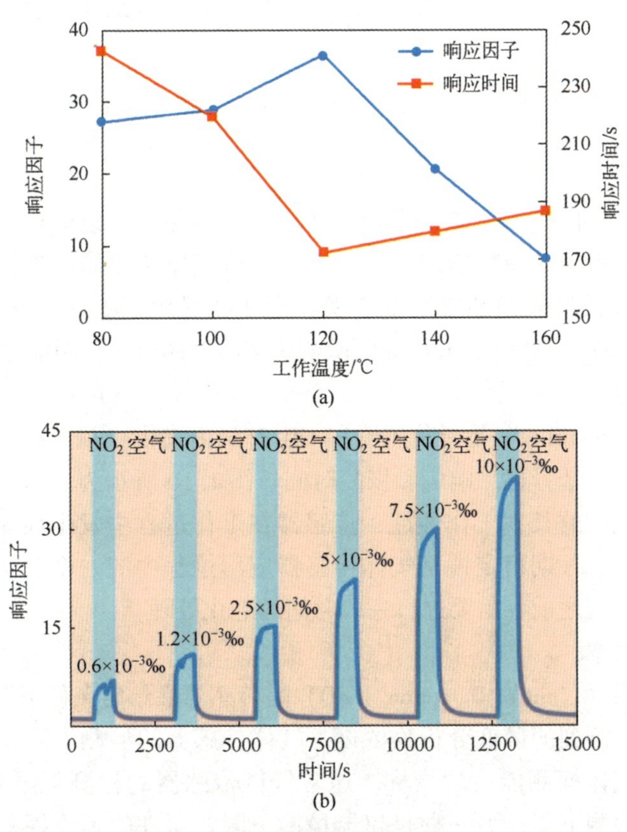

图 1.7 SnS_2 半导体气体传感器响应度和相应时间与温度之间的关系以及对不同浓度 NO_2 的响应[11]

2. 灵敏度

灵敏度（Sensitivity）是指传感器输出变化量与被测输入变化量之比。对半导体气体传感器则可视为传感器与浓度线性拟合直线的斜率，如图 1.8 计算出 ZnO 纳米线对 NO_2的灵敏度为 2.327mg/L。

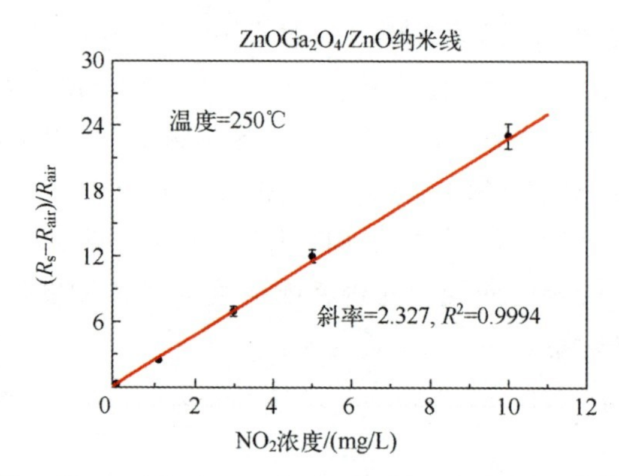

图 1.8　传感器响应与气体浓度之间的关系[12]

3. 选择性

选择性（Selectivity）指的是确定传感器是否能对一组分析物，甚至特定于单个分析物做出选择性响应的特性。半导体气体传感器的选择性一般与特定气体在气敏材料表面的吸附能有关，图 1.9 显示了 SnS_2 纳米片不同气体（H_2、CH_4、CO_2、H_2S、NO_2）的气敏响应度与气体分子吸附能之间的关系。

4. 稳定性

稳定性（Stability）是指传感器在一定时间内提供可重复结果的能力，包括保持灵敏度、选择性、响应和恢复时间。图 1.10 所示为一个气体传感器未经过老化处理时的长期工作性能，传感器在工作过程中发生性能老化，最后性能趋于稳定，长期稳定性是气体传感器应用过程中的一个关键参数，因此商用传感器使用之前都需要进行一段时间的老化处理。

5. 检测下限

检测下限（Limit of Detection，LoD）是传感器在给定条件下，特别是在给定温度下可检测到的最低分析物浓度。气体传感器的检测下限是衡量传感器对超低浓度气体探测能力的指标。通常气体传感器的检测下限有两种定义，一种是理论检测下限，另一种是仪器检测下限。器件的理论探测下限可根据国际纯粹与应用化学联合会（International Union of Pure and Applied Chemistry，IUPAC）的定义计算[13]。该定义指出当信噪比为 3dB 时，信号具有最高的置

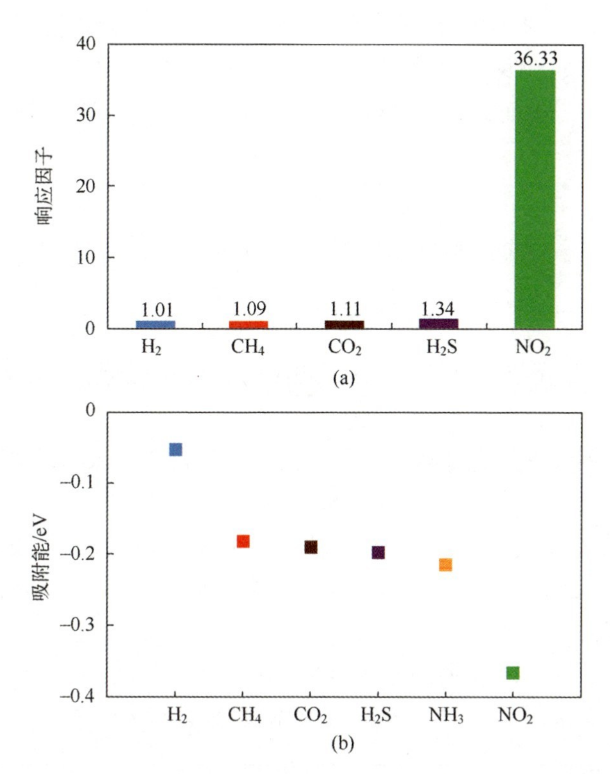

图 1.9　SnS_2气体传感器对不同气体的响应度和不同气体分子在 SnS_2表面的吸附能[11]

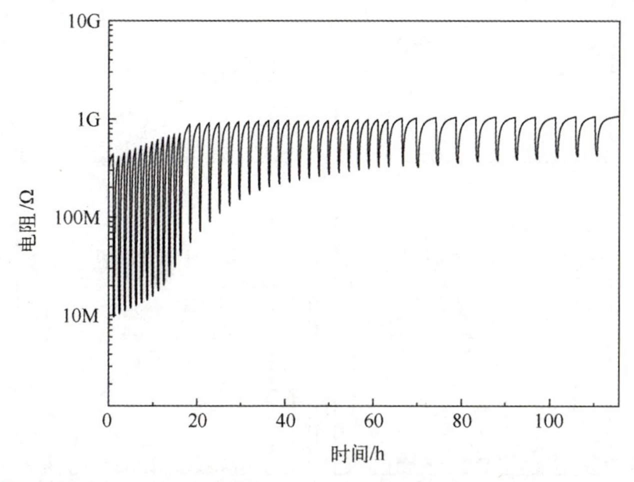

图 1.10　气体传感器未经过老化处理时的长期工作性能

信水平（99.6%），此时检测下限是由基质空白所产生的仪器背景信号3倍值的相应量。具体地，我们可从气体相应曲线的基线上取200个点（$N=200$）计算其标准差D，进而通过计算得到器件噪声$\mathrm{RMS}_{\mathrm{noise}}$，计算公式为

$$\mathrm{RMS}_{\mathrm{noise}}=\sqrt{\frac{D^2}{N}}$$

最后计算出器件的最低理论探测下限DL值，计算公式为

$$\mathrm{DL}(\mathrm{mg/L})=3\,\frac{\mathrm{RMS}_{\mathrm{noise}}}{\mathrm{Slope}}$$

式中Slope为上面介绍的灵敏度（Sensitivity），即传感器相应于气体浓度线性拟合的斜率。

仪器检测下限则是先计算出仪器输出信号的检测下限，计算公式为

$$S_{\mathrm{dl}}=S_{\mathrm{reag}}+3\sigma_{\mathrm{reag}}$$

式中：S_{reag}为基线平均值；σ_{reag}为其标准差。计算出理论检测下限对应的信号值后，在通过试验测试该信号检测下限对应的气体浓度，即为仪器的检测下限。

6. 动态范围

动态范围是检测限和最高限浓度之间的分析物浓度范围，一般半导体气体传感器的动态范围是2~3数量级（高浓度/低浓度），如图1.11所示。

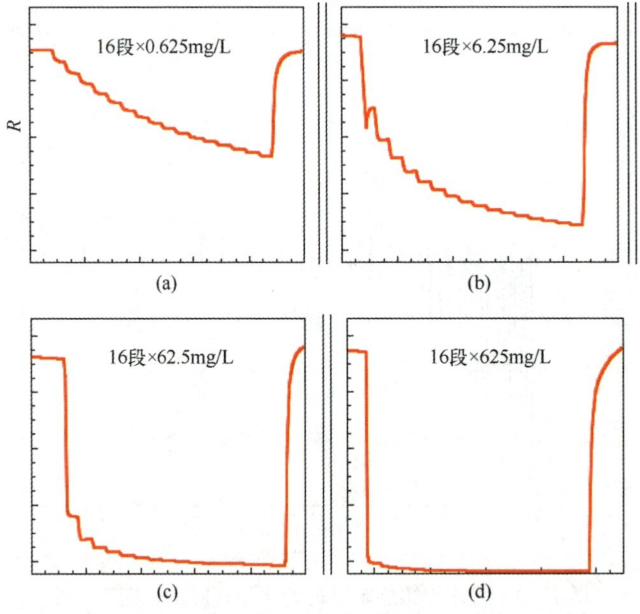

图1.11　典型商用半导体气体传感器（TGS2611）对CH_4的响应动态范围[14]

7. 线性度

线性度是实验确定的校准图与理想直线的相对偏差。

8. 分辨率

分辨率是传感器可以区分的最低浓度差。

9. 响应/恢复时间

响应时间是传感器从零到一定浓度值的阶跃浓度变化做出响应所需的时间；恢复时间是指传感器信号在浓度从某一特定值变为零后返回其初始值所需的时间。以半导体气体传感器为例，通常将电阻变化 90%所用的时间定为传感器的响应恢复时间，如图 1.12 所示。

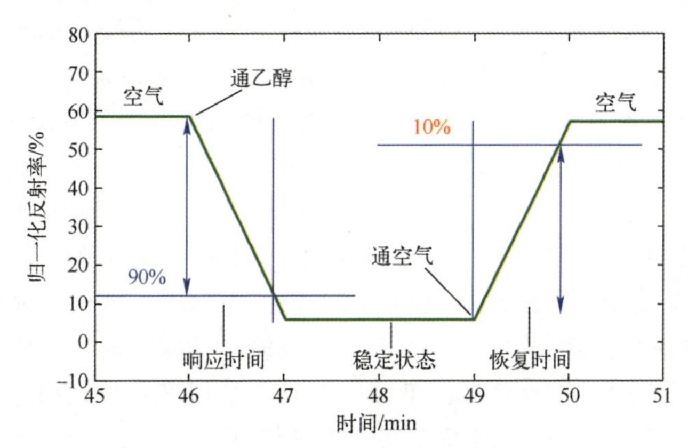

图 1.12 动态响应曲线显示了响应/恢复时间的定义[15]

10. 生命周期

生命周期是传感器持续工作的时间段。

1.3 湿度传感器的原理与分类

1.3.1 湿度传感器的基本概念

湿敏元件是最简单的湿度传感器。湿敏元件按工作原理主要有电阻式和电容式两大类。湿敏电阻的特点是在基片上覆盖一层用感湿材料制成的膜，当空气中的水蒸气吸附在感湿膜上时，元件的电阻率和电阻值都发生变化，利用这一特性即可测量湿度。湿敏电阻的种类很多，如金属氧化特湿敏电阻、硅湿敏电阻、陶瓷湿敏电阻等。湿敏电阻的优点是灵敏度高，主要缺点是线性度和产品的互换性差。

湿敏电容一般是用高分子薄膜电容制成的，常用的高分子材料有聚苯乙烯、聚酰亚胺、酷酸醋酸纤维等。当环境湿度发生改变时，湿敏电容的介电常数发生变化，使其电容量也发生变化，其电容变化量与相对湿度成正比。湿敏电容的主要优点是灵敏度高、产品互换性好、响应速度快、湿度的滞后量小、便于制造、容易实现小型化和集成化，其精度一般比湿敏电阻要低一些。国外生产湿敏电容的主厂家有 Humirel 公司、Philips 公司和 Siemens 公司等。以 Humirel 公司生产的 SH1100 型湿敏电容为例，其测量范围是 1%~99% RH（Relative Humidity，相对湿度），在 55%RH 时的电容量为 180pF（典型值）。当相对湿度从 0 变化到 100%时，电容量的变化范围是 163~202pF。温度系数为 0.04pF/℃，湿度滞后量为±1.5%，响应时间为 5s。

除电阻式、电容式湿敏元件之外，还有电解质离子型湿敏元件、重量型湿敏元件（利用感湿膜重量的变化来改变振荡频率）、光强型湿敏元件和声表面波湿敏元件等。湿敏元件的线性度及抗污染性差，在检测环境湿度时，湿敏元件要长期暴露在待测环境中，很容易被污染而影响其测量精度及长期稳定性。

电子式湿敏传感器的准确度可达 2%RH~3%RH，这比干湿球测湿精度高。湿敏元件的线性度及抗污染性差，在检测环境湿度时，湿敏元件要长期暴露在待测环境中，很容易被污染而影响其测量精度及长期稳定性，在这方面没有干湿球测湿方法好。下面对各种湿度传感器进行简单的介绍。

1.3.2 湿度传感器的工作原理与结构

1. 氯化锂湿敏元件

第一个基于电阻-湿度特性原理的氯化锂（LiCl）电湿敏元件是美国标准局的 F. W. Dunmore 研制出来的[7]。这种元件具有较高的精度，同时结构简单、价廉，适用于常温常湿的测控等一系列优点，如图 1.13 所示。

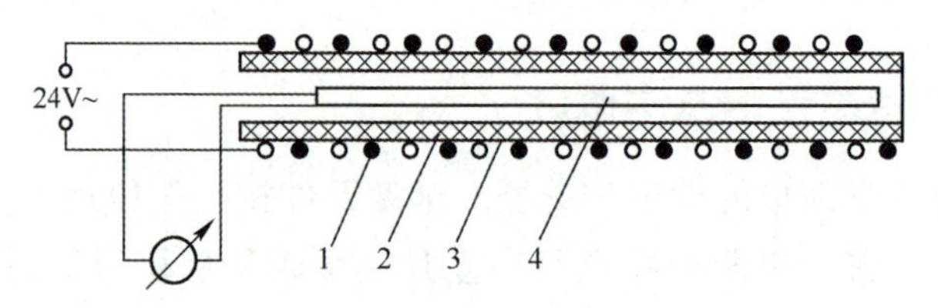

图 1.13 LiCl 湿度计

1—加热电极；2—LiCl 芯；3—金属套；4—测量电极。

LiCl 元件的测量范围与湿敏层的 LiCl 浓度及其他成分有关。单个元件的有效感湿范围一般在 20%RH 以内。例如 0.05%的浓度对应的感湿范围约为 80%RH~100%RH，0.2%的浓度对应范围是 60%RH~80%RH 等。由此可见，要测量较宽的湿度范围时，必须把不同浓度的元件组合在一起使用。可用于全量程测量的湿度计组合的元件数一般为 5 个，采用元件组合法的氯化锂湿度计可测范围通常为 15%RH~100%RH，国外有些产品其测量范围可达 2%RH~100%RH。

露点式 LiCl 湿度计是由美国的 Forboro 公司首先研制出来的，其后我国和许多国家都做了大量的研究工作。这种湿度计和上述电阻式 LiCl 湿度计形式相似，但工作原理却完全不同。简而言之，它是利用 LiCl 饱和水溶液的饱和水汽压随温度的变化而进行工作的。

2. 碳湿敏元件

碳湿敏元件是美国的 E. K. Carver 和 C. W. Breasefield 于 1942 年首先提出来的，与常用的毛发、肠衣和 LiCl 等探空元件相比，碳湿敏元件具有响应速度快、重复性好、无冲蚀效应和滞后环窄等优点，因之令人瞩目。我国气象部门于 20 世纪 70 年代初开展碳湿敏元件的研制，并取得了积极的成果，其测量不确定度不超过±5%RH，时间常数在正温时为 2~3s，滞差一般为 7%左右，比阻稳定性也较好。

3. 氧化铝湿度计

氧化铝（Al_2O_3）传感器的突出优点是，体积可以非常小（如用于探空仪的湿敏元件仅 90μm 厚、12mg 重），灵敏度高（测量下限达−110℃露点），响应速度快（一般为 0.3~3s），测量信号直接以电参量的形式输出，大大简化了数据处理程序等。另外，它还适用于测量液体中的水分。如上特点正是工业和气象中的某些测量领域所希望的。因此，它被认为是进行高空大气探测可供选择的几种合乎要求的传感器之一。也正是因为这些特点使人们对这种传感器产生了浓厚的兴趣。然而，遗憾的是尽管许多国家的专业人员为改进传感器的性能进行了不懈的努力，但是在探索生产质量稳定的产品的工艺条件，以及提高性能稳定性等与实用有关的重要问题上始终未能取得重大的突破。因此，到目前为止，传感器通常只能在特定的条件和有限的范围内使用。近年来，这种传感器在工业中的低霜点测量方面开始崭露头角。

4. 陶瓷湿度传感器

在湿度测量领域中，对于低湿和高湿及其在低温和高温条件下的测量，到目前为止仍然是一个薄弱环节，而其中又以高温条件下的湿度测量技术最为落后。以往，通风干湿球湿度计几乎是在这个温度条件下可以使用的唯一方法，而该法在实际使用中也存在种种问题，无法令人满意。另外，科学技术的进展，要求在高温下测量湿度的场合越来越多，如水泥、金属冶炼、食品加工等涉及工艺条件和质量控制的许多工业过程的湿度测量与控制。因此，自 20 世纪 60 年代起，许多国家开始竞相研制适用于高温条件下进行测量的湿度传感器。考虑到传感器的使用条件，人们很自然地把探索方向着眼于既具有吸水性又能耐高温的某些无机物上。实践已经证明，陶瓷元件不仅具有湿敏特性，而且还可以作为感温元件和气敏元件，这些特性使它极有可能成为一种有发展前途的多功能传感器。日本的寺日、福岛、新田等在这方面已经迈出了颇为成功的一步，他们于 1980 年研制成“湿瓷-Ⅱ型”和“湿瓷-Ⅲ型”的多功能传感器。前者可测控温度和湿度，主要用于空调；后者可用来测量湿度和如酒精等多种有机蒸气，主要用于食品加工方面。

1.3.3 湿度传感器的主要性能参数

1. 准确度

与气体传感器一样，每个传感器都有自己的校定曲线，即检测结果相对于实际结果的误差越小，准确度越高。

2. 重复性

传感器的测量值，必须确保它们不会漂移。重复性是测量单个量的测量值之间的漂移。

3. 响应时间

通常传感器上升到最大输出电压的 66%（上升时间）所用的时间或下降到最大输出电压的 33%（下降时间）所用的时间，称为响应时间。

4. 湿滞

在一定温度下（一般为 20℃或 25℃），相对湿度从低至高的传感器响应曲线为升湿曲线，再从高至低为降湿曲线，两条曲线对用于同一响应值的最大差异 delta$U$（以相对湿度表示）为传感器的湿滞（%RH），如图 1.14 所示。

5. 时漂和温漂

几乎所有的传感器都存在时漂和温漂。由于湿度传感器必须和大气中的水汽相接触，所以不能密封，这就决定了它的稳定性和寿命是有限的。选择湿度传感器要考虑应用场合的温度变化范围，看所选传感器在指定温度下能否正常工作，温漂是否超出设计指标。要提醒使用者注意的是：电容式湿度传感器的温度系数 α 是个变量，它随使用温度、湿度范围而异。这是因为水

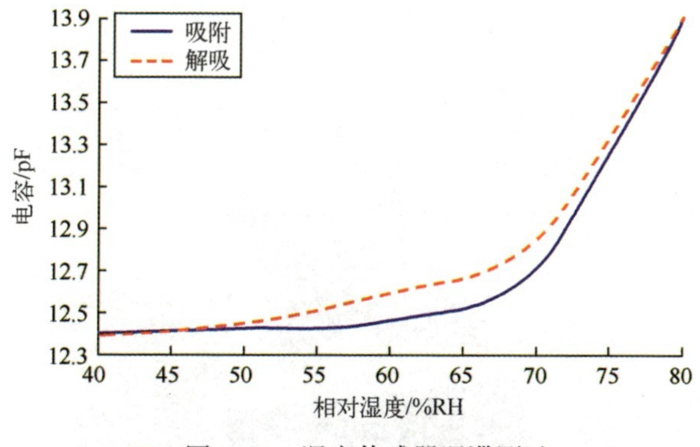

图 1.14　湿度传感器湿滞测试

和高分子聚合物的介电系数随温度的改变是不同步的，而温度系数 α 又主要取决于水和感湿材料的介电系数，所以电容式湿敏元件的温度系数并非常数。电容式湿度传感器在常温、中湿段的温度系数最小，5～25℃时，中低湿段的温漂可忽略不计。但是，在高温高湿区或负温高湿区使用时，就一定要考虑温漂的影响，进行必要的补偿或修正。

1.4　气体与湿度传感器机理的研究方法

1.4.1　性能测试分析

1. 静态测试系统

静态测试系统主要采用静态配气的方式，即静态体积法来配置所需浓度的测试气体。该方法采用注射器抽取一定体积的标准气体，将标准气体注入图 1.15 所示的气敏测试台测试腔中稀释，从而获得目标气体成分。

2. 动态测试系统

动态测试系统可以实时动态地调整测试腔内测试气体的湿度、组分和浓度。通常是采用质量流量计（MFC）配合计算机实时动态调整混合气体的流量比例来控制测试腔内的气体浓度，质量流量计可以精密控制气体的流量，可根据分析气体浓度及钢瓶内标准气体浓度选择不同量程、精度的质量流量计，组成高精度的动态气敏测试平台，如图 1.16 所示。

1.4.2　理论计算与仿真

计算水平的不断提高和计算速度的加快，使得从最基本的物理和化学理

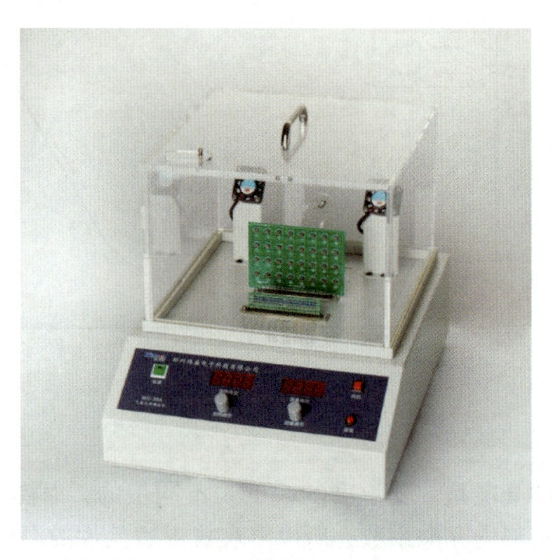

图 1.15　气敏测试台（WS-30A）

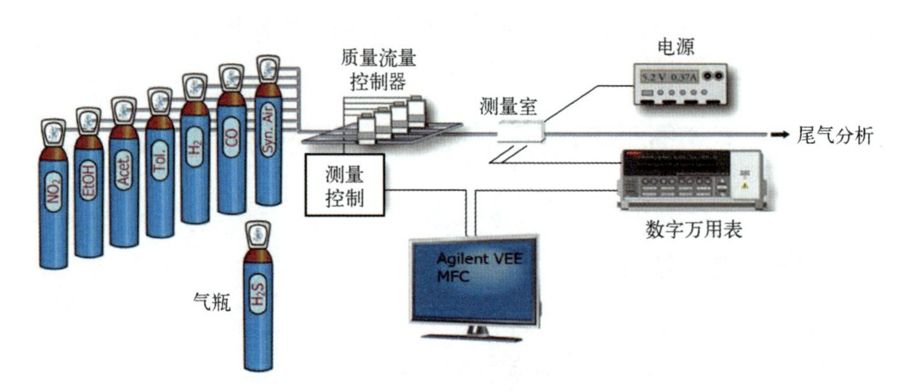

图 1.16　动态气敏测试平台

论出发研究气敏材料的吸附机理成为可能。近年来，理论计算在电化学、催化等领域受到了广泛的应用。同样地，在气体传感领域，敏感材料的可控合成、吸附过程、原位表征与 DFT 计算相互佐证成为了解释气敏机理的其中一个研究手段。除此之外，基于物理建模和数值计算方法主动地对材料进行设计，从而实现对材料结构和功能调控也成为一种行之有效的手段。

近年来基于密度泛函理论的第一性原理计算越来越受到气体吸附、催化等领域研究人员的青睐。把功能材料的可控合成、原位表征和 DFT 计算紧密结合，也成了机理解释的重要手段。最佳 O 截止的表面吸附模型 H_2S-O2c 如图 1.17 所示。

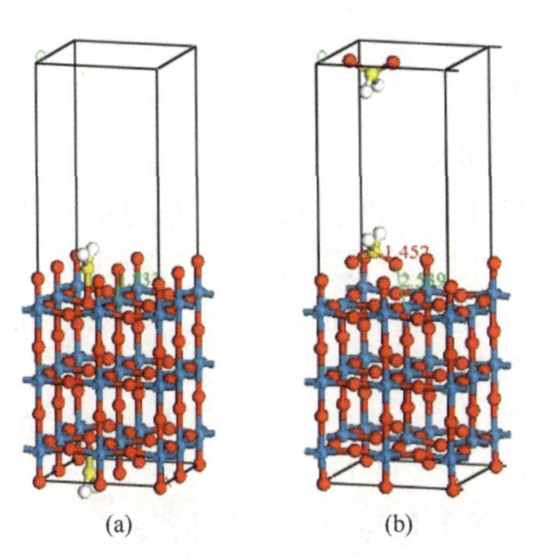

图 1.17　最佳 O 截止的表面吸附模型 H_2S-O2c[16]

（a）优化前；（b）优化后。

此外，在 H_2S 吸附后，O 截止 WO_3（200）表面的 O1c 与 H_2S 中 S 的 2p 轨道电子态密度的分析中，可以发现在 O1c 2p 轨道和 H_2S 中 S 的 2p 轨道在 −8.5eV 附近存在完全的重叠，如图 1.18 所示，说明表面 O1c 与吸附的 H_2S 之间的相互作用。

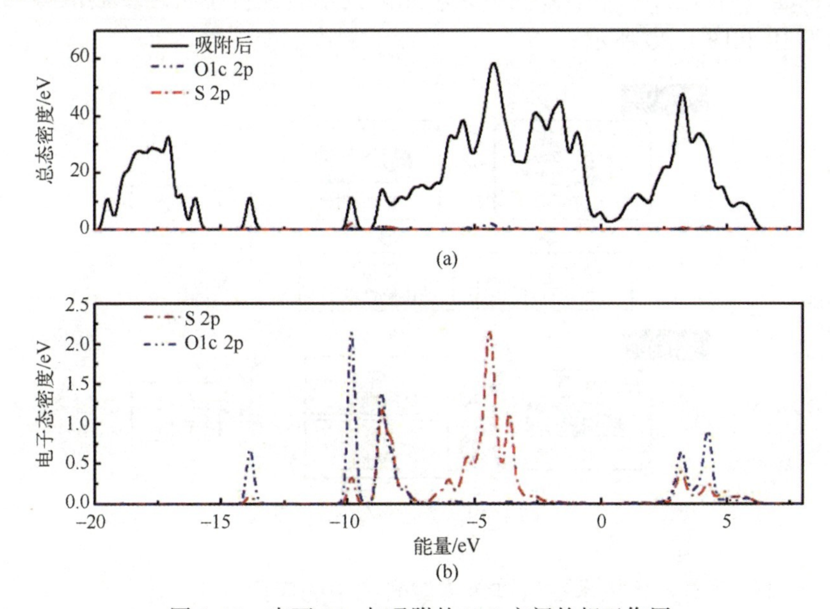

图 1.18　表面 O1c 与吸附的 H_2S 之间的相互作用

（a）H_2S 吸附后 O 截止面的总态密度；（b）O1c 与 S 的 2p 轨道电子态密度[16]。

1.4.3 原位表征技术

1. 原位表征技术的发展

越来越多的研究发现，要建立和优化传感器的设计与调控理论，需要深入分析和理解传感材料在实际工作条件下（气氛中）的传感机理。为了深入了解气敏反应中可能存在的物理和化学过程，需要进行详细的理论和实验研究，这些过程涉及金属氧化物、掺杂剂、分析物和各种其他分子，如水，它们可能存在于目标应用中的大气中，这种认识有助于解决传感器材料的灵敏度、选择性和稳定性问题。

自从第一种基于金属氧化物的气体传感器的气体检测模型发展以来，已经做出了很大的努力来描述气体传感的机理。例如，Yamazoe 等在经验理论的基础上提出了吸附氧及晶粒尺寸模型，建立了气敏薄膜电阻与气体浓度的幂次定律（Power Law）模型[17]，N. Barsan 等将传感器基本原理与传感器测量参数相结合建立了一种通用的金属氧化物半导体传感器电学传导模型[18]。尽管近年来气敏机理的研究取得了一些进展，但一些关键问题仍然是争论的焦点，如“需要同时测量气体响应和测定分子吸附特性，以便更好地了解气体传感机理”。在过去几年中，使用原位光谱技术研究传感机理不断取得进展，如图 1.19 和图 1.20 所示。

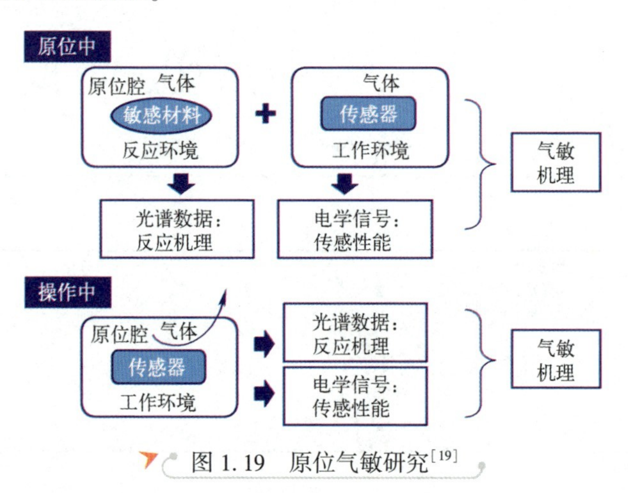

图 1.19 原位气敏研究[19]

2. 原位谱学分析技术在气体传感器研究中的应用

利用光谱方法研究气体传感器在工作过程中的变化是 20 世纪 90 年代末出现，并在随后的几十年中发展起来的[19,30]。由于金属氧化物半导体在气敏

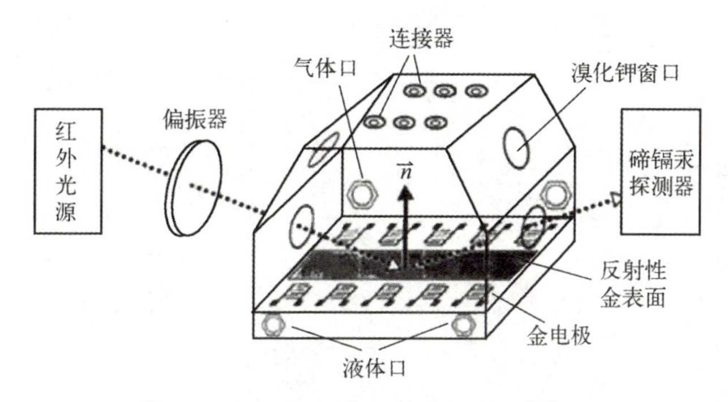

图 1.20　原位气敏分析装置[19]

过程中发生了诸多反应，因此用于研究气体传感材料的方法非常多。例如，通过 X 射线衍射谱（XRD）[20]或 X 射线吸收谱（XAS）[21-23]研究材料晶体结构性质。材料的电子结构特性则可以用 UV/vis 漫反射光谱（DRS）[24-25]，XAS 和 X 射线发射光谱（XES）[23, 26,38]进行表征。表面化学反应过程主要通过漫反射红外傅里叶变换光谱（DRIFTS）[27-30]和拉曼光谱[31-32]进行研究。图 1.21[33]概述了半导体气体传感器的操作方法。

3. 原位红外光谱在气体传感器研究中的应用

气体与量子点气敏材料的反应相当复杂，它涉及表面态、催化机理、表面物理化学、气体的性质、气体在表面的选择性吸附、选择性反应等。DRIFTS 法可以很好地鉴定功能基团、活性位置、吸附物种及催化反应过程的中间产物的产生与消失，并且还可以调控气固界面反应的温度；此外，它还可以研究吸附物种随时间和温度的变化和追踪的一个基元反应。

DRIFTS 法是近年来发展起来的一项原位（in situ）红外技术，通过对催化剂现场反应吸附态的跟踪表征以获得一些很有价值的表面反应信息，进而对反应机理进行剖析，已在催化表征中日益受到重视，且广泛应用于气固界面反应机理探索中。将漫反射方法、红外光谱与原位红外技术结合，将使试样处理简单化，较之其他原位红外方法更容易实现在各种温度、压力和气氛下的原位分析。

利用原位漫反射红外光谱法（DRIFT）可以监测不同温度、不同时间气体在量子点气敏薄膜表面的吸附和反应过程，研究量子点材料表面化学组成，进而从分子水平上认识反应机理。

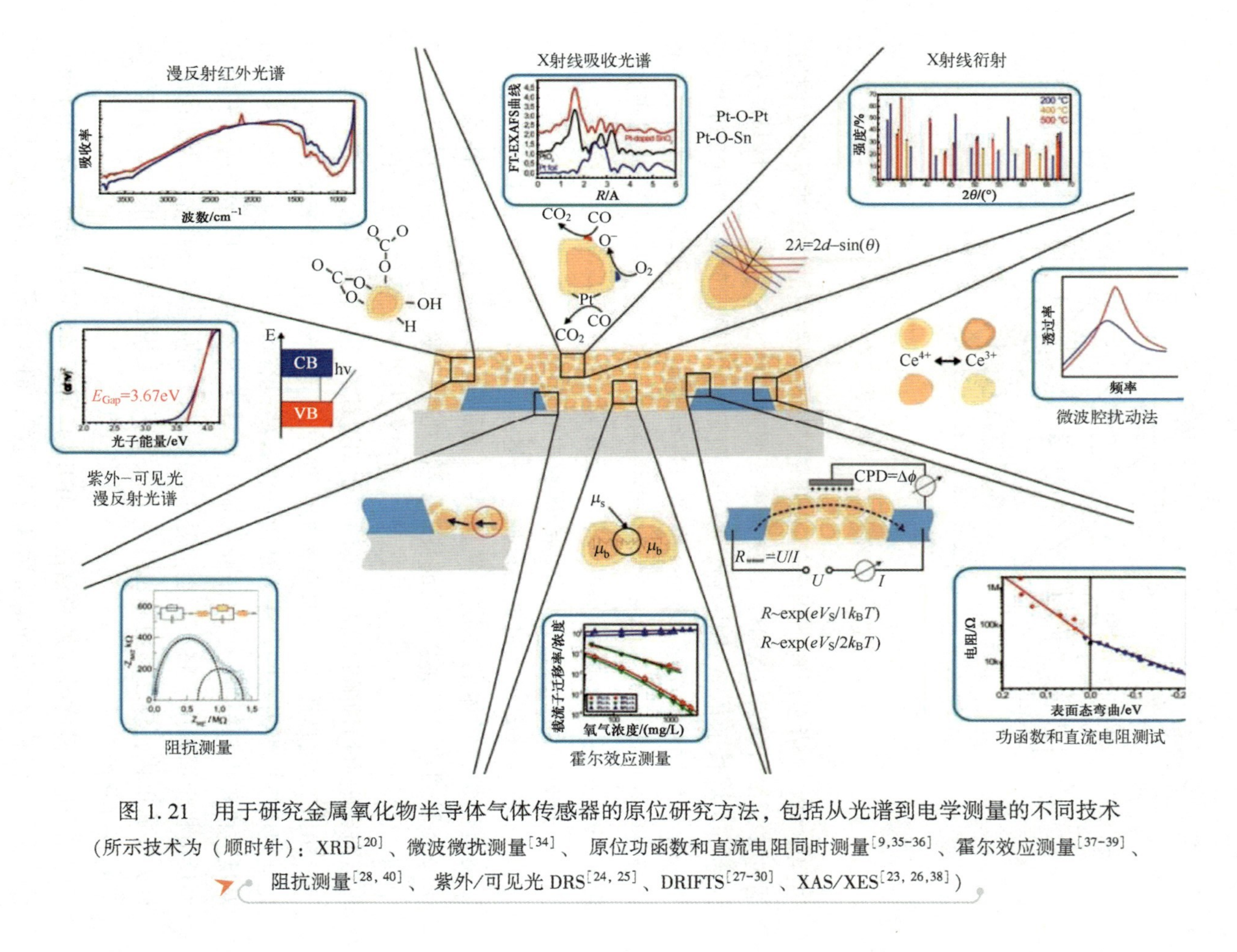

图 1.21　用于研究金属氧化物半导体气体传感器的原位研究方法，包括从光谱到电学测量的不同技术（所示技术为（顺时针）：XRD[20]、微波微扰测量[34]、原位功函数和直流电阻同时测量[9,35-36]、霍尔效应测量[37-39]、阻抗测量[28, 40]、紫外/可见光 DRS[24, 25]、DRIFTS[27-30]、XAS/XES[23, 26,38]）

红外光谱通过分子振动吸收峰鉴别化学物种或官能团。在化学实验室中使用红外光谱分析纯物质是一种很常规的方法，但是研究气体传感器需要研究表面和表面物种，这将使研究复杂化。

在催化领域，DRIFTS 被广泛用于原位或操作 Operando 环境，它也已经被用于研究金属氧化物基气体传感器。常规的镜面反射其光学组分并未发生改变，漫反射光受反射材料的影响并且其光学成分中包含材料外表面的信息（图 1.22（a））。

该套装置由商业仪器部件组成，如红外光谱仪（布鲁克 Vertex80v）、漫反射镜面池（Harrick Praying Mantis）和自制原位气体传感器测试腔（图 1.22（b））。该测试腔可以同时测试传感器的电阻和漫反射红外光谱，传感器的温度和气氛环境都是可控的。为了记录该装置中的光谱需要使用差分方法：在通测试气体之前预通载气流（空气或氮气），记录背景光谱；记录通测试气体后的光谱并和背景光谱进行对比，确定材料表面的变化是通入测试气体引起的，因此该光谱仅含表面活性物种的信息，这为理解金属氧化物半导体（SMOX）气敏材料的表面化学提供了非常有效的信息。

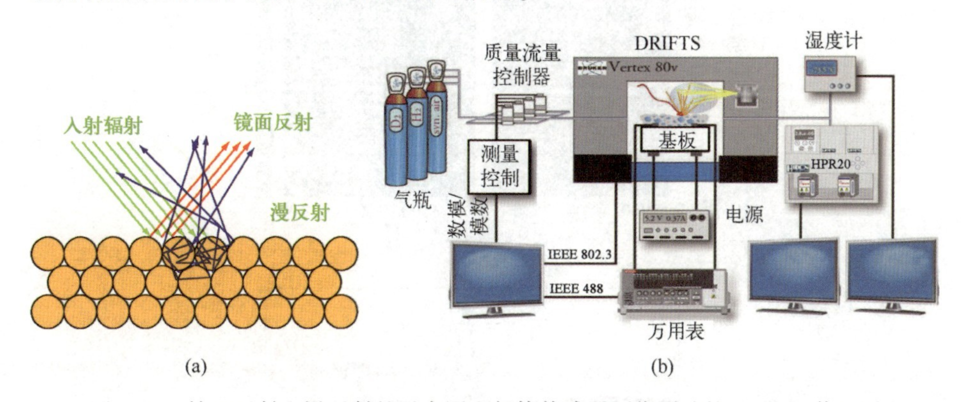

图 1.22　镜面反射和漫反射的示意图和气体传感器原位测试的 DRIFTS 装置图
（a）镜面反射和漫反射的示意图；（b）气体传感器原位测试的 DRIFTS 装置图。

关于表面化学/反应过程的其他信息可以通过分析反应产物的气体成分及浓度信息获得，如测试气体的吸附/解吸或测试气体的转化/反应。

在 300℃下，用纯三氧化二铟（In_2O_3）（图 1.23（a））测量二氧化氮（NO_2）时记录的漂移光谱显示了一系列对 NO_2（1221cm 和 1520cm^{-1}）的存在做出响应的谱带，以及在第一个 NO_2 脉冲后留在表面并随每个 NO_2 脉冲（1313cm^{-1}和 1260cm^{-1}）而增加的谱带。对光谱的目视检查已经表明存在活性物种，即引起抗性变化的物种和旁观者物种。$1221cm^{-1}$、$1313cm^{-1}$和$1260cm^{-1}$处的条带分别与亚硝酸盐和硝酸盐物种有关。$1520cm^{-1}$处的能带可归属于亚硝酸盐和硝酸盐。通过多曲线分辨工具（MCR）获得的组分光谱（图 1.23（b））和浓度分布（图 1.23（c））显示了亚硝酸盐和硝酸盐物种的明显差异：亚硝酸盐物种与电响应相关，而硝酸盐随着时间积累。基于这些发现，可以得出结论，NO_2在In_2O_3中的离子吸附（式（1.1））改变了表面电荷，即积极参与气体传感，而硝酸盐的形成与离子吸附的 NO_2 与表面晶格氧的后续反应（式（1.2））有关：

$$NO_2+S+e^- \rightleftharpoons (NO_2)_S^- \tag{1.2}$$

$$(NO_2)_S^- + O_O \rightleftharpoons (NO_3)_S^- \tag{1.3}$$

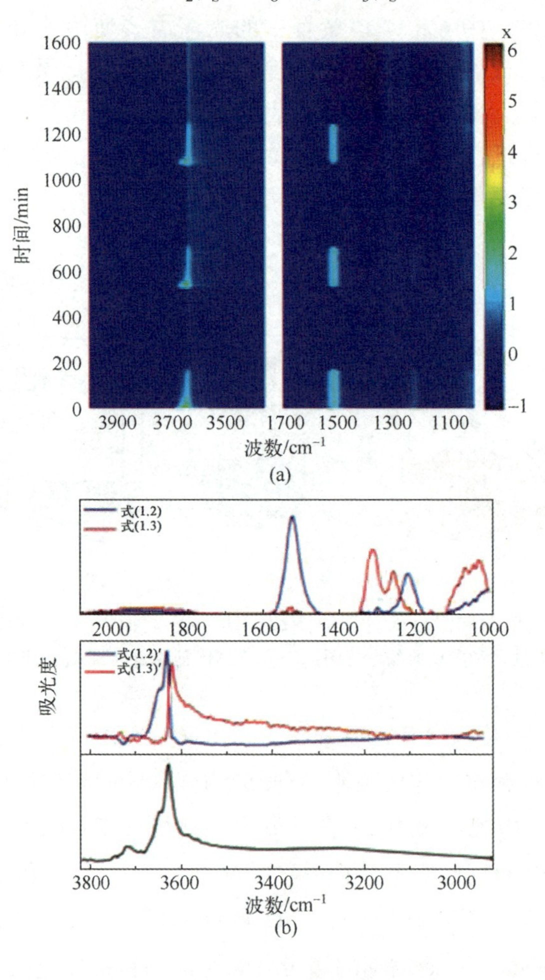

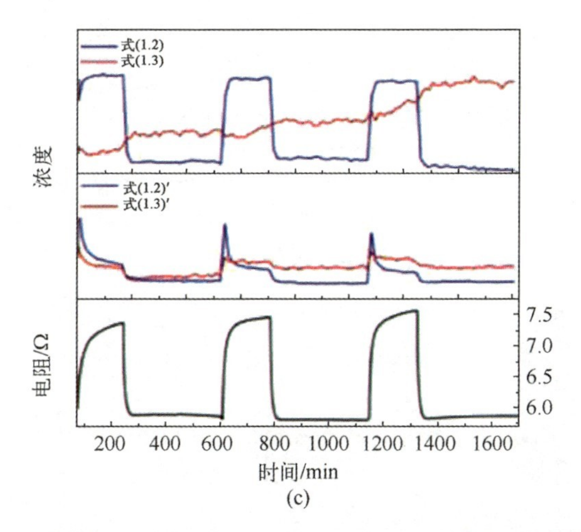

图 1.23　原位 DRFTS 研究 In_2O_3在 NO_2气氛中的气敏机理[27]

（a）在 350℃交替暴露于 1mg/L NO_2（3h）和空气（6h）中的 In_2O_3传感器的时间分辨 DRIFTS 二维图；（b）时间分辨 Operando DRFITS 试验得出的组分谱；（c）浓度变化及传感器响应对应关系。

In_2O_3对 NO_2的敏感效应检测机制的案例表明，基于时间分辨光谱和化学计量数据分析，对活性物种和旁观者物种进行适当的分配是可能的。随着传感材料的日益复杂，如掺杂和负载烟雾，分析物气体的更复杂化学过程，如挥发性有机化合物的氧化，以及更复杂的大气成分，活性物种的识别将更加困难，但对于确定结构-功能关系至关重要。因此，先进的方法和精心设计的实验将对理解基于烟雾的气敏材料起到越来越重要的作用。

4. 原位功函数测试研究

理解胶体量子点表面的化学作用过程及其对气敏层电学特性的影响。将使用以下研究手段：基于漫反射的 UV-Vis 表征气体暴露下材料的禁带宽度变化；功函数和直流电阻同步测量，明确表面势垒和载流子浓度的关系；交流阻抗谱确定气敏层中的空间电荷层。

在原位条件下使用开尔文探针技术（Mc Allister KP6500）同时进行直流电阻和功函数变化测试（DCR/WF），这将为进一步研究导电机制提供研究方向，装置示意图如图 1.24 所示。

开尔文探针使用机电制动的参考电极（钝化的不锈钢尖端），其在气敏层表面振动，测量电极和样品之间的接触电势差。接触电势差（CPD）的改变直接和功函数（$\Delta\Phi$）相关：$CPD=-\Delta\Phi/e$（e=单位电荷）。为了同时测量传感器电阻，需要给传感器气敏层下的叉指电极通一个恒定直流电压。例如，

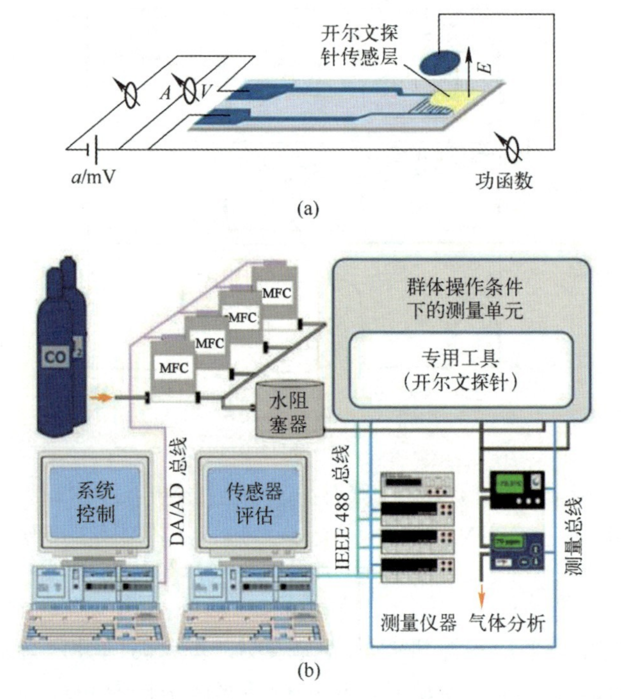

图 1.24 开尔文探针技术装置示意图测试表震动尖端和气敏层间的接触电势差，同时检测直流电阻混气系统装置图

图 1.25（a）显示了一组电阻以及 CPD 关于时间变化的原始测试数据。功函数可以用三个不同的部分表达：导带和费米能级差 $(E_C-E_F)_b$，能带弯曲 eV_S 和电子亲和能（图 1.26）：

$$\Phi=(E_c-E_F)_b+eV_S+\chi$$

对于常数 $(E_C-E_F)_b$ 和 χ，功函数的变化来自于能带弯曲。$(E_C-E_F)_b$ 可以假设是在正常工作条件（大约 300℃）下测得的，且气体仅对表面产生影响。χ 是干燥环境下的常数，没有因为吸附水引起的表面极子带来的影响。因此，可以将试验测得的 CPD 数据与在参考环境（使用 N_2）测得的数据进行对比，从而得到环境气体与表面作用引起的能带弯曲改变。

从原始测试数据（图 1.25（b））可以得出不同气体氛围下传感器电阻关于能带弯曲变化的函数。从能带模型中我们可以发现存在两种传导机制（耗尽层控制和积累层控制），它们可以通过 R 和 $e\Delta V$ 之间的关系进行区分，通过控制环境气氛，可以控制表面能带分别向上弯曲或向下弯曲，同时观察不同的导电机制之间的切换可以估计费米能级的位置进而估计德拜长度。德拜长

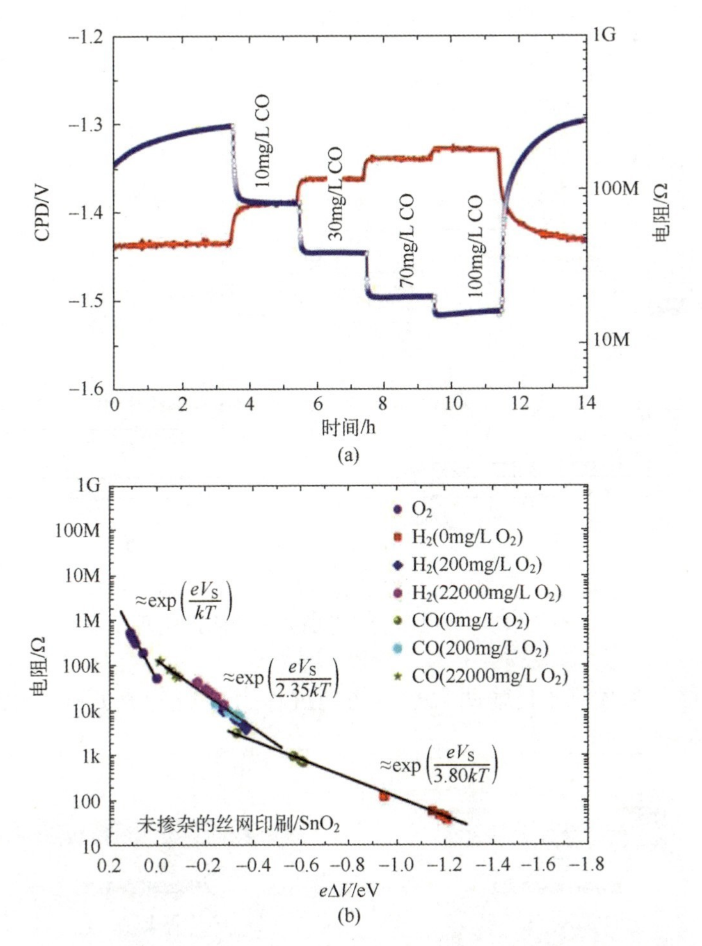

图 1.25　同时测试多晶厚膜 SnO_2 气体传感器的直流电阻与功函数变化的原始数据

（测试 N_2 氛围下的基线后，分之间段注入不同浓度的 CO 同种传感器其电阻是能带弯曲变化的函数）

度与自由载流子的浓度相关，是很重要的材料参数，测量材料表面变化对材料本身造成的影响。最后，建立电阻变化与能带弯曲之间的关系后，就可以用式（1.2）计算湿润环境下电子亲和能的改变。

5. 场效应管器件原位电信号特征提取

薄膜晶体管（thin-film transistor，TFT）是通过电场来调控半导体有源层电输运能力的有源器件，主要结构包括半导体层、绝缘层、栅电极以及源漏电极，如图 1.27 所示[41]。对于典型的 TFT，施加栅极电压 V_G 可以在绝缘层界面处的半导体层内诱导出载流子，从而形成导电沟道，载流子在源漏电压 V_{DS} 的驱动下从源极注入并在导电沟道内高效传输至漏极。因此，TFT 主要包

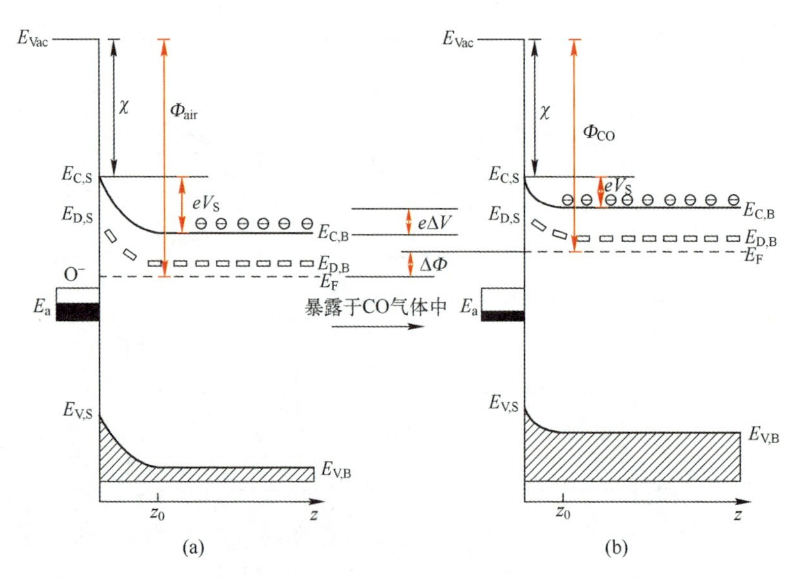

图 1.26 N 型半导体在干燥环境下暴露于 CO 气体中其功函数以及能带弯曲变化的能带模型

括载流子注入和载流子传输两大基本物理过程[42]，这也是其作为电学器件的基本工作原理。

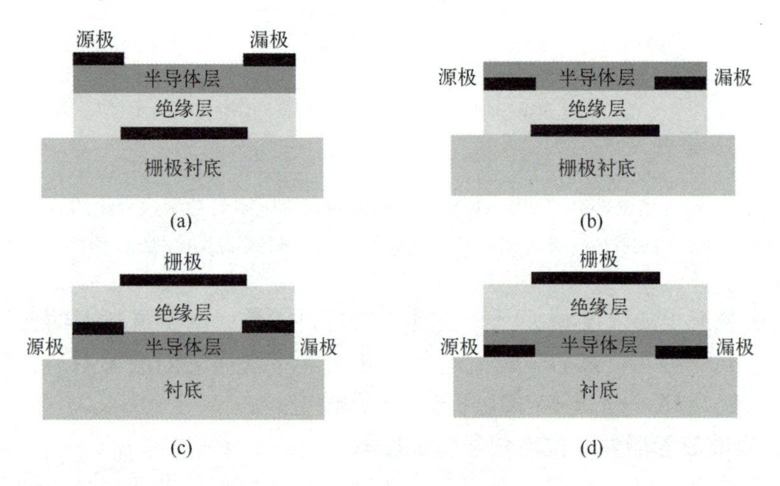

图 1.27 TFT 的四种结构

（a）底栅-顶接触式；（b）底栅-底接触式；（c）顶栅-顶接触式；（d）顶栅-底接触式[41]。

近年来，随着半导体敏感材料（尤其是纳米材料）和器件构建策略的开发，TFT 传感器逐渐成了传感领域的重点研究方向之一，其中不乏 TFT 气体传感器的报道。TFT 气体传感器的工作原理是目标气体通过改变半导体层载流子的注入与传输特性来影响 TFT 的电信号，利用定量信号转换实现传感功能[43]。它由感知功能和转换功能两部分构成，其中感知功能主要通过半导体敏感材料对气体的吸附特性实现，而转换功能则由外加电场对半导体材料电输运能力的调控体现。因此，对于 TFT 气体传感器而言，大多优选底栅式结构，如图 1.28 所示[44]，该结构将半导体层（气体敏感层）暴露于空气中，使得目标气体分子与半导体敏感材料进行直接、充分的接触以实现传感功能。此外，该结构也便于研究常见的半导体气敏材料如金属氧化物、有机物以及二维层状材料的气敏特性。当半导体层与目标气体分子接触并发生相互作用时，可通过 TFT 电学特性（电流-电压特性、输出特性、转移特性）发生的规律性变化来对气体进行定性和定量分析。

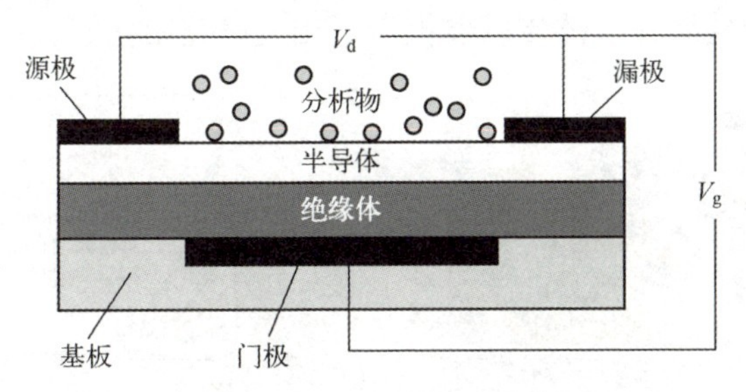

图 1.28 TFT 气体传感器件结构原理图[4]

得益于 TFT 结构独特的场效应原理和栅极调控特性，TFT 的电学特性如电导率（$\sigma_{n/p}$）、载流子迁移率（$\mu_{n/p}$）、载流子浓度（n_0/p_0）、源漏电流（I_{DS}）、阈值电压（V_T）、亚阈值摆幅（SS）、开关电流比（I_{on}/I_{off}）等物理参量都可能会随着气氛环境的变化而变化，这无疑给气体传感器灵敏度和选择性等气敏性能提升带来新的调控模式。但更为重要的是，我们正是可以利用 TFT 这种“多参量”模式，在原位气氛（湿度）环境下对不同的半导体敏感材料进行电学特性测试，通过原位气氛中所提取的众多半导体物理参量，结合所观测的气敏现象，将有助于进一步提升气敏机理在电学传导层面上的认识。因此，TFT 不仅是气体传感器的重要载体，还可以作为传感器气敏机理研究的一种重要的原位表征手段。

东北师范大学汤庆鑫教授课题组[45-46]利用酞菁铜（CuPc）微纳单晶作为半导体导电沟道，以空气间隙作为绝缘层，制备出基于 TFT 结构的 SO_2 气体传感器（图 1.29（a）），相比于两端电阻型传感器，该结构具有多参量表征气敏性能的优势。如图 1.29（b）所示，通过在不同 SO_2浓度下原位、实时测试 CuPc-TFT 的转移特性曲线，可进一步计算获得各种物理参量如载流子迁移率、阈值电压、亚阈值摆幅、开态电流、关态电流以及陷阱密度的变化率趋势与浓度的关系规律（图 1.29（c）和图 1.29（d））。根据多参量计算结果，作者猜测场效应迁移率变化是 SO_2气体响应的决定性因素，随着 SO_2气体浓度增大，有效补偿了半导体-绝缘层界面存在的大量浅陷阱态，从而使得载流子迁移率得以提升，导致器件源漏电流发生规律性变化完成传感过程。因此，以 TFT 器件结构为载体，通过原位气氛环境测试电学信号的变化，计算并提取多物理参量，以表征半导体敏感材料在气氛环境下除电阻以外的更多本征物理量变化趋势，有助于对气敏机理进行更深入的研究。同样地，国家纳米科学中心江潮研究员课题组[47]和电子科技大学于军胜教授课题组[8,48]也利用 TFT 器件结构制备气体传感器报道了相关研究工作。

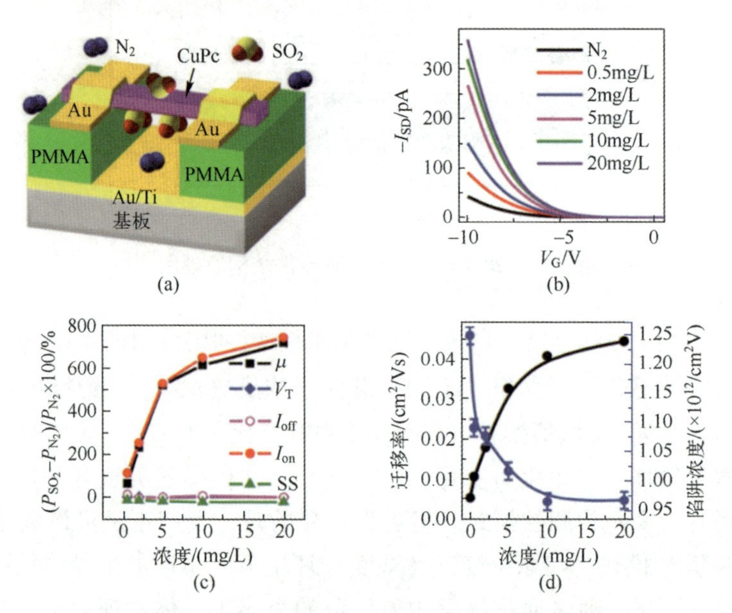

图 1.29　制备出基于 TFT 结构的 SO_2 气体传感器

（a）CuPc-TFT 器件结构图；（b）器件在不同 SO_2浓度下的转移特性曲线；（c）各物理参量随 SO_2浓度的变化趋势；（d）载流子迁移率及陷阱态密度与 SO_2浓度变化的函数关系[5]。

总而言之，利用半导体敏感材料结合 TFT 器件结构不仅可用于气体传感，更重要的是还能作为一种原位表征手段，即可获取不同气氛（包括湿度）环境下多物理参量及其变化规律，给本领域研究者们提供了一种可深入研究气敏机理模型的表征手段。当然，实现这种手段重点是制备出具有可靠电学特性的三端 TFT 器件，除此之外，还需要更为精确的气敏-电学测试系统，包括高精度动态气路系统、可用于 TFT 器件的高精度测试源表以及气敏探针台(或密封气腔)，这将给研究过程带来一定的挑战性。

1.5　气体与湿度传感器的发展展望

气体和湿度传感器发展至今，在石化领域的应用愈来愈深入，同时随着科技的进步，气体传感器的应用逐步扩展到众多垂直领域。

(1) 消费电子，气体传感器可集成到智能家居、可穿戴设备、智能手机等消费电子产品中；可用于检测家用燃气的使用状况（CH_4、CO 等），建筑物/汽车的挥发性有机物（VOC），健康吸氧休闲活动中 O_2浓度等。

(2) 工业安全，采矿行业可用于检测矿井内部 CO_2、CH_4浓度等气体，化工行业可用于检测有毒有害气体。

(3) 暖通市场，集成到空调中，用于室内/车内空气质量检测。

(4) 医疗市场，治疗护理时用于呼吸分析。

(5) 环境市场，检测空气质量和污染情况。

(6) 交通运输，汽车尾气测量或重型车辆发动机控制的气体传感器。

(7) 国防安全，有毒气体监测。

上述每种应用场景下都有不同的技术要求，如被测气体类型、封装尺寸、灵敏度、寿命、响应时间等。以消费类市场为例，其要求气体传感器具有良好的灵敏度、可靠性，要求气体传感器具有低成本、小尺寸和低功耗的特点。半导体气体传感器目前可能是成本和尺寸方面最佳的选择，并且使用寿命可达 5~10 年，适合可穿戴设备和智能手机。此外，NDIR 技术的传感器在减少尺寸方面也取得了长足的进步，随着微机电系统（MEMS）的发展有望进一步应用于消费类领域。气体传感器的未来发展趋势主要分为以下几个方面。

(1) MEMS 传感器。MEMS 传感器具有体积小、重量轻、成本低、功耗低、可靠性高、适于批量化生产、易于集成和实现智能化的特点。同时，在微米量级的特征尺寸使得它可以完成某些传统机械传感器所不能实现的功能。

(2) 无线传感器。无线传感器网络由部署在监测区域内大量廉价微型传感器节点组成，通过无线通信方式形成的一个多跳的自组织网络。受益于 MEMS、MCU、低功耗无线网络的进步，无线传感网得到快速发展。

(3) 集成智能传感器。集成智能传感器是指利用现代微加工技术，将敏感单元和电路单元制作在同一芯片上的换能和电信号处理系统。目前，集成传感器正在智能传感器系统迅速发展，主要包括以下两个方面：一是系统化，即在电路方面不但包括模数部分，同时包含数据部分、逻辑计算，未来还要包含天线和无线收发单元；二是多功能化，如一个集成传感器模块可以同时感测温度、湿度、压力等多种变量。

参考文献

[1] GB/T 7665-2005 中国国家标准化管理委员会. 传感器通用术语 [S]. 北京：中国标准出版社，2005.

[2] Figaro gas sensors technical reference [S]. Figaro Engineering Inc, 1992.

[3] MELLER G, GRASSER T. Organic electronics [M]. Springer, 2009.

[4] KOROTCENKOV G. Handbook of gas sensor materials [M]. Conventional Approaches, 2013, 1.

[5] POPESCU D A, HERRMANN J-M, ENSUQUE A, et al. Nanosized tin dioxide: spectroscopic (UV-VIS, NIR, EPR) and electrical conductivity studies [J]. Physical Chemistry Chemical Physics, 2001, 3 (12): 2522-2530.

[6] BARSAN N, WEIMAR U. Understanding the fundamental principles of metal oxide based gas sensors; the example of CO sensing with SnO_2 sensors in the presence of humidity [J]. Journal of Physics: Condensed Matter, 2003, 15 (20): R813.

[7] BÂRSAN N, HÜBNER M, WEIMAR U. Conduction mechanisms in SnO_2 based polycrystalline thick film gas sensors exposed to CO and H_2 in different oxygen backgrounds [J]. Sensors and Actuators B: Chemical, 2011, 157 (2): 510-517.

[8] BARSAN N, WEIMAR U. Conduction model of metal oxide gas sensors [J]. Journal of Electroceramics, 2001, 7 (3): 143-167.

[9] CHEN I, LIN S, LIN T, et al. The Assessment for Sensitivity of a NO_2 Gas Sensor with $ZnGa_2O_4$/ZnO Core-Shell Nanowires: a novel approach [J]. Sensors, 2010, 10 (4): 3057-3072.

[10] DEGLER D. Spectroscopic Insights in the gas detection mechanism of tin dioxide based gas sensors [Z]. 2017.

[11] DEGLER D, BARZ N, DETTINGER U, et al. Extending the toolbox for gas sensor research: Operando UV/vis diffuse reflectance spectroscopy on SnO_2-based gas sensors [J]. Sensors and Actuators B: Chemical, 2016, 224: 256-259.

[12] DEGLER D, MÜLLER S A, DORONKIN D E, et al. Platinum loaded tin dioxide: a model

system for unravelling the interplay between heterogeneous catalysis and gas sensing [J]. Journal of Materials Chemistry A, 2018, 6 (5): 2034-2046.

[13] DEGLER D, RANK S, MÜLLER S, et al. Gold-loaded tin dioxide gas sensing materials: Mechanistic insights and the role of gold dispersion [J]. Acs Sensors, 2016, 1 (11): 1322-1329.

[14] DIETRICH M, RAUCH D, PORCH A, et al. A laboratory test setup for in situ measurements of the dielectric properties of catalyst powder samples under reaction conditions by microwave cavity perturbation: set up and initial tests [J]. Sensors, 2014, 14 (9): 16856-16868.

[15] GARDNER J W, BARTLETT P N. A brief history of electronic noses [J]. Sensors and Actuators B: Chemical, 1994, 18 (1): 210-211.

[16] GROSSMANN K, PAVELKO R G, BARSAN N, et al. Interplay of H_2, water vapor and oxygenat the surface of SnO_2 based gas sensors——an operando investigation utilizing deuterated gases [J]. Sensors and Actuators B: Chemical, 2012, 166-167: 787-793.

[17] GRÜNDLER P. Chemical sensors: an introduction for scientists and engineers [J]. Chemical Sensors: An Introduction for Scientists and Engineers, 2007: 1-273.

[18] GURLO A, RIEDEL R. In situ and operando spectroscopy for assessing mechanisms of gas sensing [J]. Angewandte Chemie International Edition, 2007, 46 (21): 3826-3848.

[19] HARBECK S, SZATVANYI A, BARSAN N, et al. DRIFT studies of thick film un-doped and Pd-doped SnO_2 sensors: temperature changes effect and CO detection mechanism in the presence of water vapour [J]. Thin Solid Films, 2003, 436 (1): 76-83.

[20] HUANG W, YU J, YU X, et al. Polymer dielectric layer functionality in organic field-effect transistor based ammonia gas sensor [J]. Organic Electronics, 2013, 14 (12): 3453-3459.

[21] HÜBNER M, KOZIEJ D, BAUER M, et al. The structure and behavior of platinum in SnO_2-based sensors under working conditions [J]. Angewandte Chemie International Edition, 2011, 50 (12): 2841-2844.

[22] HÜBNER M, SIMION C E, TOMESCU-STĂNOIU A, et al. Influence of humidity on CO sensing with p-type CuO thick film gas sensors [J]. Sensors and Actuators B: Chemical, 2011, 153 (2): 347-353.

[23] KOZIEJ D, HÜBNER M, BARSAN N, et al. Operando X-ray absorption spectroscopy studies on Pd-SnO_2 based sensors [J]. Physical Chemistry Chemical Physics, 2009, 11 (38): 8620.

[24] MATHEWS D A. Review of the lithium chloride radiosonde hygrometer [M]. Humidity and Moisture: Measurement and Control in Science and Industry, 1965: 219.

[25] MIRZA M, WANG J, WANG L, et al. Response enhancement mechanism of NO_2 gas sens-

ing in ultrathin pentacene field-effect transistors [J]. Organic Electronics, 2015, 24: 96-100.

[26] MÜLLER S A, DEGLER D, FELDMANN C, et al. Exploiting synergies in catalysis and gas sensing using noble metal-loaded oxide composites [J]. Chemcatchem, 2018, 10 (5): 864-880.

[27] OPREA A, BÂRSAN N, WEIMAR U. Work function changes in gas sensitive materials: fundamentals and applications [J]. Sensors and Actuators B: Chemical, 2009, 142 (2): 470-493.

[28] OPREA A, BÂRSAN N, WEIMAR U. Characterization of granular metal oxide semiconductor gas sensitive layers by using hall effect based approaches [J]. Journal of Physics D: Applied Physics, 2007, 40 (23): 7217-7237.

[29] OPREA A, GURLO A, BÂRSAN N, et al. Transport and gas sensing properties of In_2O_3 nanocrystalline thick films: a hall effect based approach [J]. Sensors and Actuators B: Chemical, 2009, 139 (2): 322-328.

[30] OPREA A, MORETTON E, BÂRSAN N, et al. Conduction model of SnO_2 thin films based on conductance and hall effect measurements [J]. Journal of Applied Physics, 2006, 100 (3): 33716.

[31] OU J Z, GE W, CAREY B, et al. Physisorption-based charge transfer in two-dimensional SnS_2 for selective and reversible NO_2 gas sensing [J]. Acs Nano, 2015, 9 (10): 10313-10323.

[32] POTYRAILO R A, GO S, SEXTON D, et al. Extraordinary performance of semiconducting metal oxide gas sensors using dielectric excitation [J]. Nature Electronics, 2020, 3 (5): 280-289.

[33] ROSO S, DEGLER D, LLOBET E, et al. Temperature-dependent NO_2 sensing mechanisms over indium oxide [J]. Acs Sensors, 2017, 2 (9): 1272-1277.

[34] SANDLER Y L, GAZITH M. Surface properties of germanium [J]. The Journal of Physical Chemistry, 1959, 63 (7): 1095-1102.

[35] SÄNZE S, GURLO A, HESS C. Monitoring gas sensors at work: Operando raman-FTIR study of ethanol detection by indium oxide [J]. Angewandte Chemie International Edition, 2013, 52 (13): 3607-3610.

[36] SÄNZE S, HESS C. Ethanol gas sensing by indium oxide: an operando spectroscopic raman-FTIR study [J]. The Journal of Physical Chemistry C, 2014, 118 (44): 25603-25613.

[37] SEIYAMA T, KATO A, FUJIISHI K, et al. A new detector for gaseous components [J]. Analytical Chemistry, 1962, 34 (11): 1502-1503.

[38] SHABANEH A, GIREI S, ARASU P, et al. Dynamic response of tapered optical multimode fiber coated with carbon nanotubes for ethanol sensing application [J]. Sensors, 2015, 15

(5)：10452-10464.

[39] SHAYMURAT T, TANG Q, TONG Y, et al. Gas dielectric transistor of CuPc single crystalline nanowire for SO_2 detection down to sub-ppm levels at room temperature [J]. Advanced Materials, 2013, 25 (16)：2269-2273.

[40] SIMONS T, CHEN P, RAUCH D, et al. Sensing catalytic conversion：Simultaneous DRIFT and impedance spectroscopy for in situ monitoring of NH_3-SCR on zeolites [J]. Sensors and Actuators B：Chemical, 2016, 224：492-499.

[41] STAERZ A, BERTHOLD C, RUSS T, et al. The oxidizing effect of humidity on WO_3 based sensors [J]. Sensors and Actuators B：Chemical, 2016, 237：54-58.

[42] 塔力哈尔·夏依木拉提．酞菁铜单晶微纳场效应晶体管在气体传感器中的应用基础研究 [D]. 长春：东北师范大学, 2013.

[43] YAMAZOE N, SHIMANOE K. Theory of power laws for semiconductor gas sensors [J]. Sensors and Actuators B：Chemical, 2008, 128 (2)：566-573.

[44] YU H, SONG Z, LIU Q, et al. Colloidal synthesis of tungsten oxide quantum dots for sensitive and selective H_2S gas detection [J]. Sensors and Actuators B：Chemical, 2017, 248：1029-1036.

[45] ZAROMB S, STETTER J R. Theoretical basis for identification and measurement of air contaminants using an array of sensors having partly overlapping selectivities [J]. Sensors and Actuators, 1984, 6 (4)：225-243.

[46] 潘勇, 曹丙庆, 穆宁．有机场效应晶体管气体传感器技术检测有害气体的研究进展 [J]. 化学分析计量, 2019, 28 (S1)：112-119.

[47] 王艳洁, 那广水, 王震, 等．检出限的涵义和计算方法 [J]. 化学分析计量, 2012, 21 (5)：85-88.

[48] 谢光忠, 吴寸雪, 蒋亚东, 等．有机薄膜晶体管气体传感器的研究进展 [J]. 电子科技大学学报, 2016, 45 (04)：664-673.

第2章 气体和湿度敏感材料

随着纳米技术的飞速发展，气体和湿度敏感材料的相关研究逐渐由传统的块体和薄膜材料转向纳米结构材料，包括纳米颗粒、纳米线、纳米棒、纳米纤维、纳米片、纳米薄膜，以及多种纳米结构的组装体等。当材料的尺寸进入纳米量级（1~100nm）时，将表现出独特的理化性质与物理效应，如小尺寸效应、表面效应、量子尺寸效应和宏观量子隧道效应等。同样地，纳米材料在气体和湿度环境中的敏感特性可得到极大的提升。本章首先介绍纳米材料的合成方法，包括气相法、液相法、固相法和其他方法，以及纳米材料的形貌、结构和性能表征技术，然后归纳总结纳米复合材料的合成与表征，最后概述几种纳米结构的敏感效应。

2.1 纳米材料的合成方法

2.1.1 气相法合成纳米材料

气相法是直接利用气体或通过其他方式将前驱物变为气态，使之发生物理/化学反应，在冷却过程中沉积、凝聚、生长形成纳米材料的方法。根据材料合成过程中有无化学反应，气相法又可分为化学气相沉积（Chemical Vapor Deposition，CVD）和物理气相沉积（Physical Vapor Deposition，PVD）两大类。常见的有：化学气相反应法、化学气相凝聚法、蒸发法和溅射法等，其中，CVD 和蒸发法的应用较为广泛。

1. 化学气相沉积法

CVD 是指利用金属的有机化合物、卤化物或蒸汽为原料，进行气相热分解或与其他气体发生化学反应，在加热衬底上凝聚生成各种形貌的纳米材料的过程。该方法的优点是所制备的纳米材料纯度高、均匀性好，是气相法合成纳米材料最常用的方法。考虑到衬底温度高，近年来，化学气相沉积法在降低衬底温度和控制反应过程方面取得了重要进展，如激光诱导化学气相沉积、热丝化学气相沉积、等离子体辅助化学气相沉积等技术。

以 CVD 制备石墨烯材料为例，如图 2.1 所示，甲烷气体在流经管式炉的高温区时，分解产生的碳原子扩散进入被加热的镍（Ni）片中。Ni 片的温度越高，碳原子扩散得越快，Ni 片中的碳原子浓度逐渐趋于饱和。随后的冷却过程导致 Ni 片中的碳原子浓度过饱和，并在 Ni 片表面析出，形成薄层石墨烯。影响石墨烯层数的因素包括生长时间、生长温度、冷却速率、碳固溶度，以及 Ni 片厚度。

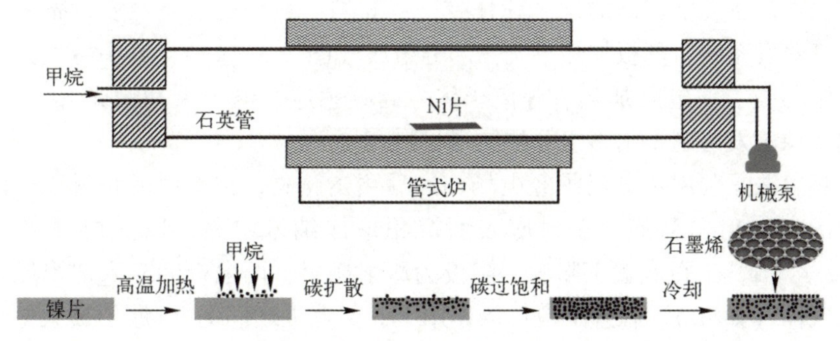

图 2.1　化学气相沉积制备石墨烯的装置与生长过程示意图

激光诱导化学气相沉积采用激光辐照反应气体形成反应焰，经化学反应形成纳米微粒，由惰性气体（如氩气（Ar））携带进入样品收集装置。具体地，反应气体分子（或光敏剂分子）通过吸收特定波长的激光，使其光解、热解、光敏化以及激光诱导化学合成反应等。通过控制反应条件，如激光的功率密度、反应气体配比、气体压强、流速和反应温度等，可调节纳米微粒的形核与生长过程。

2. 物理气相沉积法

PVD 是利用热源将原材料加热气化或形成等离子体，通过冷却过程，在衬底表面重新凝聚形成纳米材料的方法。该方法对衬底材料的影响小，无环境污染，但设备通常较复杂，一次性投资较大。PVD 在过渡金属碳化物、氮化物、硼化物和金刚石薄膜等硬质材料的制备方面具有显著优势。如图 2.2 所示，PVD 法主要有蒸发、溅射和离子镀三大类。

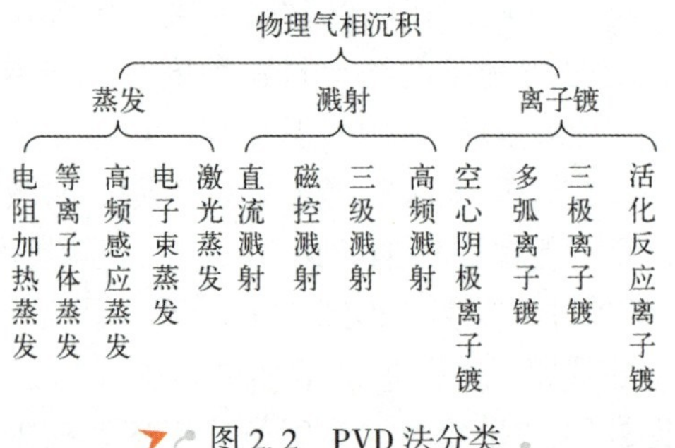

图 2.2 PVD 法分类

蒸发法是在一定真空条件下加热原材料使其气化，样品室内通入惰性气体（如 Ar），气化原子或分子在衬底表面凝结、成核、生长形成纳米材料。该方法可制备纯度较高的纳米粉体或薄膜材料。典型的真空蒸发设备由真空系统、蒸发系统、基板加热系统三部分组成（图 2.3（a）），其中蒸发系统的加热源种类有：电阻加热、等离子体、高频感应、电子束和激光等。此外，利用多源蒸发可制备出多组分的纳米材料。

溅射法是利用带电离子经电场加速后轰击靶材，被溅射的靶材原子沿着一定的方向射向衬底，在衬底表面沉积形成纳米材料。以磁控溅射为例（图 2.3（b）），衬底置于阳极，阴极为溅射靶材，两电极间充入适当压力的惰性气体（如 Ar）。在外加电压的作用下，两电极之间的 Ar 原子被大量电离形成 Ar^+，Ar^+在正交的磁场和电场的作用下高速轰击靶材，使靶材表面的原子脱离束缚飞向衬底，冷凝后形成纳米颗粒或薄膜材料。与蒸发法相比，溅射法是利用高能轰击离子与靶材原子之间动能或动量的传递，前者则依靠原材料的晶格振动克服逸出功的热发射过程。

离子镀是利用气体放电或被蒸发原材料部分离化产生的离子轰击效应，使原材料在衬底表面沉积。该方法可用的原材料广泛，所镀膜层与衬底的黏结性好。常用的有空心阴极离子镀、多弧离子镀、三极离子镀和活化反应离子镀等。

2.1.2 液相法合成纳米材料

液相法又称为湿化学法，指在均相溶液中发生化学反应，生成特定形貌

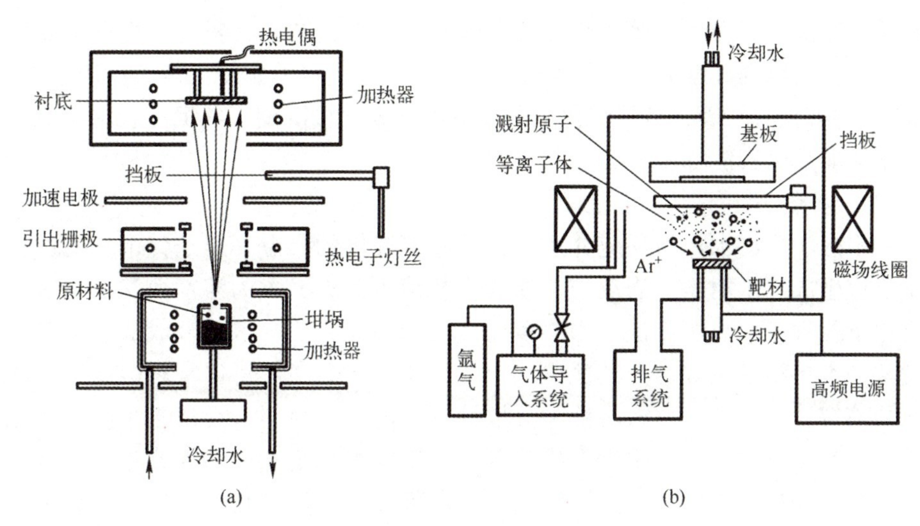

图 2.3　两种设备示意图
（a）真空蒸发；（b）磁控溅射。

和尺寸的前驱物，经后续处理而获得纳米材料的方法。首先配制含有一种或几种可溶性的金属盐溶液，使各元素呈离子或分子状态；然后采用适当的途径（如沉淀剂、蒸发、水解等）制备所需的产物。液相法大量用于氧化物体系纳米材料的制备，近年来也推广到硫化物、硼化物等，具有操作简单、成本低、产物纯度高、均匀性好、化学组分易于调节等优点，是目前实验室和工业广泛采用的纳米材料合成途径。在图 2.4 中，常见的液相反应类型有复分解反应、水解反应、还原反应、络合反应和聚合反应等；根据反应过程的不同，液相法还可以分为化学沉淀法、水热法、微乳液法、溶胶-凝胶法和喷雾法等，其中水热法和溶胶-凝胶法应用较广。

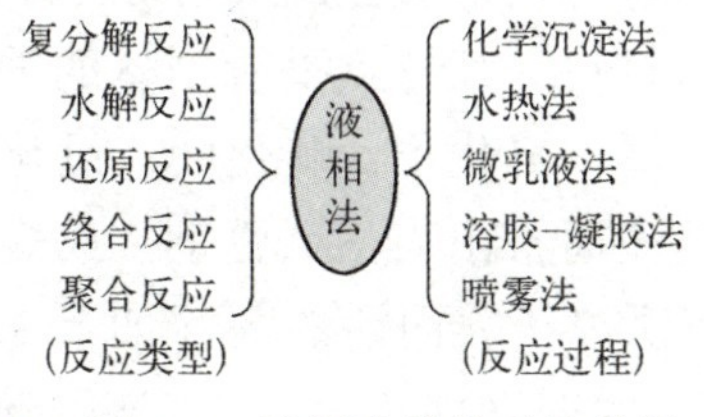

图 2.4　液相法的体系及分类

1. 化学沉淀法

化学沉淀法是利用不同物质在水中的溶解度差异，通过向可溶性盐溶液中加入沉淀剂，或将溶液置于一定温度下发生水解反应，形成沉淀析出，经清洗、分离、干燥后，通过热分解或脱水过程得到纳米材料。其特点是操作简单，但产物的纯度低，且尺寸较大。影响沉淀生成的主要因素有反应温度、pH 值和沉积时间等。另外，化学沉淀法可分为直接沉淀、共沉淀、均相沉淀和金属醇盐水解法等。

2. 水热法

水热法采用水作为反应介质，在反应釜提供的高温高压条件下，通过化学反应生成纳米材料。当反应介质为有机溶剂时，又称为溶剂热法。水热法有以下几种：水热沉淀法、水热氧化法、水热还原法、水热合成法、水热分解法和水热结晶法等。与其他湿化学法相比，水热法可将通常难溶或不溶的物质溶解，可直接合成结晶性和分散性良好的纳米材料。类似于水热合成原理，溶剂热法的反应介质为有机溶剂，利用非水溶剂在亚临界或超临界状态下独特的物理化学性质，能够实现水热条件无法进行的化学反应，极大拓展了水热技术的应用范围。例如，将超临界法与溶剂热法相结合，反应体系在超临界状态下完成，甚至可制备具有亚稳态结构的材料，所得产物在晶化度和晶粒尺寸分布方面具有明显的优势。值得注意的是，水热法通常在高温高压下进行，对设备的依赖性较强，因此低温低压水热是其未来的发展趋势，即温度低于 100℃，压力接近 1atm。图 2.5 给出不同水热条件下合成的二氧化钛（TiO_2）微球，通过调节前驱体（钛酸异丙酯）的水解和表面活性剂的聚集过程，可实现 TiO_2微球的尺寸和次级结构单元（如纳米棒、纳米带、纳米线）的形貌调控，其主要影响因素有前驱体浓度、溶液 pH 值、水热温度和水热时间等[1]。

3. 微乳液法

微乳液法利用表面活性剂使两种不相溶的溶剂形成分散均匀的乳液微泡（直径在几纳米至几十纳米），化学反应在微泡内进行，经成核、聚结、生长、热处理等过程，获得纳米材料。其特点是所制备的纳米颗粒尺寸可控，且分散性良好，可用于制备金属、氧化物、硫化物、硼化物、氯化物和碱土金属碳酸盐等纳米颗粒。微乳液通常由表面活性剂、助表面活性剂、水和溶剂组成。常见的表面活性剂有阴离子表面活性剂（如十二烷基硫酸钠、十二烷基苯磺酸钠）、阳离子表面活性剂（如十六烷基三甲基溴化铵）、双链离子型表面活性剂（如琥珀酸二异辛脂磺酸钠）、非离子表面活性剂（如聚氧乙烯醚类）等；助表面活性剂有短碳链脂肪醇（如乙醇、正丙醇、异丙醇、正丁醇等）；溶剂为非极性溶剂（如烷烃、环烷烃等）。

典型的微乳液体系有油包水（W/O）和水包油（O/W）两种，通常将不

图 2.5　不同水热条件下合成的 TiO_2 微球[1]

溶于水的有机物称为油。油/水体系有柴油/水、汽油/水和甲苯的醇溶液/水等。如图 2.6 所示，W/O 体系的几种合成途径：直接混合反应物 A 和反应物 B 得到 AB 沉淀；在可溶金属盐的微乳液中加入还原剂，通过还原反应形成金属沉淀；在阳离子可溶盐的微乳液中，气泡穿过微乳液发生化学反应，进而形成沉淀。微乳液法的关键是调控微泡的尺寸，需考虑表面活性剂的性质、水/油比例、反应温度和时间等影响因素。

4. 溶胶-凝胶法

溶胶-凝胶法是将金属的有机或无机化合物溶液水解生成溶胶，溶质发生聚合凝胶，然后将凝胶干燥、热处理，获得纳米材料的方法。其特点是产物的化学均匀性好、纯度高、颗粒尺寸小等，该方法还可容纳不溶性组分或不沉淀组分。溶胶-凝胶法为低温反应过程，允许进行掺杂，可用于制备各种无机纳米材料、有机纳米材料和有机-无机复合纳米材料等。

制备凝胶的主要途径有（图 2.7）：①在前驱体溶液中加入化学添加剂形

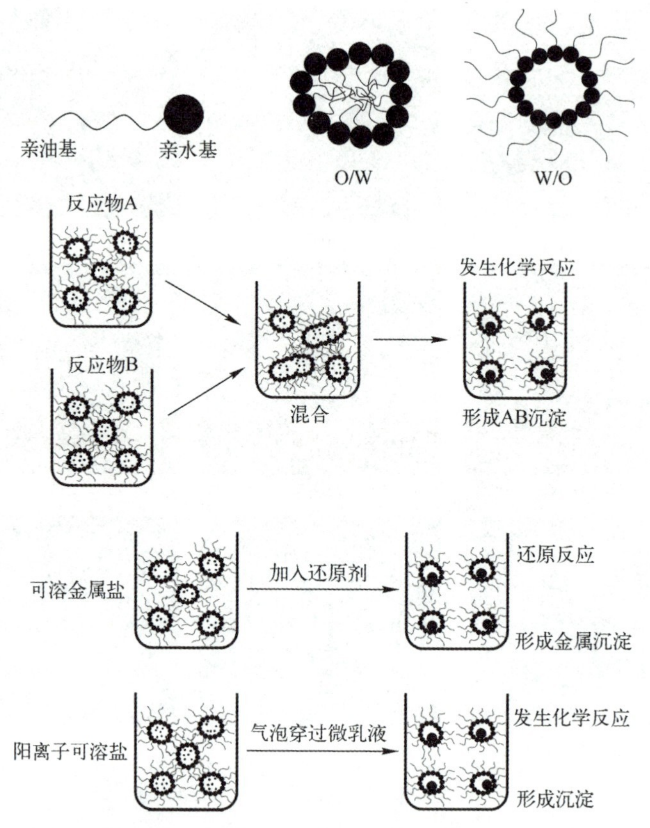

图 2.6 微乳液体系的 O/W 和 W/O 示意图类型及几种 W/O 体系的合成途径

成凝胶微粒，通过调节溶液的 pH 值、加入电解质中和微粒表面电荷、蒸发溶剂等方式获得凝胶。②在前驱体溶液中加入水或催化剂，使前驱体发生水解生成溶胶，经过缩聚反应得到凝胶。③利用络合剂在前驱体溶液中生成络合物，通过减压蒸发的方式获得凝胶。这三种途径也可归结为两类：化学法是通过调控溶胶中电解质的浓度来实现胶凝化；物理法则通过克服胶粒间的排斥力来实现胶凝化。溶胶中含有大量的水，整个体系在凝胶化过程中失去流动性，形成一种开放的骨架结构。值得注意的是，在干燥过程中，溶剂的蒸发将引起凝胶的结构和体积发生显著变化，导致纳米颗粒极易发生硬团聚现象。

5. 喷雾法

喷雾法是利用各种手段将溶液雾化而获得纳米颗粒的一种方法。该方法将化学与物理相结合，具有制备工艺简单、可连续性生产、颗粒尺寸分布均

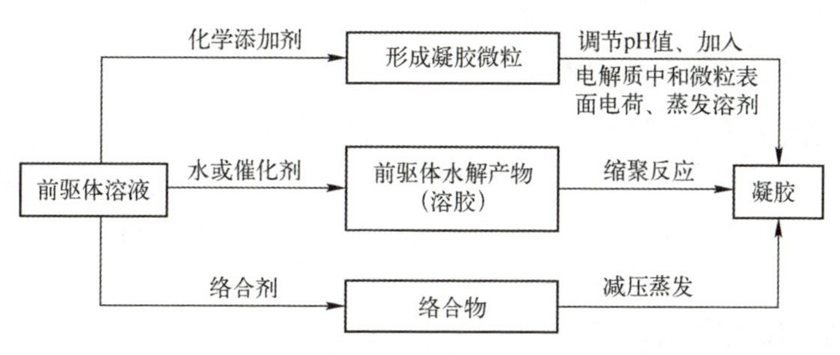

图 2.7 溶胶-凝胶过程中凝胶的形成途径

匀等特点。其基本流程包括配制溶液、喷雾、干燥、收集和热处理等。根据雾化和颗粒形成过程的不同，喷雾法分为喷雾干燥法、喷雾水解法和喷雾热分解法。如图 2.8 所示，喷雾干燥法将金属盐溶液或氢氧化物溶胶经雾化处理，通过载气喷入干燥室，获得金属盐或氢氧化物的微粒，经收集和热处理获得产物。喷雾水解法利用惰性气体作为载气，将一种盐的超微颗粒喷入含有金属醇盐的蒸汽室内，金属醇盐蒸汽在超微颗粒的表面吸附，并与水蒸气发生水解反应形成氢氧化物，经热处理后获得金属氧化物纳米颗粒。喷雾热分解法则升高雾化室的温度，使喷入的金属盐溶液的小液滴直接发生热分解，从而获得纳米材料。

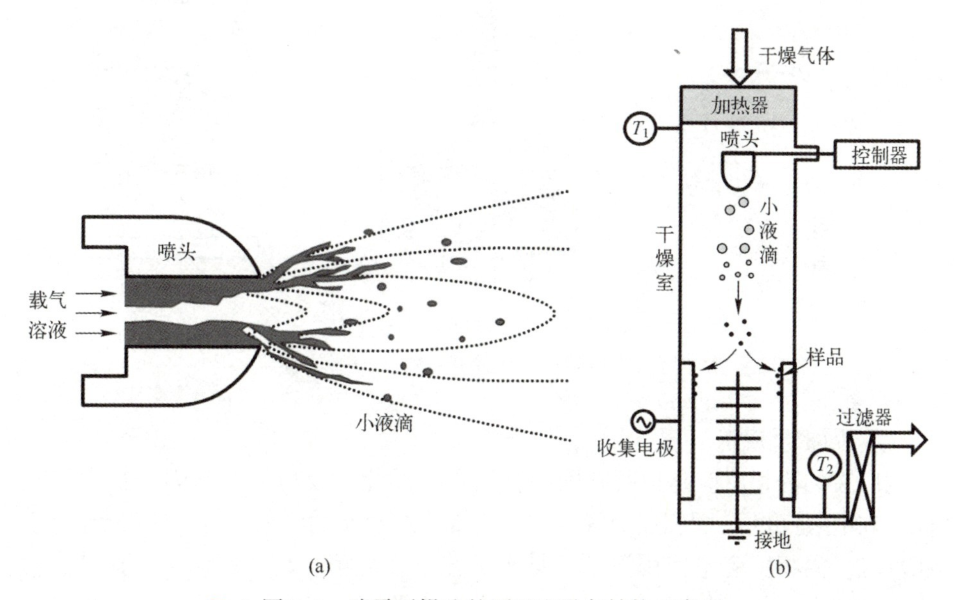

图 2.8 喷雾干燥法的原理和设备结构示意图

2.1.3 固相法合成纳米材料

固相法是通过对固相物料进行加工获得纳米材料的方法。该方法工艺简单、成本低、产量大、所制备的纳米粉体无团聚，但在超细纳米材料的制备方面仍存在效率低、能耗大、易混入杂质等问题。固相法按工艺特点可分为高能球磨法和固相反应法两类。

1. 高能球磨法

高能球磨法是利用球磨机的滚动、搅拌或振动（图 2.9），使磨球对原料进行强烈的撞击、研磨、粉碎，进而获得纳米粉体的方法。其基本原理是固体原料在机械力的作用下降低化学反应活化能，使得通常在高温下进行的反应在较低的温度下进行，因此可制备出特殊的纳米粉体，如互不相溶体系的固溶体、纯金属的纳米晶、纳米合金以及金属-陶瓷复合纳米材料等。传统的低能球磨工艺只对原料进行破碎和混合均匀，而高能球磨的运动速度较大，使粉体产生塑性变形及相变，而且可批量化生产，已经成为制备纳米材料的重要方法之一。影响最终产物的组成和性能的因素主要有：球料比例、分散剂的添加量、球磨介质、球磨容器、搅拌速度和球磨时间等，此外球磨的温度、气氛，以及过程添加剂等也将产生一定影响。

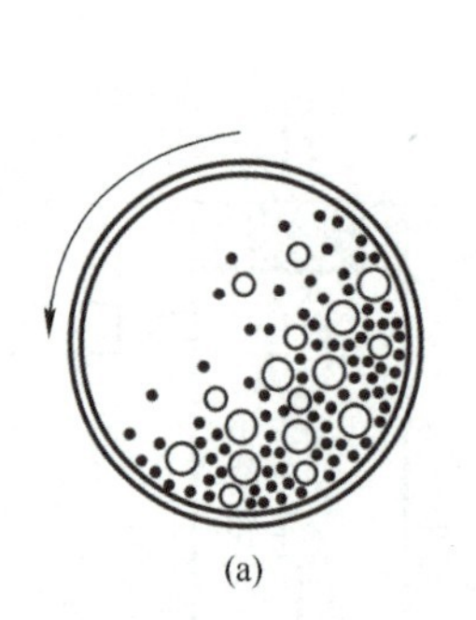
(a)

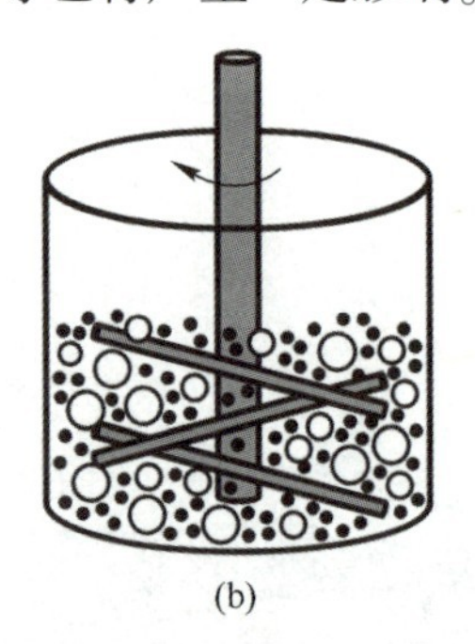
(b)

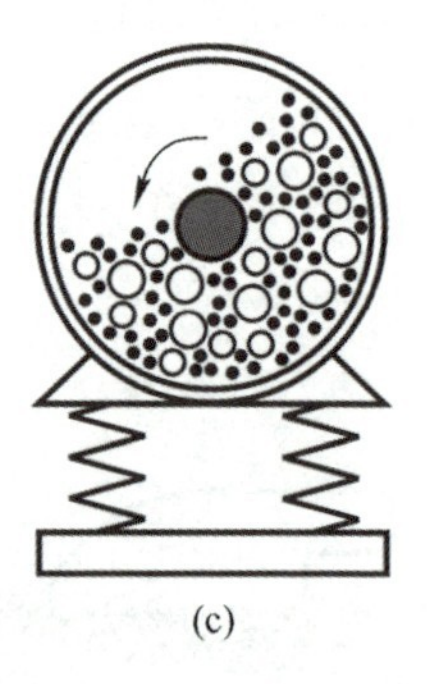
(c)

图 2.9 三种球磨方式示意图

(a) 滚动球磨；(b) 搅拌球磨；(c) 振动球磨。

2. 固相反应法

广义的固相反应是指所有固相物质参与的化学反应，包括固-气相反应、固-液相反应和固-固相反应等。本章主要介绍狭义的固相反应，即仅指固-固相反应。固相反应不使用溶剂，具有工艺过程简单、高产率、高选择性、污染少等特点，是制备新型固体材料的主要手段之一。固相反应需考虑热力学和动力学两个因素：前者通过考察特定化学反应的自由能来判断该反应能否进行；后者则决定该反应进行的速率。对于固相法合成纳米材料而言，反应温度对产物的微观结构和性能将产生重要影响。根据反应温度，固相反应可分为高温固相反应、中温固相反应和低温固相反应（表2.1）。

表2.1　固相反应法的分类与应用

分　类	反应温度	应用范围
高温固相反应	高于600℃	主要用于制备热力学稳定的化合物
中温固相反应	100~600℃	制备在高温下分解而只能在较低温度下稳定存在的介稳化合物，如有机化合物或配位化合物
低温固相反应	低于100℃	主要制备动力学控制的化合物

传统的固相反应通常是指高温固相反应，但仅限于制备热力学稳定的化合物。中温固相反应主要制备在高温下分解而只能在较低温度下稳定存在的介稳化合物，产物中甚至会部分保留反应物的结构特征，大多用于制备有机化合物或配位化合物。低温固相反应的最大特点在于反应温度降至室温或接近室温，故又称为室温固相反应，具有节能、高效、减少污染等优点。固相反应可分为四个阶段：扩散、反应、成核和生长。高温固相反应的决速步可能为扩散、成核和生长，化学反应较为迅速，而低温固相反应的决速步则可能是四个阶段中的任意一个。

2.1.4　其他合成方法

随着人们对纳米材料的形貌、结构和性能的不断探索，以及科学技术的快速发展，纳米材料的合成技术也越来越成熟。在纳米材料的合成过程中，工艺的可控性成为首要条件，也是实际应用的前提与保障。为了通过“自下而上”来构筑所需的纳米材料，在前文介绍的合成方法的基础上引入其他技术，如超声、微波、等离子体等，将为新型结构和性能纳米材料的设计与合成提供新的思路。本节主要介绍其他几种常见的合成方法，如模板法和静电纺丝法。

1. 模板法

模板法是一种利用具有纳米尺寸结构材料的内表面或外表面为模板来获得纳米材料的高效方法。模板法合成的纳米材料具有尺寸可控、效率高、可靠性好等特点。模板大致可分为软模板和硬模板两类。软模板通常是由表面活性剂分子聚集形成的胶团、反胶团、囊泡等，也可归类于微乳液法。硬模板有阳极氧化铝（Anodic Aluminum Oxide，AAO）、多孔硅、沸石、分子筛、聚合物纤维以及多孔高分子薄膜等。图2.10给出AAO模板法制备多孔金（Au）纳米线的

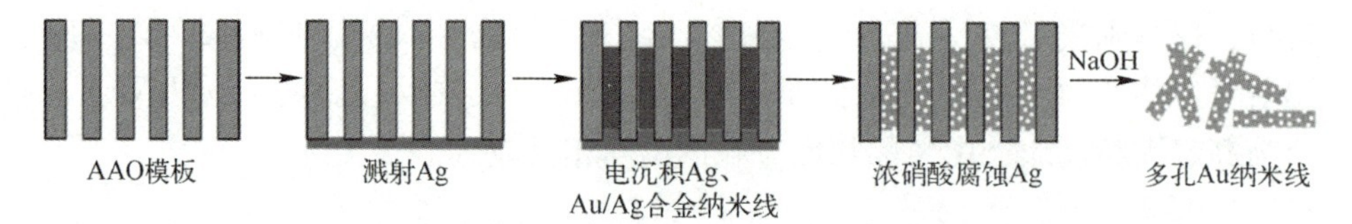

图 2.10　AAO 模板法制备多孔 Au 纳米线的流程示意图

流程示意图，利用浓硝酸和氢氧化钠（NaOH）分别去除银（Ag）和 AAO 模板，得到最终的产物。类似地，所有的模板均能提供一个有限尺寸的反应空间，区别在于硬模板仅提供静态的孔道，原料只能通过开放的孔结构进入，而软模板则提供处于动态平衡的反应腔，原料可穿过模板扩散进出。

此外，模板法可结合电化学沉积、化学镀、化学聚合、化学气相沉积和溶胶-凝胶等技术制备各种金属、合金、半导体、磁性材料以及导电聚合物等纳米结构材料。该方法还可用于制备其他方法无法比拟的超细直径的纳米纤维或纳米管，通过改变模板柱形孔径的大小来调控纳米纤维或纳米管的直径。模板法还便于调节所构筑产物的化学组分，因而在复合纳米体系的制备中占有极其重要的地位和广阔的应用前景。在模板法合成纳米材料的过程中，需注意以下几点：①前驱溶液对模板孔壁是否浸润，亲水或疏水性质是组装纳米结构能否进行的关键；②控制孔道内的沉积速率，沉积过快容易造成孔道口堵塞，使孔道内部材料的生长终止；③保持模板的稳定性，选择合适的反应条件，避免模板与溶液发生化学反应。

2. 静电纺丝法

静电纺丝法采用聚合物溶液或熔体在高压电场中发生喷射拉伸形成纳米纤维的方法。该方法是一种直接获得连续纳米纤维的方法，如纳米纤维、纳米管和纳米带等，还可制备具有特殊结构的纳米纤维，如多孔结构、核-壳结构等。静电纺丝纳米纤维具有表面积大、孔隙率高、长径比大等优点，广泛应用于生物、医学、电子、能源、过滤和增强增韧复合材料等领域。此外，在前驱溶液中添加其他原料，可进一步对纳米纤维的表面和内部进行修饰，当然这也可在纳米纤维形成之后进行。静电纺丝法在大规模制备有序、复杂纳米纤维方面具有独特优势，比如利用改进的收集装置可对纳米纤维进行定向排列、堆垛、折叠，形成有序结构或分级结构。

静电纺丝装置主要有四个部分：高压电源、注射泵、喷丝针头和收集装置。如图 2.11 所示，其工作原理为：当黏性的前驱体溶液或熔体被注射泵推出喷丝针头时，在表面张力的作用下形成球形液滴。在高压静电作用下，液滴表面积累同种电荷。当静电排斥作用足够强时，可抵消液滴表面的张力，此时液滴形成“泰勒”锥。喷丝开始后，纺丝前驱液首先进入锥-射流区，在电场力和静电排斥力的共同作用下，射流直径越来越小，开始发生弯曲。然后射流进入鞭动不稳定区，射流加速的同时如鞭子一样摆动，此时射流直径大幅下降，溶剂快速挥发或熔体冷却。最后，射流固化形成超细直径的纳米纤维，在收集装置上形成无纺布状的纤维毡。

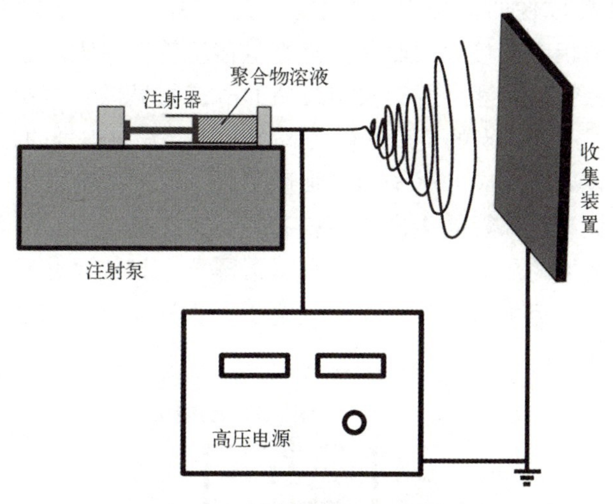

图 2.11　静电纺丝装置的示意图

静电纺丝法最初大量用于制备各种聚合物纳米纤维。随着静电纺丝技术和理论研究的深入，尤其是结合溶胶-凝胶法后，静电纺丝法已用于陶瓷纳米纤维和复合纳米纤维的制备，极大地拓宽其应用领域。目前，静电纺丝技术还面临一系列挑战：对于陶瓷纳米纤维而言，有必要提高其机械强度和柔性，以实现自支撑结构的大面积应用。精确调控纳米纤维微观结构和纳米纤维的表面修饰有助于功能材料的优化和发展。

2.2　纳米材料的表征技术

2.2.1　纳米材料的形貌表征

1. 扫描电子显微镜

扫描电子显微镜（Scanning Electron Microscope，SEM）由电子光学系统、

真空系统、信号收集处理系统、观察与记录系统、电源及控制系统组成。图 2.12 所示为 SEM 的构造图，其基本工作原理是：由电子枪发射的电子束经栅极静电聚焦后成为直径为 10~50μm 的点光源，在加速电压的作用下，经过两级聚光镜会聚成几纳米大小并聚焦在样品表面。电子束在末级透镜的扫描线圈作用下，对样品的表面进行扫描。高能电子束与样品发生相互作用，产生各种信号（二次电子、背散射电子、吸收电子、X 射线、俄歇电子等）。其中，用于 SEM 成像的信号主要是二次电子，其次是背散射电子和吸收电子。这些信号被相应的接收器收集，经光电倍增管和放大器放大后，作为视频信号调制显像管的亮度。由于扫描线圈的电流与显像管的相应偏转电流同步，因此显示器上任意点的亮度与样品表面上该点发射信号的强度一一对应。样品表面形貌各异，对应的电子信号强度不同，对同一种电子信号进行帧扫和行扫，同时控制显像管同步进行帧扫和行扫，在显示器上呈现的图像就是电子束所扫描区域的放大图像。由于显示器屏幕上扫描尺寸是固定的，因此改变扫描线圈的电流大小，就可以改变电子束在样品上的扫描尺寸，从而改变 SEM 的放大倍数。

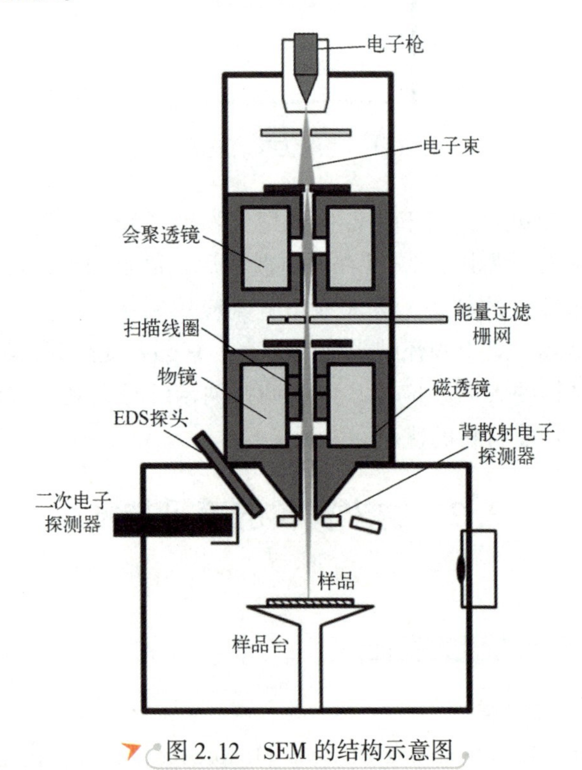

图 2.12 SEM 的结构示意图

由于二次电子从样品表面发射出来，对表面状态非常敏感，能够有效地反映表面形貌，因此二次电子像是SEM最主要和最基本的工作模式，具有分辨率高、图像立体感强的特点，SEM的分辨本领一般是指二次电子像的空间分辨率。背散射电子是入射电子在样品深处受原子核卢瑟福散射而形成的散射电子，在分辨率和成像质量方面比二次电子像低，立体感较差，但是对样品的原子序数变化敏感，可用于观察样品中成分的空间分布。图2.13是分别利用二次电子和背散射电子探头获得的图像。可以看出，图2.13（a）的二次电子像清晰地呈现天然纤维和Ag纳米颗粒的表面形貌，但无法区分样品中Ag纳米颗粒的具体分布情况。而图2.13（b）的背散射电子像给出Ag纳米颗粒（明亮区）在天然纤维（灰暗区）表面的分布情况，但样品表面的分辨率较差。

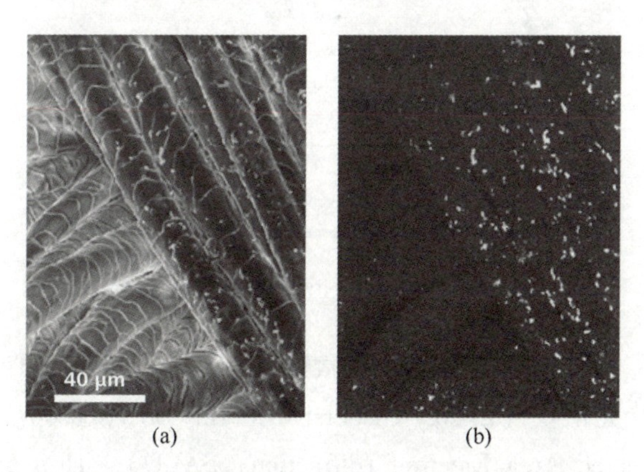

图2.13　包覆在天然纤维表面的Ag纳米颗粒
（a）二次电子成像；（b）背散射电子成像。

2. 透射电子显微镜

透射电子显微镜（Transmission Electron Microscope，TEM）主要由照明系统、成像系统、观察和成像系统、试样台和试样架、真空系统组成（图2.14）。

TEM的基本工作原理是：电子枪发射的电子束经高压电场加速后在电磁透镜中聚焦，会聚到非常薄的样品上，电子与样品中的原子碰撞而发生立体角散射。由于散射角的大小与样品的质量厚度有关，即电子束发生散射的程度不同，因此透过样品的电子束在荧光屏上形成明暗不同的图像。图像在放大、聚焦后在成像系统（如电子耦合器件（Charge Coupled Device，CCD）相机及显示器）上显示出来。图像的明暗真实反映样品的物质结构，常用于纳米材料的形貌、粒径和尺寸表征。

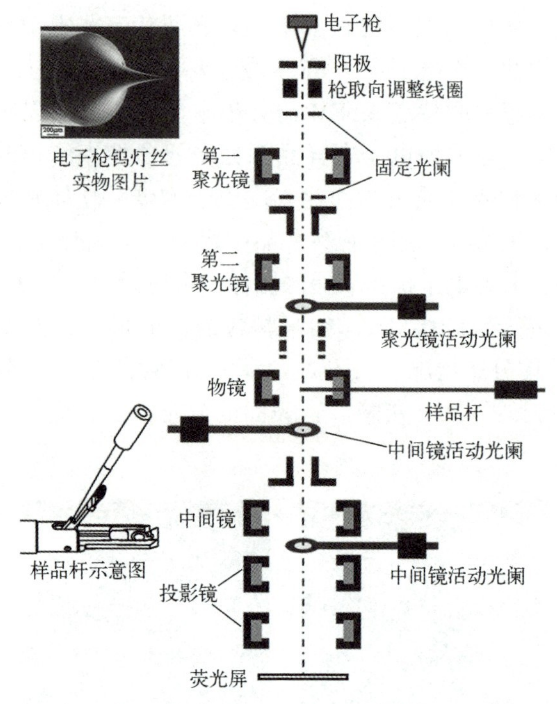

图 2.14 TEM 的基本结构示意图

TEM 会装配高分辨率透射电子显微镜（High-Resolution TEM，HRTEM）、能量色散 X 射线光谱仪（Energy Dispersive X-Ray Spectroscopy，EDS）和选区电子衍射（Selected Area Electron Diffraction，SAED）。TEM 分辨率为 0.1~0.2nm，放大倍数为几万至百万倍，HRTEM 可用于观察纳米材料的晶面参数，推断出材料的晶型。EDS 用于分析样品包含的元素，以及元素所占的比例；SAED 用于晶体样品的形貌特征与晶体学性质的原位分析。

3. 原子力显微镜

原子力显微镜（Atomic Force Microscope，AFM）主要包括减震系统、头部系统、电子学控制系统和计算机软件系统。图 2.15 为 AFM 的工作原理图，将一个对微弱力极敏感的微悬臂的一端固定在轻敲起振器上，另一端的极细探针接近样品。由于针尖与样品表面的原子存在极微弱的相互作用力，使得微悬臂发生形变或运动状态的变化。扫描样品表面时控制这种作用力恒定，利用光电检测系统（如偏转、电容、隧道电流、外差、自差、激光二极管反馈、偏振等方法）对微悬臂的运动进行扫描，测得微悬臂对应于各扫描点的位置变化，将反馈信号放大、转换，从而得到样品表面原子级的三维轮廓图像信息。

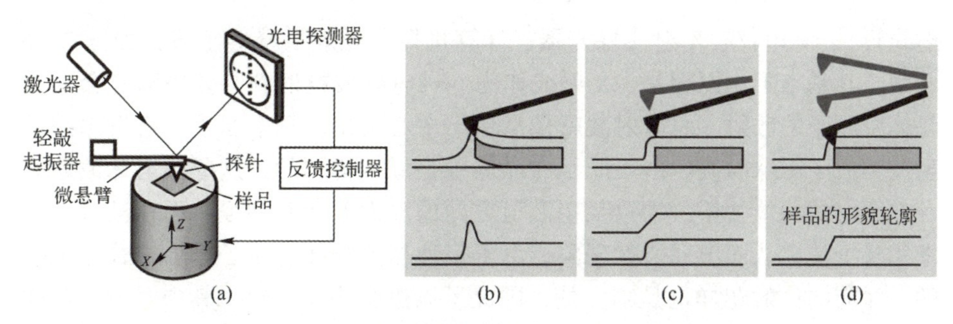

图 2.15　原子力显微镜的工作原理及三种操作模式
（a）压电扫描器；（b）接触模式；（c）非接触模式；（d）轻敲模式。

AFM 的操作模式有接触模式、非接触模式和轻敲模式。接触模式包括恒力模式和恒高模式。恒力模式是通过反馈线圈调节微悬臂的偏转程度不变，恒高模式则保持样品与针尖的相对高度不变来测量微悬臂的偏转，后者对样品高度的变化更为敏感。接触模式的特点是针尖与样品表面紧密接触并滑动，利用的是两者相接触原子之间的排斥力（约 10^{-11} ~ 10^{-8}N）。非接触模式是控制探针始终在距样品 5~20nm 的上方进行扫描，通过保持微悬臂的共振频率或振幅来控制针尖与样品的距离，两者之间的相互作用力是吸引力。由于吸引力小于排斥力，因此灵敏度比接触模式高，但分辨率低于接触模式。虽然非接触模式避免了接触模式可能存在的样品损伤和针尖污染问题，但非接触模式无法在液体中成像。轻敲模式是介于接触和非接触模式之间的新成像技术，类似于非接触模式，但微悬臂的共振频率的振幅相对于非接触模式较大（0.01~1nm），此模式下的分辨率与接触模式相当，同时避免对样品表面的破坏，克服了前两种模式的局限。

AFM 最大的特点是可测量表面原子之间的力，分辨率达到原子级水平，尤其在垂直样品表面方向具有极高的分辨率。除导电样品外，AFM 还能观察半导体和绝缘体材料（如陶瓷材料、生物材料和有机材料等），且仪器结构简单，可在真空、大气或溶液中工作。另外，AFM 还可测量材料表面的弹性、塑性、硬度、黏着力、摩擦力等性质，广泛用于材料、化学、生命科学等领域。

2.2.2　纳米材料的结构与组分表征

1. X 射线衍射仪

X 射线衍射仪（X-Ray Diffractometer，XRD）主要由 X 射线发生器（X

射线管)、测角仪、X 射线探测器、计算机控制处理系统等组成，如图 2.16 所示。其基本工作原理是：X 射线作为一种电磁波投射到晶体中时，会受到晶体中原子的散射，而散射波就像从原子中心发出，每个原子中心发出的散射波类似于源球面波。由于原子在晶体中是周期排列的，这些散射球波之间存在固定的相位关系，导致某些散射方向的球面波相互加强，而在某些方向上相互抵消，从而出现衍射现象。由于每种晶体内部的原子排列方式是唯一的，对应的衍射花样也是唯一的，因此可以进行物相分析。其中，衍射花样中衍射线的分布规律是由晶胞的大小、形状和位向决定，衍射线的强度则由原子种类和它们在晶胞中的位置决定。

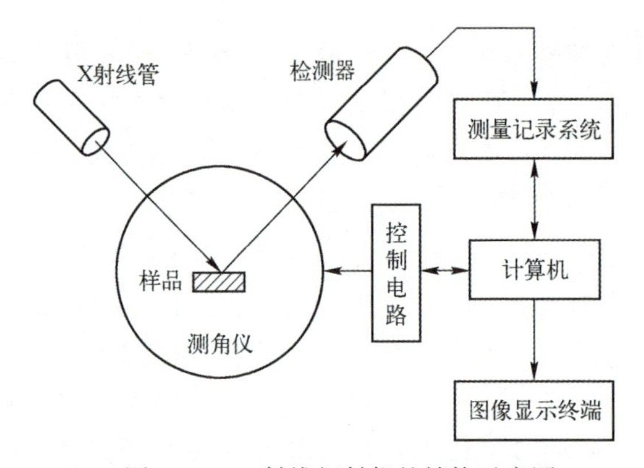

图 2.16　X 射线衍射仪的结构示意图

通过分析 XRD 图谱，可获得材料的成分、晶型结构、内部原子或分子的结构或形态等信息。常用于测量粉末、单晶或多晶体等块体材料，并具有检测快速、操作简单、数据处理方便等优点。常见的阳极靶材有铬、铁、钴、镍、铜、钼、银、钨，最常用的是铜靶。一般来说，根据样品选择靶材时，尽可能避免样品出现强的荧光散射，从而降低衍射背底，使图样清晰。根据不同的测定目的，其扫描范围也不同。当选用铜靶对无机化合物进行相分析时，扫描范围为 2°~90°（2θ）；对于高分子有机化合物的相分析，其扫描范围为 2°~60°；在定量分析、点阵参数测定时，仅对选定的衍射峰扫描几度。常规物相定性分析常采用 2（°)/min（或 4（°)/min）的扫描速度，在进行点阵参数测定、微量分析或物相定量分析时，常采用 0.5（°)/min（或 0.25（°)/min）的扫描速度。

2. 拉曼光谱仪

拉曼光谱（Raman Spectrum）是对与入射光频率不同的散射光谱进行分

析以得到分子振动、转动信息，并用于分子结构研究的一种分析方法。按照激发光源与分光系统的不同，拉曼光谱仪可分为两大类：色散型拉曼光谱仪（简称激光拉曼）和傅里叶变换拉曼光谱仪。前者采用短波的可见光激光器激发、光栅分光系统，并逐步向紫外激光器发展，由于光子能量较高，能激发出各种谱线，多用于纯物理、谱学、无机材料及纳米材料等方面的研究；后者则采用长波的近红外激光器激发、迈克尔逊干涉仪调制分光等技术，近红外激光光源较好地避免了荧光效应，更适用于有机、高分子、生化、分析化学等研究。

图 2.17（a）给出了激光拉曼的结构示意图，主要有激光器、单色器（光栅、多单色器）和检测器（光电倍增管、光子计数器）。当光子照射分子时，分子吸收光子的能量，从基态跃迁到能级更高的虚能级激发态，分子从激发态跃迁回基态的过程中会以光子的形式释放能量，如果释放光子的频率不变，仅传播方向发生变化，这种散射方式称为瑞利散射，而光子频率发生改变的散射方式成为拉曼散射，如图 2.17（b）所示。若最终基态的分子比初始基态的能量高，为保证系统的能量守恒，所激发光子的频率则较低，这一频率的改变称为斯托克斯位移。反之，若所激发光子的频率较高，称为反斯托克斯位移。拉曼散射光能量等于入射光能量加上或减去分子振动能级的能量差，即拉曼散射光的频率取决于激发光的入射频率。拉曼频率位移与分子振动能级无关，只取决于分子振动能级差。

拉曼光谱通常包含一定数量的拉曼峰，每个拉曼峰代表相应的拉曼频率位移和强度，也对应于一种特定的分子键振动，既包括单一的化学键（如 C-C、C=C、N-O、C-H 等），也包括由化学键组成的基团的振动（如苯环的呼吸振动、多聚物长链的振动以及晶格振动等）。拉曼光谱分析过程无需对样品进行预处理，而且操作简便，测定时间短，灵敏度高等，可以提供样品的化学结构、相和形态、结晶度及分子相互作用等信息。不足之处：①不同振动峰重叠和拉曼散射强度容易受光学系统参数等因素的影响；②荧光现象会对拉曼光谱造成一定的背景干扰；③在进行傅里叶变换光谱分析时，常出现曲线的非线性的问题；④其他物质的引入会对被测样品带来某种程度的污染，可能引入一些误差，进而影响分析结果。

3. 傅里叶红外光谱仪

傅里叶变换红外光谱仪（Fourier Transform Infrared Spectrometer，FTIRS），简称为傅里叶红外光谱仪。如图 2.18 所示，它主要由红外光源、光阑、干涉仪（分束器、动镜、定镜）、样品室、检测器、计算机和记录系统组成，大多

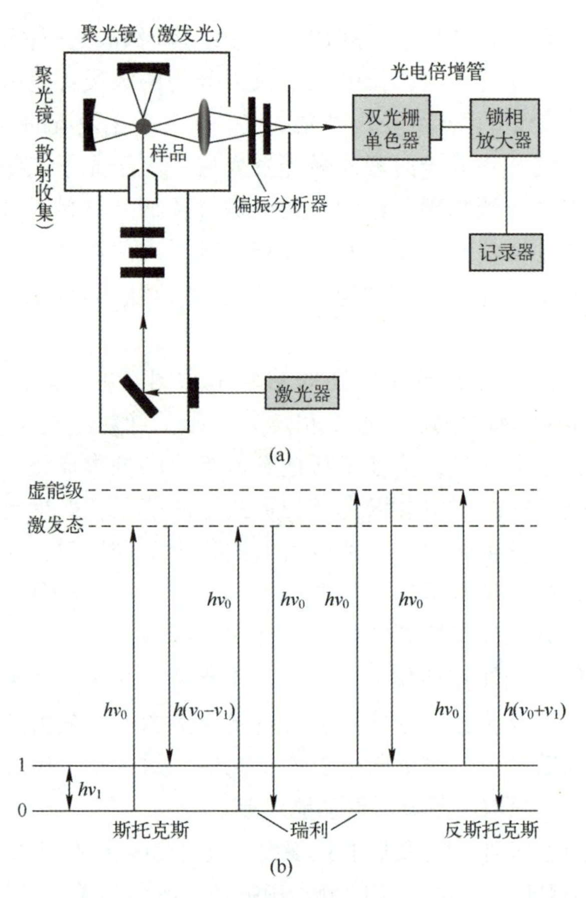

图 2.17　拉曼光谱仪

（a）拉曼光谱仪的结构图；（b）拉曼散射与瑞利散射能级示意图。

数 FTIRS 使用迈克尔逊干涉仪。不同于色散型红外分光的原理，它基于对干涉后的红外光进行傅里叶变换的原理，具体是：化合物分子振动时吸收特定波长的红外光，所吸收的红外光的波长取决于化学键动常数和连接在两端的原子折合质量，从而反映化合物分子的结构特征。红外光可分成近红外、中红外和远红外三个区，其中中红外区（2.5～25μm；4000～400cm^{-1}）能够很好地反映分子内部发生的各种物理过程以及分子结构特征，是红外光谱中最常用的区域。根据红外光吸收谱带频率的位置、强度、形状以及吸收谱带和温度、聚集状态等的关系，可以确定分子的空间构型，求出化学键的力常数、键长和键角。从光谱分析的角度看，主要是利用特征吸收谱带的频率推断分子中存在某一基团或键，由特征吸收谱带频率的变化推测临近的基团或键，进而确定分子的化学结构，也可由特征吸收谱带强度的改变对混合物及化合物进行定量分析。

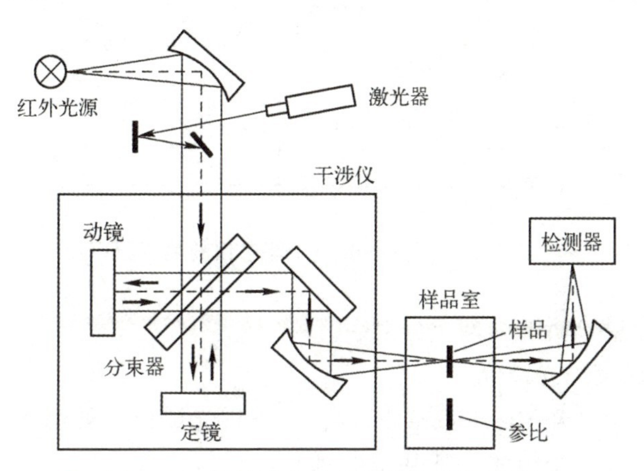

图 2.18 傅里叶红外光谱仪的结构示意图

4. X 射线光电子能谱仪

X 射线光电子能谱仪（X-Ray Photoelectronic Spectrometer，XPS）由真空系统、离子枪、进样系统、能量分析器以及探测器等部件组成。其基本原理是：当 X 射线辐射固体样品时，原子或分子的内层电子或价电子受激发射出物体之外，成为光电子。光电子除克服个别原子核对它的吸引外，还必须克服整个晶体对它的吸引才能逸出样品表面，即克服功函数。当入射 X 射线能量固定时，测出功函数和光电子的能量后，即可得到电子在该能级上的结合能。由于只有表面处的光电子才能从固体中逸出，因此测得的电子结合能真实反映了样品表面的化学组分信息。如图 2.19 所示，聚焦的 X 射线从样品中激发出的光电子，经电子能量分析器，按电子的能量展谱，再进入电子探测器，最后用记录仪记录光电子能谱。XPS 的射线源通常采用 AlK_{α}（1486.6eV）和 MgK_{α}（1253.8eV），具有强度高，自然宽度小的特点。

XPS 可用于元素的定性分析：根据能谱图中特征谱线的位置鉴定除氢（H）、氦（He）以外的所有元素；还可用于元素的定量分析：根据能谱图中光电子谱线强度（峰面积）获得元素的含量或相对浓度。对于固体表面分析，XPS 可获得表面的化学组成、元素价态、表面能态分布，测定表面电子的电子云分布和能级结构等；对于化合物的结构分析，可精确测量内层电子结合能的化学位移，提供化学键和电荷分布等信息。XPS 的优点是绝对灵敏度很高，分析时所需的样品量很少；但相对灵敏度不高，液体样品的分析比较麻

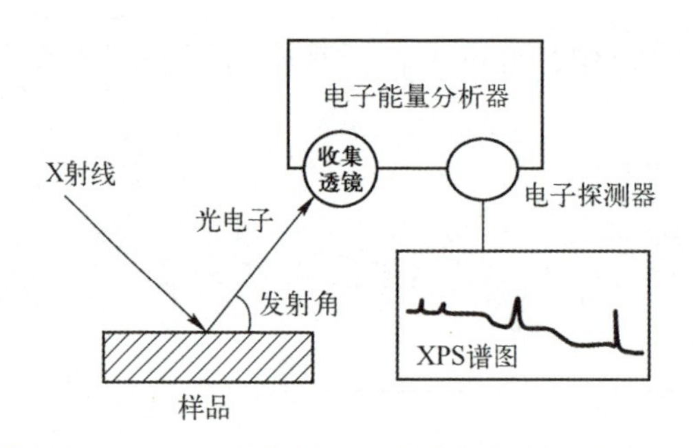

图 2.19　X 射线光电子能谱仪的测试原理图

烦，且影响定量分析的因素十分复杂。

5. X 射线荧光光谱仪

X 射线荧光（X-Ray Fluorescence，XRF）光谱仪主要由 X 射线管、分光系统和检测记录系统组成。其基本原理是：X 射线管发出的特征 X 射线照射到样品上，样品中的元素受激后会发出特有能量的 X 射线荧光。用检测器探测 X 射线荧光，可根据荧光的能量进行定性分析，或根据荧光的强度进行定量分析，因此，XRF 光谱仪可分为波长色散型和能量色散型两类，如图 2.20 所示。

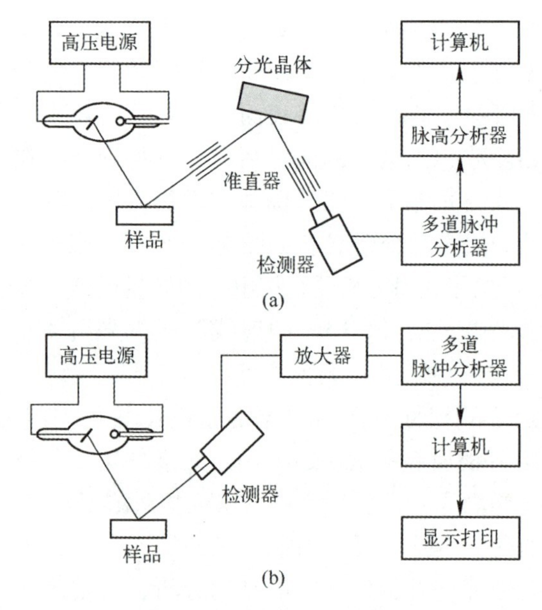

图 2.20　X 射线荧光光谱仪的原理图
（a）波长色散谱仪；（b）能量色散谱仪。

能量色散型 XRF 可同时测定样品中几乎所有的元素（$_4$Be～$_{92}$U），具有分析速度快、检测效率高、机械结构简单、体积小、工作稳定等优点，但在能量分辨率、轻元素的灵敏度、精度等方面比波长色散型差。此外，进行 XRF 光谱分析的样品可以是固态，也可以是水溶液，但样品制备的情况对测定误差的影响很大。对于固态样品，若无法得到均匀平整的表面，可用酸溶解后沉淀成盐类进行测定。对于液态样品，可滴在滤纸上，用红外灯蒸干水分后测定，也可在密封的样品槽中测定。所测样品不能含有水、油和挥发性成分，更不能含有腐蚀性溶剂。

2.2.3　纳米材料的性能表征

1. 紫外分光光度计

紫外可见吸收光谱（UV-Vis Absorption Spectrum）是利用物质的分子或离子对紫外和可见光的吸收所产生的，其吸收程度可对物质的组成、含量和结构进行分析，所用到的仪器为紫外分光光度计。其基本结构包括光源、单色器、吸收池、检测器和信号指示系统。紫外分光光度计可分为单光束分光光度计、双光束分光光度计和双波长分光光度计三种类型，如图 2.21 所示。其基本原理与红外光谱仪类似：利用单色器将光源产生的连续光谱分成各种单色光，然后利用这些单色光照射待测样品，一定波长的紫外-可见光将引起价电子的跃迁，得到随波长而变化的吸收光谱。对于特定的波长，吸收的程度正比于试样中该成分的浓度，因此测量吸收光谱可进行定性分析。与已知浓度的标样进行对比，还能进行定量分析。它具有灵敏度高、快速准确、操作简便和选择性强等优点。

2. 光致发光光谱测试装置

光致发光（Photoluminescence，PL）光谱测试装置主要由激光光源、低温恒温箱、单色仪和滤光片、信号接收设备（光探测器、信号放大器和记录仪）组成，如图 2.22 所示。PL 的基本原理是：当激发光照射在样品表面时，由于半导体材料对能量高于其吸收限的光子有很强的吸收，吸收系数通常高于 $10^4 cm^{-1}$，通过本征吸收，可在材料表面 1μm 厚的区域里产生大量的电子-空穴对，使样品处于非平衡态。这些额外载流子对一边向体内扩散，一边通过不同的复合机构进行复合，有的复合过程将发射光子。这些光子经会聚进入单色仪分光，经探测器接收转变成电信号并进行放大和记录，得到发光强度随波长变化的曲线，即 PL 谱图。

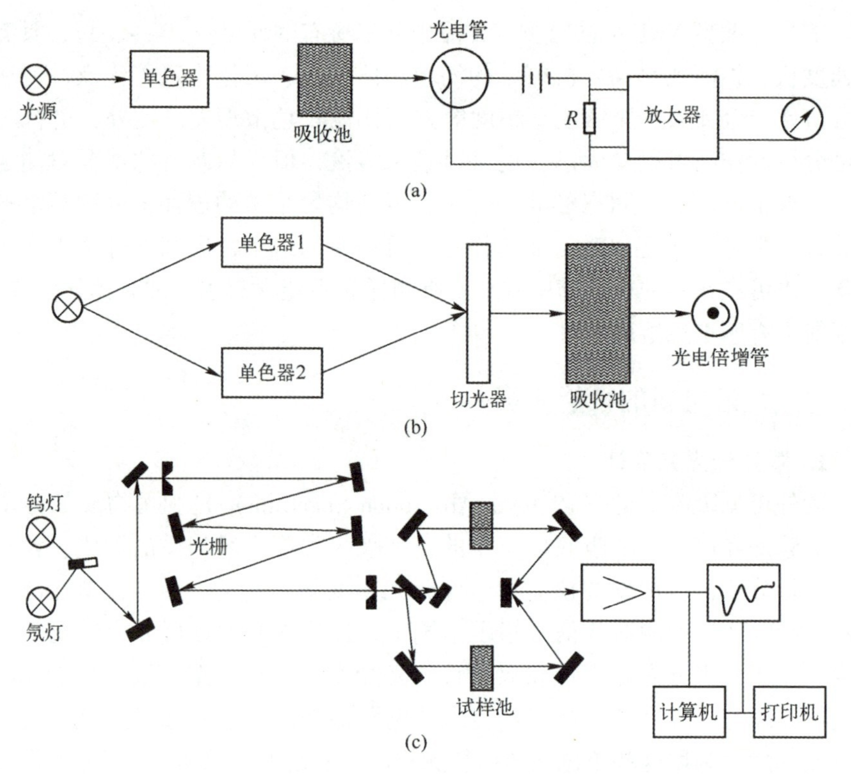

图 2.21 三种紫外分光光度计的光路示意图

(a) 单光束型；(b) 双光束型；(c) 双波长型。

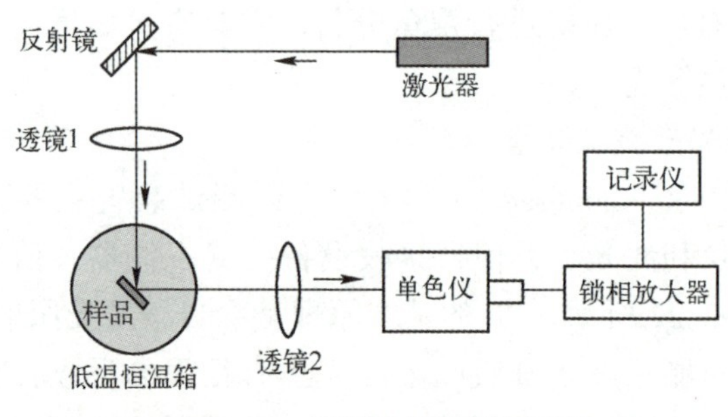

图 2.22 光致发光测试原理图

PL 光谱与材料的能带结构、缺陷状况、掺杂水平等因素有关，因此，广泛用于研究半导体材料的物理特性。PL 分析具有测试简单、可靠，对被测样品无损伤等优点，在探测的量子能量和样品空间大小均具有高分辨率，适于作薄层分析和微区分析。PL 在光吸收测试灵敏度差的频段内具有较高的灵敏度，二者可互为补充。此外，由于 PL 光谱直接测量样品的发光强度，故常用于相对发光效率的比较，仅用于定性研究。

3. 电子自旋共振波谱仪

电子自旋共振（Electron Spinning Resonance，ESR）也称电子顺磁共振（Electron Paramagnetic Resonance，EPR），是检测和研究顺磁物质中未成对电子的一种波谱学技术，也是检测顺磁物质的最直接最有效的方法。如图 2.23 所示，ESR 波谱仪主要由微波系统、样品系统、信号检测与记录系统组成。其基本原理是：将样品置于恒定磁场中，样品中属于自旋 1/2 粒子的电子接收固定频率的微波，并发生磁能级间的共振跃迁现象，在相应的吸收曲线上出现吸收峰，即产生 ESR 吸收谱线。

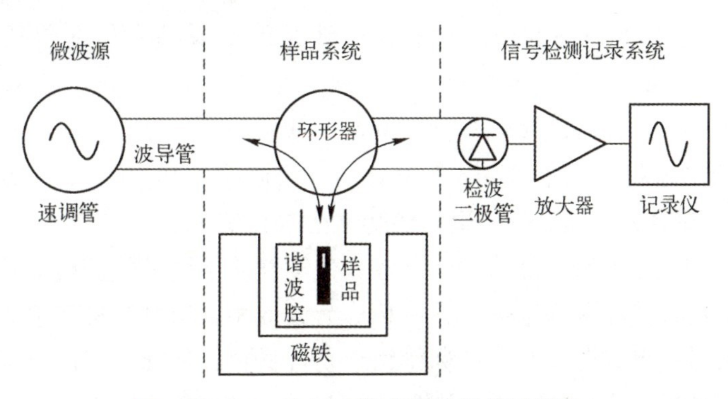

图 2.23 电子自旋共振波谱仪示意图

ESR 只能研究具有未成对电子的化合物，如固体中的晶格缺陷、过渡金属离子和稀土金属离子、自由基、双基或多基、三重态分子、具有奇数电子的原子等。样品检测时，不会破坏研究对象的结构，也不影响正在进行的化学、物理过程，从而得到有意义的物质结构和动态信息。对于稳定性的顺磁物质，可直接取样检测。对于大多数活泼自由基，可采用自旋捕获方法进行检测，即利用一种反磁性的不饱和化合物（自旋捕获剂）和反应中的活性自由基作用，生成一种较为稳定的自由基产物。在实际应用中，ESR 可指导并获得不同性质的掺杂半导体材料，还能获得催化剂表面的性质与反应机理。此外，ESR 不但能证明自由基的存在，还能得到分子结构、化学反应机理和反应动力学方面的信息，而对氧自由基的分析也大量应用于生物医学研究。

2.3 纳米复合材料的合成与表征技术

纳米材料的分类方法有很多，按其纳米结构可分为：具有原子团簇结构的零维纳米材料（0D，如纳米晶、量子点、纳米颗粒）；具有纤维状结构的一维纳米材料（1D，如纳米棒、纳米线、纳米管、纳米带、纳米纤维）；具有层状纳米结构的二维纳米材料（2D，如纳米片、纳米薄膜）；由以上纳米结构单元组装而成的三维纳米材料（3D，如纳米块体、空心结构、多孔结构、分级结构），其中，0D、1D 和 2D 纳米材料均属于低维纳米材料。这些纳米结构单元按物质的类别可分为金属纳米材料、无机纳米材料和有机纳米材料。本章主要讲述气体和湿度敏感材料，所涉及的金属纳米材料包括 Au、Ag、Pt、Pd 等贵金属；无机纳米材料包括金属氧化物（ZnO、SnO_2、TiO_2、Fe_2O_3、CuO 和 NiO 等）、金属硫属化合物（MoS_2、WS_2 和 SnS_2 等）、碳纳米管、石墨烯等；有机纳米材料包括聚苯胺（PANI）、聚吡咯（PPy）、聚乙烯二氧噻吩（PEDOT）、聚苯乙烯（PS）、聚丙烯腈（PAN）等。

复合材料是由两种（或多种）物理和化学性质不同的组分构成，通常把作为支撑骨架的连续相称为基体，另一相称为分散相。当复合材料中的任意一组分以纳米尺寸的形式分布时，可称作纳米复合材料，其既拥有传统复合材料的特点，又可能呈现出新的性质。如图 2.24 所示，纳米复合材料包括聚合物纳米复合材料和非聚合物纳米复合材料两大类。对于气体和湿度敏感材料而言，本节将从无机纳米复合材料、聚合物纳米复合材料、有机/无机纳米复合材料和贵金属修饰纳米复合材料四个方面展开，其中，无机纳米复合材料仅包含无机物组分，而聚合物纳米复合材料仅包含聚合物组分。在纳米复合材料体系中，主要考虑组成单元的自身结构、空间分布、组分比例，以及各组分之间的界面。

从纳米结构的角度来看，把不同组分的纳米结构单元进行组装或弥散分布到纳米复合材料中，可用于划分纳米复合材料的类型。以 0D 纳米颗粒为例，其复合类型可分为 0D/0D 复合、0D/1D 复合、0D/2D 复合和 0D/3D 复合，纳米颗粒既可以均匀分布，也可以非均匀分布；既可以有序排列，又可以无序排列。此外，纳米复合材料可采用一种或几种合成工艺获得，需考虑工艺流程的可行性，以及产物的形貌、组分和纳米结构的可控性。纳米复合材料的表征重点在于各组分的空间分布和组分之间的界面，以及复合材料可能引入的新性质等。

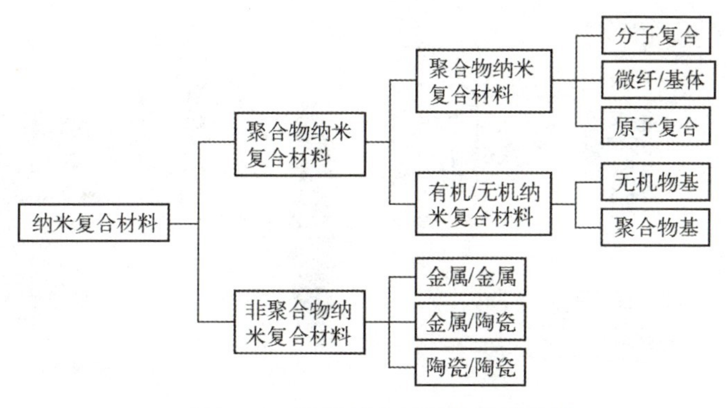

图 2.24　纳米复合材料体系及分类

2.3.1　无机纳米复合材料

所谓的无机纳米复合材料是指无机材料在纳米尺度上的复合，既可以通过一步合成（如共沉淀法、溶胶-凝胶法、球磨法等），也可以结合多种制备工艺分步进行（如化学气相沉积法、水热法、静电纺丝法等）。以树枝状结构 α-Fe_2O_3/TiO_2纳米纤维为例（图 2.25）：首先，利用静电纺丝法制备 TiO_2纳米纤维；然后，将电纺产物置于水热反应釜中，在 TiO_2纳米纤维表面原位生长 α-Fe_2O_3纳米棒，通过调节 Fe^{3+}浓度来控制 α-Fe_2O_3与 TiO_2的组分比例[2]。对于无机纳米复合材料，通常采用 SEM 和 TEM 观察其微观形貌，并利用 HR-TEM 对异质结界面进行详细表征；利用 EDS 分析可大致确定复合材料的元素组成，而元素线扫描或面扫描可进一步确定元素的分布情况；对于结晶性良好的样品，采用 XRD 可明确复合材料中各无机组分的晶体结构；XPS 用于精细分析各组分的元素比和化学态等；拉曼光谱仪用于识别复合材料中的特定组分，尤其对于碳基纳米材料；FTIR 用于表征材料表面的官能团，如氧化石墨烯；ESR 用于分析材料中的氧空位等晶体缺陷。

除此之外，对于具有特殊结构的无机纳米复合材料，如空心结构、分级结构、多孔结构等。在形貌与结构表征的基础上，可采用 N_2吸附-解吸附等温曲线测试分析复合材料的比表面积和孔径分布情况。对于含有碳基材料（如碳纳米管、石墨烯等）的无机纳米复合材料，可通过热重分析与差热分析来确定碳基材料的比例等。如图 2.26 所示，采用一步水热法制备了微球状 α-Fe_2O_3/TiO_2纳米复合材料[3]。研究发现，水热温度和水热时间对产物的形貌都具有重要影响。通过 SEM 和 TEM 的观察，复合产物由纳米棒和微球构成，进一步地，HRTEM 表明产物中存在大量的纳米孔结构，且形成 α-Fe_2O_3/TiO_2

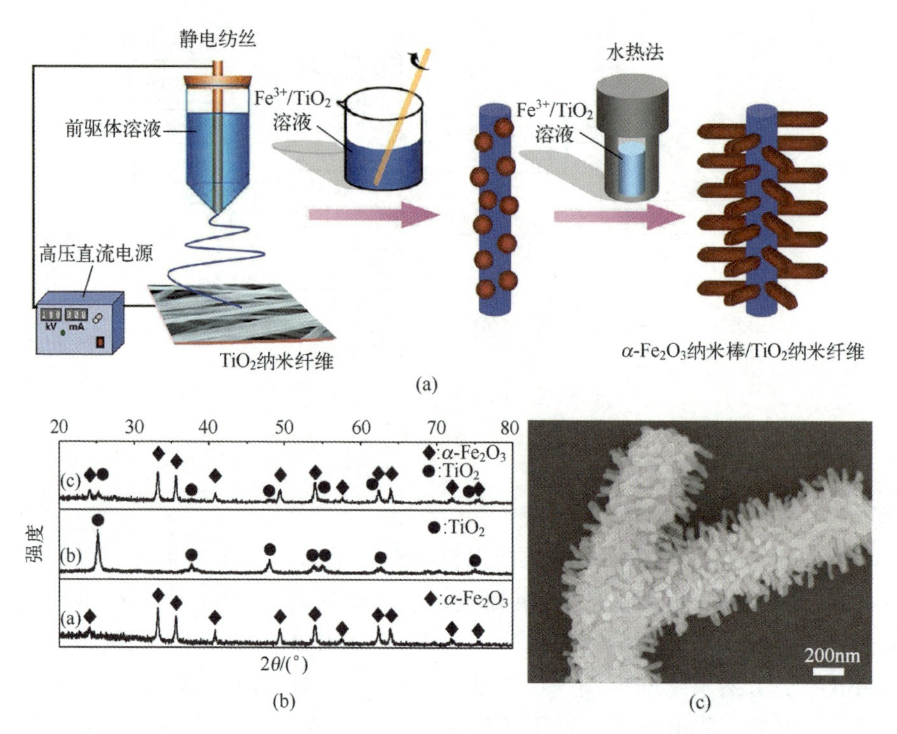

图 2.25 树枝状结构 α-Fe_2O_3/TiO_2 纳米纤维的静电纺丝和水热法制备过程示意图（a）、XRD 谱图（b）和 SEM 图片（c）

异质结。而孔径分布曲线进一步验证了复合材料中纳米孔的存在。

2.3.2 聚合物纳米复合材料

聚合物纳米复合材料是由不同有机高分子材料以各种方式复合形成的，至少一种聚合物具有纳米尺寸。考虑到聚合物的缩聚反应条件不同，聚合物纳米复合材料的制备手段通常为两步法，即在一种聚合物的基础上合成另一种聚合物。如图 2.27 所示，在静电纺丝制备的聚己内酯（PCL）纳米纤维的表面原位聚合 PANI，形成 PCL-PANI 核壳纳米纤维[4]。通过 SEM 观察，可以发现电纺 PCL 纳米纤维表面存在大量的孔结构，而沉积 PANI 后，PCL-PANI 核壳纳米纤维表面出现大量的刺状纳米结构。由于质厚衬度的不同，利用 TEM 可明确 PCL 与 PANI 的界面，进而估算 PANI 的沉积厚度（图 2.27（c））。通过比较 PCL-PANI 核壳纳米纤维与 PCL 纳米纤维及 PANI 薄膜的 FTIR 和拉曼光谱，根据不同组分的特征峰，可以进一步分析核壳纳米纤维的组成。

由于高分子聚合物具有良好的机械韧性，因此聚合物纳米复合材料还被

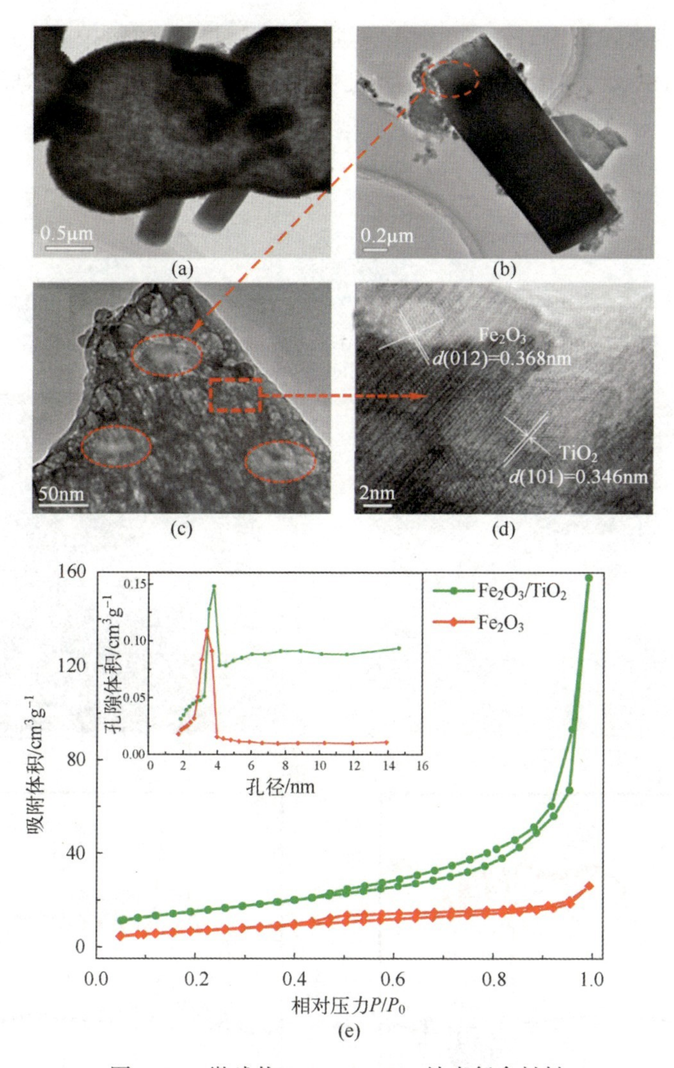

图 2.26　微球状 α-Fe_2O_3/TiO_2 纳米复合材料

（a）~（c）微球的 TEM；（d）HRTEM 图片；（e）N_2O 及附-解吸附的等温曲线。

用于制作各种柔性电子器件。特别是将导电聚合物包覆或原位聚合在其他聚合物表面，可得到多功能的柔性聚合物纳米复合材料。如图 2.28 所示，先利用静电纺丝法制备 PAN 纳米纤维的同轴纺线，然后浸入苯胺单体的溶液中，在 PAN 纳米纤维表面原位聚合 PANI 层，得到 PANI/PAN 核壳纳米纤维纺线[5]。从光学图片可以看出，白色的 PAN 纺线经 PANI 包覆后变成深绿色。SEM 图片也表明 PANI 包覆前后 PAN 纳米纤维的表面形貌发生明显变化，大量的 PANI 纳米颗粒均匀分布在纳米纤维的表面。与此同时，PANI/PAN 核壳纳米纤维的 FTIR 光谱中出现 PANI 的特征峰，进一步验证聚合过程形成的 PANI。

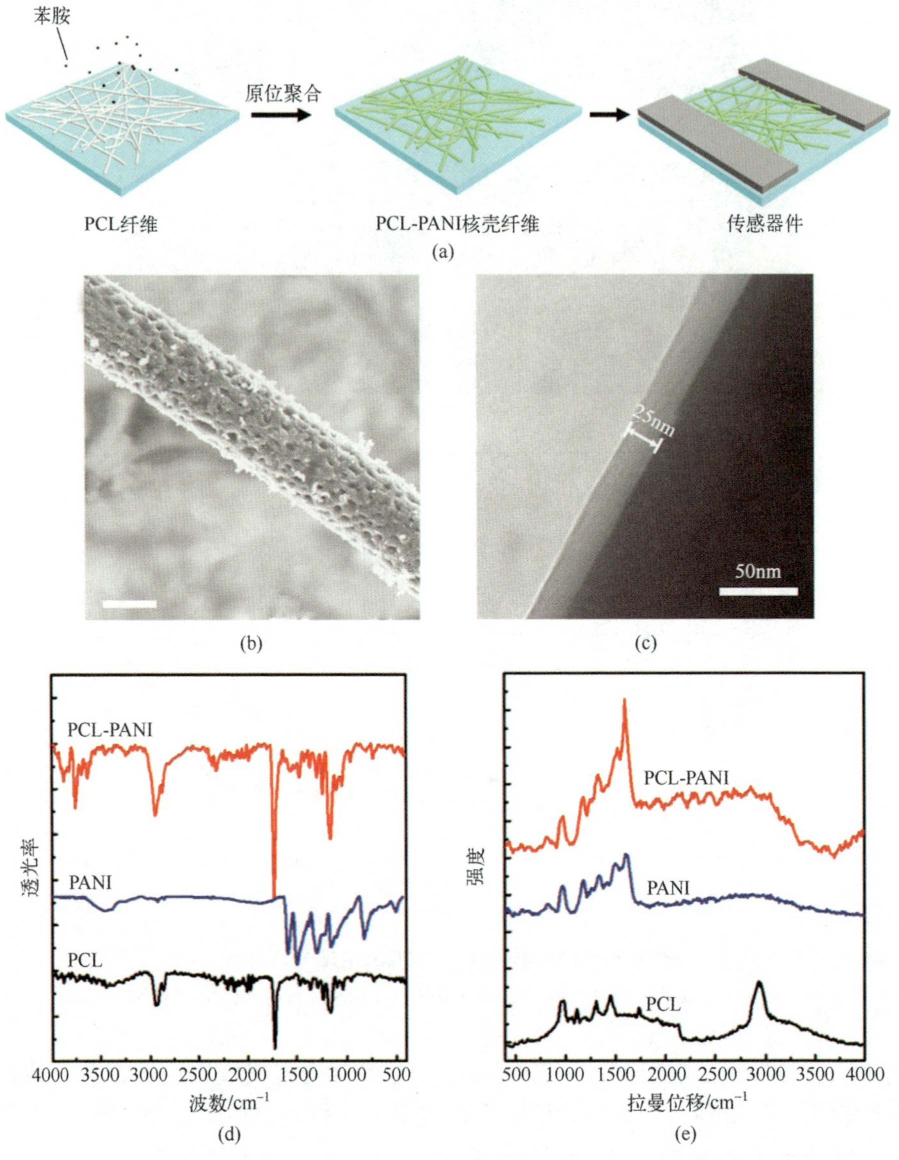

图 2.27　基于 PCL-PANI 核壳纳米纤维的器件制作过程示意图（a），PCL-PANI 核壳纤维的 SEM 图片（b）和 TEM 图片（c），PCL、PANI 和 PCL-PANI 样品的 FTIR 光谱（d）与 Raman 光谱（e）[4]

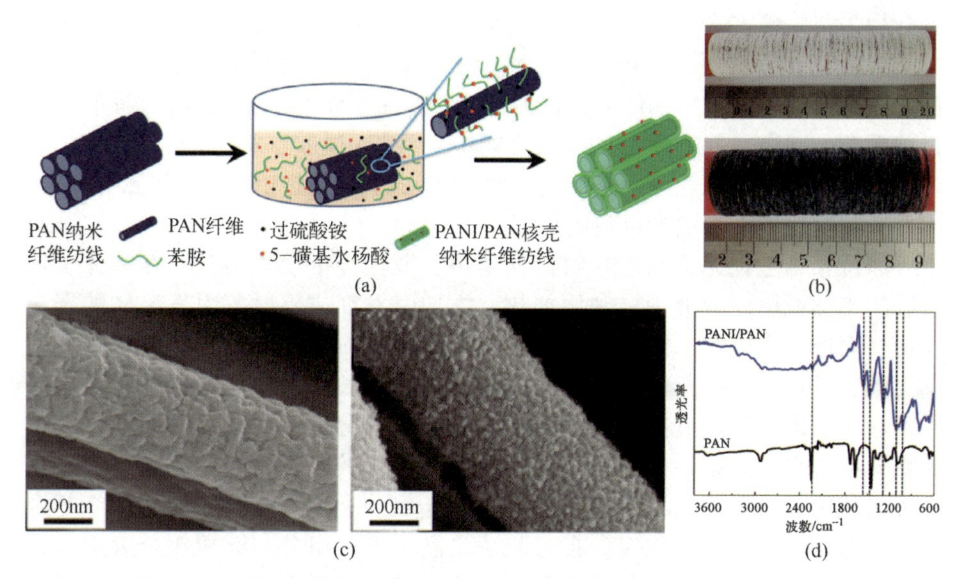

图 2.28　PANI/PAN 核壳纳米纤维纺线的制备过程示意图（a），PAN 纳米纤维纺线和 PANI/PAN 核壳纳米纤维纺线的光学图片（b），PAN 纳米纤维和 PANI/PAN 核壳纳米纤维的 SEM 图片（c），PAN 纳米纤维和 PANI/PAN 核壳纳米纤维的 FTIR 光谱（d）[5]

2.3.3　有机/无机纳米复合材料

有机/无机纳米复合材料不是简单的物理混合物，它是有机和无机组分密切结合的纳米复合材料。一般无机纳米材料为分散相，有机聚合物为连续相。有机/无机纳米复合材料的性质不仅是有机和无机组分各自贡献的加和，界面的作用也可能占主导地位。根据有机/无机界面的性质，这类材料大致分为：①通过弱键（氢键、离子键或范德华力）相互作用嵌入有机或无机组分；②有机与无机组分通过强化学键（共价键或离子键）进行组合，形成稳定的无机/有机网络。

有机/无机纳米复合材料的制备方法有共混法、溶胶-凝胶法、原位聚合法、原位生成纳米粒子法和自组装法等。共混法是将无机纳米粒子与聚合物在熔融或溶液状态下直接共混，得到呈物理层面混合的纳米复合材料，聚合物和纳米粒子之间通过弱键结合。共混法是制备有机/无机纳米复合材料最便捷的方法，且不受纳米粒子的种类及性质的影响。溶胶-凝胶法的主要方式有：①将无机纳米材料的前驱体与高分子聚合物共同溶于溶剂中，再通过各种反应在聚合物存在的情况下在原位形成无机纳米材料。有机与无机组分之间可能是简单的物理相互包裹关系，也可能通过强化学键形成互穿的网络关系。②对于完全不溶于溶剂的高分子聚合物，先将无机纳米材料的前驱体与聚合物的单体预混合，再引发聚合反应，其中，高分子聚合过程与无机纳米粒子的溶胶-凝胶过程可同时进行。③首先将高分子聚合物与无机纳米材料的前驱体聚合形成共聚物；然后无机纳米材料的前驱体经溶胶-凝胶过程形成无机纳米粒子网络，并贯穿在整个聚合物中。溶胶-凝胶法得到的有机/无机纳米复合材料由于形成互穿网络结构，两相之间的键合能力较强，且混合均匀，因此有效避免了无机纳米材料的团聚。

原位聚合是把无机纳米材料借助超声、搅拌等手段均匀分散在高分子聚合物的单体或单体溶液中，利用加热、添加引发剂或辐射等引发单体的聚合反应。而原位生成纳米粒子法，则是在聚合物材料表面吸附无机纳米材料的前驱体，通过各种手段使纳米粒子原位形核和生长。在原位聚合与原位生成纳米粒子法的制备过程中，为了使纳米粒子均匀分散，通常需要对纳米粒子或聚合物进行表面改性，根据改性剂表面官能团的差异，复合材料中有机相和无机相可通过物理或者化学相互作用相结合，所制备的有机/无机纳米复合材料的结构与性能比较稳定。自组装法是利用有机组分与无机组分表面所带相反的电荷，二者在静电作用下发生吸附，控制并重复自组装过程，逐渐得到厚度可控的多层有机/无机纳米复合材料。

如图 2.29 所示，首先将聚酰亚胺（PI）柔性衬底进行预处理，使其表面带负电荷，与此同时，氧化铈（CeO_2）纳米颗粒均匀分散在苯胺单体溶液中；然后将预处理的 PI 衬底浸入 CeO_2与苯胺单体混合溶液中，通过缓慢添加过硫酸铵的盐酸溶液使苯胺单体发生原位聚合反应，并包覆在 CeO_2纳米颗粒表面；最后获得 PANI 包裹 CeO_2纳米粒子的 PANI-CeO_2纳米复合物[6]。通过对比 PANI 与 PANI-CeO_2的 XRD 谱图，复合材料中出现 CeO_2的特征峰，可以证明得到的产物为 PANI-CeO_2纳米复合材料。利用 SEM 和 TEM 可对该复合材料的微观形貌和结构进行表征，尤其是在 TEM 观察下，由于衬度的不同，很容易区分 CeO_2纳米颗粒在 PANI 内部的分布情况。此外，利用 XPS 分析和比较特定元素的价态，有助于理解 CeO_2纳米颗粒对 PANI 聚合反应的影响。而通过热重与差热分析，还可能对该复合材料中 PANI 的含量进行表征。

图 2.30 给出了层层自组装法制备的 PANI/GO 多层复合薄膜，通过交替浸入 PANI 和 GO 的溶液来控制自组装的组分和层数[7]。利用 SEM 可以直观地比较 PANI/GO 纳米复合材料与单一组分（GO 和 PANI）的不同。同样地，通过比较复合材料与单一组分的 XRD 特征峰（如 PANI/GO 和 PANI），可以证明复合材料中存在 GO 相。如图 2.31 所示，可以通过 FTIR 与 Raman 光谱来确定 PANI 与 GO 纳米复合材料的表面官能团种类和化学键[8]。由于 GO 与 PANI 的相互作用，可导致 PANI/GO 纳米复合材料（GPA0.5）的 FTIR 特征峰位发生偏移。值得注意的是，通过 FTIR 与 Raman 光谱分析有机相与无机相

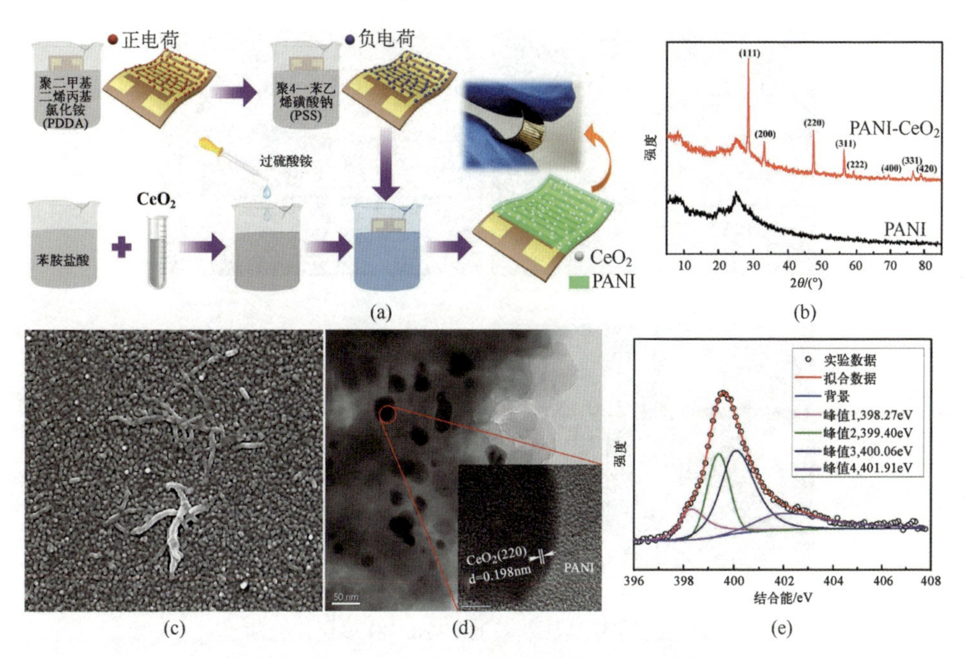

图 2.29　PANI-CeO_2 纳米复合物的制备[6]

(a) PANI-CeO_2复合物薄膜的沉积过程；(b) PANI 和 PANI-CeO_2的 XRD 谱图；(c) PANI-CeO_2纳米复合物的 SEM 图片；(d) PANI-CeO_2 纳米复合物的 TEM 图片；(e) PANI-CeO_2纳米复合物 N1s 的 XPS 谱图。

之间的化学键，有助于理解有机/无机纳米复合材料的界面作用。

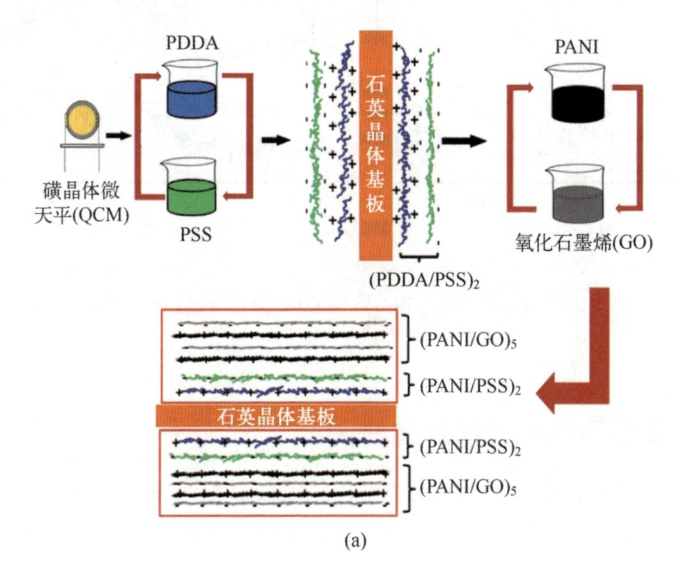

图 2.30 层层自组装法制备的 PANI/GO 多层复合薄膜[7]

(a) 层层自组装法制备 PANI/GO 复合薄膜的过程示意图; (b) GO 样品的 SEM 图片; (c) PANI 样品的 SEM 图片; (d) PANI/GO 样品的 SEM 图片; (e) PANI 和 PANI/GO 的 XRD 谱图。

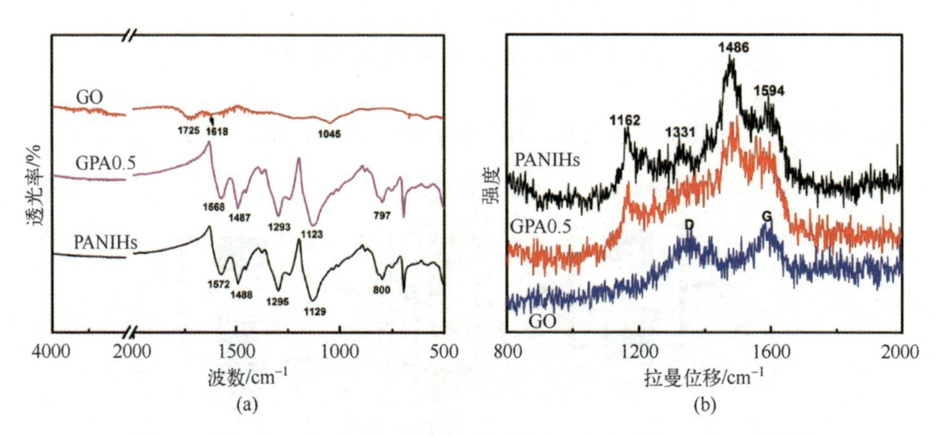

图 2.31 PANIHs、GPA0.5 和 GO 样品的 FTIR 光谱与 Raman 光谱[8]

(a) FTIR 光谱; (b) Raman 光谱。

2.3.4 贵金属修饰纳米复合材料

贵金属纳米粒子修饰具有功能特性的纳米材料表面，可得到多功能的纳米复合材料。贵金属修饰纳米复合材料中各组分之间的协同作用使得该材料的一些特性得到提升，这类材料的制备方法有直接还原法和表面功能化法。

直接还原法是在贵金属离子的溶液中缓慢添加还原试剂，直接得到贵金属修饰的复合产物。其中，贵金属盐的种类、还原剂和表面活性剂等对贵金属纳米颗粒的尺寸和分布都有重要的影响。该方法操作简单，是制备贵金属修饰纳米复合材料的传统方法，但是贵金属的覆盖度难以控制。相比而言，表面功能化法是制备贵金属修饰纳米复合材料的有效方法，主要分为两种途径：①将预先制备的贵金属纳米粒子吸附到表面功能化的纳米材料表面；②将贵金属离子吸附到表面功能化的纳米材料表面，然后采用各种手段（加入还原剂、超声或紫外光辐照等）将贵金属离子原位还原。通过控制贵金属离子的浓度，可有效调节贵金属纳米粒子在材料表面的覆盖度。

如图 2.32 所示：首先利用电化学聚合的方式在电极表面制备 PANI 纳米纤维网络；然后浸入含有氯金酸（$HAuCl_4$）的盐酸溶液中，$AuCl_4^-$ 经 PANI（翠绿亚胺盐）还原；最后得到 Au 纳米颗粒均匀修饰的 PANI 纳米纤维（PANI/Au 纳米复合物）[9]。对于贵金属修饰聚合物纳米复合材料，可利用 SEM 观察复合材料表面粗糙度来判断贵金属纳米颗粒的覆盖度。对于导电性较差的聚合物基体，可采用 AFM 表征贵金属纳米颗粒的分布情况。进一步地，采用 TEM 和 HRTEM 可分析贵金属纳米颗粒的尺寸和分布。

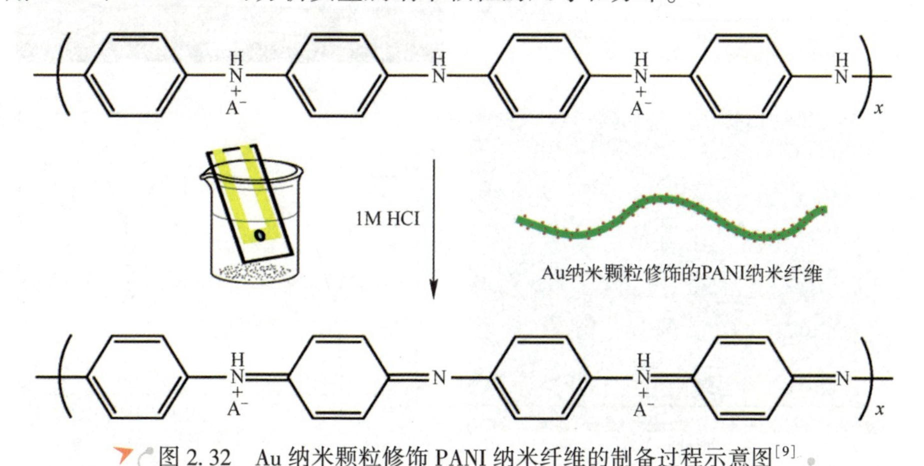

图 2.32　Au 纳米颗粒修饰 PANI 纳米纤维的制备过程示意图[9]

对于无机纳米材料而言，可将无机材料的前驱体与贵金属的盐溶液混合均匀，在后续处理中贵金属盐受热分解生成贵金属，这种方式得到的贵金属纳米颗粒既可能分布在无机材料的表面，也可能嵌入无机材料的内部。例如，在静电纺丝前驱体溶液中加入贵金属盐，电纺聚合物纳米纤维在加热分解过程中同时形成无机纳米纤维和贵金属纳米颗粒。图2.33给出水热法一步合成铂（Pt）修饰的SnO_2纳米针[10]，在水热前驱体溶液中加入一定比例的锡盐和氯铂酸（H_2PtCl_6），同时加入NaOH和聚乙烯吡咯烷酮（PVP），经水热反应得到产物。由于Pt的含量较高（3.125 at%），在XRD谱图中出现Pt的特征峰，说明Pt以金属相的形式存在样品中。通过SEM观察，可对Pt修饰的SnO_2纳米针的形貌和长径比进行表征，高倍SEM图片可以看出SnO_2纳米针表面出现大量的Pt纳米颗粒。而EDS谱中的Pt、Sn和O峰也证明样品中无其他杂质元素。FTIR光谱中527cm^{-1}峰对应于Sn-O键振动；3425cm^{-1}与1422cm^{-1}吸收峰则分别归属于O-H的伸展振动模式和变形，对应于材料表面物理吸附的水分子。

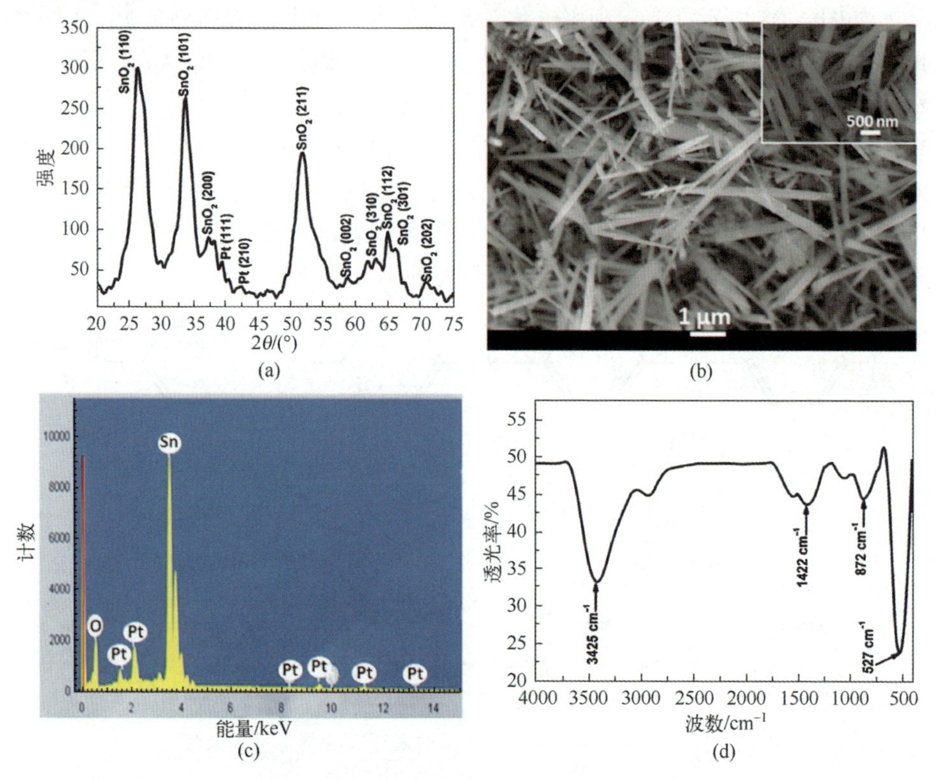

图2.33 Pt修饰SnO_2纳米针的XRD谱图、SEM图片、EDS谱图和FTIR光谱[10]
（a）XRD谱图；（b）SEM图片；（c）EDS谱图；（d）FTIR光谱。

为了避免贵金属纳米颗粒嵌入无机材料内部，通常采用两步法制备贵金属修饰的无机纳米材料。例如，图2.34（a）给出Pt纳米颗粒修饰的SnO_2纳米花，首先采用水热法合成 SnO_2 纳米花；然后将水热产物与 H_2PtCl_6 混合，在硼氢化钠（$NaBH_4$）还原剂的作用下得到 Pt-SnO_2 纳米复合物[11]。显然，HR-TEM 可以清楚地观察 Pt 纳米颗粒的尺寸（平均尺寸约 4nm），以及 Pt 在 SnO_2 表面的分布情况。由于 Pt 的含量较低，XRD 谱中很难发现 Pt 的特征峰，因此需要通过 XPS 来测定复合产物中 Pt 的含量（0.98wt%），以及 Pt 的化学态（图 2.34（b））。可以发现，Pt 4f 的 XPS 谱图中位于 71.5eV 和 75.5eV 的峰分别对应于金属 Pt 和 Pt^{4+}，说明 H_2PtCl_6 的还原不够彻底，导致复合材料中存在 PtO_2。

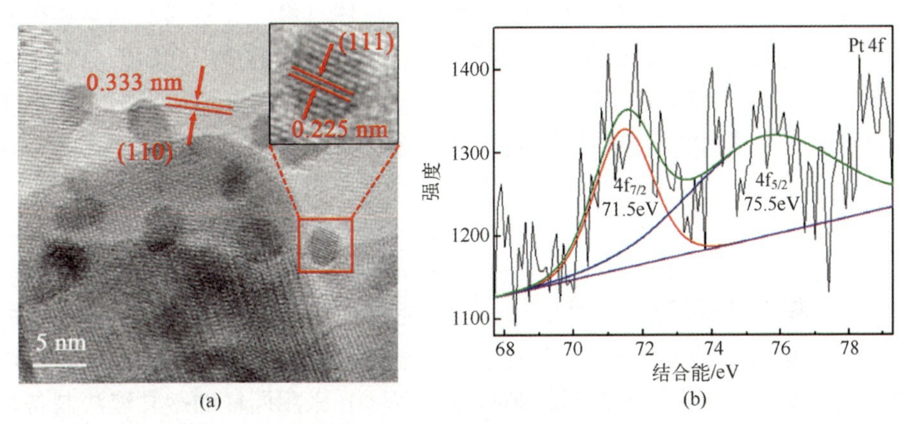

图 2.34 Pt-SnO_2 纳米复合物的 HRTEM 图片和 Pt 4f 的 XPS 谱图[11]

（a）Pt-SnO_2 纳米复合物的 HRTEM 图片；（b）Pt 4f 的 XPS 谱图。

2.4 纳米材料的传感效应

随着人们生活水平的提升和对环保问题的日益重视，对各种有毒、有害气体的痕量探测，对大气污染、工业废气的实时监测以及对食品或居住环境质量的评估等都对气湿敏传感器提出了更高的要求。由于敏感材料本身直接决定着传感器件的灵敏度、选择性、可靠性和使用寿命等主要特性，因此合理设计并可控制备高性能的敏感材料为传感器件的发展提供了有用的技术平台。目前，广泛用于提高气湿敏性能的手段是使用纳米尺度范围内的敏感材料。纳米材料的出现为各类传感器件的发展带来了新的契机，其独特的物理、化学性质是研究载流子传输行为和物质输运效果等相关的尺寸和维度效应的理想体系，在构筑纳米电子和光电子器件的进程中充当着非常重要的角色。

近二十年来，各类尺寸和形貌结构各异的纳米材料被广泛应用到传感领域中，如纳米颗粒、纳米线、纳米棒以及三维纳米组装结构等。通过对纳米敏感材料的表界面性质进行合理设计，可以调控敏感材料表面的吸附-解离反应行为，提高载流子的传递速率和敏感材料的表面利用效率等，从而实现对敏感元器件性能的提升。本节将分别对纳米颗粒、纳米线、二维纳米薄膜以及三维纳米组装结构的敏感效应进行介绍。

2.4.1 纳米颗粒的敏感效应

大多数的敏感材料属于金属氧化物类半导体材料，其敏感机制主要包括待测物在金属氧化物表面的输运和吸附、被吸附物间的反应和脱附、脱附物和反应产物离开金属氧化物表面的输运等过程，以及由此所引发的相关电子迁移现象。上述由物质输运过程带来的吸/脱附行为和电子在晶粒间的运动现象，都与敏感材料的晶粒尺寸以及表面性质密不可分。例如，Xu Jiaqiang 等分别采用微乳液法、乳液法和沉淀法，通过对不同合成条件参数的控制，制备了粒径分别为 20nm、30nm、40nm、50nm、70nm 以及 3.7μm 的 ZnO 纳米颗粒，并研究了不同晶粒尺寸的 ZnO 纳米晶对 H_2、C_4H_{10}、汽油和 C_2H_5OH 的响应灵敏度[12]。结果显示，通过微乳液法制备得到的 ZnO 纳米晶的气体响应灵敏度要高于沉淀法制备得到的 ZnO 纳米晶。在采用同样的微乳液法制备得到的晶粒尺寸大于 40nm 时，材料的气敏性能很快下降，主要是由于材料的有效比表面积降低。此外，随着晶粒尺寸的减小，敏感材料的工作温度也得到了大幅度下降。又如，Jimmy C. Yu 团队采用微波多元醇法制备了不同尺寸的单分散 ZnO 胶体晶团簇用于湿度敏感性能研究[13]。他们发现随着纳米晶团簇的直径按照 274mm、210mm、183mm、162mm 和 125nm 的顺序逐渐减小时，对应的湿度灵敏度从 2.6、6.3 增加到 114、180 和 2476。这其实很容易理解，主要是因为较小的纳米晶团簇具有更高的比表面积，有助于灵敏度的显著提升。当团簇直径进一步减小至 86mm 和 57nm 时，灵敏度并没有提高，反而略有下降。这表明，在 87~125nm 范围内的纳米晶团簇具有最佳的团簇间孔隙率和更有效的水分子接触面积，有利于实现高性能湿度传感器的构建。

作为金属氧化物类半导体气敏材料，由于吸附氧的存在会引起材料表面电子浓度和电子迁移率的改变，当环境中同时存在待测气体时，将与表面吸附氧发生反应，从而引起电子的迁移，宏观上可检测到敏感材料电阻率的变化。不论是晶界势垒控制模型还是颈部沟道控制模型都表明，气敏材料表面的气-固、气-气反应对器件电阻的影响均与晶粒尺寸 D 有密切的关系，这就是气体敏感材料的晶粒尺寸效应，而 D 的临界经验值可通过空间电荷层厚度 L 计算得出，即临界值 $D = 2L$[14]。当 $D \gg 2L$ 时，由于空间电荷层在整个晶粒中只占很小的一部分，晶粒颈部的沟道相对较大，因而器件电阻和灵敏度主要是由晶界势垒控制。当器件电流流通时，电子需要跨越晶界势垒（V_s），才能从一个晶粒到达另一个晶粒。由于 V_s 基本上与晶粒尺寸 D 无关，因而器件灵敏度也与 D 无关。当 D 减小至接近 $2L$ 时，颈部沟道变得很窄，此时器件电阻就不仅仅依赖于晶界势垒，而且还与颈部沟道有关。由于颈部沟道尺寸由颈部本身尺寸（与 D 成正比，约为 D 的 70%~90%）和德拜长度 L_D 之差决定，此时器件的灵敏度与晶粒尺寸密切相关。当晶粒尺寸 D 进而减小至 $2L$ 以下时，空间电荷层基本占据整个晶粒，不同颗粒之间的电子传递没有势垒阻碍，器件的电阻主要受到晶粒本身的导电性控制。在这种情况下，器件的灵敏度较高，且一般随颗粒尺寸的减小而增加。

由于绝大多数的半导体气体传感器是由 n 型金属氧化物材料烧结而成，在 n 型金属氧化物半导体材料的近表面区域内存在的氧空位易于捕获空气中的氧气，导致表面层的氧空位浓度下降，进而使得自由电荷载流子的浓度降低。因此，在氧吸附作用下，n 型半导体的晶粒表面会出现电子耗尽层，其中的电子浓度要低于本体材料中的电子浓度[15]。在这种情况下，由于氧吸附形成的电子耗尽层的厚度 L 可由下式计算：

$$L=\left(\frac{\varepsilon K_B T}{q^2 N_0}\right)^{1/2} \tag{2.1}$$

式中：ε 为静电介电常数；K_B 为玻尔兹曼常数；T 为热力学温度；q 为载流子的电荷；N_o 为相应的载流子浓度。

例如，ZnO 半导体材料在 573 K 的温度下，$\varepsilon = 7.9\times8.85\times10^{-12}\ \mathrm{Fm^{-1}}$，$N_o = 4.0\times10^{17}\mathrm{cm^{-3}}$。经过计算，可得到 ZnO 的电子耗尽层厚度 L 约为 7.5nm[16]。上述计算方式只是描述了一种理想状况，且没有考虑湿度的影响。然而，在实际的应用场景中，绝大多数的气敏材料都易与空气中的水分子作用形成氢键，从而影响器件的传感性能。但是，我们还是可以参考这种计算方式，用以指导敏感材料的设计合成。

Yi Junsin 团队采用溶胶凝胶法制备了一系列不同掺杂量（1at%~10at%）的 ZnO:Sn 多晶薄膜材料，用于酒精敏感性能研究[17]。结果表明：当 Sn 的掺杂量分别为 0、2at% 和 4 at% 时，得到的相应 ZnO 晶粒尺寸约为 23nm、16.2nm 和 11.5nm。由上述计算可知，当 ZnO:Sn 的晶粒尺寸小于 15nm 时，可以产生较高的响应灵敏度；且随着 ZnO:Sn 晶粒尺寸的减小，该体系的敏感机制从颈部-晶界控制模型转变为颈部控制模型。不同晶粒尺寸的敏感材料测试结果证实，当Sn的掺杂量为4at%时，晶粒尺寸最小，对酒精的响应灵敏度也最高。Yang Xi等根据颈部控制模型，构建了一种通过颈部相连的复合纳米结构，用于改善ZnO材料的酒精敏感效应[18]。他们首先制备了一种ZIF-8@ZnO的核壳纳米结构，并通过烧结处理，将外层的ZIF-8转化为小颗粒的ZnO，从而形成一种颈部相连的三维网络结构。此外，还可以通过控制外层ZIF-8薄膜的厚度，调控所形成的颈部尺寸，获得最佳的增敏效果。Wang Taihong课题组采用油胺辅助的水热法制备了颗粒尺寸为200~300nm的In_2O_3纳米块，并通过Pt纳米催化剂修饰后，用于室温下氢气的检测[19]。由于In_2O_3的晶粒尺寸较大，难以致密的烧结在一起，因此颈部接触就消失了。In_2O_3纳米块之间通过晶界连接，由于晶界电阻相对于体电阻要大得多，直接决定了传感界面的电子输运，是影响气敏性能的关键因素。

除了上述颗粒尺寸效应外，纳米敏感材料的表界面性质也是影响其性能的主要原因。例如，SnO_2纳米材料的不同暴露晶面具有不同的表面能，其中（221）晶面的表面能约为2.28Jm^{-2}，（110）晶面约为1.401Jm^{-2}，（100）晶面为1.648Jm^{-2}[20]。这些具有不同表面能的暴露晶面必然会带来不同的敏感效应。Xie Zhaoxiong等采用PVP辅助控制的方法制备了含有{221}高能面的SnO_2八面体纳米晶，并且证实了该SnO_2纳米晶的{221}晶面族中含有大量不饱和的四配位和五配位悬挂键[21]。相对于{110}晶面族，{221}晶面族可为氧吸附提供更多的活性中心，从而更有利于气敏性能的改善。Ruan Shengping等采用溶剂热法合成了十二面体的SnO_2纳米晶，该纳米晶的宽度约为45nm，长度约为130nm，且部分被{221}高能晶面族包围[22]。由于{221}晶面的存在，可用于低温下SO_2的高灵敏检测。Massimiliano D'Arienzo等采用电子自旋共振光谱仪（ESR）研究了SnO_2纳米材料的不同暴露晶面对表面吸附氧（$V_o^{\bullet}$、O^-、O^{2-}和$O_2^{-\bullet}$）的影响，以及由此所带来的敏感性能差异[23]。ESR研究结果表明，单电离氧空位（$V_o^{\bullet}$）的丰度和反应活性与暴露的晶面有关，进而影响SnO_2纳米晶的敏感性能。在温度高于300℃时，由于敏感性能主要受氧空位浓度的影响；在完全暴露{221}高能面的八面体纳米晶中含有最高浓度的$V_o^{\bullet}$，因此具有最佳的气敏性能；而在细长的十二面体和短棒状的纳米晶中由于暴露不同比例的{110}晶面族，使得$V_o^{\bullet}$的浓度相对较低，从而表现出较低的灵敏度。相反地，在低温度区域（低于275℃），晶粒尺寸效应和比表面积对气敏性能的影响要远超过暴露晶面的影响。因此，具有较小尺寸和高比表面积的短棒状纳米晶，虽然含有较高比例的暴露{110}晶面族，却表现出了良好的传感性能。

由于金属氧化物类半导体材料表面含有丰富的含氧基团，这些含氧基团与环境中的水分子接触时，会产生一定的吸附作用，使得氧化物材料自身的电阻发生变化，从而可作为湿度敏感材料。常见的湿度敏感材料主要有单一的金属氧化物材料如 ZnO、SnO_2、CuO 和 TiO_2等，也有 MnO-Mn_3O_4、ZnO-SiO_2、ZnO-TiO_2、和 ZnO-In_2O_3等复合材料，以及金属离子掺杂、导电聚合物和多元金属氧化物等。上述有关纳米尺寸效应以及表界面性质对气敏性能的影响讨论也同样适用于湿度敏感材料。例如，Mahaveer K. Jain 等采用溶胶-凝胶方法制备了不同尺寸的 TiO_2纳米晶薄膜，他们发现随着晶粒尺寸的增加，湿度敏感性能逐渐降低，即尺寸较小的纳米颗粒具有高的比表面积，更有利于灵敏度的提升[24]。进一步通过阻抗分析后发现，该体系的湿度敏感性主要是由于晶粒本身电阻变化引起的，而不是水分子毛细冷凝现象引发的电容改变所致。通过金属离子的掺杂，可以调控纳米颗粒中载流子的浓度以及晶格应变，从而改善敏感材料的电子传导特性和表面特性，进而提升其湿度敏感性能。例如，通过锰（Mn）离子的掺杂，可以显著提升 ZnO 纳米颗粒基传感器的灵敏度[25]。当掺杂量为 6 at%时，可在相对湿度为 30%~95%范围内将传感器的灵敏度提升 2~4 倍。通过 Mn^+的掺杂可以提高 ZnO 的表面自由电子密度，从而在表面附近形成强电场。这一强电场可以增强水分子的电离，使得在 ZnO 纳米颗粒表面产生更多的 H^+，更有利于水分子的多层吸附。此外，通过 Mn^+的掺杂还会在晶粒表面形成缺陷，而缺陷的形成也有利于吸附水分子。钙钛矿型的多元金属氧化物也可被用作湿度敏感材料，如 Ruan Shengping 团队用水热法制备了 $NaTaO_3$纳米晶，用于制作湿度传感器，在 30%RH~95%RH 的范围内具有良好的湿度线性关系，且湿滞回差较小[26]。然而，由于受到低离子电导率的限制，金属氧化物湿度传感器往往表现出较慢的响应-恢复性能，这极大地阻碍了其进一步的应用。因此，设计和制造快速响应-恢复（通常是几分之一秒）的金属氧化物湿度传感器仍然是一个巨大的挑战。通过与具有良好离子导电性和稳定性的离子液体（ILs）复合，可以显著改善 CeO_2材料的湿度敏感性能[27]。经过离子液体修饰后的传感器表现出优异的性能，包括高灵敏度、湿滞回差小、检测范围广（11%RH~97%RH）以及稳定性良好。此外，由于在 CeO_2材料表面修饰了离子液体，该传感器可以快速响应环境湿度，响应时间约为 4s，恢复时间小于 1s。

尽管采用纳米颗粒可以显著提升传感器的检测灵敏度，但同时也带来了传感器的稳定性差或选择性低等缺点。由于常规的纳米颗粒敏感材料一般是多孔、多晶材料，在传感器使用的过程中容易发生晶体生长、颗粒团聚、产生裂纹等现象，从而使敏感材料的电阻和比表面积发生变化，进而导致传感器的灵敏度和稳定性下降。为此，开发比表面积大、结晶度高、不易团聚的纳米结构材料，可在改善敏感材料性能的同时避免产生一些不必要的问题。

2.4.2 纳米线的敏感效应

对纳米材料而言，不仅尺寸效应会影响其敏感性能，微观形貌结构也会对性能产生显著的影响。例如，Xu Jiaqiang 等在敏感材料的微观结构对气敏性能的影响方面进行了详细研究[28]。他们分别制备了三种不同形貌（纳米颗粒、纳米线和纳米棒）的 ZnO 纳米敏感材料，并在相同的工作电压下测试了对 9 种不同气体的敏感情况。结果表明，一维的 ZnO 纳米材料对所有气体的响应灵敏度均比 ZnO 纳米颗粒的响应灵敏度高，尤其是对乙醇和甲醇两种气体的响应更为明显。研究其原因发现：尽管纳米颗粒的比表面积相对较大，但是在元件烧结的过程中发生了晶粒再次生长和颗粒团聚等现象，从而使敏感材料的电阻和比表面积发生了变化，导致传感器的灵敏度下降。而一维的 ZnO 纳米材料，由于具有较高的结晶度，材料在烧结和使用的过程中，形貌保持比较好，因此表现出优于纳米颗粒的气敏性能。此外，具有低长径比的 ZnO 纳米棒对测试气体的响应灵敏度要比高长径比的 ZnO 纳米线好，这主要是由于纳米棒具有较大的比表面积，可以产生更为有效的气体吸附通道。在对传感器的长期稳定性研究中还发现，纳米棒虽然具有较高的气体响应灵敏度，但随时间的延长其灵敏度呈现上下波动的现象；纳米线的稳定性最好，灵敏度随时间变化幅度最小；纳米颗粒的灵敏度随时间的延长整体上呈现下降趋势。

为了得到不同形貌的 ZnO 纳米材料与气敏性能依赖关系的深层次原因，他们对这些 ZnO 纳米材料在空气中的电阻变化情况进行了研究。如图 2.35 所示，纳米颗粒在空气中的电阻最大，远远大于其他两种纳米材料；而且随着时间的延长纳米颗粒在空气中的电阻呈现逐渐增大的趋势。结合 SEM 观察后发现，在长期高温工作的状态下纳米颗粒发生了严重的团聚现象，且敏感材料层出现较大的裂缝，使得电子传递的能量势垒大为增加。从图 2.35 中还可以看出，纳米棒在空气中的电阻随工作时间的延长呈现波动变化，纳米线在空气中的电阻波动范围则比较小。通过与稳定性测试结果对比可以得出：不同形貌的 ZnO 敏感材料在空气中的电阻变化与稳定性改变趋势基本一致，即不同的 ZnO 纳米材料表现出的长期稳定性差异主要是由于材料本身在空气中的电阻变化差异所致。另外，ZnO 纳米棒敏感材料之所以出现稳定性波动的现象，主要是因为其气体传输通道相对较大，更易于受到周围气氛的湿度、温度等因素的影响。综上所述，一维的纳米线由于具有高结构稳定性和较大的比表面积，更适于开发高性能的传感器件，而且一维的纳米线避免了零维纳米材料由于无序堆积而造成的颗粒之间界面结构的复杂性，使得敏感机理研究更为清晰。

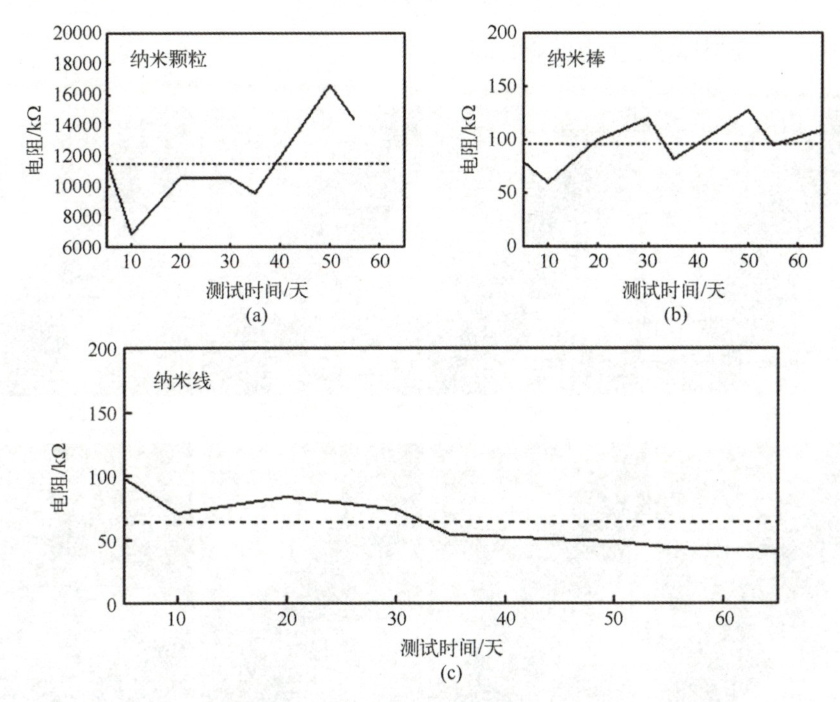

图 2.35　不同结构的 ZnO 纳米材料在空气中的电阻变化曲线图[28]
（a）纳米颗粒；（b）纳米棒；（c）纳米线。

Xu Pengcheng 等基于 ZnO 纳米线构建了高性能的 SO_2 传感器，并利用定量热力学测试与原位 TEM 技术联用揭示了 SO_2 在纳米线表面的反应过程[29]。他们采用水热法合成了两种不同尺寸的 ZnO 纳米线（直径分别为 100nm 和 500nm）。原位 TEM 观察表明（图 2.36（a）~图 2.36（h）），直径较小的纳米线与 SO_2 分子反应时表现出很高的活性，可以在纳米线外层形成 $ZnSO_3$ 壳层（图 2.36（i）和图 2.36（j）），并且在该反应的初始阶段，纳米线对 SO_2 分子有恒定的吸附速率。然而，直径较大的纳米线与 SO_2 的反应活性相对较低，在相同的条件下，只能在纳米线表面形成少量 $ZnSO_3$纳米颗粒。另外，根据纳米线在 SO_2气氛下形貌演变的原位 TEM 录像，可以定量分析了纳米线的硫化动力学。根据 TEM 录像中提取的纳米线壳层厚度随反应时间的变化，并将其关系绘制在图 2.36（k）中。如图 2.36（k）所示，在反应初始阶段，由于纳米线的表面完全暴露于 SO_2气氛中，壳层厚度只与 $ZnO-SO_2$反应速率相关，所以壳层厚度随反应时间线性增加，其线性关系可以表示为

$$d=3.6t-0.1 \tag{2.2}$$

式中：d 为壳层厚度；t 为反应时间。

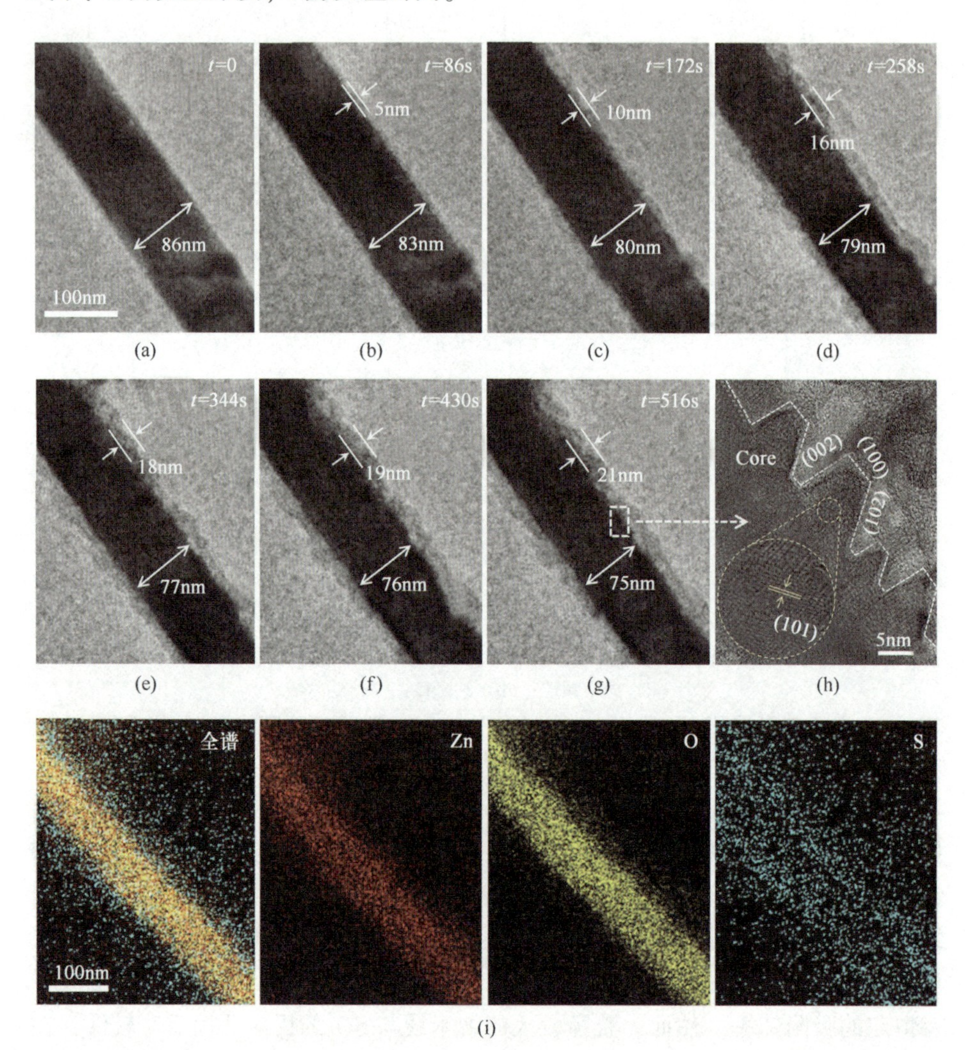

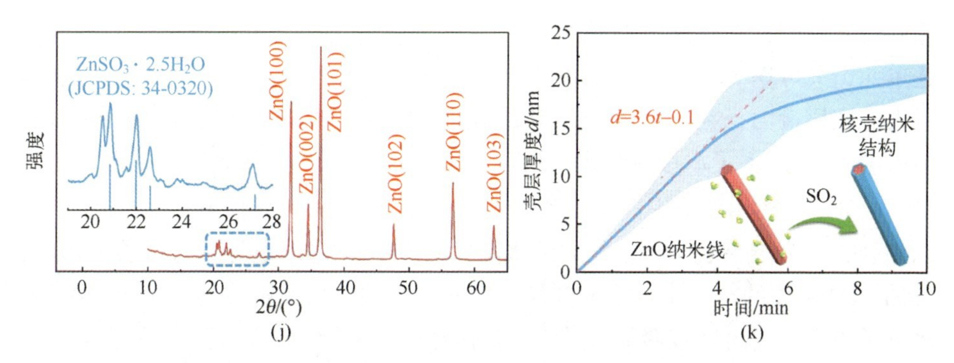

图 2.36 原位 TEM 表征 ZnO 纳米线与 SO_2 分子反应过程[29]

(a)~(g) ZnO 纳米线在含 SO_2 的气氛下的形貌演变，显示在纳米线表面逐渐形成了壳层结构，其中，SO_2 浓度为 1000mg/L，反应温度为 70℃；(h) HRTEM 图像揭示了 ZnO 纳米线表面经硫化反应后形成的锯齿状界面；(i)~(j) ZnO 纳米线与 SO_2 分子反应后的 EDS 和 XRD 图，证实了反应后形成的壳层为 $ZnSO_3$；(k) 壳层厚度与反应时间的关系，阴影区域为壳层厚度分布的 95%置信区间，插图为 ZnO 纳米线与 SO_2 的反应模型。

根据该线性方程，反应初期壳层的形成速率为 3.6nm/min。从原位 TEM 结果中可观察到，在反应进行 4min 后，ZnO 纳米线表面形成了约 14nm 的致密壳层。此后，SO_2 分子必须扩散通过壳层才能到达核壳界面与 ZnO 发生反应，导致反应速率下降。在该阶段，反应速率与 SO_2 分子扩散相关，由壳层厚度决定，并开始与反应时间呈非线性关系。在反应进行到 258~516s 的阶段内，壳层厚度仅增加了 5nm，表明纳米线对 SO_2 的吸附能力显著降低。

此后，他们采用基于悬臂梁的变温称重测量法得到的吸附焓数值，进一步表征了 SO_2 在 ZnO 纳米线表面的反应活性。通过在不同温度下测量得到的 ZnO 纳米线对 SO_2 的敏感响应曲线，绘制吸附等温线，再根据变温称重法提取焓变值。经过计算得出焓变值分别为 133.6kJ/mol（直径 100nm）和 38.9kJ/mol（直径 500nm）。由此证实了，直径较小的纳米线对 SO_2 分子具有较高的反应活性；直径较大的纳米线对 SO_2 只存在较弱的物理吸附作用。但是，对于敏感材料而言，较高的反应活性意味着纳米线倾向于和 SO_2 分子发生化学反应，会导致传感器中毒，因而不适合作为敏感材料用于 SO_2 分子检测。相反，直径较大的纳米线对 SO_2 存在相对较弱的物理吸附作用，在发生敏感反应后易于脱附；以其为敏感材料构建传感器测得的敏感曲线不仅可逆性好、检测限低、选择性和重复性也较高，三次测试的相对标准偏差为 1.5%。

纳米线相对于其他形貌的纳米材料具有许多独特的优势：显著的表面效

应和尺寸效应，在长度方向可自由传输电子、空穴和光子；既可作为器件构建单元，又可作为器件电路互联导线[30]。上述特性使其显示了优异的性能和巨大的应用潜力，在传感器应用领域取得了一系列新的进展。Wang Zhonglin 等采用 CVD 制备了单根氧化锡（SnO_2）纳米线构建了一种湿度传感器，可检测 30%RH～85%RH 范围内的湿度变化，且具有良好的线性响应关系[31]。动态和静态检测结果表明：空气中的水蒸气对 SnO_2 纳米线电导率有显著的影响，且 SnO_2 纳米线的电导率随空气湿度波动而产生的变化是可逆的。一般情况下，水分子主要是通过物理吸附或者氢键与敏感材料发生相互作用。在较高的温度（100～500℃）下，水分子会与 SnO_2 敏感材料表面的路易斯酸性位点（Sn）和路易斯碱性位点（O）发生反应，形成 $Sn^{+}_{Sn}-OH^{-}$ 同时释放出电子。随着电子的释放，SnO_2 表面的电子耗尽层变薄，导电性提升。但是，在该体系中由于单根 SnO_2 纳米线的工作温度为室温，使得解离吸附反应很难发生。因此，SnO_2 纳米线在湿度环境下电导率增加主要通过水分子与纳米线表面吸附氧之间的物理竞争吸附引起。

除了金属氧化物外，导电聚合物具有良好的机械柔韧性、可调的电学性能以及易于加工等优势，有望在传感领域发挥更大的作用。尤其是聚苯胺材料，具有 p 型半导体的性质，其掺杂/脱掺杂过程简单、可逆，且稳定性良好，非常适用于传感器件的加工制作[32]。H. G. Craighead 团队制备了一种 H^{+} 掺杂的单根聚苯胺纳米线传感器用于氨气（NH_3）的检测研究[33]。由于聚苯胺具有 p 型半导体的特性，在与供电子性质的气体如 NH_3 接触时，会降低载流子的浓度，导致电导率下降，从而对 NH_3 有较高的灵敏度。同时，他们在研究中发现纳米线的几何尺寸参数对传感器的性能有较大的影响，即纳米线的直径较小时，NH_3 分子更易于扩散进入纳米线，从而具有快速的响应特性。为了更好地描述聚苯胺纳米线与 NH_3 分子的敏感反应过程，他们假设纳米线为实心圆柱体，建立了一种扩散理论模型。当纳米线暴露在 NH_3 气氛中时，气体分子通过扩散进入纳米线，快速与聚苯胺中掺杂的 H^{+} 反应，使得 H^{+} 从纳米线中脱掺杂。为了保持聚苯胺纳米线的电中性，NH_3 分子与 H^{+} 掺杂位点之间发生电荷转移，导致载流子密度降低。由于纳米线中 H^{+} 的浓度可以表示为 $[H^{+}]=[H^{+}]_0-[NH_4^{+}]$，其中 $[H^{+}]_0$ 为没有与 NH_3 接触时纳米线中 H^{+} 离子的初始浓度，$[NH_4{}^{+}]$ 是 H^{+} 与 NH_3 反应后的产物浓度。在这里，假定产生 NH_4^{+} 的化学反应速率比扩散速率更快，并且 NH_3 与 NH_4^{+} 之间存在局部平衡，即 $[NH_4^{+}]=K[NH_3]$。由此，可以得出 $[H^{+}]=[H^{+}]_0-K[NH_3]$。假定聚苯胺纳米

线的电导率与 H^+ 的浓度成正比，纳米线随时间变化的电导率也会与扩散进入纳米线的 NH_3 分子总数成正比。由圆柱几何扩散方程可得到聚苯胺纳米线的电导率为

$$\frac{S_{(t)}}{S_0} = 1 - \frac{K[NH_3]_0}{[H^+]_0}\left(1 - \sum_{n=1}^{\infty} \frac{4}{\alpha_n^2} e^{-\alpha n^2 Dt / a^2}\right) \tag{2.3}$$

式中：S_0 为纳米线的初始电导率；$[NH_3]_0$ 为测试气氛中 NH_3 的浓度；a 为纳米线的半径；D 为表观扩散系数。

此外，a_n 是第一类贝塞尔函数 $J_0(a_n)=0$ 时的解，其中 J_0 是零阶第一类贝塞尔函数。式（2.3）可用于定量描述聚苯胺纳米线的直径对其 NH_3 敏感特性的影响。

这种单根纳米线传感器通常可通过的电流很小，需要较为精密的测量仪器来获取输出信号。另外，对于单根纳米线的操纵和定位难度较大，常常依赖于复杂昂贵的仪器设备，而多根纳米线器件的制作方式相对简便，传感器的灵敏度较高，可靠性也好。Zhou Chongwu 团队通过对比单根和多根三氧化二铟（In_2O_3）纳米线传感器对 NO_2 的气敏响应性能，发现多根纳米线传感器的灵敏度、检测限和选择性皆优于单根纳米线传感器[34]。并且，通过进一步研究还发现，在多根纳米线传感器中，纳米线与纳米线之间交叉形成的结对于气敏性能的提升发挥了主要作用。当传感器暴露在 NO_2 气氛中时，在这些纳米线交叉结周围形成了电子耗尽层，阻碍了电子的流动；这种阻碍作用要比单根纳米线表面形成的电子耗尽层的阻碍作用更强。

纳米线的出现推动了传感芯片的迅速发展，其作为最小的器件也是传感器微型化的理想选择。然而，纳米线器件的实用化还面临许多问题。如纳米线的生长和器件制备是两种截然不同的独立工艺，纳米线在器件上的集成需要事先剥离、转移、定位等操作。此外，纳米线的小尺寸也使其难以操控，而且纳米线与金属电极的接触面积非常小，使得电极接触电阻较大。为解决上述问题，日本惠普公司与美国加州大学合作发明了一种“纳米线桥接生长技术”。通过在 SOI 衬底上刻蚀凹槽，纳米线可以从凹槽一侧开始生长并与另一侧对接，从而可以在凹槽侧边台面上制备金属电极。这种使纳米线和侧壁融为一体的方案，避免了在纳米线表面制备金属电极，使电极接触电阻降低了两个数量级，噪声降低了三个数量级；并且简化了制备工艺，无须对纳米线进行定位排列。此后，Huang Hui 团队对该方案进行了改进，解决了原来在制备过程中凹槽底部容易寄生沉积层的问题[35]。他们首次研究了纳米线桥接生长中的寄生沉积效应，发明了一种桥接生长方法，结合气流遮挡效应与表

面钝化效应，避免凹槽底部的材料沉积，实现纳米线的桥接生长。在此基础上，该团队研制出了集成式的纳米线气体传感器——GaN 纳米线气体传感器。该传感器可在室温下工作，8 个月内电阻变化率小于 0.8%，且 NO_2 检测限为 0.5mg/L，具有高稳定性、低功耗以及高灵敏度等特点。

2.4.3 二维纳米材料的敏感效应

自从 2004 年通过机械剥离发现石墨烯以来，二维超薄纳米材料以其独特性质在催化、传感、能量存储与转换等诸多领域引起了广泛的关注。由于石墨烯的厚度在单个或几个原子尺度范围内，水平尺寸超过 100nm 或几个微米甚至更大，表现出了极高的电子迁移率、超大的比表面积、独特的量子霍尔效应以及优异的力学性能等。但是，由于石墨烯缺乏本征的带隙，限制了其更为广泛的应用。科学家们提出了多种方法来改善这一问题，如对石墨烯施加应力，改变其能带结构；通过对双层石墨烯施加垂直的电场产生带隙；对石墨烯进行限域，形成准一维结构以及采用元素掺杂的方式来打开带隙等。此后，二维类石墨烯材料的出现进一步丰富了二维材料的家族，如六方氮化硼（h-BN）、过渡金属硫族化合物（TMDs）、过渡金属碳化物或碳氮化物（MXenes）、层状金属氧化物和双金属氢氧化物（LDH）、金属有机框架材料（MOFs）、共价有机框架材料（COFs）、黑磷、硅烯等[36]。

当材料的形态发生改变，尤其是在纳米尺度范围内的变化，必然为其带来一些新的特性。当二维材料被减薄成超薄结构时，几乎所有的原子都被暴露于表面上，使其界面相变得尤为重要。减薄后的表面为其进一步修饰/功能化、元素掺杂、缺陷/应变/相工程等材料性能改善的手段提供了更为便利的条件。而且，二维层状材料具有的平面特性，可以采用 CMOS 制备工艺中的一些标准技术直接对其进行图案化[37]；也可以通过真空抽滤、旋涂、滴涂、喷涂、喷墨印刷等简单的方法制备出高质量的自支撑薄膜，用于传感器件、超级电容器和光伏器件的制作。此外，由于电子被限制在二维平面内，尤其是对于单层的二维材料，使其具有优异的电子特性和光学性能，是研究电子和光电子器件的理想材料。

石墨烯和各种类石墨烯材料，包括 TMDs、MXenes、MOFs、金属氧化物、黑鳞等，已经广泛应用在各类传感器件中。已经知道，这类二维超薄纳米材料的电学性质很大程度上取决于它的层数。Ruth Pearce 等利用环境扫描开尔文探针显微镜（SKPM）证明了单层石墨烯在待测气体环境下显示出比双层石墨烯更大的表面电位变化，并提出单层石墨烯所具有的电子特性使其对气体吸附更为敏感，更有利于构建高灵敏的气体传感器[38]。Li Jingbo 团队利用第一性原理计算，研究了不同气体分子在单层二硫化钼（MoS_2）上的吸附，得到了最稳定的吸附构型，并模拟计算了吸附能和电荷转移能[39]。结果表明，所有分子在单层 MoS_2表面的吸附都是弱吸附作用，而且吸附分子与单层 MoS_2之间的电荷转移对传感器的性能起着至关重要的作用。因此，可以通过垂直方向施加电场的方式对吸附分子和 MoS_2之间的电荷转移进行调节，进而优化 MoS_2传感器的性能。另外一个影响超薄二维材料电子能带结构的重要因素是原子的堆垛方式。例如，MoS_2常见的晶体结构为 1T 相和 2H 相，其中数字表示单位晶胞中 S-Mo-S 层的层数，T 和 H 分别表示四方晶系和六方晶系。在二硫化钼（MoS_2）的晶体结构中，硫元素的配位状态和各层层间的堆叠状态会产生不同的电子特性。其中，在 2H 相中每个 Mo 原子都处在六棱柱配位结构的中心，并与周围 6 个 S 原子通过共价键结合，使其呈现半导体的性质；而在 1T 相中，1 个 Mo 原子与 6 个 S 原子形成扭曲的八面体配位结构，呈现出金属性质。这种相结构上的差异，决定了 MoS_2材料的电学特性，也为其带来了更为丰富的应用场景[40]。Wu Chao 等通过第一性原理计算，研究了金属态 1T MoS_2材料的气体敏感行为。通过计算模拟发现，单层和少层的 1T MoS_2对 NO_x具有较高的响应灵敏度和选择性[41]。进一步研究还表明，NO 和 NO_2分子在单层和少层的 1T MoS_2表面的吸附可以通过拉伸应变强化，而其他一些气体分子（CO、CO_2、NH_3和 SO_2）则对应变不敏感。因此，他们得出可以通过应变来对 1T MoS_2敏感材料的气敏性能进行有效调控。Mao Shun 团队通过研究表明 1T/2H 混合相的 MoS_2具有 p 型半导体的性质，对 NO_2分子有优先吸附的能力[42]。在 1T/2H 混合相 MoS_2样品中含有 40%的 1T 相和 60%的 2H 相时，在室温下对 2mg/L 的 NO_2气体有非常短的响应时间（10 s），且对 NO_2的检测限可低至 25μg/L。Zhang Jun 和 Nicola Pinna 团队采用 CVD 和溶胶-凝胶软化学合成法相结合，分别制备了 n 型 MoS_2和 p 型 MoS_2薄膜，并通过湿法转移手段得到了 MoS_2的范德瓦尔斯 p-n 结[43]。研究发现，n 型 MoS_2对三乙胺具有较高的灵敏度且检测限为 0. 1mg/L，p 型 MoS_2则对 NO_2具有快速的响应。但是，这两种气体传感器对其他气体均表现出交叉响应，并且具有恢复缓慢和不完全的缺陷。基于 n 型和 p 型 MoS_2构筑的 p-n 结气体传感器，则对 NO_2表现出优异的灵敏度和选择性，与 p 型 MoS_2传感器相比，对 20mg/L NO_2的响应灵敏度提升了近 60 倍。此外，在紫外光激发下，实现了 8μg/L 的极低检测限和 30s 内的快速完全恢复。

二维超薄纳米材料除了具有可调的带隙结构和高的载流子迁移率外，还有丰富的缺陷位点和良好的表面化学性质（图 2.37），这些都成为构建高性能传感器不可或缺的条件[44-45]。A. Salehi-Khojin 团队通过试验和 DFT 理论计算研究了有缺陷的石墨烯和无缺陷的高质量石墨烯的气敏性能[46]。通过分别对比这两类石墨烯材料的气体敏感行为后得出，石墨烯晶格中的缺陷是影响气敏性能的主要因素。从对电导率的调制方面来看，无缺陷的高质量石墨烯材料本质上对吸附的气体分子不敏感，常常需要有缺陷的衬底材料来调节石墨烯的导电性能。因此，由衬底所带来的外部缺陷是这一类石墨烯材料产生气敏性能的主要原因。而且，他们通过进一步理论计算指出石墨烯和吸附的气体分子之间的电子传递主要是 HOMO 和 LOMO 轨道部分重叠所决定。此后，他们进一步研究发现石墨烯的晶界缺陷也是构建高性能气体传感器的理想元素。这种含有晶界缺陷的石墨烯传感器相对于单晶石墨烯传感器可对气体分子的敏感能力提升大约 300 倍。通常我们认为，晶界缺陷会造成电子散射，削弱石墨烯的性能。然而，在该工作中，他们通过对电子结构和传输行为模拟后发现，晶界的不规则特性使其具备了数百个不同灵敏度的电子传输间隙。这就像是许多平行的并联开关，当气体分子在晶界上发生聚集，电荷发生转移时，这些开关会突然打开或者关闭。借助晶界对气体分子超强的吸附能力和快速反应能力，可为高灵敏传感器的设计提供新的途径[47]。Mukesh Kumar 等综述了 MoS_2基室温 NO_2气体传感器中缺陷对气敏性能的影响，得出 MoS_2材料在制备过程中产生的悬挂键、缺陷和空位等，都可以成为气体分子吸附的

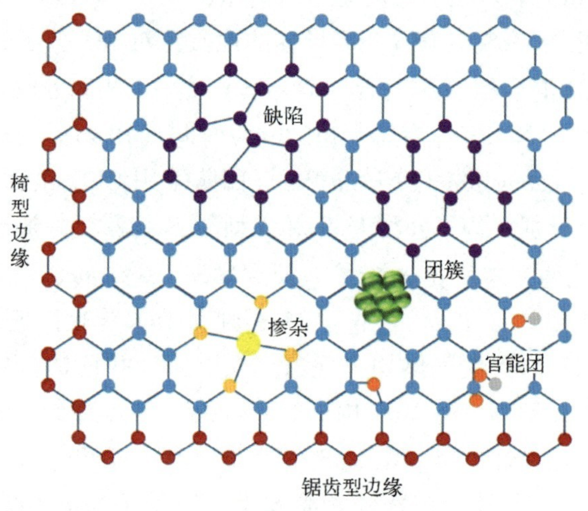

图 2.37 石墨烯表面缺陷和官能团[34]

活性位点[48]。除了这些本征缺陷外，由于外来杂质原子掺杂引入的缺陷，也可以改善 MoS_2传感器的气敏性能。此外，他们还指出气体分子在无缺陷的高质量 MoS_2表面易于发生物理吸附，而在含有缺陷的 MoS_2上则会发生化学吸附。对于不同相结构的 MoS_2材料，1T-MoS_2对 NO_2分子有更高的吸附能，更有利于 NO_2的高灵敏检测。由于 S 空位会在 MoS_2的带隙中形成中间态，使 MoS_2带隙变窄。在同时考虑 S 空位的情况下，上述现象会进一步提升 1T-MoS_2的金属性，使其具有相对较好的 NO_2敏感性能。

当三维材料转变为二维超薄材料时，除了会带在边缘和体相晶格处带来缺陷外，还会产生新的表面化学特性。例如，当石墨烯的片层厚度减小至纳米级或者原子级时，即具有多环芳香族碳氢化合物的性质；氧化石墨烯表面含有丰富的含氧官能团，使其具有与石墨烯截然不同的亲疏水性质和反应活性[49]；当 MOFs 晶体的纵向生长被限制在几纳米厚度范围时，过渡金属离子和有机配体间的配位结构发生改变，除了会产生不饱和配位点外，还会提升 MOFs 材料的导电能力[50]。二维超薄材料表面理化性质的不同，必然会影响其电学性质以及对分子的亲和能力，进而带来传感性能上的差异。Mao Lanqun 团队使用石墨炔（GDY）为前驱体，以改进的 Hummers 法制备了氧化石墨炔（GDO）超薄材料，用于湿度敏感性能研究[51]。由于 GDO 材料中独特的碳原子杂化形式，使 C≡C 键具有良好的吸电子能力，提高了与水分子的结合速度，从而实现了超快的湿度传感。虽然 GDY 具有与石墨烯相似的二维结构，但 GDY（sp2 和 sp）和石墨烯（sp2）中碳原子的杂化方式不同，会形成不同的官能团，从而导致与水分子不同的亲和能力。因此，GDY 的氧化形式——GDO 相对于氧化石墨烯在湿度敏感领域的应用也更具有竞争力。Ding Mengning 团队通过一种简单的配体氧化法制备得到含有多羟基缺陷位点的二维非晶态 Ni-HAB（HAB，Hexaaminobenzene）材料[52]。与结晶态的 Ni-HAB（cNi-HAB）相比，非晶态 Ni-HAB 材料中由于配位键的缺失，形成了丰富的羟基位点，能够允许水分子通过氢键作用快速吸附和解吸，因而在湿度检测中表现出良好的响应-恢复性能。由于二维超薄材料表面含有丰富的化学键，非常容易通过共价键或非共价键的形式，对其进行功能化的修饰和结构复合。例如，过渡金属碳化物/碳氮化物（MXene）作为一种新的二维导电纳米材料，具有优异的导电性和丰富的表面官能团，在传感领域展现出了巨大的应用前景。但是，MXene 材料在使用过程中存在一个问题，即在潮湿环境中的稳定性较差。Lia A. Stanciu 团队在 $Ti_3C_2T_x$-MXene 界面修饰了一层氟硅烷（FOTS），从而获得了超疏水的界面，而且还改善了材料的机械和环境稳定性[53]。结果表明，FOTS-修饰的 $Ti_3C_2T_x$-MXene 材料对含氧的挥发性有机分子（乙醇、丙酮）展现了较高的灵敏度、良好的重复测试性能和长期工作稳定性。通过对30mg/L 乙醇在 5%RH~80%RH 范围内的传感性能测试，验证了该传感器件具有抗湿度干扰的作用。DFT 模拟计算结果显示，FOTS 修饰后的 $Ti_3C_2T_x$-MXene 材料具有较强的乙醇吸附能，并且吸附作用引起局部的结构变形，还可进一步提升其传感性能。

尽管二维超薄纳米材料优异的性能促进了气、湿敏传感器件的蓬勃发展，然而随着研究的深入，人们发现二维超薄材料在实际应用中还有很多关键共性技术问题亟待解决。比如，二维超薄材料的分散性、结构和电学特性的可控调控以及在任意基材上的无损快速转移等问题，都引起了众多研究者的关注。同时，质量和成本问题也是制约二维超薄材料实际应用的瓶颈。通过在二维超薄材料表面引入其他功能性纳米基元，并合理设计它们的排布，在一定程度上保留二维超薄材料本身的特性，引入其他功能性基元，在电子传递、物质输运以及能量转化等方面展现出新的规律，或可解决部分问题。

2.4.4 纳米复合材料的敏感效应

随着纳米科学技术的发展，设计和构筑具有特定功能和特性的复合纳米结构成为人们十分感兴趣的研究热点。纳米复合材料是从纳米材料领域派生出来的、含有丰富科学内涵的一个重要的学科分支，它的出现标志着纳米材料科学研究进入了一个新的阶段。人们可以把纳米结构单元按照事先的构想，依照一定的规律在二维或三维空间构筑成形形色色的复合结构体系；不仅会继承结构基元本身的纳米效应，还会由于结构的复合而产生量子耦合效应、协同效应等以及由此衍生出一些新的物理化学特性，而这些特性是设计和制造各类纳米器件的基础。

对于气湿敏传感器而言，引入金属催化剂是提升传感性能的有效途径之一。通过引入具有特定活性的金属催化剂，不但可以产生更多的活性中心，还可为待测物质的敏感反应提供新的途径。浸渍法是被广泛采用，也是较为传统的一种金属掺杂方式。然而，这种掺杂方法难以获得较高的催化剂利用率。通过 TEM 观察发现，采用浸渍法得到的金属催化剂在敏感材料的表面分布很不均匀，而且金属颗粒的粒径分布范围很宽[54]。为了提高金属催化剂的利用效率，需要尽可能提高催化剂的比表面积以及改善催化剂在敏感材料表面的分散状态。从金属纳米催化剂的可控制备出发，通过自组装形成具有确定结构和形貌的功能性纳米敏感材料，是一种负载金属催化剂的有效方法。

采用这种方法，不但可以控制金属纳米晶催化剂的形貌尺寸，还可以精准调控金属催化剂在敏感材料表面的负载量和分布状态。以钯（Pd）纳米催化剂为例，在氧化锌（ZnO）纳米线表面分别采用功能化组装和浸渍法制备得到不同Pd负载情况的纳米线（图2.38），并对比了气体敏感性能[55]。通过传统的浸渍方式修饰之后，Pd纳米催化剂在ZnO纳米线表面分散非常不均匀，而且颗粒的尺寸分布范围较广。相对于浸渍法，直接组装的方法可以使Pd纳米催化剂在ZnO纳米线的表面均匀分散。气敏性能测试也显示，采用功能化组装方法得到的敏感材料对目标待测气体的灵敏度更高，响应-恢复时间也更短。此外，采用功能化组装的方法可以很好地控制金属纳米催化剂在敏感材料表面的负载量和分散状态。通过调节金属纳米催化剂和联接剂的使用量，还可以对纳米晶催化剂/纳米线复合敏感材料进行精确设计和构筑。

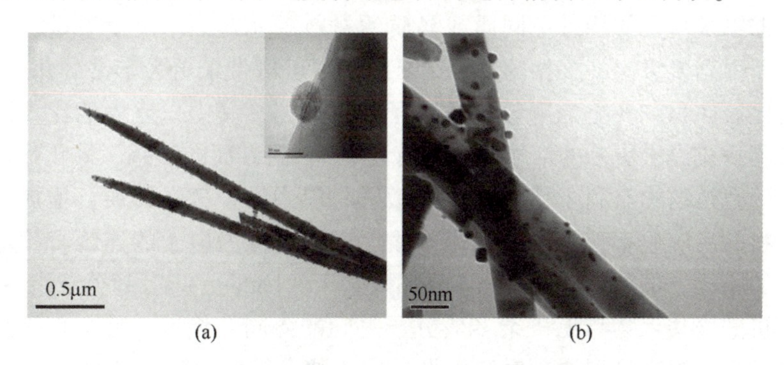

(a)　(b)

图2.38　不同方法得到的Pd纳米催化剂修饰的ZnO纳米线
（a）功能化组装方法，（b）浸渍法[55]。

除了金属纳米催化剂外，也可以采用其他材料对敏感材料进行功能化复合，以改善对目标待测分子的灵敏检测。Mikhael Bechelany和Sang Sub Kim团队采用原子层沉积（ALD）的方法使ZnO纳米线表面生长了Pd纳米颗粒，而后又包覆了一层ZIF-8薄膜[56]。在ZIF-8薄膜存在的情况下，可以对气体分子进行有效过滤，最终只能使待测H_2分子通过ZIF-8的孔道到达ZnO纳米线的表面；并在Pd纳米颗粒的作用下，进一步提升纳米线的H_2敏感性能。Dou Xincun等采用晶种辅助法在Si纳米线阵列表面修饰了ZnO纳米颗粒，随后在纳米线阵列的顶部复合了rGO膜，得到了SiNWs/ZnO/rGO复合材料[57]。他们基于该复合材料开发了一个快速、超灵敏的人工嗅觉系统，可实现对不同爆炸物蒸汽的识别性检测，包括TNT、DNT、PNT、PA等。通过周期性打开和关闭光照以及改变光强度，可以测得传感器随时间变化的光敏响应性能。

这种基于肖特基异质结的传感器具有超灵敏、实时传感的特点，可对爆炸物蒸汽灵敏、快速且多样化光敏响应。Liu Huan 团队研究发现零维半导体 PbS 量子点表面含有大量不饱和的悬挂键，活性位点丰富，且对 NO_2有较高的吸附能力，适于用作 NO_2气体分子敏感材料[58]。基于此，他们利用 Pb 原子与 MoS_2边缘 S 原子的结合，诱导 PbS 量子点在二维二硫化钼（MoS_2）纳米片表面形核与生长，制备得到 PbS 量子点/MoS_2纳米片复合敏感材料，克服了原有二维 MoS_2材料边缘活性位点数量有限，室温气敏效应微弱的缺点。与纯 MoS_2纳米片相比，复合材料传感器对 10mg/L NO_2气体响应值提升约 5 倍，响应和恢复时间分别缩短 70%和 73%，检测限达到亚百万分之一级，且在测试气体范围内呈现较好的选择性。此外，与纯 PbS 量子点气体传感器相比，量子点团聚和铅毒性问题也得到了改善。

根据纳米基元的特点把同质或异质的材料单元在纳米尺度下进行有序组装，从而得到多级次、多相的复合纳米结构，可以带来更为丰富的孔道结构、更高的比表面积以及更为顺畅的载流子输运通路。其中，巨大的比表面积可以为待测物质提供更多的活性位点，有利于气-固界面的敏感、催化作用；高度互联的孔道结构有利于待测物质在敏感材料中的扩散和传质，增加气体与敏感材料的反应概率；顺畅的载流子输运通路可以为电子的连续直接输运提供更好的路径。例如，Deng Yonghui 团队基于“bottom-up”超分子组装理念，利用有机嵌段共聚物与无机杂多酸分子之间的协同共组装，首次直接合成了三维等间距、正交排列的金属氧化物半导体纳米线多孔阵列结构[59]。进一步研究发现，上述超分子组装合成思路也可以用来合成各种杂原子原位掺杂的半导体金属氧化物交叉纳米线阵列。以 Si 掺杂 ε-WO_3正交纳米线阵列为例，由于亚稳态 ε-WO_3纳米线阵列结构同时具有三维堆垛多孔结构、丰富的界面活性吸附氧和良好的电子传递行为，展示出了优异的丙酮传感响应性能。食源性致病菌是引起食源性疾病的主要原因，不同食源性致病菌个体和同种致病菌在不同生理阶段会产生一系列具有“指纹特性”的挥发性代谢产物（Microbial Volatile Organic Components，MVOCs）。Deng Yonghui 的研究团队利用配体辅助嵌段共聚物诱导界面自组装技术，以两亲性嵌段共聚物 PEO-b-PS 为模板剂，采用乙酰丙酮（AcAc）作为配位剂延缓前驱体水解交联的速度，合成出一系列具有孔道高度连通的高比表面积介孔 WO_3材料，并首次用于 MVOCs 的选择性快速检测[60]。由于该 WO_3纳米结构具有稳定的晶态骨架、较大的孔径（10.6~15.3nm 范围内可调）以及高的比表面积（136 m^2/g），使其对李氏特菌产生的特有气体——三羟基二丁酮具有超快的响应速度（小于

10s)、高检测灵敏度和良好的选择性，有望用于快速检测食品、水体的微生物污染物。

近年来，缺陷工程被认为是改善材料电子结构和物化性质的有效方法，并得到了广泛的应用[61]。这里提到的缺陷主要是点缺陷，其中氧空位被认为是半导体类金属氧化物敏感材料改善气敏性能的有利因素之一。利用表面氧空位缺陷导致的电子富集态，不但可以高效活化小分子，还能使材料的电子传输层具有更高的电子密度和电导率[62-63]。Zhang Yuan 等早期采用晶种辅助的手段，在六方纤锌矿结构 ZnO 纳米线上生长得到对称性的 ZnO 刷状三维复合纳米结构，其形貌结构表征和气敏性能测试结果如图 2.39 所示[64]。从图中可以看出，一系列短棒状的 ZnO 阵列均匀的生长在位于中心位置 ZnO 纳米线的 6 个面上，这主要是由于纤锌矿氧化锌的结构对称性决定的。气敏测试结果表明：该刷状纳米结构对气体的响应灵敏度要高于普通纳米线的响应灵敏度，这一现象几乎适用于所有的气体，尤其是对酒精的灵敏度提高较为明显。在这种刷状纳米复合结构上所生长的一系列次级纳米棒阵列之间形成的通道更有利于气体的吸附脱附，而且次级的纳米棒阵列与中心核之间接触形成的结（junction），可以作为活性中心增强对测试气体的响应。更重要的是，作者发现了这种分级纳米结构的新型气体敏感机理，即 ZnO 复合结构同质外延生长的过程中引入了更多的氧空位缺陷，更有利于待测气体的吸附和敏感。因此，通过人为在敏感材料表面引入氧空位缺陷，可用于显著改善金属氧化物的敏感特性。Zhao Dan 和 Tao Jifang 团队在传感芯片表面原位生长 ZIF-8 纳米片阵列，而后通过热解的方法得到了具有丰富氧空位的多孔分级 ZnO 纳米片阵列；并采用简单改变热解速率的方法对 ZnO 中的氧空位浓度进行了有效调控，从而对敏感材料的电子结构进行微调，并研究了 ZnO 纳米片的氧空位浓度与其气敏性能之间的关系[65]。研究表明，在该复合结构体系中，丰富的氧空位使 ZnO 中含有大量未成对的电子，可以作为电子供体吸引更多的吸附氧。此外，氧空位的存在还会使 ZnO 的带隙变窄，更有利于热电子的发射以及对目标待测气体的吸附和活化。此外，ZIF-8 衍生的 ZnO 多孔分级纳米结构具有较大的比表面积为外来分子吸附提供了更多可停留的位点，纳米片中的微-介多级孔道结构更有利于气体分子扩散进入纳米片与内部的晶粒作用。这种采用简单热解 ZIF 材料的方法，可以得到具有丰富氧空位的多孔多级 ZnO 纳米片结构，在千亿分之一级 CO 和 VOCs 检测中表现出了超高的灵敏度和快速响应-恢复时间。

图 2.39 刷状三维复合纳米结构形貌表征及气敏性能测试结果

(a)(b)刷状纳米复合结构的 SEM 图；(c)刷状纳米复合结构和纳米线的 PL 图谱，揭示了刷状纳米复合结构中含有大量的氧空位缺陷；(d)刷状纳米复合结构和纳米线对不同气体的检测结果[64]。

异质结是由两种不同的半导体材料在水平方向或者垂直方向堆叠在一起形成的结构，特指两种材料接触所形成的界面区域。通常形成异质结的条件是两种半导体材料具有相似的结构、相近的原子间距和热膨胀系数。当两种不同导电类型的材料形成异质结时，由于半导体的能带结构和载流子浓度不同，因而在不同半导体之间会发生载流子的扩散、迁移，在达到热平衡状态后，在交界处的两侧形成了很薄的空间电荷区（耗尽层或阻挡层）。其中，n 型半导体的一侧为正空间电荷区，p 型半导体一侧为负空间电荷区。这种不同费米能级的半导体之间由于接触而引起载流子的重新分配，使得界面两侧出现了势能差，即形成了势垒；从而对传感器件中载流子的运动、传输起到调控的作用。因此，异质结材料通常具有单一半导体材料所不具备的优良光电特性，非常适用于制作各类传感器件、太阳能电池和半导体激光器等[66]。Il-Doo Kim 研究团队采用电化学置换法制备了 MOF 衍生的 Co_3O_4/SnO_2异质结构半导体，并进一步复合 PdO 纳米颗粒后，制备得到 p-Co_3O_4-PdO/n-SnO_2杂化纳米结构[67]。气敏性能测试结果显示，该材料对丙酮气体表现出超高的响应，对相同浓度待测气体的检测灵敏度远高于 p-Co_3O_4、n-SnO_2-PdO/p-Co_3O_4、p-Co_3O_4/n-SnO_2和 PdO/p-Co_3O_4。分析其原因后发现，p-Co_3O_4-PdO/n-SnO_2杂化纳米材料具有的超高丙酮响应能力主要是由于 MOF 衍生形成的多孔中空框架结构和 p-n 异质结构。尤其是 p-Co_3O_4和 n-SnO_2复合后产生的大量 p- n 结，可以形成较厚的电子耗尽层，使得敏感材料在工作状态下的电阻变化更为显著。此外，敏感材料体系中尺寸较小的 PdO（小于 5nm）纳米颗粒有助于电子从 n-SnO_2向 PdO 的迁移，进一步提升了传感检测效果。近日，Navpreet Kaur 等采用两步气相生长法制备得到新型的 NiO/$NiWO_4$/WO_3(p-p-n)三维异质结构，并研究了不同工作温度下的载流子输运行为以及对不同气体的响应性能[68]。通过对温度的改变，可以有效调控载流子在 WO_3/$NiWO_4$（n-p）和 $NiWO_4$/NiO（p-p）两个界面的传输行为，以及 WO_3电子耗尽层和 NiO、$NiWO_4$空穴堆积层的载流子密度，进而实现对不同气体的选择性监测。在 300℃时，由于该异质结构中的 WO_3导带中存在大量的自由电子，使其对氧化性 NO_2气体具有更高的响应特性。在 400℃时，由于电子-空穴的复合消耗了大量的自由电子，使得异质结构中残留了大量空穴，因此对供电子特性的气体具有更强的选择性，可用于对 VOCs 气体的高灵敏检测。

2.5 小　结

纳米材料在高性能传感器件的设计与应用中已经发挥了举足轻重的作用，围绕新型纳米敏感材料的基础理论研究与面向推广应用的实用性研究皆已取得了令人瞩目的成果。针对如何提升纳米敏感材料性能这一核心科学问题，国内外学术界已经开展了广泛与深入的研究，从早期开展的控制敏感材料晶粒尺寸到调控纳米敏感材料的表面形态，再到敏感材料微观界面结构的针对性设计等，已有的研究成果证实了纳米材料在传感界面上对电子输运和物质传递所带来的积极作用。对于传统方法难以实现的痕量待测物灵敏检测以及无法消除共存分子的干扰等，纳米敏感材料在传感检测时表现出来的超高灵敏度和优良的特异性都为上述问题的解决提供了新的可能。目前，关于纳米敏感材料的全方位深入研究已经为新一代传感器件的发展奠定了坚实的理论基础。未来随着高精度微纳加工技术的飞速发展，以现有的纳米敏感材料构建价廉、小巧、性能优越可靠的微纳传感器件将成为本领域的一个重要发展方向。传感器的应用范围也将从目前的工业、农业、国家安全等尖端领域，全面推广至可穿戴设备、智能家居、汽车电子等民用领域。

参考文献

[1] SUN Z, KIM J H, ZHAO Y, et al. Rational design of 3D dendritic TiO_2 nanostructures with favorable architectures [J]. Journal of the American Chemical Society, 2011, 133 (48): 19314-19317.

[2] LOU Z, LI F, DENG J, et al. Branch-like hierarchical heterostructure (α-Fe_2O_3/TiO_2): A novel sensing material for trimethylamine gas sensor [J]. ACS Applied Materials & Interfaces, 2013, 5 (23): 12310-12316.

[3] JIA X, CHENG C, FENG S, et al. Hierarchical porous nanorod@ core-shell α-Fe_2O_3/TiO_2 microspheres: synthesis, characterization, and gas-sensing applications [J]. Applied Surface Science, 2019, 481: 1001-1010.

[4] ZHOU W, GUO Y T, ZHANG H, et al. A highly sensitive ammonia sensor based on spinous core-shell PCL-PANI fibers [J]. Journal of Materials Science, 2017, 52 (11): 6554-6566.

[5] WU S H, LIU P H, ZHANG Y, et al. Flexible and conductive nanofiber-structured single yarn sensor for smart wearable devices [J]. Sensors and Actuators B-Chemical, 2017, 252: 697-705.

[6] LIU C, TAI H, ZHANG P, et al. A high-performance flexible gas sensor based on self-assembled PANI-CeO_2 nanocomposite thin film for trace-level NH_3 detection at room temperature [J]. Sensors and Actuators B: Chemical, 2018, 261: 587-597.

[7] ZHANG D, WANG D, LI P, et al. Facile fabrication of high-performance QCM humidity sensor based on layer-by-layer self-assembled polyaniline/graphene oxide nanocomposite film [J]. Sensors and Actuators B: Chemical, 2018, 255: 1869-1877.

[8] LI S Q, WANG T S, YANG Z J, et al. Room temperature high performance NH_3 sensor based on GO-rambutan-like polyaniline hollow nanosphere hybrid assembled to flexible PET substrate [J]. Sensors and Actuators B: Chemical, 2018, 273: 726-734.

[9] LIU C J, HAYASHI K, TOKO K. Au nanoparticles decorated polyaniline nanofiber sensor for detecting volatile sulfur compounds in expired breath [J]. Sensors and Actuators B: Chemical, 2012, 161 (1): 504-509.

[10] ZHOU Q, XU L N, UMAR A, et al. Pt nanoparticles decorated SnO_2 nanoneedles for effi-

cient CO gas sensing applications [J]. Sensors and Actuators B: Chemical, 2018, 256: 656-664.

[11] WANG L W, WANG Y H, YU K F, et al. A novel low temperature gas sensor based on Pt-decorated hierarchical 3D SnO_2 nanocomposites [J]. Sensors and Actuators B: Chemical, 2016, 232: 91-101.

[12] XU J, PAN Q, SHUN Y A, et al. Grain size control and gas sensing properties of ZnO gas sensor [J]. Sensors and Actuators B: Chemical, 2000, 66 (1): 277-279.

[13] HU X, GONG J, ZHANG L, et al. Continuous size tuning of monodisperse ZnO colloidal nanocrystal clusters by a microwave-polyol process and their application for humidity sensing [J]. Advanced Materials, 2008, 20 (24): 4845-4850.

[14] YAMAZOE N. New approaches for improving semiconductor gas sensors [J]. Sensors and Actuators B: Chemical, 1991, 5 (1): 7-19.

[15] RUMYANTSEVA M N, MAKEEVA E A, GAS'KOV A M. Influence of the microstructure of semiconductor sensor materials on oxygen chemisorption on their surface [J]. Russian Journal of General Chemistry, 2008, 78 (12): 2556-2565.

[16] LI C, DU Z, YU H, et al. Low-temperature sensing and high sensitivity of ZnO nanoneedles due to small size effect [J]. Thin Solid Films, 2009, 517 (20): 5931-5934.

[17] TRINH T T, TU N H, LE H H, et al. Improving the ethanol sensing of ZnO nano-particle thin films: The correlation between the grain size and the sensing mechanism [J]. Sensors and Actuators B: Chemical, 2011, 152 (1): 73-81.

[18] QI T, YANG X, SUN J. Neck-connected ZnO films derived from core-shell zeolitic imidazolate framework-8 (ZIF-8) @ZnO for highly sensitive ethanol gas sensors [J]. Sensors and Actuators B: Chemical, 2019, 283: 93-98.

[19] WANG Y, LIU B, CAI D, et al. Room-temperature hydrogen sensor based on grain-boundary controlled Pt decorated In_2O_3 nanocubes [J]. Sensors and Actuators B: Chemical, 2014, 201: 351-359.

[20] SLATER B, CATLOW C R A, GAY D H, et al. Study of surface segregation of antimony on SnO_2 surfaces by computer simulation techniques [J]. The Journal of Physical Chemistry B, 1999, 103 (48): 10644-10650.

[21] HAN X, JIN M, XIE S, et al. Synthesis of tin dioxide octahedral nanoparticles with exposed high-energy {221} facets and enhanced gas-sensing properties [J]. Angewandte Chemie International Edition, 2009, 48 (48): 9180-9183.

[22] MA X, QIN Q, ZHANG N, et al. Synthesis of SnO_2 nano-dodecahedrons with high-energy facets and their sensing properties to SO_2 at low temperature [J]. Journal of Alloys and Compounds, 2017, 723: 595-601.

[23] D'ARIENZO M, CRISTOFORI D, SCOTTI R, et al. New insights into the SnO_2 sensing

mechanism based on the properties of shape controlled tin oxide nanoparticles [J]. Chemistry of Materials, 2013, 25 (18): 3675-3686.

[24] BIJU K P, JAIN M K. Effect of crystallization on humidity sensing properties of sol-gel derived nanocrystalline TiO_2 thin films [J]. Thin Solid Films, 2008, 516 (8): 2175-2180.

[25] PENG X, CHU J, YANG B, et al. Mn-doped zinc oxide nanopowders for humidity sensors [J]. Sensors and Actuators B: Chemical, 2012, 174: 258-262.

[26] ZHANG Y, CHEN Y, ZHANG Y, et al. A novel humidity sensor based on $NaTaO_3$ nanocrystalline [J]. Sensors and Actuators B: Chemical, 2012, 174: 485-489.

[27] XIE W, DUAN X, DENG J, et al. CeO_2/ionic liquid hybrid materials with enhanced humidity performance [J]. Sensors and Actuators B: Chemical, 2017, 252: 870-876.

[28] XU J Q, ZHANG Y, CHEN Y, et al. Uniform ZnO nanorods can be used to improve the response of ZnO gas sensor [J]. Materials Science and Engineering: B, 2008, 150 (1): 55-60.

[29] WANG X, YAO F, XU P C, et al. Quantitative structure-activity relationship of nanowire adsorption to SO_2 revealed by in situ TEM technique [J]. Nano Letters, 2021, 21 (4): 1679-1687.

[30] 张跃. 半导体纳米线功能器件 [M]. 北京：科学出版社，2019.

[31] KUANG Q, LAO C, WANG Z L, et al. High-sensitivity humidity sensor based on a single SnO_2 nanowire [J]. Journal of the American Chemical Society, 2007, 129 (19): 6070-6071.

[32] BAKER C O, HUANG X, NELSON W, et al. Polyaniline nanofibers: broadening applications for conducting polymers [J]. Chemical Society Reviews, 2017, 46 (5): 1510-1525.

[33] LIU H Q, KAMEOKA J, CZAPLEWSKI D A, et al. Polymeric nanowire chemical sensor [J]. Nano Letters, 2004, 4 (4): 671-675.

[34] ZHANG D, LIU Z, LI C, et al. Detection of NO_2 down to ppb levels using individual and multiple In_2O_3 nanowire devices [J]. Nano Letters, 2004, 4 (10): 1919-1924.

[35] ZHAO D, HUANG H, CHEN S, et al. In situ growth of leakage-free direct-bridging GaN nanowires: application to gas sensors for long-term stability, low power consumption, and sub-ppb detection limit [J]. Nano Letters, 2019, 19 (6): 3448-3456.

[36] TAN C, CAO X, WU X J, et al. Recent advances in ultrathin two-dimensional nanomaterials [J]. Chemical Reviews, 2017, 117 (9): 6225-6331.

[37] WEI Z, LIAO M, GUO Y, et al. Scratching lithography for wafer-scale MoS_2 monolayers [J]. 2D Materials, 2020, 7 (4): 1-9.

[38] PEARCE R, ERIKSSON J, IAKIMOV T, et al. On the differing sensitivity to chemical gating of single and double layer epitaxial graphene explored using scanning kelvin probe microscopy [J]. ACS Nano, 2013, 7 (5): 4647-4656.

[39] YUE Q, SHAO Z, CHANG S, et al. Adsorption of gas molecules on monolayer MoS_2 and

effect of applied electric field [J]. Nanoscale Research Letters, 2013, 8 (1): 1-7.

[40] CHEN X, LIU C, MAO S. Environmental analysis with 2D transition-metal dichalcogenide-based field-effect transistors [J]. Nano-Micro Letters, 2020, 12 (1): 1-24.

[41] LINGHU Y, WU C. 1T'-MoS_2, A promising candidate for sensing NO_x [J]. The Journal of Physical Chemistry C, 2019, 123 (16): 10339-10345.

[42] ZONG B, LI Q, CHEN X, et al. Highly enhanced gas sensing performance using a 1T/2H heterophase MoS_2 field-effect transistor at room temperature [J]. ACS Applied Materials & Interfaces, 2020, 12 (45): 50610-50618.

[43] ZHENG W, XU Y, ZHENG L, et al. MoS_2 Van der Waals p-n junctions enabling highly selective room-temperature NO_2 sensor [J]. Advanced Functional Materials, 2020, 30 (19): 2000435.

[44] HUANG T X, CONG X, WU S S, et al. Probing the edge-related properties of atomically thin MoS_2 at nanoscale [J]. Nature Communications, 2019, 10 (1): 1-8.

[45] ZHAO G, LI X, HUANG M, et al. The physics and chemistry of graphene-on-surfaces [J]. Chemical Society Reviews, 2017, 46 (15): 4417-4449.

[46] KUMAR B, MIN K, BASHIRZADEH M, et al. The role of external defects in chemical sensing of graphene field-effect transistors [J]. Nano Letters, 2013, 13 (5): 1962-1968.

[47] YASAEI P, KUMAR B, HANTEHZADEH R, et al. Chemical sensing with switchable transport channels in graphene grain boundaries [J]. Nature Communications, 2014, 5 (1): 1-8.

[48] AGRAWAL A V, KUMAR N, KUMAR M. Strategy and future prospects to develop room-temperature-recoverable NO_2 gas sensor based on two-dimensional molybdenum disulfide [J]. Nano-Micro Letters, 2021, 13 (1): 1-58.

[49] CHATTERJEE N, EOM H J, CHOI J. A systems toxicology approach to the surface functionality control of graphene-cell interactions [J]. Biomaterials, 2014, 35 (4): 1109-1127.

[50] YANG F, XIE J, LIU X, et al. Linker defects triggering boosted oxygen reduction activity of Co/Zn-ZIF nanosheet arrays for rechargeable Zn-air batteries [J]. Small, 2021, 17 (3): 1-8.

[51] YAN H, GUO S, WU F, et al. Carbon atom hybridization matters: Ultrafast humidity response of graphdiyne oxides [J]. Angewandte Chemie International Edition, 2018, 57 (15): 3922-3926.

[52] LIU C, GU Y, LIU C, et al. Missing-linker 2D conductive metal organic frameworks for rapid gas detection [J]. ACS Sensors, 2021, 6 (2): 429-438.

[53] CHEN W Y, LAI S N, YEN C C, et al. Surface functionalization of $Ti_3C_2T_x$ MXene with

highly reliable superhydrophobic protection for volatile organic compounds sensing [J]. ACS Nano, 2020, 14 (9): 11490-11501.

[54] MATSUSHIMA S, TAMAKI J, MIURA N, et al. TEM observation of the dispersion state of Pd on SnO_2 [J]. Chemistry Letters, 1989, 18 (9): 1651-1654.

[55] ZHANG Y, XIANG Q, XU J, et al. Self-assemblies of Pd nanoparticles on the surfaces of single crystal ZnO nanowires for chemical sensors with enhanced performances [J]. Journal of Materials Chemistry, 2009, 19 (27): 4701-4706.

[56] WEBER M, KIM J H, LEE J H, et al. High-performance nanowire hydrogen sensors by exploiting the synergistic effect of Pd nanoparticles and metal-organic framework membranes [J]. ACS Applied Materials & Interfaces, 2018, 10 (40): 34765-34773.

[57] GUO L, YANG Z, DOU X C. Artificial olfactory system for trace identification of explosive vapors realized by optoelectronic schottky sensing [J]. Advanced Materials, 2017, 29 (5): 1-8.

[58] LIU J, HU Z, ZHANG Y, et al. MoS_2 nanosheets sensitized with quantum dots for room-temperature gas sensors [J]. Nano-Micro Letters, 2020, 12 (1): 1-13.

[59] REN Y, ZOU Y, LIU Y, et al. Synthesis of orthogonally assembled 3D cross-stacked metal oxide semiconducting nanowires [J]. Nature Materials, 2020, 19 (2): 203-211.

[60] ZHU Y, ZHAO Y, MA J, et al. Mesoporous tungsten oxides with crystalline framework for highly sensitive and selective detection of foodborne pathogens [J]. Journal of the American Chemical Society, 2017, 139 (30): 10365-10373.

[61] ZHANG Y, TAO L, XIE C, et al. Defect engineering on electrode materials for rechargeable batteries [J]. Advanced Materials, 2020, 32 (7): 1-22.

[62] GENG Z, KONG X, CHEN W, et al. Oxygen vacancies in ZnO nanosheets enhance CO_2 electrochemical reduction to CO [J]. Angewandte Chemie-International Edition, 2018, 57 (21): 6054-6059.

[63] WANG B, ZHANG M, CUI X, et al. Unconventional route to oxygen-vacancy-enabled highly efficient electron extraction and transport in perovskite solar cells [J]. Angewandte Chemie-International Edition, 2020, 59 (4): 1611-1618.

[64] ZHANG Y, XU J, XIANG Q, et al. Brush-like hierarchical ZnO nanostructures: synthesis, photoluminescence and gas sensor properties [J]. Journal of Physical Chemistry C, 2009, 113 (9): 3430-3435.

[65] YUAN H, ALJNEIBI S, YUAN J, et al. ZnO nanosheets abundant in oxygen vacancies derived from metal-organic frameworks for ppb-Level gas sensing [J]. Advanced Materials, 2019, 31 (11): 1-9.

[66] JIAN Y, HU W, ZHAO Z, et al. Gas sensors based on chemi-resistive hybrid functional nanomaterials [J]. Nano-Micro Letters, 2020, 12 (6): 1-43.

[67] JANGV J S, KOO W T, CHOI S J, et al. Metal organic framework-templated chemiresistor: Sensing type transition from p-to-n using hollow metal oxide polyhedron via galvanic replacement [J]. Journal of the American Chemical Society, 2017, 139 (34): 11868-11876.

[68] KAUR N, ZAPPA D, MARALOIU V A, et al. Novel christmas branched like NiO/ $NiWO_4/WO_3$(p-p-n) nanowire heterostructures for chemical sensing [J]. Advanced Functional Materials, 2021: 1-13.

第3章 MEMS气体和湿度传感器的制造工艺

在微机电系统（Microelectromechanical System，MEMS）传感器生产制造过程中，主要包括前道工艺与后道工艺步骤[1]。如图3.1所示，前道工艺是指在硅片上循环进行薄膜沉积、图形化、刻蚀等工艺流程，分步逐渐形成所需的各层功能材料，完成传感器晶圆级加工；而后道工艺则是对传感器晶圆进行划片、封装、测试验证的工作，并最终完成传感器芯片的制造。本章将着重介绍与MEMS气体和湿度传感器相关的前道制造工艺流程。

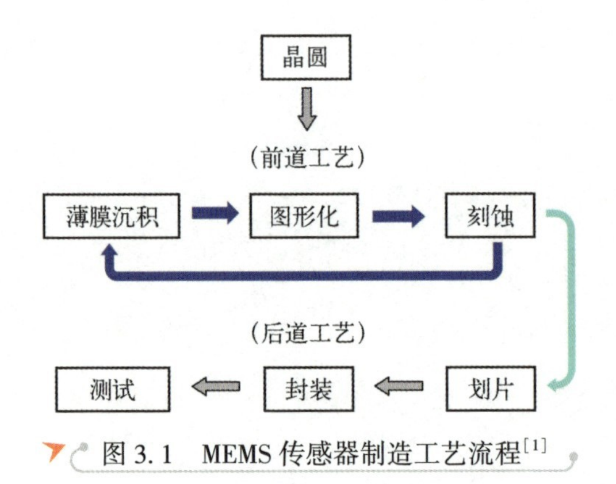

图3.1 MEMS传感器制造工艺流程[1]

3.1　表面 MEMS 工艺

3.1.1　薄膜沉积与生长工艺

薄膜沉积与生长是指在衬底或器件表面通过物理或化学方式紧密附着新材料层的工艺过程[2]。通过微纳加工而成的芯片或 MEMS 器件等，一般是由若干层不同材料构成。例如，衬底材料层如多晶硅；半导体材料层如金属氧化物（ZnO、SnO_2等）；绝缘层材料如氧化硅、氮化硅等；金属导线层如铂、金、铝等。每一种材料层的加工都是基于该材料的薄膜沉积或生长工艺。

薄膜沉积与生长工艺的种类较多，主要可分为化学气相沉积（CVD）、物理气相沉积（PVD）以及热氧化生长氧化层薄膜等。化学气相沉积根据不同的工艺条件，又可细分为常压化学气相沉积（Atmospheric Pressure Chemical Vapor Deposition，APCVD）[3]，低压化学气相沉积（Low Pressure Chemical Vapor Deposition，LPCVD）[4]，等离子增强化学气相沉积（Plasma Enhanced Chemical Vapor Deposition，PECVD）[5]等。物理气相沉积则根据物理实现方式的不同，可主要分为蒸发与溅射。在硅基 MEMS 或芯片加工部分工艺中，还经常使用热氧化生成的 SiO_2 薄膜层以满足特定需求。下面将分别介绍化学气相沉积、物理气相沉积和热氧化工艺的原理以及实现方式。

1. 化学气相沉积

CVD 指的是将衬底暴露于一种或多种特定气体的氛围中，在一定压强和温度条件下发生化学反应，从而在衬底表面形成一层固体材料的薄膜沉积方法。这是一种用于生产高质量，高性能固体材料的沉积方法，广泛应用于微纳加工与无机合成化学等领域。

下面将以外延硅为例，介绍 CVD 的具体反应过程。外延硅所用的材料通常为四氯硅烷（$SiCl_4$）和氢气（H_2），其主要反应化学式为

$$SiCl_4+2H_2 \leftrightarrow Si+4HCl$$

如图 3.2 所示，步骤①是将主要反应物四氯硅烷和氢气通过管道输运到淀积区域即衬底附近；接下来步骤②为主气流中的反应物通过边界层扩散到达衬底表面；然后衬底表面吸附这些反应物（步骤③），并开始依照上述化学式在衬底表面开始反应产生硅（步骤④）；反应生成的固体硅淀积在衬底表面（步骤⑤），同时生成副产物氯化氢气体；随后，副产物扩散脱离边界层（步

骤⑥）并被主气流带离反应区域（步骤⑦）。

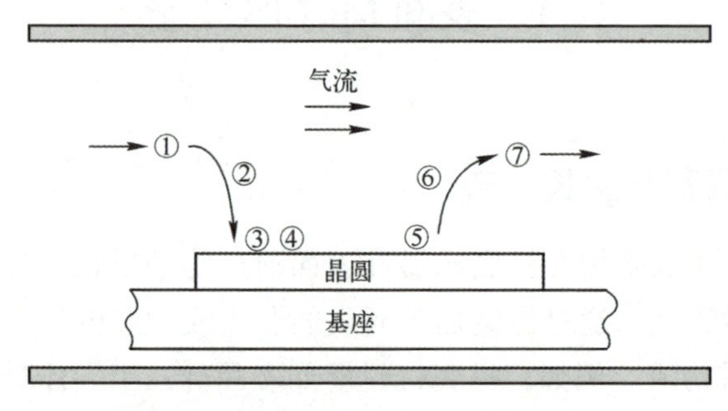

图 3.2　化学气相沉积反应过程

APCVD 是早期出现的一种可以在常压下发生反应的化学气相沉积工艺，常常被用来沉积掺杂的氧化硅层（如磷硅玻璃、硼磷硅玻璃等）。但其受到薄膜质量、均匀性、设备维护等问题的影响，在很多应用领域已逐步被 LPCVD 和 PECVD 所替代。下面具体介绍后两种化学气相沉积的工作原理。

与 APCVD 相比，LPCVD 是在一定真空度气压环境中进行的 CVD。因此，气体分子更容易通过边界层扩散到衬底表面，有助于提升薄膜沉积速度和对高深宽比表面的台阶覆盖性能。图 3.3 展示了其装置示意图与实物图。该反应工艺需要在高温炉中完成，通常采用与氧化炉类似的“热壁”型反应腔体。其工作温度为 600~900℃，利用高温加快了化学反应的速率，而反应炉内的气压则一般控制在 0.01~1Torr①。由于反应炉进气口与出气口的气体浓度差异，可能会引起炉管内部不同位置硅片表面的沉积速度不均匀。对此，可以采用三段温区法加热，使得炉管内沿进气方向的反应温度逐步升高，从而实现对气体浓度差异的补偿，以达到均匀的沉积速度。

以上 APCVD 与 LPCVD 两种工艺均依靠炉管的高温提供化学反应所需要的能量。如果衬底表面有金属等材料，为了适应反应温度的限制，还可以利用等离子体的能量，在较低温度下发生气相化学反应。例如，采用 LPCVD 沉积氮化硅的反应通常需要 800~900℃；而使用 PECVD 工艺，则可以在 350~400℃进行，因此适合用于在金属层上沉积绝缘钝化层。其具体装置如图 3.4 所示。

PECVD 通过射频电源将腔体内的反应气体电离成等离子体，而等离子体的化学活性很强，很容易在晶圆或器件表面发生化学反应，从而沉积形成薄

---

① 托（Torr），$1\text{Torr}=\frac{1}{760}\text{atm}$（准确值）= 133.3224Pa。

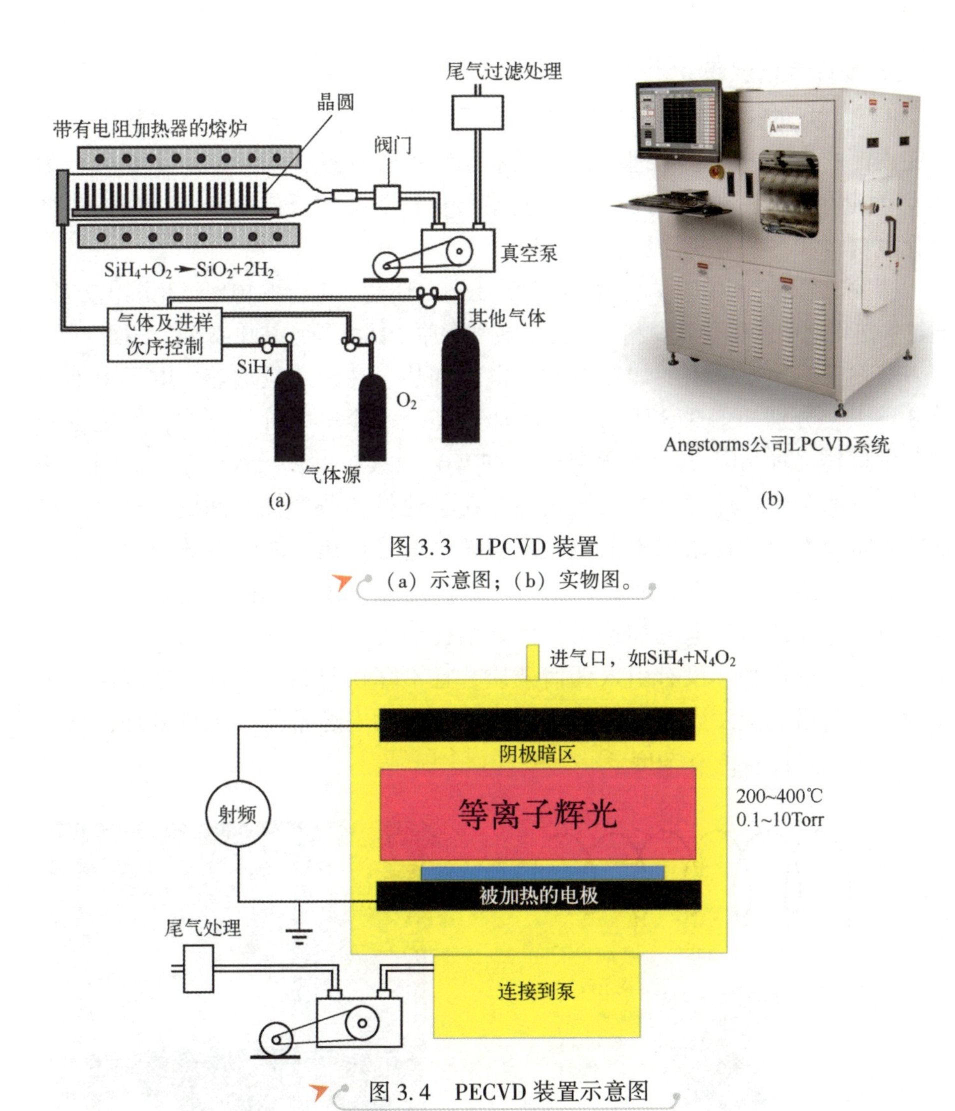

图 3.3　LPCVD 装置
（a）示意图；（b）实物图。

图 3.4　PECVD 装置示意图

膜。所以等离子增强过程是将化学反应通过电离的方式加速，提高了成膜效率和薄膜质量。

为了进一步提升薄膜沉积质量，在 PECVD 的基础上，采用高密度等离子体源，如电子回旋共振（ECR）、感应耦合等离子体（ICP）等技术，发展出了高密度等离子体沉积工艺（HDPCVD）。采用 HDPCVD 及同步沉积-刻蚀技术，可以实现对更高深宽比结构的材料填充，实现高致密度、良好台阶覆盖性的薄膜沉积。

2. 物理气相沉积

PVD[6]指的是利用物理过程将薄膜层材料的原子或分子从源材料转移到衬底表面的沉积方式。物理气相沉积根据物理转移过程的不同，主要可分为蒸发和溅射两类。利用 PVD 形成的薄膜层材料能够广泛应用于几乎任何类型的无机材料和一些有机涂层材料。

蒸发工艺是一种在高真空（小于 10^{-5}Torr）环境下进行的物理气相沉积方法。通过加热坩埚中的待蒸发材料，使之变成气态原子并沉积到晶圆或器件表面。

蒸发工艺主要采用的加热方式有电阻加热、高频感应加热、电子束加热等 3 种[7]，分别如图 3.5 所示。电阻加热是一种简单廉价的方式，但是由于待蒸发材料（如 Al）与加热电阻丝（如 W）直接接触，导致该工艺会引入来自电阻丝的杂质。此外，电阻加热还存在其他材料兼容性等问题。电磁感应加热是将线圈缠绕在坩埚周围，通入高频电信号加热，能够有效减少直接接触污染杂质源。近年来，业界使用最广泛的还是电子束加热。通过电子枪产生的电子，经过高压电场加速后，由磁场控制方向射向薄膜材料，从而使其加热。这一过程基本没有引入任何杂质，且不存在材料兼容性问题。但为了避免材料与坩埚壁发生反应影响成膜的质量，坩埚通常需要水冷处理，增加了电子束蒸发设备的复杂度。

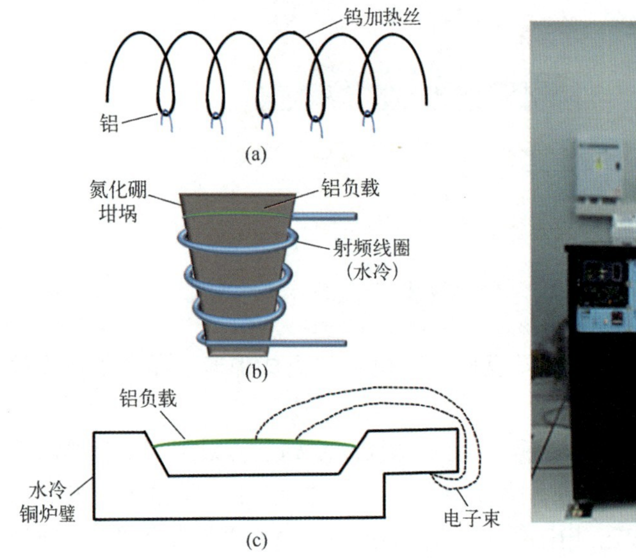

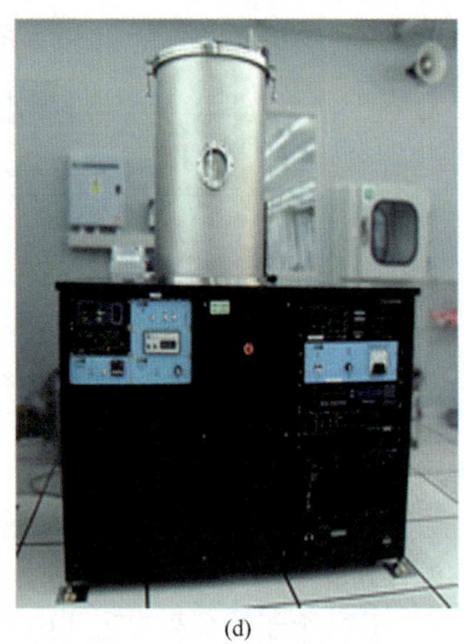

图 3.5　蒸发工艺的不同加热形式

（a）电阻加热；（b）高频感应加热；（c）电子束加热的示意图；（d）实物图。

图 3.5 展示了 Cooke Evaporator，采用的是电子束加热方式，腔内压强约为 8×10^{-7}Torr，可以蒸发 Al（铝）、Ni（镍）、Mo（钼）、Ti（钛）、Cr（铬）等金属材料。

蒸发工艺的一个缺点是薄膜材料的台阶覆盖性一般都比较差。如图 3.6 所示，由于在高真空环境下，蒸发材料原子的平均自由程较长（大于 5m），原子在蒸发腔体内以直线运动，因此会受到阴影效应影响，不能实现对台阶的完全覆盖。具体来说，侧壁部分区域容易被遮挡，尤其是当台阶的纵横比大于 1:1，且硅片不旋转的情况下，气态原子无法直接到达侧壁。最终导致成膜在底部和外部，侧壁上的薄膜则会断开。材料的表面黏附系数用 S_C 表示，黏附系数越小，越容易在侧壁上形成薄膜。对于蒸发而言，$S_C\approx1$，因此难以在结构侧壁形成薄膜。

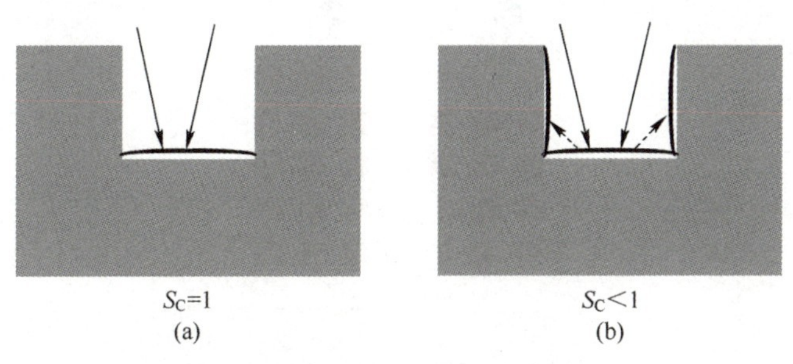

图 3.6　沉积薄膜的台阶覆盖性
（a）黏附系数为 1；（b）黏附系数低于 1。

蒸发工艺台阶覆盖性不佳的问题限制了其在很多制造流程中的应用，但在某些特定工艺中却也能被巧妙利用。例如，在剥离（lift-off）工艺中：首先需要在预先加工的光刻胶图形上沉积金属层薄膜；然后再利用有机溶剂去除光刻胶，从而留下与光刻胶图形相反的金属图形。其中，为了能够成功将光刻胶剥离，通常希望所沉积金属薄膜的台阶覆盖性较差，避免黏连。因此，采用蒸发工艺十分有利。

此外，蒸发工艺的另一个不足是不适于沉积合金材料。这主要是因为蒸发不同材料所需的温度与蒸气压不同，难以准确控制最终蒸发得到的合金组分。

溅射[8]是利用高能粒子在一定真空度条件下轰击靶材料表面，使其材料原子脱离靶材，而后沉积在晶圆或器件表面的一种物理气相沉积工艺。其具体流程如图 3.7 所示，首先在一定真空度（10~100mTorr）的腔内产生等离子体，通常使用的是 Ar^+离子，经过电场加速后轰击源材料表面，使得部分原子或分子获得足够的能量并逸出源材料表面。逸出的源材料粒子在电场的控制下移动到衬底表面并最终沉积形成薄膜。根据溅射腔体的真空度，可以分析得到材料原子的自由程较小（λ<5mm）。因此，被溅射逸出的原子呈现出比较宽的发散角度，提升了薄膜台阶覆盖性。溅射工艺的薄膜沉积速率一般低于蒸发工艺，且与材料种类有很大关系。但是相较于蒸发工艺，采用溅射工艺使得沉积合金材料成为可能。

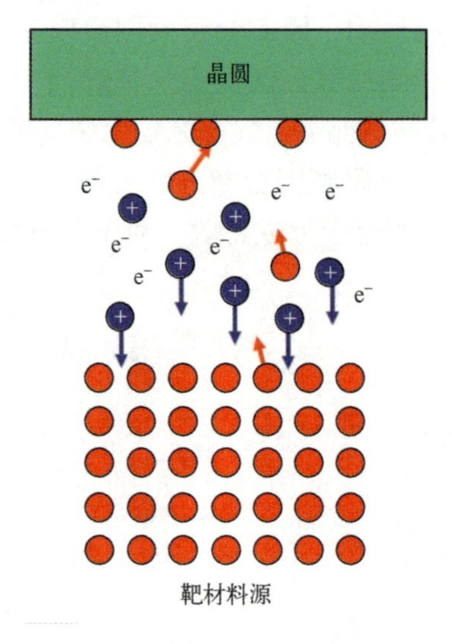

图 3.7 溅射工艺的原理示意图

溅射工艺广泛应用在制备金属、合金、半导体、绝缘介质以及化合物材料等绝大多数薄膜沉积应用中。然而，对于不同的材料需要使用不同的信号源，图 3.8 展示了用于溅射不同材料的直流源溅射和 RF 源溅射。对于绝缘体靶材，由于材料本身不能产生足够的电子，经过长时间带正电荷的 Ar^+离子轰击后，容易在靶材表面累积正电荷，从而使得靶材的电势升高。最终造成电压差降低，溅射工艺无法持续进行。而导体靶材由于与负电势控制电路紧密连接，可以由控制电路提供足够的电子，则不会产生上述问题。所以，直流源溅射主要应用于导体材料，而对于绝缘材料或半导体材料，则可以使用图 3.8 中的 RF 源溅射。射频（RF）源溅射可以实时检测绝缘靶材表面的电势，当靶材表面的电子损失时，可以周期性的补充电子，使得靶材稳定在固定的负电势。

除了直流源和 RF 源溅射、磁控溅射[9]也是应用非常广泛的一种薄膜沉积工艺。磁控溅射的具体原理是在靶材表面构建环形磁场，由沉积过程产生的二次电子在此区域聚集运动。Ar^+正离子受电场影响撞击靶材的过程中，在穿越该电子聚集区域时被还原成中性 Ar 原子，沿原先运动轨迹继续撞击靶材表

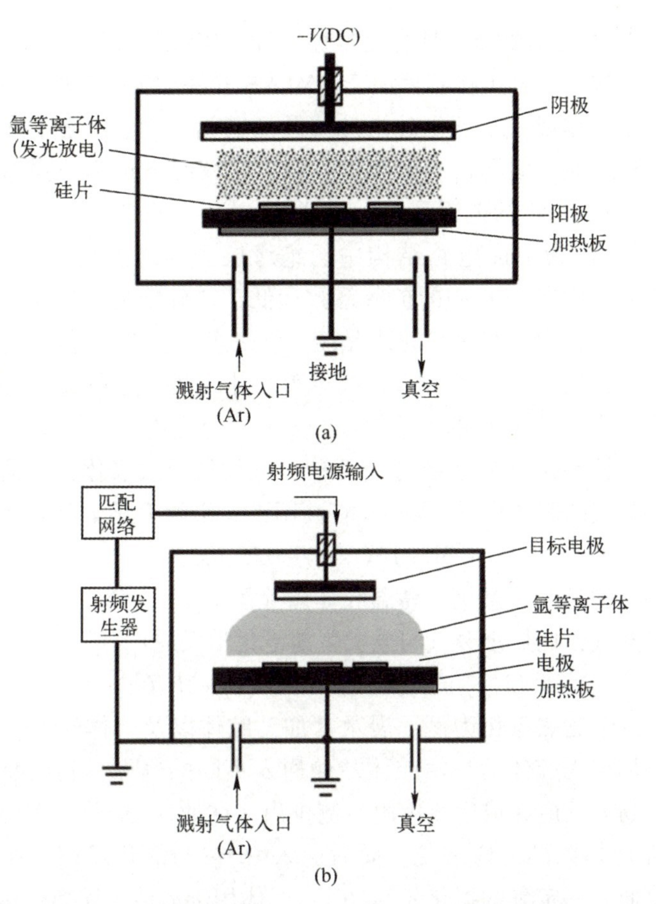

图 3.8 用于溅射不同材料的直流源溅射和 RF 源溅射

（a）直流源溅射；（b）RF 源溅射。

面，效率高于 Ar^+离子直接撞击效率，提高了薄膜沉积速度和薄膜质量。当二次电子的能量耗尽后，会逐渐受到电场影响停留在阳极晶圆或器件表面。采用磁控溅射提高了沉积速率，因此逐渐占据了主导地位。

蒸发与溅射这两种物理气相沉积工艺相比较，蒸发的沉积速率较高，装置整体要求不高，工艺成本也较低廉，但台阶覆盖性能不佳。而溅射工艺与其相对应的特点是台阶覆盖性好，薄膜质量高，但是装置较复杂且成本相对昂贵。除了剥离工艺以外，总体而言，薄膜质量以及台阶覆盖性能是传感器制作中关注的主要因素，溅射工艺在此方面更占优势，所以应用更为普遍。

3. 热氧化工艺

热氧化工艺[10-11]通常是指在硅衬底表面生长二氧化硅（SiO_2）的微纳加

工工艺，由于生长后的 SiO_2 具有化学稳定性、绝缘特性以及杂质扩散系数低等优异特性，被广泛利用在芯片加工、MEMS 器件加工等领域。

化学稳定性体现在二氧化硅是硅的最稳定化合物，不溶于水但具有亲水特性；耐多种强酸，但不包括氢氟酸；在通常情况下也不与强碱发生化学反应。热氧化生成 SiO_2 的电阻率高，通常为 $10^{14} \sim 10^{16}\,\Omega \cdot cm$，介电常数约为 3.9，所以可以作为集成电路结构中的绝缘层和绝缘栅材料使用。由于硼、磷、砷等常见杂质在 SiO_2 中的扩散系数远低于在硅中的扩散系数，且二氧化硅与硅在刻蚀工艺中具有良好的选择性，所以可以将 SiO_2 作为离子注入的掩模层，用于阻止离子射入被 SiO_2 掩模遮盖的硅区域。正是由于 SiO_2 的这些优势，所以热氧化生长 SiO_2 的工艺得以开发并广泛应用。

热氧化生长 SiO_2 工艺主要分为两种，一种是干法氧化，将器件或晶圆置于充满干燥氧气的腔体内，Si 与 O_2 在高温下发生如下化学反应：

$$Si(s)+O_2(g) \rightarrow SiO_2(s)$$

而另外一种是湿法氧化，高温腔体内除了 O_2 外，H_2 也被注入，其与 O_2 率先生成水蒸气，而后水蒸气与硅发生如下化学反应：

$$Si(s)+2H_2O(g) \rightarrow SiO_2(s)+2H_2(g)$$

图 3.9 以干法热氧化为例，展示其加工腔体以及具体流程：加工过程中多片晶圆被加载入腔体后，由腔体左侧通入不同的气体，利用腔体环绕的电阻丝加热，高温反应完成后气体由右侧排出。在通入 O_2 前，需要通入部分的 N_2 用于稳定腔体内的反应环境，而后通入 O_2 参与氧化反应。在此反应过程中，还可以通入一定量的氯化氢（HCl）气体用于清洁金属离子污染。反应完成后继续通入 N_2 做退火处理，用于降低因生长 SiO_2 而产成的应力。最后，缓慢降温并将晶圆送出腔体。

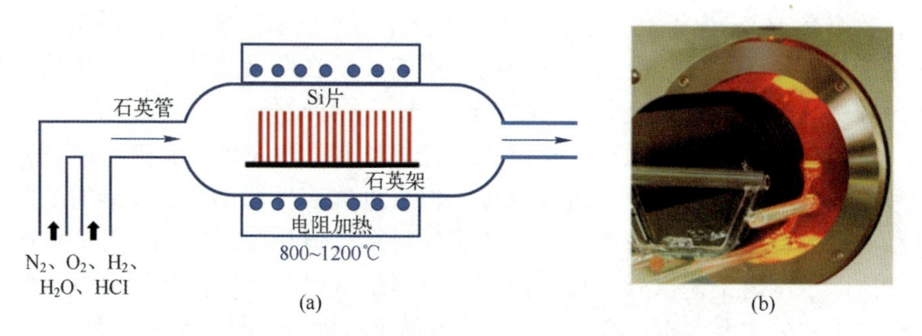

图 3.9　干法热氧化生成 SiO_2 的加工腔体及流程图

（a）干法热氧化装置示意图；（b）加载腔体。

3.1.2　图形化工艺

通过微纳加工工艺得到的芯片或 MEMS 器件通常具有多层不同材料结构，每一层的加工过程通常是首先做薄膜淀积和生长；然后通过图形化对保留区域或非保留区域进行标记和保护，接着刻蚀非保留区域；最后加工得到理想的材料层。图形化工艺的目的在于将设计版图中的图形转移到薄膜材料表面。具体实现技术有多种，如最为常见的光刻，电子束光刻和纳米压印等。分辨率、对准精度与产能效率是评价图形化工艺的主要指标。本节将对最为常见的光刻工艺做进一步描述。

光刻工艺[12-13]首先将计算机上的设计图转移到掩模版上，其制备过程耗时昂贵，然而一次制备成型的掩模版可以长期使用在光刻工艺中，具备快速高效等优势。掩模版由透明石英衬底和挡光区域金属铬组成，如图 3.10 所示，在不考虑光的衍射、干涉现象情况下，平行光经过掩模版后将只能通过非挡光区域。

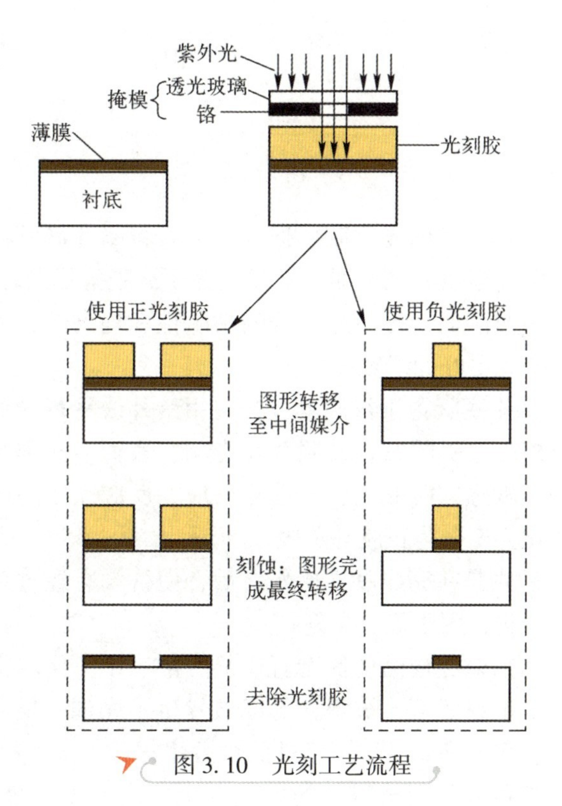

图 3.10　光刻工艺流程

光刻工艺具体流程如图 3.10 中所示，下面依次介绍光刻的具体步骤。

(1) 涂胶。首先在已经淀积或生长薄膜的衬底或晶圆上，通过旋涂（或喷涂）的方式覆盖一层光致抗蚀剂（photoresist），通常称为光刻胶。旋涂工艺如图 3.11 所示，通过喷嘴或直接倾倒的方式将一定量光刻胶置于晶圆表面，而后开始旋转并逐渐加快转速，稳定在一定转速后逐渐停止，即可在晶圆表面均匀地覆盖一层光刻胶。

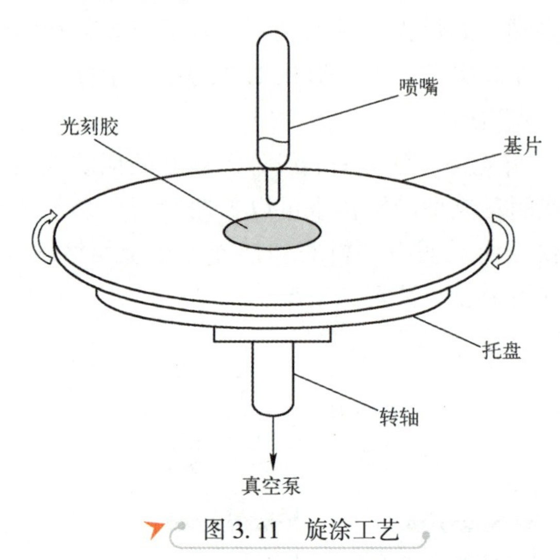

图 3.11 旋涂工艺

(2) 前烘。不同类型的光刻胶根据自身的材料属性需要在特定温度与时间条件下进行前烘（软烘）与后烘。前烘是介于涂胶与曝光之间的一道工序，可以去除光刻胶中的溶剂，提高光刻胶的粘附性和均匀性，使得最终图案在后续刻蚀工艺中得到更好的线宽控制。

(3) 曝光。将掩模版置于衬底上方，使用紫外线平行光照射掩模版，部分紫外光通过掩模版透明图案直接照射在光刻胶表面。光刻胶是一种高分子聚合物，对紫外光敏感，能够发生光催化反应，反应完成的产物根据其对显影液的溶解度变化程度分为正胶与负胶。

(4) 后烘。后烘是在完成曝光操作之后，使得没有经过紫外光刺激的光刻胶形成交联聚合物，用于稳定光刻胶。

(5) 显影。将后烘完成后的晶圆置于显影液当中，比较常见的显影液是弱碱性溶液。对于正胶而言，被曝光的区域发生了光催化反应，能够更容易溶解于显影液中，而未曝光区域则经过前烘后固化，无法溶解，如图 3.10 左边所示。相反对于负胶，则被曝光的区域发生反应后无法溶解于显影液中，得以保留，最终呈现出图 3.10 右边所示的效果。

完成上述涂胶、前烘、曝光、后烘、显影等一系列光刻流程之后，掩模版中设计的结构图案就已经被转移到衬底表面的光刻胶上。后续可以对没有光刻胶保护的薄膜材料进行刻蚀处理，然后去除光刻胶，最终将图案完整地转移到目标薄膜层材料。

光刻机是光刻工艺中起决定性作用的是曝光装置。根据光刻机的曝光方式不同可以主要分为接触式曝光、接近式曝光及投影式曝光三种。其中接触式曝光与接近式曝光的区别在于掩模版与晶圆之间的间距，如图 3.12 所示。紫外光通过光路系统后照射在掩模版上，掩模版与晶圆紧密贴合的是接触式光刻。而对于接近式曝光，掩模版与晶圆之间存在几十微米的间距。图 3.13 展示了一台 SUSS 公司的 MA-6 曝光机，可根据需要设置掩模版与晶圆之间的间距。由于掩模版与晶圆之间的紧密贴合，接触式曝光机能够非常精准地转移图案，受光干涉等效应影响较小。而接近式曝光机则存在转移误差之类的问题。但是，由于接触式曝光机的贴合方式会对掩模版产生磨损以及光刻胶污垢，需要定期清洗或更换，而接近式曝光机则不存在此类问题，可以长时间重复使用掩模版。

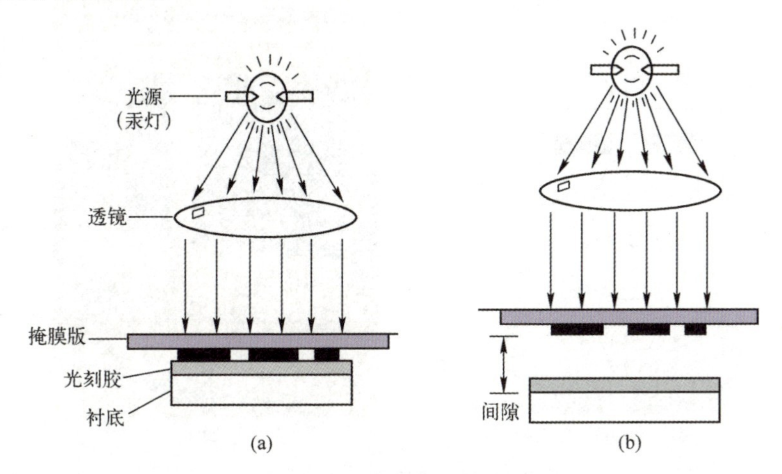

图 3.12 装置示意图

（a）接触式曝光；（b）接近式曝光。

投影式曝光机的装置图以及实物图如图 3.14 所示，通过两个甚至多个透镜将图形从掩模版投影成像到晶圆表面，实现对光刻胶的曝光。由于可以通过透镜成像实现一定的放大（缩小）倍率，从而可以进一步提高光刻分辨率，且不需要频繁清洁或更换掩模版。

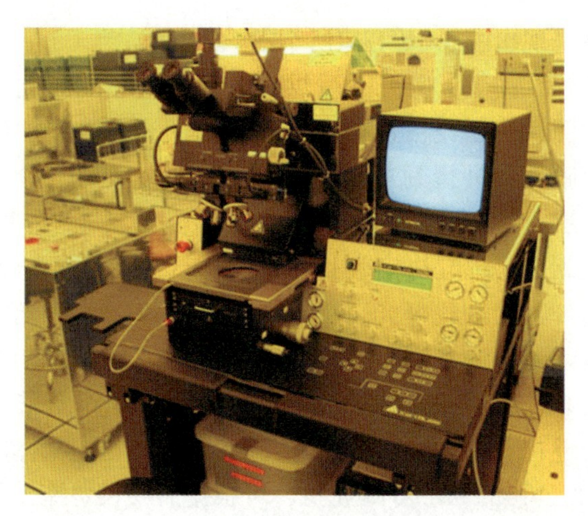

图 3.13 MA-6 曝光机

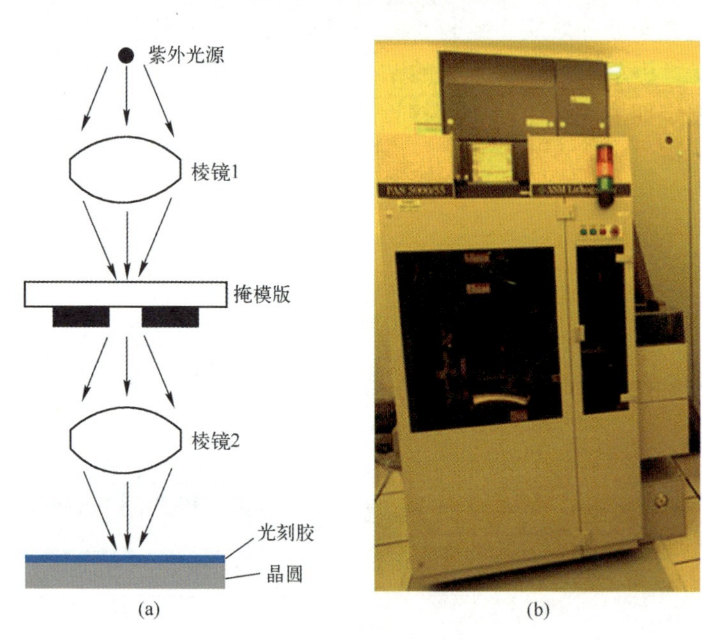

图 3.14 投影式曝光机装置
（a）原理示意图；（b）实物图。

光刻分辨率决定了图形能否精准转移到薄膜层。分辨率与多项因素有关，比如对于接触式曝光和接近式曝光，我们定义光源波长 λ，掩模版与晶圆表面间距 g（包括光刻胶厚度），光刻胶特性系数 k，那么最小线宽 $W_{\min}$ 与这些参数之间的关系为：

$$W_{\min}=\sqrt{k\lambda g}$$

而对于投影式曝光，如图 3.15 所示，由于透镜的存在，可以使用参数 n 和 θ 分别定义成像介质的折射率和入射光线与曝光点之间的入射角，l_m代表曝光系统的焦深线宽（Depth of Focus，DOF）。这里引入数值孔径（Numerical Aperture，NA）参数来计算 l_m，即

$$l_m=k_1\frac{\lambda}{\mathrm{NA}}$$

$$\mathrm{NA}=n\sin\theta$$

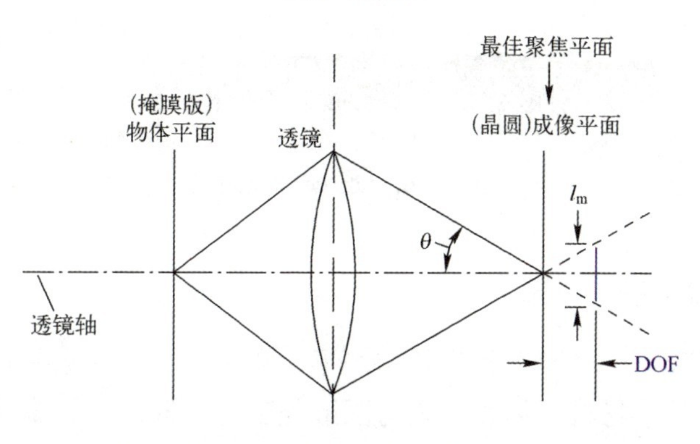

图 3.15　投影式曝光机光路图

剥离（Lift-off）[14]是基于光刻发展出来的一种特殊的图形化工艺，主要可用于图形化一些不易刻蚀的金属材料或多层金属薄膜。采用传统的图形化方法，我们可以先进行金属薄膜沉积，随后利用光刻工艺，将需要保留的金属薄膜区域使用光刻胶保护，其他区域则通过刻蚀工艺去除。而对于一些不易刻蚀的金属材料，或者多层结构的金属薄膜，则可以使用具有翻转特性的剥离工艺，避免复杂的刻蚀工艺。

其具体流程如图 3.16 所示。首先在晶圆表面旋涂光刻胶，然后采用与所需金属薄膜相反的图形进行曝光显影。这样得到的光刻胶图形是即将去除的金属图案，而没有光刻胶的区域则是希望得到的金属图形。其次淀积金属薄膜，部分薄膜直接覆盖在衬底上，而其余薄膜则沉积在光刻胶表面。最后，使用溶液清除光刻胶，即可连同光刻胶表面的金属层一同剥离，从而留下需要的金属薄膜图形。

利用剥离工艺可以获得亚微米级图形，且图案尺寸较为精确，广泛应用在需要精细光刻图形的各类微型传感器加工流程中。

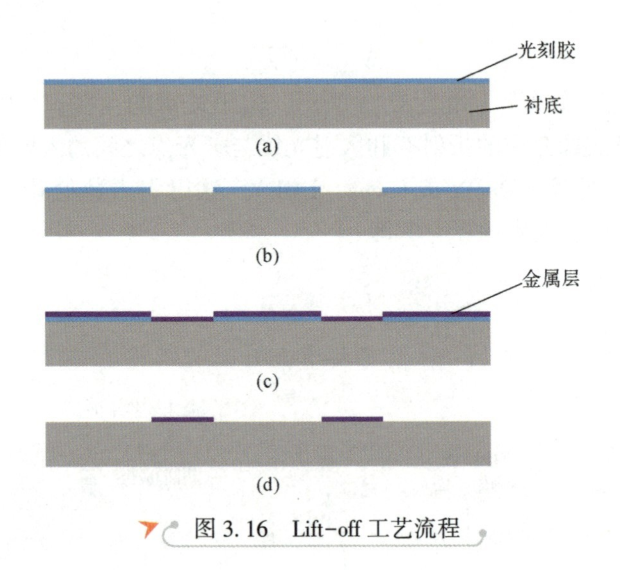

图 3.16 Lift-off 工艺流程

3.1.3 刻蚀工艺

前面已经介绍了薄膜沉积生长与图形化工艺，而刻蚀通常作为最后一道工艺用于去除冗余材料。刻蚀工艺与图形化工艺共同决定了最终器件的线宽参数和产品质量。

刻蚀工艺根据刻蚀原理的不同主要分为湿法腐蚀和干法刻蚀。其中利用特定化学溶剂对器件表面暴露部分的材料进行化学反应腐蚀的方法称为湿法腐蚀，而利用气相腐蚀、等离子体反应等刻蚀原理的方法则被称为干法刻蚀。

湿法刻蚀的设备简单，通常根据被腐蚀材料选择合适的腐蚀溶液，在一定温度下控制其与材料的化学反应，从而实现一定腐蚀速率及腐蚀深度。腐蚀溶液的选择需要综合考虑腐蚀速率、不同材料的腐蚀选择比、副产物及各向异性等因素。

腐蚀速率由溶液与被腐蚀材料的化学反应特性决定。例如，通常使用 KOH 等碱性溶液腐蚀单晶硅，而普通的酸溶液则很难腐蚀硅。所以，针对不同的被腐蚀材料，需要选择特定的一种或多种化合物的混合溶液。此外，腐蚀速率也与溶液的工作温度、浓度等相关。过慢和过快的腐蚀速率都会影响生产效率和工艺可控性。

腐蚀选择比决定了能否在有效去除被刻蚀材料的同时，不对刻蚀掩膜和衬底材料造成严重损伤。这是因为在刻蚀过程中，需将保留的区域用掩膜层保护。如果腐蚀液对掩膜材料也有显著的刻蚀效果，那么需要保留的区域将有可能被腐蚀。同理，如果腐蚀液完成了对薄膜层的腐蚀，也会将衬底材料暴露出来，造成衬底材料的腐蚀。所以如图 3.17 所示，可以使用 S_m 与 S_s 来分别代表对掩膜层和衬底材料的腐蚀选择比。优异的选择比特性意味着腐蚀液对薄膜层的腐蚀速率 r_f 远远大于对掩膜层和衬底的腐蚀速率，即 r_m 与 r_s。

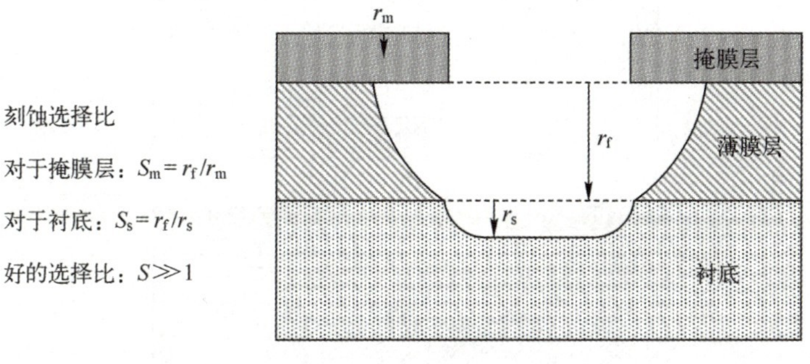

图 3.17 刻蚀选择比定义

在湿法腐蚀过程中，化学反应会产生一些副产物。为了保证反应可以持续进行，往往要求所产生的副产物为气态或者可溶解于腐蚀液中。例如，HF 加 HNO_3 溶液腐蚀硅的湿法工艺中，反应方程式为

$$Si+HNO_3+6HF \rightarrow H_2SiF_6+HNO_2+H_2O+H_2$$

在这个反应过程中，副产物是六氟硅酸（H_2SiF_6），易于溶解，不会残留在晶圆表面造成污染。因此，反应可以持续进行。此外，腐蚀液的选择也需要参考反应的副产物是否造成污染或安全隐患等因素。

在湿法腐蚀反应过程中，所有暴露在反应液中的薄膜材料都可能被腐蚀。这意味着除了暴露面正下方的材料被腐蚀，侧壁的材料也将被腐蚀。如果侧壁腐蚀速率与底面腐蚀速率近乎相同，那么得到的湿法腐蚀结果将会如图 3.18（a）所示，称之为各向同性腐蚀。通过采用干法刻蚀或选择特殊晶面的晶圆等方法，可以减小对侧壁的腐蚀，这样得到的腐蚀结果将会如图 3.18（b）所示，称为各向异性腐蚀。可通过定义各向异性度 A_f 来衡量腐蚀形貌各向异性的程度：

$$A_f = 1-b/d$$

式中：b 和 d 分别为对侧壁和对底部的腐蚀深度，如图 3.18（c）所示。所以，对于理想的各向同性腐蚀 $A_f=0$，而理想的各向异性腐蚀 $A_f=1$。

综合上述因素，表 3.1 列出了在传感器加工过程中常见材料的腐蚀液及

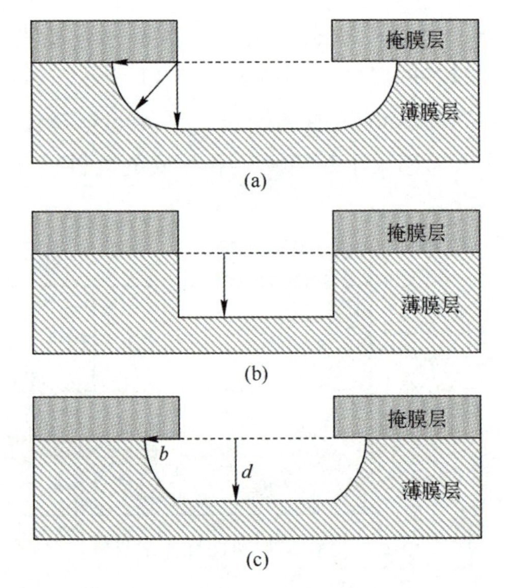

图 3.18 各向同性与各向异性腐蚀效果图

其腐蚀速率（Å/min）①，其中，代表没有测试；W 代表虽未测试，但已知可被腐蚀（大于 100Å/min）；F 代表未测试，但已知腐蚀速率非常高（大于 10000Å/min）。

表 3.1 常见材料的刻蚀液及其腐蚀速率[15]

腐蚀液温度	SC Si <100>	n^+掺杂多晶硅	非掺杂多晶硅	湿法氧化层	干法氧化层	非掺杂低温氧化硅	低应力氮化硅	铝型材料 Al/2%Si	溅射钨	溅射钛
氢氟酸（10:1）室温	—	7	0	230	230	340	3	2500	0	11k
氢氟酸（25:1）室温	—	0	0	97	95	150	1	W	0	—
磷酸（85%）160℃	—	7	—	0.7	0.8	<1	19	9800	—	—
硅腐蚀液（126HNO$_3$:60H$_2$O:5NH$_4$F）室温	1500	3100	1000	87	W	110	3	4000	130	3000

① Å，埃米（Ångstrom），是晶体学、原子物理、超显微结构等专业常用单位，$1Å = 10^{-10}m = 0.1nm$。

续表

腐蚀液温度	SC Si <100>	n^+掺杂多晶硅	非掺杂多晶硅	湿法氧化层	干法氧化层	非掺杂低温氧化硅	低应力氮化硅	铝型材料 Al/2%Si	溅射钨	溅射钛
氢氧化钾腐蚀液（1KOH：$2H_2O$）80℃	14000	大于10000	F	77	—	94	0	F	0	—
铝腐蚀液（$16H_3PO_4$:$1HNO_3$:1HAc:$2H_2O$）50℃	—	大于10	大于9	0	0	0	2	6600	—	0
钛腐蚀液（$20H_2O$:$1H_2O_2$:1HF）室温	—	12	—	120	W	W	4	W	0	8800
Piranha（$50H_2SO_4$:$1H_2O_2$）120℃	—	0	0	0	0	0	0	1800	—	2400

湿法腐蚀具有工艺成熟廉价，选择比高以及生产效率高等优势，但是在某些方面仍然存在缺陷，如难以控制侧壁腐蚀和难以实现高深宽比腐蚀。此外，对于一些衬底材料及腐蚀液，还可能出现光刻胶脱落等问题。而利用气相刻蚀和等离子体反应等原理的干法刻蚀工艺则能够有效地解决这些问题。

干法刻蚀[16]是将晶圆表面暴露于等离子体腔体环境中，利用等离子体与薄膜材料发生物理或化学反应，从而去除暴露的待刻蚀薄膜材料，如图 3.19 所示。其反应过程可以分为物理作用、化学作用及物理化学复合作用。物理作用是利用高能粒子直接轰击暴露的薄膜材料表面。例如，Ar 与 O_2 等气体被通入腔体中，腔体上下电极间被施加射频电压，从而将这些气体电离成 Ar^+ 与 CF^{3+} 离子，继而轰击在暴露薄膜材料表面，完成刻蚀过程。由于高能粒子的路径基本垂直于样品表面，采用物理轰击的方式，得到的刻蚀形貌一般呈现出较好的各向异性。

与物理反应干法刻蚀的轰击方式不同，化学反应的干法刻蚀则是利用了气体扩散原理。在高频电场作用下的反应气体原子或分子会相互随机碰撞，当产生的电子的能量达到一定程度后，持续激发或电离反应气体分子，生成游离基（游离态的原子、分子或原子团），称为等离子体。这些等离子体具有很强的化学活性，可与被刻蚀样品表面的原子发生化学反应，形成挥发性副产物。常使用的刻蚀粒子为 F、CF_3 等高化学活性的中性粒子，与薄膜表面发

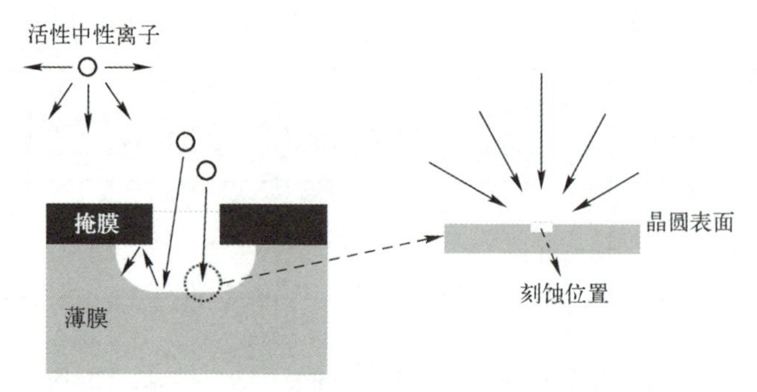

图 3.19　利用化学反应的干法刻蚀原理图

生化学反应。而气体扩散原理则决定了粒子除了与底部的薄膜材料发生反应，也会与侧壁的材料发生反应，从而形成各向同性的腐蚀结果。

反应离子刻蚀（Reactive Ion Etching，RIE）[17] 结合了粒子轰击的物理效应和游离基的化学活性。如图 3.20 所示，Cl 在经过电离后形成高化学活性的中性 Cl 粒子，能够与硅发生化学反应生成 $SiCl_2$（二氯化硅）。如果没有离子的参与，这就是一个仅有化学反应的干法刻蚀。由于有了离子束的增强效应，使氯离子加速中性粒子与薄膜材料接触，并改变接触角度。反应离子刻蚀使得刻蚀速率显著提升，并且刻蚀的形貌也由各向同性趋于各向异性。反应生成的副产物 $SiCl_4$（四氯化硅）随气流脱离反应腔体，确保反应过程持续进行。

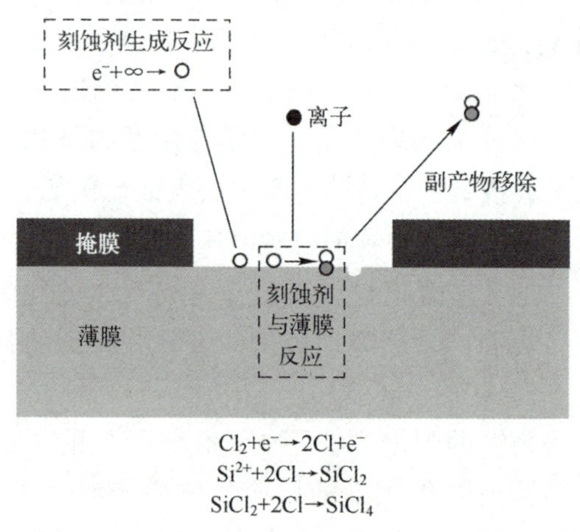

图 3.20　反应离子刻蚀的原理图

总结上述三种干法刻蚀的反应特征和刻蚀形貌可得表 3.2。化学反应原理的干法刻蚀使用易与薄膜发生反应的中性粒子，通过扩散的方式与其薄膜接触，导致接触的方向不固定，最终的刻蚀形貌为各向同性。由于刻蚀气体只与特定材料发生化学反应，刻蚀具有良好的选择性。物理轰击式的干法刻蚀使用离子束对薄膜与掩膜表面进行无差别轰击，选择性较差，但是方向集中，所以最终呈现出各向异性的腐蚀形貌。反应离子刻蚀则兼具二者的特点，离子加速了中性粒子与薄膜的反应过程，并使其扩散方向更为集中，最终表现为各向异性且具有材料选择性。

表 3.2 利用不同反应原理的干法刻蚀对比

刻蚀原理	化学法	物理法	反应离子刻蚀
种类	高活性反应粒子	离子	离子+高活性反应粒子
传输	扩散	等离子区	扩散+等离子区
特点	各向同性，高选择性	各向异性，低选择性	各向异性，高选择性

3.2 体硅 MEMS 工艺

3.2.1 体硅湿法腐蚀

在 MEMS 传感器制作过程中，体硅腐蚀工艺常用于掏空衬底材料，形成腔体或凹槽结构，以削弱器件的散热性能，进一步降低传感器的功耗。根据已有的文献记录，体硅材料几乎不溶于大多数的酸溶液，而添加氧化剂的 HF 溶液（如 HF+HNO_3）和碱性溶液（如 KOH）则是常见的两种体硅湿法腐蚀体系。由于这两种腐蚀方法分别对应各向同性和各向异性的腐蚀形貌，所以合理利用这两种方法能够有效满足体硅湿法腐蚀的不同需求。

1. HF+HNO_3腐蚀（HNA 腐蚀体系）

HF 溶液能够腐蚀 SiO_2，而几乎不会腐蚀硅，在二者间具有极高的选择比。由 HF+HNO_3组成的体硅腐蚀体系，其基本原理是先利用氧化剂 HNO_3将硅材料氧化成 SiO_2，而后 HF 对 SiO_2 进行腐蚀。其完整的腐蚀化学式为

$$Si+HNO_3+6HF \rightarrow H_2SiF_6+HNO_2+H_2O+H_2$$

图 3.21 展示了使用这种溶液进行体硅腐蚀的具体案例，从图中可以看出这是一种各向同性的腐蚀。

氢氟酸加 HNO_3 的腐蚀溶液中，一般是使用醋酸（CH_3COOH）或水作为稀释溶剂调整溶液浓度，因而也称为 HNA 腐蚀体系。该反应可以在常温下进

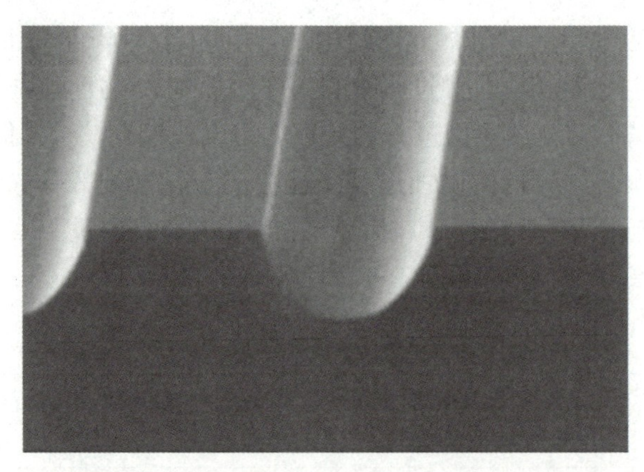

图 3.21 采用 $HF+HNO_3$ 腐蚀硅得到的形貌[18]

行，反应速率与被腐蚀薄膜的成分以及掺杂等因素相关，通常约为 0.01～500μm/min。这种溶液对于 SiO_2、氮化硅（SiN）或光刻胶等没有明显的腐蚀效果，所以可以使用这几种材料作为体硅腐蚀的掩模。

图 3.22 分别展示了 HF、HNO_3 和稀释液在不同质量占比下对于体硅的腐蚀速率，其中使用醋酸对应的是实线刻蚀速率曲线，而水溶液则是对应虚线刻蚀速率曲线。

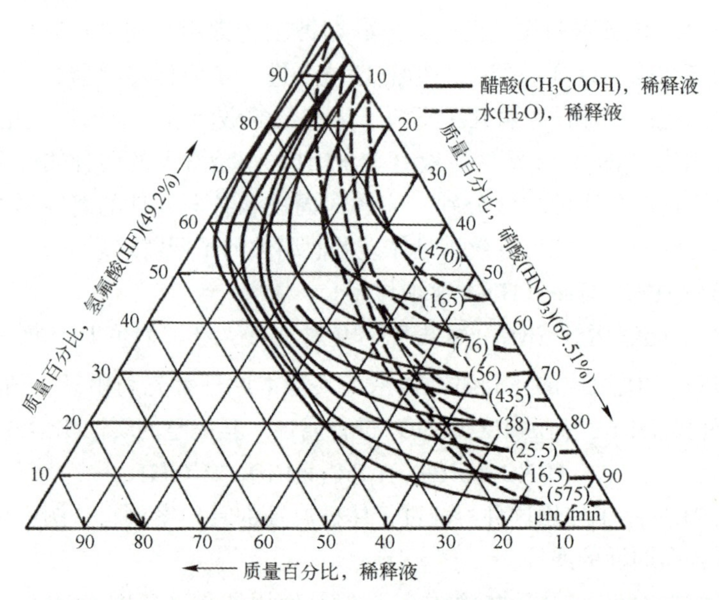

图 3.22 体硅在不同浓度配比下的氢氟酸和硝酸溶液中的腐蚀速率[19]

2. KOH 腐蚀

体硅湿法腐蚀的另一种常见配方是 KOH 溶液，因其优异的选择比和各向异性的腐蚀形貌而得到广泛应用。KOH 溶液腐蚀体硅同样可以使用 SiO_2 和氮化硅（Si_3N_4）作为掩模层。20%质量占比的 KOH 溶液在 80℃情况下对于 SiO_2 的腐蚀速率约为 60Å/min，而对氮化硅的腐蚀速率甚至低于 1 Å/min，选择比非常高。

KOH 腐蚀单晶硅工艺中，对于不同晶向有着差异十分明显的选择比。通常对于<100>晶向的腐蚀速率比<111>晶向的腐蚀速率高出 100 倍。一种解释是因为在单晶硅的金刚石结构中，<111>晶向的键密度远高于<100>和<110>晶面。图 3. 23 分别示意性和实际地展示了使用 KOH 腐蚀后的效果图。图 3. 23（a）中<100>面的底面被持续向下腐蚀，而与底面呈 54. 7°夹角的侧面<111>则有效限制了腐蚀进程。从图 3. 23（b）中可以明显观察到一个倒金字塔形状的凹槽。

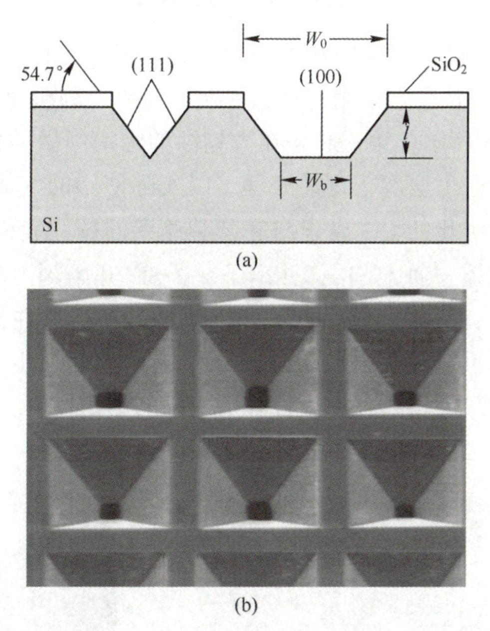

图 3. 23　单晶硅在 KOH 溶液中的各向异性腐蚀形貌[20]

3. 2. 2　深硅离子刻蚀

利用 KOH 溶液虽然可以对单晶硅进行各向异性腐蚀，但是由于晶面夹角的限制，器件的横向尺寸不够紧凑。深硅反应离子刻蚀（Deep Reactive Ion Etching，DRIE）具有极佳的各向异性，常用于在硅衬底上制造具有高纵横比的孔和沟槽结构，如图 3.24 所示。因此，深反应离子刻蚀被广泛应用在各种类型的 MEMS 传感器、执行器及三维晶圆封装技术中。

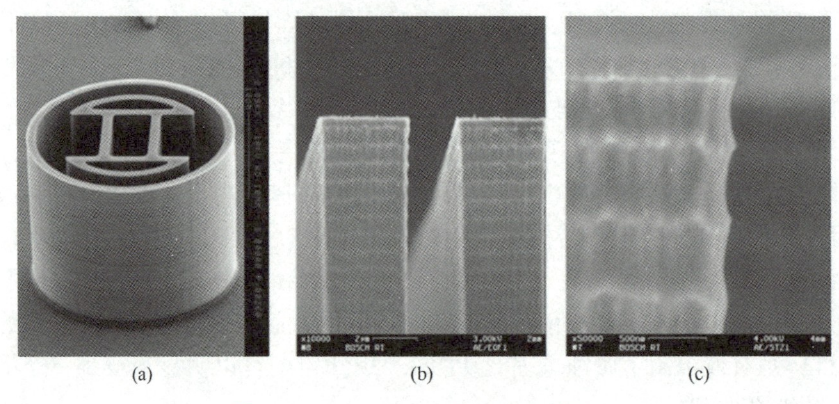

图 3.24 DRIE 刻蚀效果图[21]

DRIE[22] 与 RIE 最大的区别在于采用了独特的 BOSCH 工艺，该工艺由德国 Robert Bosch GmbH 公司开发并申请专利。这是一种包含两步循环流程的刻蚀工艺，如图 3.25 所示：第一步是在被刻蚀的沟槽中做钝化处理，生成聚合物保护层；第二步是反应离子刻蚀处理。以实际使用的气体 SF_6 和 C_4F_8 为例，在钝化过程中，离子化的 CF_x^+ 离子与底部和侧壁的硅在表面形成聚合物 CF_x^+；接下来抽离多余气体，通入 SF_6，并离子化，SF_x^+ 开始刻蚀硅。由于硅衬底侧壁受到聚合物保护，从而有效降低了横向刻蚀速率，并在保护层被刻蚀前停止刻蚀，继续循环重复钝化操作。通过调整钝化与刻蚀步骤的气体流量与时间占比，可以有效控制得到各向异性程度不同的深槽形貌。

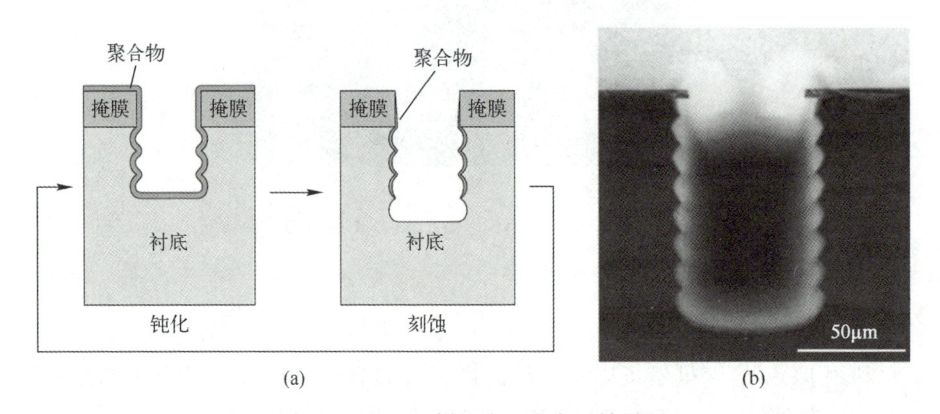

图 3.25 DRIE 刻蚀流程及实际效果图

（a）DRIE 刻蚀流程；（b）实际效果图[23]。

3.2.3　其他体的加工工艺

本章已经介绍了针对体硅的湿法腐蚀和干法刻蚀等方式。湿法腐蚀由于溶液的黏滞效应、引入污染等问题限制了其在微纳加工领域中的应用，而干法腐蚀，如 RIE、DRIE 等通过产生高化学活性离子的刻蚀方式，工艺成本大幅上升。基于二氟化氙（XeF_2）的体硅刻蚀工艺，由于其避免黏滞效应的气态刻蚀过程和相对低成本的加工工艺，在 MEMS 传感器制作过程中得到广泛应用。

前面已经指出，电离后分离出的 F^+能够与硅发生化学反应，进而腐蚀体硅。而 XeF_2是一种 F 基气体，这种气体能够扩散到晶圆表面以及透气微孔结构中。附着在硅材料表面的 XeF_2在没有外加能量的情况下，依然能够自发分解成 Xe（氙气）和 F（氟），然后 F 与硅发生反应并开始腐蚀过程。完整的化学反应式为

$$2XeF_2+Si \rightarrow 2Xe+SiF_4$$

生成的 Xe 和 SiF_4副产物可由真空系统抽空，所以这是反应过程与清除副产物过程循环进行的加工工艺。XeF_2 刻蚀工艺还同样具有高选择比的优势，其常用的掩膜材料可以是 SiO_2、Si_3N_4（氮化硅）、光刻胶、Al 等，其中 XeF_2 对 Si_3N_4 和 SiO_2 的刻蚀选择比都高达 1000∶1。

图 3.26 展示了使用 XeF_2刻蚀得到的 MEMS 器件，XeF_2气体通过图 3.26（a）中器件的缝隙扩散到下层的硅材料表面，并开始刻蚀。图 3.26（b）是缝隙结构的放大图，图 3.26（c）和图 3.26（d）分别展示了去除器件顶层的缝隙结构后的底面刻蚀效果图。

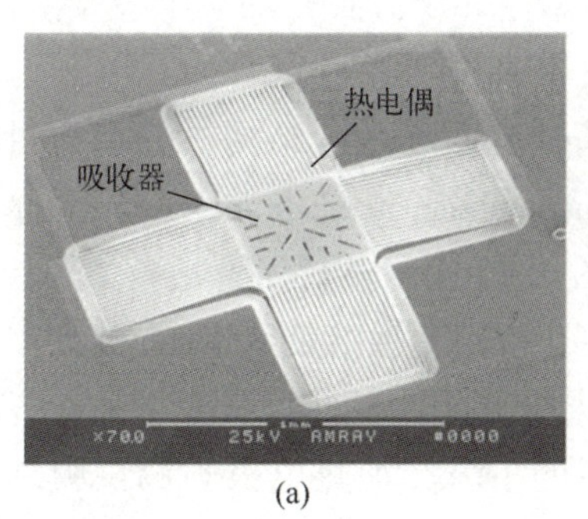

(a)

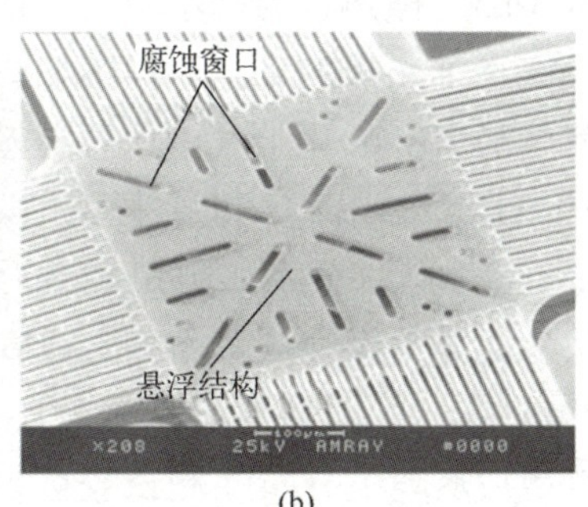

(b)

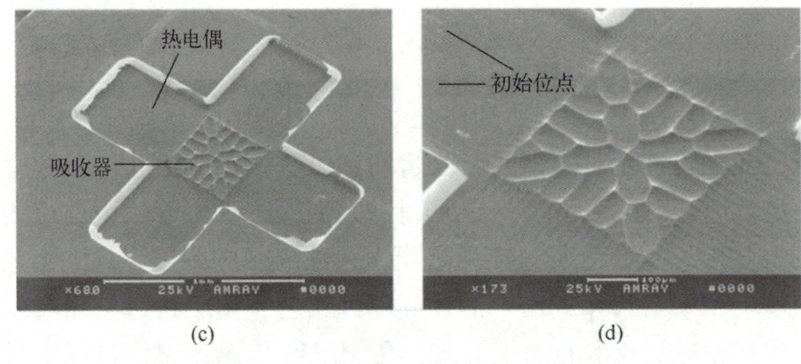

(c) (d)

图 3.26 XeF_2刻蚀器件实际效果图[24]

3.3 基于 MEMS 的气体传感器的制造工艺

基于 MEMS 的气体传感器具有耗能低、尺寸小、灵敏度高、检测极限低、可测试气体种类多、与集成电路（IC）工艺兼容性强、制备成本低等优点，可实现气体传感器阵列的制备，从而达到多组分氛围实时检测的目标[25]。硅基 MEMS 化学气体传感器的测试原理，基于金属氧化物半导体吸收气体之后能带隙改变进而导致电阻变化。这些金属氧化物半导体在气体检测过程中往往需要加热以达到最佳的传感效果，这也是 MEMS 器件需要同时具有加热电极和测试电极的原因。虽然少数材料针对特定的检测气体也有可能实现室温检测的要求[26-27]，基于 MEMS 制备具有加热功能的电极依然是大部分气体传感器必不可少的部分。

3.3.1 硅基 MEMS 化学气体传感器的结构

硅基 MEMS 微热板的基本结构包括悬空介质薄膜，加热电极及测试电极。典型 MEMS 微加热板的工艺流程图如图 3.27 所示。

目前硅基 MEMS 化学气体传感器基础有两种基本结构，分别为封闭膜型（closed-membrane-type）和悬膜型（suspended-membrane-type，又称为蜘蛛型 spider-type）[28]，分别如图 3.28 和图 3.29 所示。封闭膜型微加热板一般通过硅湿法各向异性腐蚀从背面掏空成膜，常用腐蚀溶剂为 KOH 或四甲基氢氧化铵（TMAH）。根据加热器位置的不同，封闭膜型又可分为垂直型和平面型。垂直型加热电极分布在测试膜区域的下方，加热电极与测试膜之间采用导热性好的绝缘层隔开。平面型加热电极分布在测试膜区域的周围，与测试

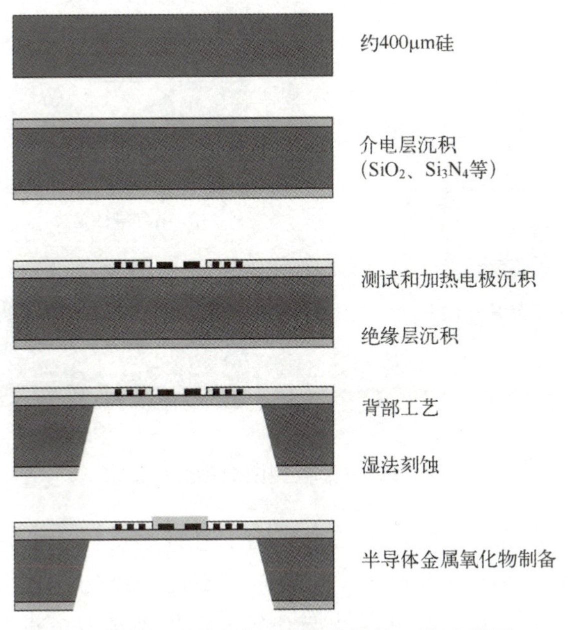

图 3.27 封闭膜型微加热板的工艺流程图

电极在同一层上。垂直型加热器比平面型加热器在达到相同工作温度时需要更小的功耗，但采用平面分布型加热器的微热板式气体传感器的加工工艺相对比较简单。由于其加热电极和测试电极在同一层上，因此可采用一块掩膜版同时制作，减少了工艺步骤。

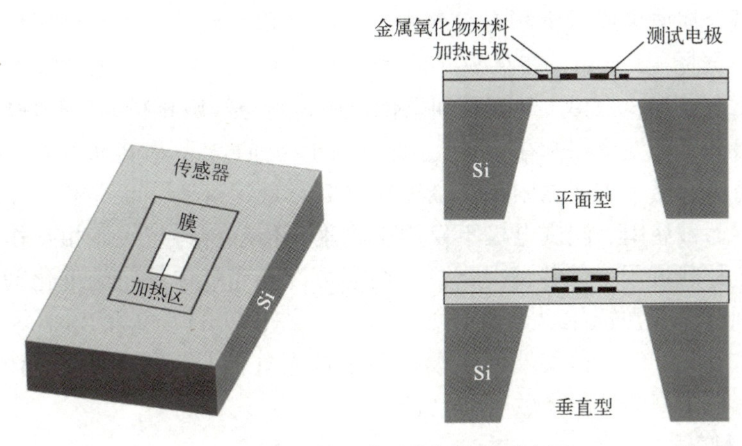

图 3.28 封闭膜型微加热板示意图

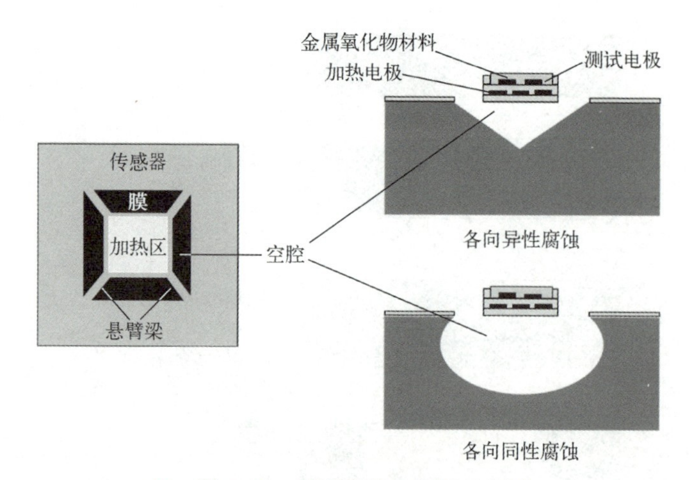

图 3.29 悬膜型微加热板示意图

正面悬膜型微热板一般采用二个或四个悬臂梁支撑，可完全从正面通过硅掏空腐蚀或者牺牲层技术释放。相比较于封闭型结构，其优势在于更少的热量损耗，同时其加工工艺更容易与 CMOS 工艺兼容，并减少光刻过程中的背面对准。但是，悬膜式气体传感器由于它仅靠两个或四个梁支撑，所以其机械稳定性较差，生产成品效率较低。因此，它更适合与其他器件兼容组成一个微系统。

3.3.2 材料选择及设计

1. 测试电极

测试金属电极通常沉积在悬膜之上，所沉积区域也被称测试区域。电极材料一般选择 Au 或 Pt，在某些情况下还可使用 Al 或 W[28]。Al 的优势是与集成电路工艺兼容，但由于热迁移和氧化作用，其与气敏材料的接触性能较差，并且其最高工作温度限制在 500℃。此外为了增强 Au 和 Pt 电极与衬底材料之间的附着力，通常需要黏附层，金属钛（Ti）或钽（Ta）经常作为 Au 和 Pt 的黏附层而被使用。测试电极不仅用于收集在传感材料与气体相互作用过程中所产生的载流子，某些情况下，它们还可以充当气体反应的催化剂。当作为催化剂时，通常选用贵金属（如铂（Pt）、钯（Pd）、铑（Rh）等）或其合金（如钯银）[29]。这些催化电极有助于被测气体与气敏材料之间的反应，同时还可以提高器件的灵敏度和响应时间。

2. 悬膜层

微加热器通常使用 SiO_2 和 Si_3N_4 作为绝缘层和支撑薄膜层。支撑薄膜层对器件的稳定性起到决定性作用。而支撑薄膜的机械稳定性往往取决于生产工艺中的残余应力和热源带来热应力，残余应力和热应力有时会产生不必要的膜损伤。叠层膜中使用的各种材料在热膨胀系数、不同区域的温度梯度以及温度随时间的变化等方面存在差异，从而产生热收缩应变和应力，导致结构变形。制造工艺流程结束后，膜中的残余应力（压缩或拉伸）与沉积在膜上的缺陷在大多数情况下是不可避免的。不过晶体各向异性导致的残余应力，以及不同生长工艺下的 Si_3N_4 和 SiO_2，其残余应力会有所不同，因而，可以通过制备 SiO_2/Si_3N_4 的复合膜，合理匹配 SiO_2 的压应力与 Si_3N_4 的拉应力，以减少薄膜的整体残余应力，提高膜层的机械稳定性[30]。此外，将 Si 保留在绝缘层之上（Silicon On Insulator，SOI）[31]，利用 Si 本身的较高热导率提高温度分布的均一性，可以减少由于热量分布不均带来的热应力，同时这种工艺也可以更好地与现有 CMOS 技术兼容。表 3.3 中列出了部分用于绝缘层和基底材料的热导率数及热容量。

表 3.3 材料的热导率及热容量对比[28,32]

材 料	温度/K	热导率/($W \cdot m^{-1} \cdot K^{-1}$)	热容量/($10^6 \cdot J.m^{-3} \cdot K^{-1}$)
硅	300	150	1.63
氧化硅	300	1.4	1.61
氮化硅	300	9~30	1.86~2.48
多孔氮化硅	n. s.②	0.74~4.09	—
多晶硅①	n. s.	29~34	—
空气	293	0.026	—

注①掺杂浓度（10^{20}atom/cm^3），atom 为原子数；②n. s. 表示无特殊说明。

3. 加热电极

加热电极是硅基微加热板的核心部分，其设计需要综合考虑合适的电极材料，与电热性能。

1）加热电极材料选择

选择适当的加热电极材料对提高气体传感器的持续加热和瞬时加热性能以及长期可靠性起到关键作用。良好的 MEMS 加热材料的基本特性包括高电阻率、高导热性、低热膨胀系数、高熔点、低泊松比，以及较大的弹性模量和良好的硅工艺兼容性。现有的文献报道中，Pt 因其相对高电阻系数、化学惰性、良好的高电流密度而被广泛应用。在 500℃ 的温度范围内[33-35]，其电阻温度系数具有高稳定性（适合与加热器结构一起制造温度传感器），但当温度超过650℃时可能会出现电阻漂移。不过Pt价格昂贵，且与IC制造工艺兼容性不佳，这导致其在更广的应用范围受阻。Al虽然是集成电路中最普遍使用的金属元素，由于其低电阻率、在中等温度下（400℃）易形成氧化物，以及与基底黏附性差而被设计人员放弃。类似的情况还有金（电阻率低，附着力差）[36]。镍（Ni）[37]及镍（Ni）的合金具有低热膨胀系数、耐腐蚀性、中等高电阻率等优点，部分合金成功地解决了它的长期持久性问题[38]。钼（Mo）[39]的熔点高、易于沉积，且电阻率线性优异（在温度高达700℃以上时），据报道钼的微热板比Pt微热板具有更高的最高工作温度。此外，由于其对KOH和HF的化学惰性，适用于MEMS制造。表3.4所列为主要电极材料的电热特性对比。

表3.4　加热电极材料的材料性能

材料	室温电阻率/(×10^{-10}Ω·m)	屈服强度/MPa	热膨胀系数/×10^{-6}m·m^{-1}·K^{-1}	300K热导率/W·m^{-1}·K^{-1}	熔点/℃	密度/(kg·m^{-3})	弹性模量/GPa	泊松比	比热容/(J·kg^{-1}·K^{-1})
Pt	1050	180	8.8	71.6	1768	21090	168	0.38	130
Al	282	95	23.1	237	660	2698	70	0.334	900
Au	221.4	205	14.2	318	1064	19320	79	0.44	0.3
Ti	4200		8.6	21.9	1668	4507	116	0.32	129
Cr	1250	140	4.9	93.9	1907	71900	279	0.21	460
Mo	534	1150	4.8	138	2623	1022	329	0.307	250
W	528	—	4.5	173	3422	1930	411	0.28	140
Ni	693	138	13.4	90.9	1455	8908	200	0.31	440
Ni合金(DilverP1)	4900	680	4~5.2	17.5	1450	8250	207	0.30	500
Poly-Si	322	1050	2.8	16-34	1412	2330	169	0.22	753
SiC	400~900	3440	6	0.026	2730	3200	410	0.14	580
TiN	2000	8600	9.35	19.2	2930	5220	79~250	—	—

2）电热性能设计

加热电极设计需要确保在合理的功率消耗下，整个气体传感区域内实现理想均匀的温度分布。因此，应当从热损耗、加热电极图形等方面去进行设计。微热板的各种热损耗来源包括热传导、对流和辐射。在支柱和膜层发生的热损耗，主要来自于热传导。而从膜的顶部和底部发生的主要热损失是由于通过空气的传导，对流和辐射，如图 3. 30 所示。

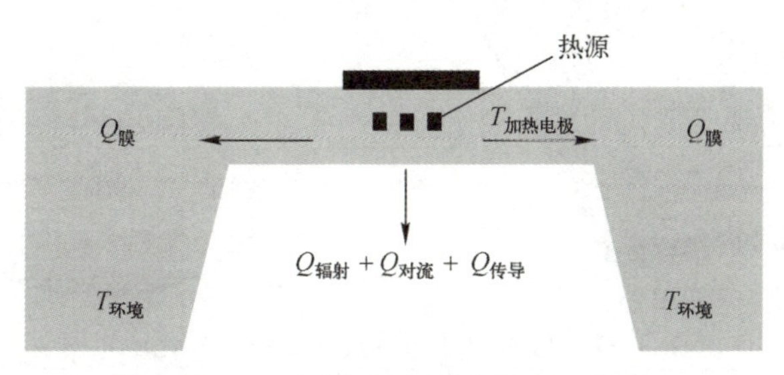

图 3. 30 微加热板的热损耗示意图

总热损耗的表达式为[40]

$$Q_{tot}=G_m\lambda_m(T_{hot}-T_{amb})+G_{air}\lambda_{air}(T_{hot}-T_{amb})+G_{rad}\sigma\varepsilon(T_{hot}^4-T_{amb}^4)+\Delta x \tag{3.1}$$

式中：G_m、G_{air} 和 G_{rad} 为几何因子，包含封闭或悬膜的几何结构及其对热损失影响的经验值；T_{hot} 和 T_{amb} 分别表示热活性区的温度和周围环境温度；λ_m 和 λ_{air} 为膜和周围气体的导热系数；σ 为发射率，ε 为斯忒藩-玻耳兹曼常数。

对于热传导的计算，一般需要考虑三维方向的热传导过程。不过为了简化，通常可以忽略垂直于膜方向，这是由于支撑膜的厚度通常只有几微米，而器件边缘的总长度约 1mm。对于悬浮膜，由于热传导基本上被限制在沿长度为 l 和横截面积为 A_{beam} 的悬浮梁上，而支撑膜内部的热传导一般可以忽略。因此进一步将其简化为一维问题。对于悬膜结构，在四个悬臂梁的状况下，有

$$Q_{membrane}=\frac{4(\lambda_m A_{beam})(T_{hot}-T_{amb})}{l} \tag{3.2}$$

$$G_m=\frac{4A_{bem}}{l} \tag{3.3}$$

对于封闭膜型器件，通过用圆形模型替代方形悬膜，可以将一个正方形悬膜的热传导问题进一步简化，如图 3. 31 所示[32]。

式中：d 为膜的厚度；r_i 和 r_a 分别为加热区域和膜的半径。

根据式（3. 2）和式（3. 4），可以选择具有低热导率的悬膜层和悬臂梁材料，并减小它们的厚度从而降低热传导损失。对于一个多层系统，其热导率应该是 $\lambda_m=\sum_{i=1}^{n}\lambda_i d_i/\sum_{i=1}^{n}d_i$。

$$Q_{membrane}=\frac{2\pi\lambda_m d(T_{hot}-T_{amb})}{\ln(r_a/r_i)} \tag{3.4}$$

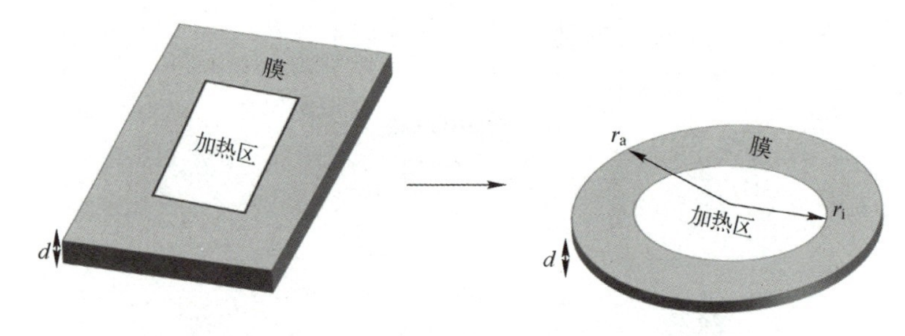

图 3.31 封闭型微加热板导热模型简化示意图

$$G_m = \frac{2\pi d}{\ln(r_a/r_i)} \tag{3.5}$$

另一个需要考虑的热损耗是热源通过空气的散热。这种损耗有两种不同的机制，分别是流体运动和传导。流体运动可以由外力引起，也可以由温度差引起。前者导致的传热称为强迫对流；后者称为自然对流。当没有流体运动时，热量只通过热传导来传递，此时热源对于冷空气的热传导损失简化成一个球形（r_i和 r_a是加热区域和膜的半径）。

$Q_{conduction}$和 G_{air}分别为

$$Q_{conduction} = \frac{4\pi\lambda_m(T_{hot}-T_{amb})}{1/r_i-1/r_a} \approx 4\pi r_i \lambda_{air}(T_{hot}-T_{amb}) \tag{3.6}$$

$$G_{air} = 4\pi r_i \tag{3.7}$$

这里球形的表面就是三维空间中不同热源的等温面。r_i和 r_a代表的是热悬膜、加热区域和冷环境之间的最小距离。在外半径 r_a大于内半径 r_i的一般情况下，公式可以进一步简化。因此，为了优化功耗，应尽可能减小内半径 r_i，即加热面积。

热辐射损耗的表达式为

$$Q_{radiation} = G_{rad}\sigma\varepsilon(T_{hot}^4 - T_{amb}^4) \tag{3.8}$$

加热后的膜面积 A 向各个方向辐射，几何因子 G_{rad}可以设置为 $G_{rad}=2A$。可见，由辐射引起的热损失随加热的膜面积而增加。通常，由于辐射引起的热量损失仅占总热量损失的百分之几，并且微加热器件本身尺寸较小。因此，当器件设计在中等温度区域（450~500℃）工作时，辐射损失相比较于总的热损失可以被忽略[33]。但是，由于热辐射损耗和温度的 4 次方相关，如果设计工作温度非常高的传感器，则应该将热辐射计算在内。

在许多其他情况下，利用仿真软件如 ANSYS、COMSOL、COVENTOR-

WARE、INTELISUITE 等[41-44]已充分证明，使用有限元方法（FEM）是分析解决微热板热设计问题的一种有效途径。FEM 可以通过有限数量的元素（线、表面或体积）来计算给定几何形状（可以是一维、二维或三维）的温度场问题。并通过设定合适的边界条件和环境条件，实现对所设计微热板的电热性能仿真，降低微热板的设计周期与成本。

为尽可能的实现膜层温度均匀性，应当有效地调节加热电极的几何结构。到目前为止，文献中所研究的微加热器几何结构可大致分为三类，如方形[45]、圆形[46]、不规则形状[28,30,47-49]（如驱动轮、蜂窝或其他形状）。图 3.32 展示了各种加热电极的图案。应用最多的是方形弯曲状加热电极，不同的方形加热电极的区别在于电极粗细、间隔尺寸，以及弯曲匝数。为了改善热分布的均匀性，可以采用多条方形曲线。然而，电子在迁移时易在方形拐角处产生堵塞，从而使其成为热量聚集中心。因此，通常会将加热电极拐角处设计成圆形。当然对于这些垂直型微加热板结构，还可以通过将加热电

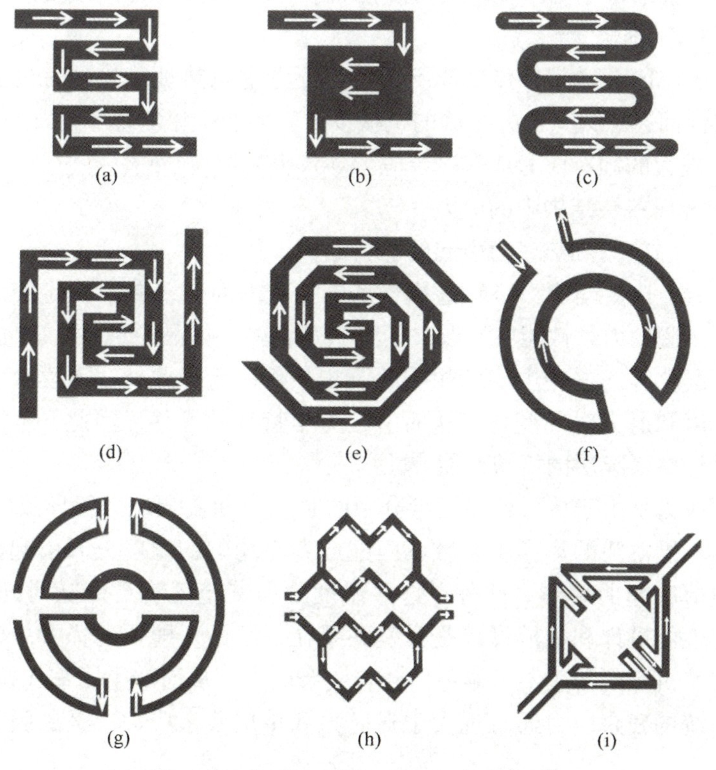

图 3.32 加热电极的不同图案[28,30,45-49]

（a~c）方形；（d~f）圆形；（g~i）不规则形状。

极和测试电极制备在同一层的方式，来进一步优化加热区域温度分布。

热响应指的是微热板在施加加热（电压或电流）信号时，器件达到稳态温度所需要的时间。微热板的热瞬态响应表达式为[32]

$$T(t)-T_{\mathrm{amb}}=P_{\mathrm{el}}R_{\mathrm{therm}}(1-\mathrm{e}^{-t/\tau}) \tag{3.9}$$

式中：$T(t)$为微热器的温度；T_{amb}为环境温度；P_{el}为加热功率；R_{therm}为整体热阻；C为总热容。改进微加热板的热响应，需要缩小传感器结构（热容量）并降低热阻。但是，低热阻会相应地增加功耗。理论上我们可以尝试使用低热容量的膜材料来提高热时间常数。但是由于常规膜材料的热容量彼此之间没有显著差异，实际上很难产生显著的效果[12]。因此，实现大幅度降低热容的最有效方法是缩放传感器装置的尺寸（膜面积和厚度）。与体积较大的器件相比，尺寸较小的器件（膜面积或膜厚度都较小）通常具相对优异的热响应。此外，由于相同的原因，悬膜结构比封闭膜结构具有更好的热瞬态响应特性。但是与封闭膜结构相比，悬浮结构又会带来机械稳定性相对较差的问题。

3）机械性能设计

硅基 MEMS 化学气体传感器不仅是需要考虑电热性能，同时也需要考虑机械稳定性问题。只有选择正确的机械设计，才能避免出现下列典型问题。

（1）较大的固有应力或热残余应力导致膜变形/膜断裂。

（2）金属夹层结构中的应力。

（3）机械应力和热应力引起的电阻漂移。

为了避免这些问题，必须选择合适的工艺并对工艺参数稳定控制。通常情况下，薄膜的力学性能主要取决于其微观结构，如晶粒尺寸、取向、密度、化学成分配比等，这些主要由相应的沉积条件决定。此外，薄膜微观结构会随退火温度和退火时间变化，从而引起力学特性的漂移。因此，可以通过退火步骤来调整薄膜层的机械性能[32]。

本征应力是由于单层或多层组分中的热应力和残余应力所导致的[50]，热应力是由不同薄膜的热膨胀系数不匹配或者不均匀的温度分布引起的，这可能会导致薄膜翘曲变形。此外，这些温度分布甚至还有可能随时间而变化。因此电热性能设计和机械设计是紧密联系在一起的。即便选择了最佳的工艺参数配置，沉积的薄膜不可避免仍会有残余应力，从而产生压缩或拉伸应力。多层膜系统的残余应力通常远大于热应力和单层残余应力。叠层膜的残余应力为[32]

$$\sigma_r = \frac{\sigma_1 d_1 + \sigma_2 d_2 + \cdots}{d_1 + d_2 + d_3} = \frac{\sum_{i=1}^{n} \sigma_i d_i}{\sum_{i=1}^{n} d_i} \tag{3.10}$$

式中：d_i和σ_i是不同膜层的厚度和内应力。

单层薄膜本身要获得较低的残余应力是困难的。常用材料如SiO_2和SiN_x，分别有较大的压缩应力和拉伸应力。对这些材料的恰当组合，可能产生可接受范围的残余应力。简单地叠加单层薄膜的残余应力和通过有限元模拟等方法并不总是和实际情况相符。在退火和后续加工过程中，单层σ_i性质变化，从而导致多层系统中的σ_i应力不同于单层。因此，需要依靠试验测量薄膜的残余应力来确定薄膜是否满足要求。

3.3.3 案例分析

以南方科技大学汪飞课题组在IEEE MEMS 2020会议中发表的基于微加热板的气体传感器为具体实例。气体传感器采用封闭型膜平面型微加热板，其制备工艺如图3.33所示。在硅片两面同时生长了2μm厚的SiO_2，然后采用剥离工艺和电子束蒸发法沉积了200nm的铂金属，并实现对微加热器和传感电极的图案化加工，在剥离过程之后，氮化硅（SiN_x）沉积在铂的顶部作为绝

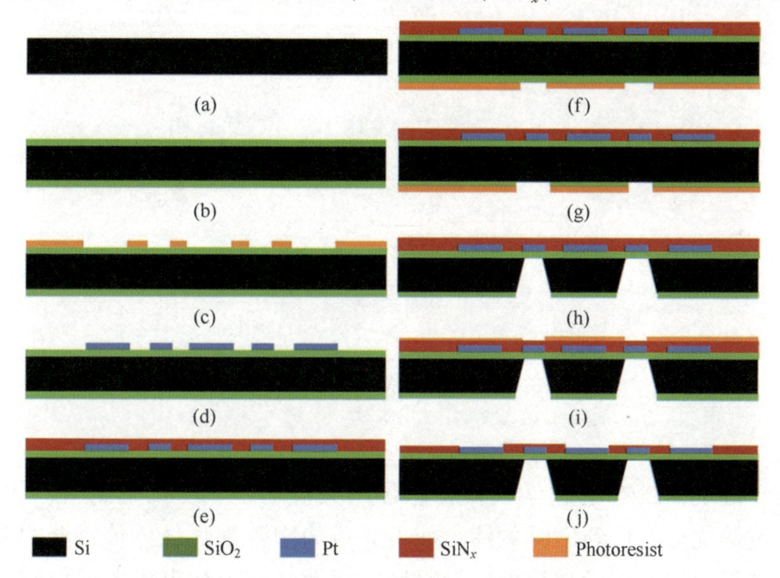

图3.33 MEMS气体传感器用微热板的制造工艺

（a）硅片；（b）硅片热氧化；（c）光刻；（d）铂电极Lift-off工艺沉积；（e）PECVD沉积SiN_x。（f）光刻；（g）BOE湿法腐蚀SiO_2；（h）KOH湿法腐蚀Si；（i）光刻；（j）ICP干法刻蚀SIN_x。

缘层。然后，对背面的 SiO_2 层进行光刻并用 BOE（Buffered Oxide Etchant）刻蚀。用 KOH 腐蚀硅层，对加热区域进行背部掏空，以降低热板热损耗。最后对表面的 SiN_x 层进行光刻，用 ICP 工艺刻蚀 SiN_x 将测试电极暴露出来，用于后续传感材料的制备。

该器件采用平面型结构减少了工艺步骤，节约制造成本。此外，共平面的加热电极及测试电极结合图 3.34 的设计的加热电极图案，可以实现更好的热分布。另一方面，垂直封闭膜型结构机械性能较稳定，容易与敏感材料制备工艺兼容，利用原位水热生长实现更优异的气敏性能。

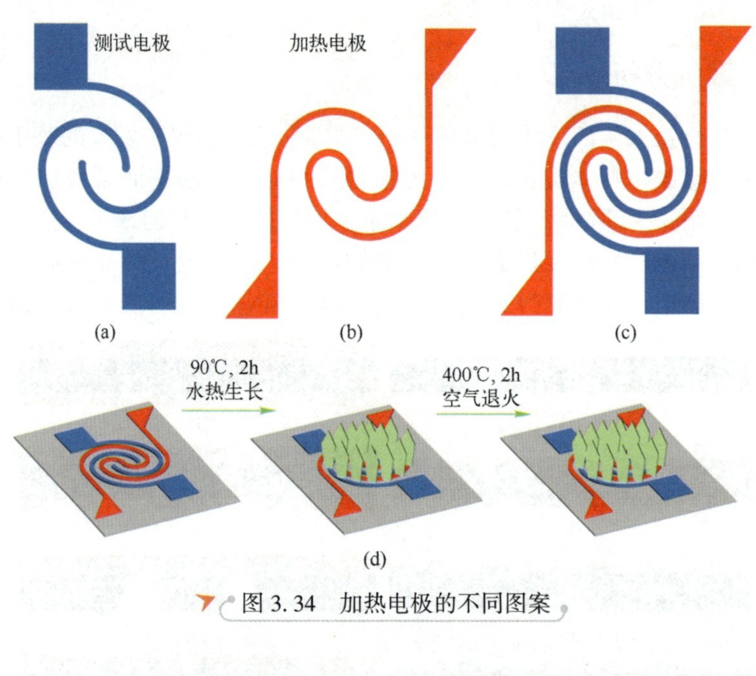

图 3.34 加热电极的不同图案

3.4 小 结

基于硅基 MEMS 的化学气体传感器因其低功耗、易批量制造、低成本、高灵敏度等优点，得到广泛关注，使得其成为陶瓷基片气体传感器的潜在替代品。通过合理地选择微热板电极材料，以及优化加热电极图形结构和膜结构设计，可以提高了器件加热区的温度均匀性、热响应速度和力学性能。但机械应力与 MEMS 技术制备之后所产生的热残余应力问题，仍然是制约此类微加热器长期可靠性的瓶颈。这些应力不仅是导致结构过早失效的关键原因，而且也有可能影响器件的气敏性能。膜层损耗会导致传感器的电信号不稳定，并对气敏材料测试带来不良影响。另外，MEMS 器件制造和气敏材料生长本身还存在工艺上的兼容问题。

参考文献

[1] BOGUE R. Recent developments in MEMS sensors: a review of applications, markets and technologies [J]. Sensor Review, 2013, 33 (4): 300-304.

[2] SESHAN K. Handbook of thin film deposition processes and techniques [M]. 2nd edition. Norwich, NY: William Andrew Publishing, 2001.

[3] MILENKOVIC N, RACHOW T, JANZ S, et al. Epitaxial growth of high quality n-type silicon foils in a Quasi-inline APCVD reactor [J]. Energy Procedia, 2015, 77: 613-618.

[4] KERN W, SCHNABLE G L. Low-pressure chemical vapor deposition for very large-scale integration processing [J]. IEEE Transactions on Electron Devices, 1979, 26 (4): 647-657.

[5] REMACHE L, FOURMOND E, MAHDJOUB A, et al. Design of porous silicon/PECVD SiO_x antireflection coatings for silicon solar cells [J]. Materials Science and Engineering B-advanced Functional Solid-state Materials, 2011, 176 (1): 45-48.

[6] BAPTISTA A P M, SILVA F J G, PORTEIRO J, et al. Sputtering Physical Vapour Deposition (PVD) coatings: a critical review on process improvement and market trend demands [J]. THE Coatings, 2018, 8 (11): 402.

[7] DIKSHIT B, BHATIA M S. Studies on electron beam vapour generation in PVD process [J]. BARC Newsletter, 2010, 314.

[8] CHAPIN J S. Sputtering process and apparatus: US4166018 [P]. 1979-08-28.

[9] KELLY P J, ARNELL R D. Magnetron sputtering: a review of recent developments and applications [J]. Vacuum, 2000, 56 (3): 159-172.

[10] KAO D, MCVITTIE J P, NIX W D, et al. Two-dimensional thermal oxidation of silicon. I: Experiments [J]. IEEE Transactions on Electron Devices, 1987, 34 (5): 1008-1017.

[11] KAO D, MCVITTIE J P, NIX W D, et al. Two-dimensional thermal oxidation of silicon. II: Modeling stress effects in wet oxides [J]. IEEE Transactions on Electron Devices, 1988, 35 (1): 25-37.

[12] NAYANI N, MOLLAGHASEMI M. Validation and verification of the simulation model of a photolithography process in semiconductor manufacturing [C]//proceedings of the 1998 Winter Simulation Conference Proceedings (Cat No98CH36274), 1998.

[13] WANG G W. Review of excimer laser photolithography technique and its progress [J].

Journal of Tianjin University of Technology and Education, 2008.

[14] FREDERICKS E C, KOTECHA H N. Photoresist lift-off process for fabricating semiconductor devices: US4564584 [P]. 1986-01-14.

[15] WILLIAMS K R, MULLER R S. Etch rates for micromachining processing [J]. Journal of Microelectromechanical Systems, 1996, 5 (4): 256-269.

[16] CADARSO V J, CHIDAMBARAM N, JACOT-DESCOMBES L, et al. High-aspect-ratio nanoimprint process chains [J]. Microsystems & Nanoengineering, 2017, 3 (1): 17017.

[17] DEKKERS H F W, DUERINCKX F, SZLUFCIK J, et al. Silicon surface texturing by reactive ion etching [J]. Opto-electronics Review, 2000, 8 (4): 311-316.

[18] TJERKSTRA R W, DE BOER M J, BERENSCHOT E, et al. Etching technology for chromatography microchannels [J]. Electrochimica Acta, 1997, 42 (20): 3399-3406.

[19] SCHWARTZ B, ROBBINS H. Chemical etching of germanium in solutions of HF, HNO_3, H_2O, and $HC_2H_3O_2$ [J]. Journal of The Electrochemical Society, 1964, 111 (2): 196-201.

[20] RICHTER K, ORFERT M, HOWITZ S, et al. Deep plasma silicon etch for microfluidic applications [J]. Surface and Coatings Technology, 1999: 116-119; 461-467.

[21] LAERMER F, URBAN A. Through-Silicon vias using Bosch DRIE process technology [M]. Springer New York, 2011: 81-91.

[22] LAERMER F, FRANSSILA S, SAINIEMI L, et al. Deep reactive ion etching [M]// TILLI M, MOTOOKA T, AIRAKSINEN V-M, et al. Handbook of silicon based MEMS materials and technologies. 2nd edition. Boston: William Andrew Publishing, 2015: 444-69.

[23] SAMCO Inc [EB/OL]. https: //www. samcointl. com/drie/.

[24] XU D, XIONG B, WU G, et al. Isotropic silicon etching with XeF_2 gas for wafer-level micromachining applications [J]. Journal of Microelectromechanical Systems, 2012, 21 (6): 1436-1444.

[25] ZHU J, LIU X, SHI Q, et al. Development trends and perspectives of future sensors and MEMS/NEMS [J]. Micromachines (Basel), 2019, 11 (1): 7.

[26] CHO M, YUN J, KWON D, et al. High-sensitivity and low-power flexible schottky hydrogen sensor based on silicon nanomembrane [J]. ACS Appl Mater Interfaces, 2018, 10 (15): 12870-12877.

[27] GAO M, CHO M, HAN H J, et al. Palladium-decorated silicon nanomesh fabricated by nanosphere lithography for high performance, room temperature hydrogen sensing [J]. Small, 2018, 14 (10): 1703691.

[28] BHATTACHARYYA P. Technological journey towards reliable microheater development for MEMS gas sensors: a review [J]. IEEE Transactions on Device and Materials Reliability,

2014, 14 (2): 589-599.

[29] ROY S, SARKAR C K, BHATTACHARYYA P. A highly sensitive methane sensor with nickel alloy microheater on micromachined Si substrate [J]. Solid-State Electronics, 2012, 76: 84-90.

[30] PRASAD M, DUTTA P. Development of micro-hotplate and its reliability for gas sensing applications [J]. Applied Physics A, 2018, 124 (11): 788.

[31] UDREA F, GARDNER J W, SETIADI D, et al. Design and simulations of SOI CMOS micro-hotplate gas sensors [J]. Sensors and Actuators B: Chemical, 2001, 78: 180-190.

[32] SIMON I, BâRSAN N, BAUER M, et al. Micromachined metal oxide gas sensors: opportunities to improve sensor performance [J]. Sensors and Actuators B: Chemical, 2001, 73: 1-26.

[33] SILVESTRI C, PICCIAFOCO P, MORANA B, et al. Electro-thermal simulation and characterization of vertically aligned CNTs directly grown on a suspended microhotplate for thermal management applications [J]. IEEE Sensors, 2014.

[34] DENNIS J, AHMED A, MOHAMAD N. Design, simulation and modeling of a micromachined high temperature microhotplate for application in trace gas detection [J]. International Journal of Engineering & Technology IJET-IJENS 2010, 10 (2) .

[35] AKASAKA S, BOKU E, AMAMOTO Y, et al. Ultrahigh temperature platinum microheater encapsulated by reduced-TiO_2 barrier layer [J]. Sens Actuator A-Phys, 2019, 296: 286-291.

[36] LI X, HUANG Y, CHEN X, et al. Electro-thermal analysis of an Al-Ti multilayer thin film microheater for MEMS thruster application [J]. Microsystem Technologies, 2017, 24 (5): 2409-2417

[37] FRIEDBERGER A, KREISL P, ROSE E, et al. Micromechanical fabrication of robust low-power metal oxide gas sensors [J]. Sens Actuator B-Chem, 2003, 93 (1-3): 345-349.

[38] FUNG S K H, TANG Z N, CHAN P C H, et al. Thermal analysis and design of a micro-hotplate for integrated gas-sensor applications [J]. Sens Actuator A-Phys, 1996, 54 (1-3): 482-487.

[39] FURJES P, VIZVARY Z, ADAM M, et al. Thermal investigation of micro-filament heaters [J]. Sens Actuator A-Phys, 2002, 99 (1-2): 98-103.

[40] BARONCINI M, PLACIDI P, CARDINALI G C, et al. Thermal characterization of a microheater for micromachined gas sensors [J]. Sens Actuator A-Phys, 2004, 115 (1): 8-14.

[41] HORRILLO M C, SAYAGO I, ARES L, et al. Detection of low NO_2 concentrations with low power micromachined tin oxide gas sensors [J]. Sens Actuator B-Chem, 1999, 58 (1-3): 325-329.

[42] HWANG W J, SHIN K S, ROH J H, et al. Development of micro-heaters with optimized

temperature compensation design for gas sensors [J]. Sensors, 2011, 11 (3): 2580-2591.

[43] LA SPINA L, VAN HERWAARDEN A W, SCHELLEVIS H, et al. Bulk-micromachined test structure for fast and reliable determination of the lateral thermal conductivity of thin films [J]. Journal of Microelectromechanical Systems, 2007, 16 (3): 675-683.

[44] LACONTE J, DUPONT U, FLANDRE D, et al. SOICMOS compatible low-power micro-heater optimization for the fabrication of smart gas sensors [J]. IEEE Sensors Journal, 2004, 4 (5): 670-680.

[45] KONDALKAR V V, DUY L T, SEO H, et al. Nanohybrids of Pt-functionalized Al_2O_3/ZnO core-shell nanorods for high-performance MEMS-based acetylene gas sensor [J]. ACS Appl Mater Interfaces, 2019, 11 (29): 25891-25900.

[46] REN Y, ZHOU X, LUO W, et al. Amphiphilic block copolymer templated synthesis of mesoporous indium oxides with nanosheet-sssembled pore walls [J]. Chemistry of Materials, 2016, 28 (21): 7997-8005.

[47] CHEN Y, XU P, XU T, et al. ZnO-nanowire size effect induced ultra-high sensing response to ppb-level H_2S [J]. Sensors and Actuators B: Chemical, 2017, 240: 264-272.

[48] NIU G, ZHAO C, GONG H, et al. A micro-hotplate for MEMS-based H_2S sensor [C]. Berlin: Germany, 2019.

[49] ROY S, SARKAR C K, BHATTACHARYYA P. Low temperature fabrication of a highly sensitive methane sensor with embedded Co-planar nickel alloy microheater on MEMS platform [J]. Sens Lett, 2012, 10 (3-4): 760-769.

[50] IONESCU R. Combined seebeck and resistive SnO_2 gas sensors: a new selective device [J]. Sens Actuator B-Chem, 1998, 48 (1-3): 392-394.

第4章 半导体气体传感器

在过去的几十年中，业界基于不同种类的传感材料和检测原理开发了各式气体传感器。在各类气体传感器中，半导体气体传感器具有种类多、造价低、性能好、使用寿命长等优点，在气体传感器中占据着举足轻重的作用。半导体气体传感器已经在家居、环境、医疗等领域获得了大规模应用。随着高性能纳米材料与 MEMS 技术的高速发展，半导体气体传感器也焕发了新的生机。尤其是石墨烯、金属有机框架化合物（MOF）、功能聚合物等新材料在半导体气体传感器中纷纷获得了应用，给传统的半导体气体传感器带来了新的发展契机。

4.1 半导体气体传感器的分类

半导体气体传感器的分类方法很多，从不同角度都可以对其进行分类[1-2]。

（1）按照工作原理来分，可分为电阻型和非电阻型气体传感器。

（2）按照被测气体来分，可分为氧气传感器、氢气传感器、酒精传感器、甲醛传感器等；

（3）按照制作方法和结构形式来分，又可分为烧结型、厚膜型、薄膜型、MEMS 型等；

（4）按照传感器中使用的气敏材料来分，可以分为 SnO_2 系、ZnO 系、Fe_2O_3

系、In_2O_3系、WO_3系、石墨烯、金属有机框架化合物（MOF）等。

由于气敏材料的种类繁多，且不断有新型敏感材料出现，因此这种分类方式较为笼统。

本章尝试从工作原理的角度，对半导体气体传感器进行分类并进行阐述。

4.1.1 电阻式气体传感器

该类传感器是一种使用各类气敏材料制成的电阻型器件，其电阻值随着环境中目标气体含量不同而变化。这类气敏材料主要是各类金属氧化物如SnO_2、ZnO、Fe_2O_3、TiO_2等。实际上，最早的半导体气体传感器正是使用了这类金属氧化物半导体材料。如今很多的气体传感器产品仍在使用这类材料。为了提高气敏特性，人们发展了一系列具有新颖纳米结构的金属氧化物材料，各种文献报道可谓层出不穷，本节仅以典型的电阻式纳米气敏材料——ZnO纳米线进行举例说明。图4.1是以“ZnO nanowires”和“Gas sensors”为关键词在Web of Science中的检索结果。该结果显示，基于ZnO纳米线的气体传感器研究论文数呈现出明显的逐年增加趋势，在2017年和2018年间达到顶峰。

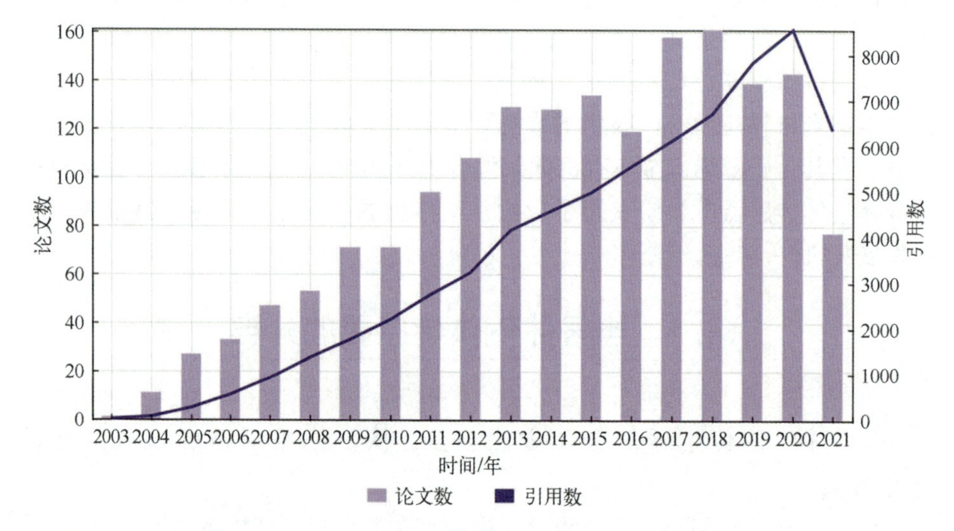

图4.1 利用Web of Science检索结果得到的ZnO纳米线气敏材料发展趋势

在这些检索到的文献中，有很多工作是我国学者的研究成果。例如，我国学者万青和王太宏等于2004年以ZnO纳米线为敏感材料，结合MEMS芯片技术研制了超低功耗的酒精气体传感器[3]。徐甲强和张源等报道了一种由ZnO纳米线组装而成的刷状分级ZnO纳米线敏感材料，该材料可检测“百万分之一”级乙醇，且具有良好的选择性[4]。ZnO 纳米线阵列也是常用的纳米敏感材料，具有原位生长、灵敏度高、可批量生长等优势，也有较多的报道(图 4.2)。例如，卢革宇团队和韩国科学技术院（KAIST）的 Inkyu Park 团队都有很多该类的研究成果[5-6]。

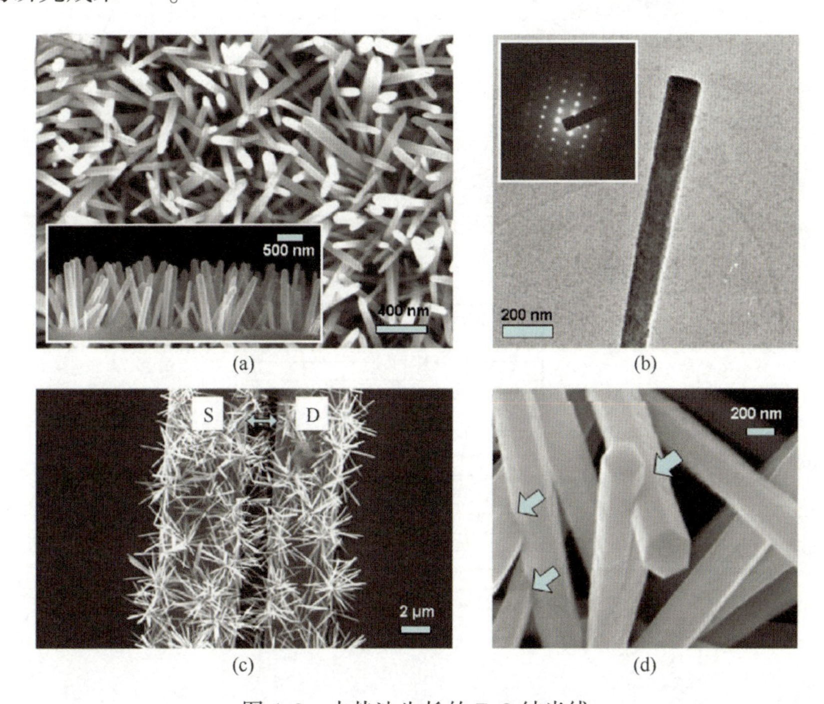

图 4.2 水热法生长的 ZnO 纳米线

（a）扫描电子显微镜（SEM）俯视图和横截面图；
（b）透射电子显微镜（TEM）图像和选区电子衍射（SAED）图像；
（c）直接在纳米压印金电极上生长的 ZnO 纳米线的 SEM 照片；
（d）图（c）的放大图，箭头表示纳米线（NW）之间的连接。

除了上述的金属氧化物半导体气敏材料，近年来也相继报道了多种新颖的非金属氧化物气敏材料。这类气敏材料包括碳纳米管、石墨烯、MoS_2纳米片、CuBr、MOF 聚合物等。例如，曼彻斯特大学 Novoselov 研究小组于 2007 年首次用石墨烯制作了单分子检测气体传感器。由于石墨烯具有超高电导率和低本征噪声等优势，因而该传感器可在室温下对 NH_3和 NO_2等气体分子实现超灵敏检测，通过测量霍尔效应的方法甚至可实现单分子检测。如图 4.3 所示，石墨烯敏感材料对 NO_2和 NH_3两种气体分子的电阻变化有明显的不同：电子受体 NO_2的吸附可提升石墨烯的掺杂度，从而增加了其导电性；而 NH_3

作为电子供体，可减少载流子的浓度，从而降低了石墨烯的电导率[7]。

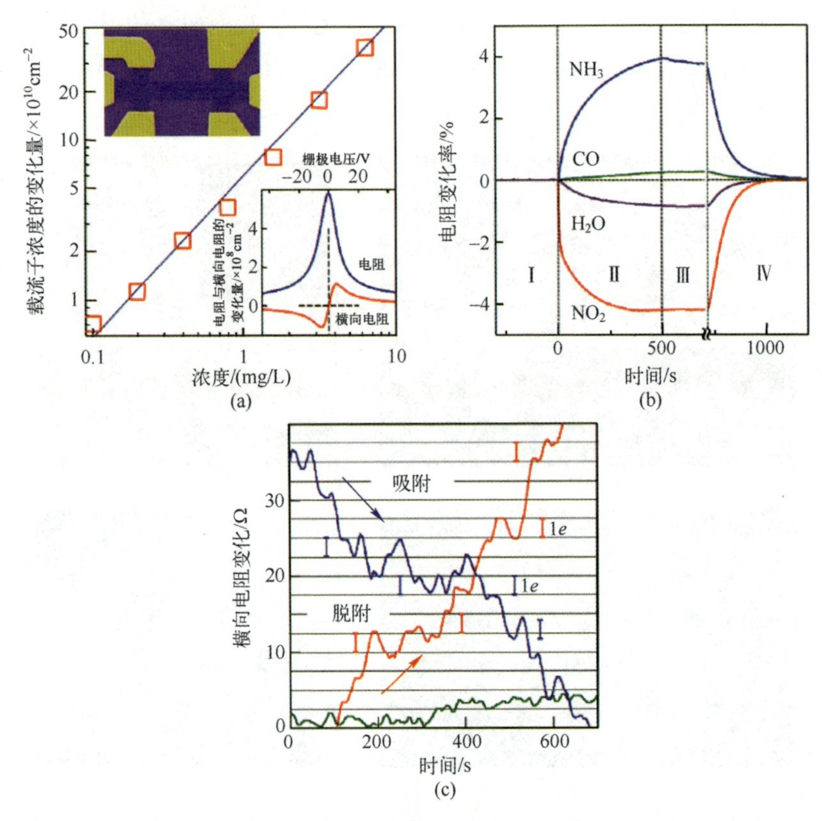

图 4.3　使用石墨烯传感器检测气体分子的实验结果

（a）检测不同浓度 NO_2 气体的传感，左上角插图为该研究中石墨烯传感器的扫描电子显微照片；（b）在浓度为 1mg/L 的气体中，石墨烯传感器的响应曲线；（c）通过霍尔效应测量的方法，在近中性点附近位置观察到因单分子吸附和释放而引起霍尔电阻率变化的曲线。

MOF 材料是近年来研究较多的一类气敏材料。但 MOF 材料用作半导体式气体传感器时，需要首先解决常规 MOF 面临的导电性问题。麻省理工学院 Timothy M. Swager 教授报道了一种导电二维 MOF（图 4.4），即 $Cu_3(HITP)_2$（HITP=2,3,6,7,10,11-六亚氨基三苯），其导电率可达 0.2Scm^{-1}。在该 $Cu_3(HITP)_2$ 中铜位点对氨的传感检测至关重要，能够检测亚百万分之一水平的氨蒸汽[8]。中国科学院福建物质结构研究所徐刚团队在 MOF 基气敏材料的制备及气敏性能优化方面也取得系列前沿的研究结果。例如，该团队利用对目标气体分子配位能力强的金属离子作为无机节点，与目标气体能形成较强氢键相互作用的配体作为有机配体，通过发展“逐层喷雾外延法”，使多孔导电MOF薄膜从孔道无序随机生长变成沿着孔道方向的取向外延生长，制备了高质量的导电MOF薄膜气敏器件[9]。

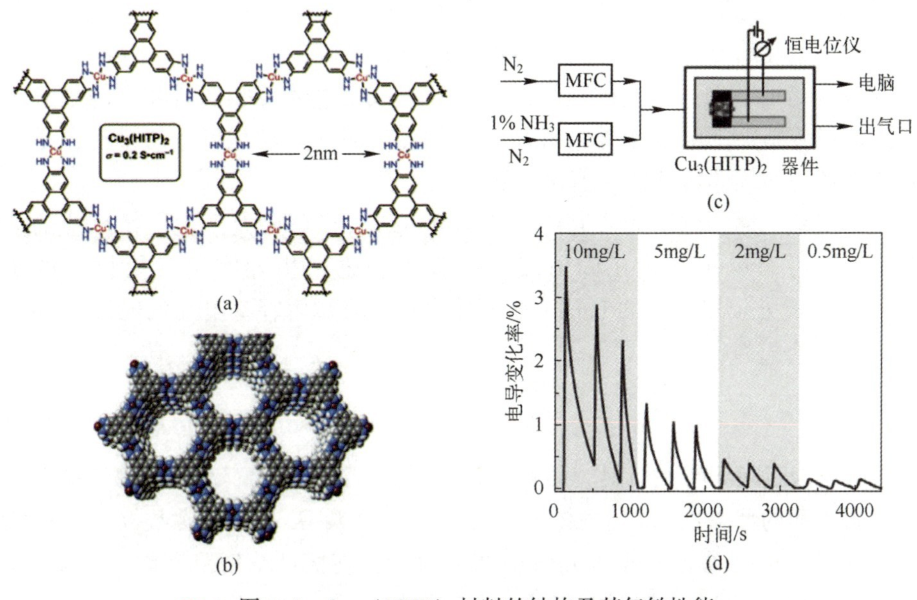

图 4.4　Cu_3（HITP）$_2$材料的结构及其气敏性能

在有机分子气敏材料研究方面，有机共轭分子和聚合物近年来也逐渐成了研究热点。传统的有机分子链间以弱相互作用为主，尽管结构制膜条件温和，弯折柔性好，但一般稳定性不佳。苏州大学贺竞辉等提出了离子共轭（Ion-in-Conjugation）材料的概念，定义为材料在基态时共轭链/面上具有化学计量的离子态[10]。该类材料能够以离子-偶极力吸引力吸引极性气体分子，具有适中的吸附能（0.3~0.7eV），室温下吸附及脱附可逆，这使传感器的响应/回复性能均有提升；离子位于导电共轭主链上，吸附的分子电荷转移能最大程度调制共轭链导电性，因此灵敏度也大幅增加；选择性可以通过多共轭离子接收基团的空间排布设计，实现高度定向性的空间多位点超分子作用，从而提高气敏材料对特定分子的灵敏度。共轭离子的结构使分子链之间产生强的离子相关吸引力，增加材料结晶性、热稳定性、导电性，最终改进材料稳定性，赋予了有机气敏材料实际应用的潜力。

随着材料科学的迅猛发展，还将会有更多的新材料应用于气体传感器中。总体而言，这类电阻式气体传感器具有灵敏度高、响应速度快、寿命长、制造简单、成本低廉、对环境温/湿度敏感度低和测量电路简单等优点，应用广泛。存在的不足之处在于，金属氧化物半导体气敏材料一般要求在高温下工作（通常要求具有约 300℃的工作温度），使得气敏元件的功耗过高。此外，电阻式气体传感器对气体的选择性也不够理想。

值得一提的是，为了解决半导体气敏材料面临的上述问题，发展室温工作（或者是近室温工作）的电阻式气敏材料成了气体传感器研究中的趋势之一。室温传感器不需要额外给气敏材料加热，因此其功耗可忽略不计，是一种较为理想的气体传感器，值得发展。

在室温气体传感器的研究中，考虑到气体分子吸附是产生气敏反应的前奏，所以可以运用气体在固体表面的吸附理论来指导室温气敏材料的研发[11-12]。此处仅以经典的 Langmuir 吸附理论来尝试解释室温气敏现象。Langmuir 吸附公式为

$$Q=a\theta=\frac{aKp}{1+Kp} \tag{4.1}$$

式中：Q 为吸附于气敏材料表面的吸附分子数（吸附量）；θ 为待测气体在气敏材料表面的覆盖度；p 为气体分压（分子浓度）；K 为平衡常数（与温度相关）；a 为比例系数。根据 Langmuir 吸附理论，在极低浓度范围内，覆盖度 $\theta \ll 1$（$Kp \ll 1$），因此吸附量与气体分压存在如下的线性关系：

$$Q=a\theta=aKp \tag{4.2}$$

Langmuir 吸附理论进一步指出，气体分子在敏感材料上的吸附量必然受温度的影响，因为式（4.2）中 K 是与温度相关的常数。因此，室温传感器的灵敏度常随温度的波动而变化。除了灵敏度易受温度的影响之外，大气中湿度的分压常常远大于待测气体的分压，因此水分子在室温气敏材料表面的非特异性吸附也不容忽略。总之，室温气敏材料易受温度和湿度变化的影响，由此也限制了室温传感器的实用化，值得进一步开展研究。

4.1.2 非电阻式气体传感器

非电阻式半导体气体传感器以场效应管式（FET）为典型代表。FET 型气体传感器的工作原理是当气体分子吸附于金属与半导体界面时，可使得半导体禁带宽度或金属的功函数发生变化，进一步依据半导体整流特性的变化来判断其浓度的大小[13]。FET 型传感器体积小、功耗低、成本低，并与 CMOS 工艺兼容性好。FET 型气体传感器种类很多，常见的结构类型有以下几种：有机场效应晶体管（OFET）、薄膜晶体管（TFT）、催化金属栅 FET 等。

如图 4.5 所示，FET 型气体传感器可分顶栅顶接触、顶栅底接触、底栅顶接触和底栅底接触四种构型。常用阈值电压 V_T、场效应迁移率 μ、电流开关比 I_{on}/I_{off} 以及亚阈值斜率 S 等基本参数来评价器件性能。

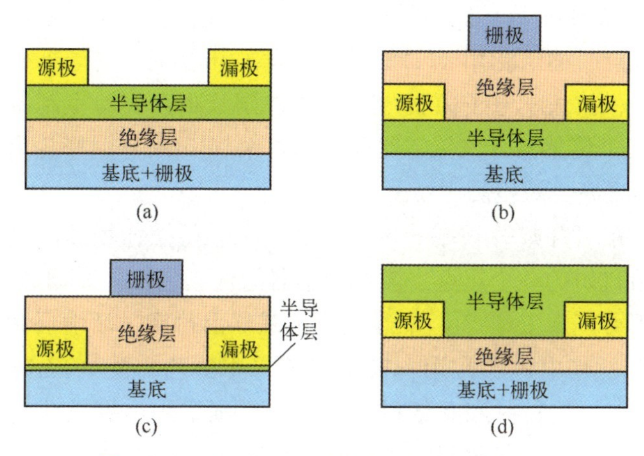

图 4.5　FET 传感器的四种典型构型

OFET 传感器使用具有柔韧性、分子可设计性等多方面性能优异的有机半导体（OSCs）作为敏感材料。OFET 主要由栅极、绝缘层、OSCs 层和源漏电极构成。其中 OSC 材料层灵活多变，利用其与气体分子之间的特异相互作用对不同气体进行检测。OFET 可检测气体种类多，包括氧化性气体（如 NO_2、SO_2等），还原性气体（NH_3、H_2S 等），以及工业生产中常见的有毒有害气体（如苯等）。

催化金属栅场效应气体传感器具有金属-绝缘体-半导体（MIS）结构，通过金属栅中的催化反应检测金属栅和栅绝缘体之间界面处形成的偶极子层引起的变化。由于较大的气体分子难以穿透金属栅极，因此该结构的气体传感器可以探测到的目标气体受分子大小的限制。典型的催化金属栅场效应气体传感器为氢敏铅（Pd）栅 FET。当氢气与 Pd 栅发生作用时，FET 的阈值电压随氢气浓度变化而变化，从而可对氢气实现检测。氢敏 Pd 栅 FET 对氢气的检测限可达百万分之一量级，而且选择性好。但是，该类型 FET 气体传感器在使用时，必须考虑湿度及温度对气体响应的影响。此时，可以在芯片上同时制造参比型 FET，从而对外部环境变化引起的 FET 特性变化进行校准。

薄膜晶体管（TFT）气体传感器通常含栅极、源极和漏极，利用敏感材料薄膜作为其有源层。当 TFT 传感器暴露于目标气体中时，由于敏感薄膜的电荷转移而引起传感器件参数改变，从而对目标气体实现检测。敏感薄膜的特性对 TFT 传感器的性能起决定作用。目前，用于 TFT 气敏传感器的传感材料主要包括各类有机材料、金属氧化物和二维材料。近期，石墨烯及新兴二维纳米材料（如 MoS_2等）因其具有高体表比、高活性、良好的热稳定性和机械稳定性等优点，而广泛用于 TFT 研究。我国开展 TFT 传感器研究的单位也较多。如电子科技大学电子薄膜与集成器件国家重点实验室制备了底栅底接触式结构的 TFT 传感器，该传感器采用酞菁铜（CuPc）薄膜为有源层，可对 H_2S 等气体实现高灵敏检测[14]。

随着近年来可穿戴等领域的迅猛发展，柔性可拉伸场效应晶体管气体传感器成了前沿科研的一个热点，该类传感器的优点包括：柔韧灵活、低成本、在形变情况下可正常工作[15]。柔性气体传感器由衬底、活性层和介电层等重要的组成部分。其中衬底常用含有聚对苯二甲酸乙二酯（PET）、聚酰亚胺（PI）等聚合物的塑料衬底和纸衬底。活性层则采用金属氧化物、导电聚合物、碳纳米管、石墨烯等材料。理想的介电层需要具备高电容、高介电强度、对活性层材料兼容性好、灵活性好。

4.2 半导体气体传感器的原理

4.2.1 表面控制型

利用表面电阻的变化来检测各种气体的敏感元件称为表面电阻控制型气敏元件。气体分子在半导体材料表面发生化学吸附时，电荷可在半导体与气体分子间发生转移。在半导体表面发生的气敏反应中，产生电荷转移是最基本的步骤。气敏活性可归因于气体分子与半导体材料之间的电荷转移程度。如图 4.6 所示，以 n 型半导体气敏材料为例，金属氧化物半导体在空气中被加热到一定温度时，以三个紧密接触 n 型半导体敏感材料颗粒为例，O_2 分子可吸附在带负电荷的半导体表面，半导体表面的电子会被转移到吸附氧上，O_2 分子就变成了 O^-，同时在半导体表面形成一个正的空间电荷耗尽层，导致表面势垒升高，阻碍了电子流动。在敏感材料内部，数量丰富的自由电子则必须穿过金属氧化物半导体微晶粒间的结合部位（晶界，grain boundary），到达下一个晶粒才能形成电流。由吸附 O_2 产生的势垒同样存在于晶界，因此阻碍了电子的自由流动，传感器的电阻即缘于这种势垒。在工作条件下，当传感器遇到还原性气体时，O^-与还原性气体发生氧化还原反应，导致O^-的表面浓度降低，势垒随之降低，引起了传感器的阻值减小，实现检测。

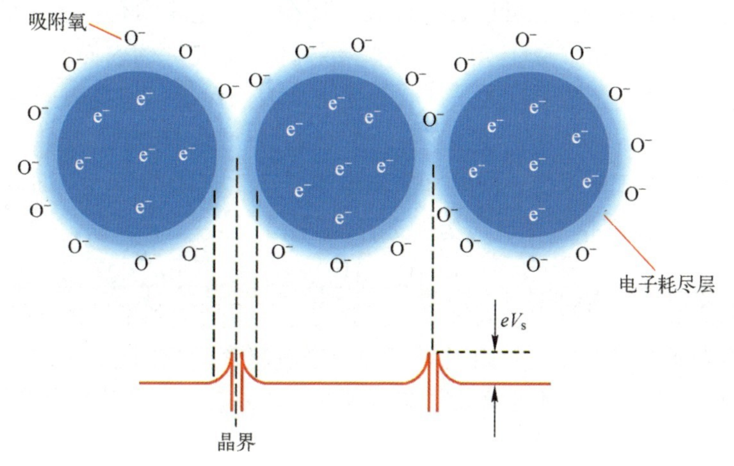

图4.6 经典的n型半导体材料气敏模型图

采用势垒理论可以半定量解释气敏机制。表面势垒即能带的弯曲，用V_s表示。V_s与位于半导体气敏材料表面的电荷Q_s有关，对半导体气敏机制具有重要影响。若采用Schottky模型进行简化，即气敏材料靠近表面处的空间电荷是固定的，且在整个空间电荷区域中与距离无关，则：

$$V_S = \frac{eQ_S^2}{2\varepsilon\varepsilon_0 n_b} \tag{4.3}$$

式中：ε为半导体的介电常数；ε_0为真空介电常数；n_b为气敏材料的体内载流子浓度。

当气敏反应发生时，表面电荷的浓度将发生变化。假定变化量ΔQ_s，则气敏反应后的电荷为$Q_s-\Delta Q_s$。由此可知表面势垒V_s的变化为

$$\begin{cases} \Delta V_s = \dfrac{e}{2\varepsilon\varepsilon_0 n_b}Q_s^2 - \dfrac{e}{2\varepsilon\varepsilon_0 n_b}(Q_s-\Delta Q_s)^2 \\ \Delta V_s = \dfrac{e}{2\varepsilon\varepsilon_0 n_b}\Delta Q_s(2Q_s-\Delta Q_s) \end{cases} \tag{4.4}$$

在一定的表面电荷浓度下，可以根据电荷的变化来估算表面势垒的变化。表面势垒也会影响半导体表面的化学性质，尤其是对于限速步骤为电荷迁移的反应。O_2分子（电子受体）的吸附取决于表面电子的浓度，而该浓度由表面势垒确定。表面势垒值高，电子从本体到表面的迁移就将显著减少。若表

面势垒值过高，O^-吸附甚至会完全停止。总体说来，可以使用表面势垒理论定性或半定量地描述气敏作用机制。

上述的势垒理论，还可以进一步使用吸附氧理论来简化：在表面控制型气敏现象中，空气中氧分子吸附于n型半导体气敏元件的表面，并从半导体中获得电子，从而形成O_2^-、O^-、O^{2-}等受主型表面能级，使得表面电阻增加。当还原性气体分子（如H_2、乙醇等）与气敏元件表面接触时，这些气体分子与吸附氧将发生气敏反应，同时释放出电子，产生气敏信号。下面以H_2分子与吸附O^-之间的简单气敏反应为例进行说明：

$$H_2+O^-=H_2O+e^- \tag{4.5}$$

在此气敏反应过程中，被氧原子捕获的电子重新回到半导体气敏材料中，从而使得表面电阻下降。使用吸附氧理论来解释表面控制型气敏机理较为直观。如图4.7所示，日本学者山添昇（Noboru Yamazoe）将其称为接收器和转换器功能[16]。

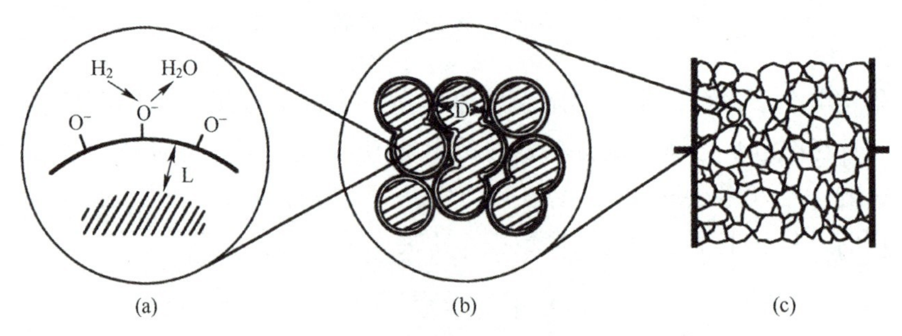

图4.7　半导体气体传感器的接收器和转换器功能

（a）接收器功能；（b）转换器功能；（c）信号输出（电阻变化）。

在吸附氧理论中不涉及表面势垒的高度，但很显然，半导体材料表面的吸附氧类型可直接影响气敏性能[17]。目前，可以采用程序升温脱附（TPD）、傅里叶变换红外吸收光谱（FTIR）、电子自旋共振（ESR）等表征方法来对吸附氧的类型进行测试。Noboru Yamazoe 等采用 TPD 研究了典型气敏材料——SnO_2表面的吸附氧类型随温度的变化关系[18]。TPD 结构表明，在工作温度为150℃以下时，氧化锡半导体材料表面的吸附氧主要以分子形式存在；随着传感器加热温度的升高，O_2分子可从气态逐步演变为吸附O^-，直至晶格氧，其类型演变为

$$[O_2]_g \to [O_2]_s \to [O_2^-]_s \to [O_2^{2-}]_s \to [O^-]_s \to [O^{2-}]_v \tag{4.6}$$

式中：下标g、s和v分别代表气相、固体表面和固体体内。吸附O的类型随

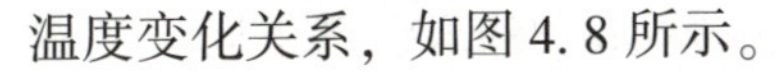

温度变化关系，如图 4.8 所示。

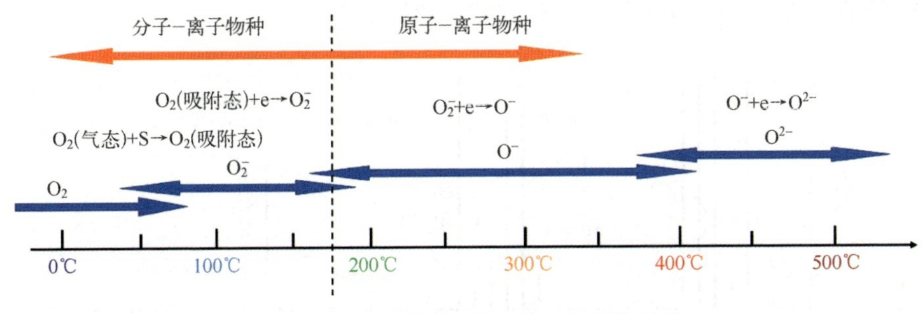

图 4.8 吸附氧的类型随温度变化关系

但是，表面控制型原理仅适用于定性分析气敏机制，目前尚难以定量解释气敏反应。例如，对于乙醇与苯的气敏反应，若假定气敏材料表面的吸附氧类型为 O_2^-，则其反应方程为

$$\begin{cases} C_2H_5OH+3O_2^-\rightarrow 2CO_2+3H_2O+3e^- \\ C_6H_6+7.5O_2^-\rightarrow 6CO_2+3H_2O+7.5e^- \end{cases} \tag{4.7}$$

根据上述气敏反应方程，表面控制型气敏材料对于苯的响应值应该远远大于对同样浓度乙醇的响应值。但是，普通的半导体气敏传感器却往往对乙醇反而更灵敏。实际上，除了专业的乙醇传感器，乙醇分子是气体传感器研究中最常见、最需要关注的干扰物质之一。很多半导体气体传感器都较难避免乙醇带来的干扰。所以，气敏研究中的实际测试结果往往是上述气敏反应方程所不能解释的，部分原因分析如下。首先，表面控制型原理没有考虑目标分子的化学活性。亦即不同的目标分子应当具有与吸附氧不同的反应活性，因而敏感信号也会各不相同。其次，表面控制型原理没有考虑气敏反应的反应程度，往往将气敏产物简单写为 CO_2 和 H_2O 等氧化终产物。实际上，待测气体分子在气敏材料表面究竟是否可以被彻底氧化，目前仍然缺乏足够的实验证据。针对这一难题，已有研究人员尝试使用在线质谱和气相色谱仪来分析气敏反应的终产物。例如，上海大学徐甲强等曾使用气相色谱仪对乙醇在 ZnO 气敏材料表面的反应产物进行了检测，结果发现乙醇转化为了乙醛，且传感器的灵敏度与乙醛的转化率正相关[19]。近年来，中国科学院上海微系统所使用在线质谱和气相色谱-质谱联用仪（GC-MS）等搭建了一整套的气敏机理研究装置。该研究团队使用在线质谱和离线的 GC-MS 相结合的方法，揭开了一系列气敏反应机理[20-22]。例如，该团队使用在线质谱研究发现，甲醛分子与吸附氧之间的氧化反应程度受温度强烈影响：在较低温度下（如

180℃）甲醛分子仅可被部分氧化为甲酸，而在较高的280℃温度下则可基本被氧化为CO_2，图4.9为该研究的在线质谱图。

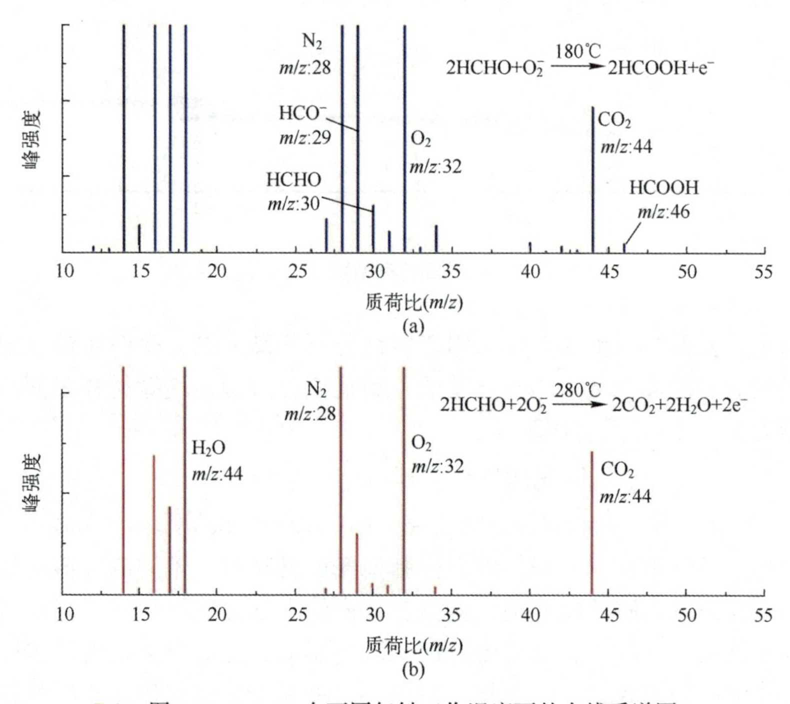

图4.9 HCHO在不同气敏工作温度下的在线质谱图

总之，表面控制型机理目前的研究瓶颈就是如何将反应物的活性、吸附氧的类型、反应程度等气敏反应条件与气敏实测结果结合起来，建立定量的表面控制气敏反应机理模型，进而对气体传感器研究实现精准指导。

4.2.2 体控制型

体控制型传感器根据气敏材料的体电阻变化来检测待测气体。典型的体控制型气敏材料有γ-Fe_2O_3、TiO_2、MgO等。这类金属氧化物气敏材料大多由于化学计量比的偏离，在比较低的温度下与气体接触时晶体中的结构缺陷就发生变化，继而体电阻发生改变。基于该体电阻机理可以对多种气体实现检测。以经典的γ-Fe_2O_3气敏机理为例，当它与待测气体接触时，可形成Fe^{2+}，部分生成Fe_3O_4，从而使得传感器的体电阻下降，实现传感检测。

而γ-Fe_2O_3和Fe_3O_4皆属于尖晶石结构，因此γ-Fe_2O_3在待测气氛中转化

为 Fe_3O_4时，其晶体结构并不发生明显变化。但这种转化又是可逆的：当气体传感器脱离被测气体后，生成的 Fe_3O_4又可恢复为 $\gamma-Fe_2O_3$，此即为 $\gamma-Fe_2O_3$气敏元件的体控制气敏机理。但是 γ 型的 Fe_2O_3为亚稳态，而 Fe_2O_3的稳定态是其 α 型。$\gamma-Fe_2O_3$气敏材料在高温服役条件下会逐步转化为稳定的 $\alpha-Fe_2O_3$，从而造成传感器失效。值得指出的是，$\alpha-Fe_2O_3$也具有气敏性能，但徐甲强等经过研究证实超细 $\alpha-Fe_2O_3$气敏材料不遵循体控制型机理，而是属于表面控制型的气敏机理。由此也解释了大颗粒 $\alpha-Fe_2O_3$因为比表面小而导致气敏性能差的原因。

TiO_2半导体气敏材料是典型的缺氧型氧化物，即化学式为 TiO_{2-x}的非化学计量比化合物。在氧分压低的介质气体中，TiO_2易产生氧缺陷，使其成为电子传导型半导体。TiO_2有板钛矿型、锐钛矿型及金红石型三种晶型，其中金红石型是热力学稳定相，而板钛矿和锐钛矿在高温下将不可逆地转变为金红石。TiO_2本征缺陷包括 Ti^{3+}、间隙型 Ti^{4+}和氧空位。TiO_2气体传感器的电阻与温度及氧分压的存在如下的关系式：

$$R = A p_{O_2}^{-1/x} e^{\frac{E}{kT}}$$

式中：A 为常数；x 为与缺陷相关的常数，通常取值 4~6；E 为活化能；k 为波耳兹曼常数。该关系式表明，在一定温度下，TiO_2的阻值仅与氧分压（浓度）$po_2^{1/x}$相关。依据该原理，可以使用 TiO_2开发 O_2传感器[23]。将上式进一步推导，可得：

$$\ln R = \ln A + \frac{E}{kT} - \frac{1}{x}\ln p_{O_2} \tag{4.8}$$

当氧分压（浓度）p 为 1 个大气压时，活化能为

$$E = \frac{k(T_1 - T_2)}{T_1 T_2}(\ln R_1 - \ln R_2) \tag{4.9}$$

根据式（4.9），由不同温度 T_1和 T_2下对应的电阻值 R_1和 R_2，可以计算出氧分压为 1 时的活化能。

相对其他敏感材料，具有丰富的氧空位是 TiO_2敏感材料的优势。氧空位可增加 TiO_2的半导体特性。在氧分压较低时对 TiO_2进行处理，可产生较多的氧空位。掺杂铝等第三主族元素，也可以增加 TiO_2敏感材料中的氧空位，提高其敏感特性。

4.2.3　半导体气敏材料的增敏机理

针对半导体型气敏材料存在的缺点，如选择性不好、灵敏度不够高、长

期稳定性差、工作温度过高、湿度干扰大等，通常需要引入适当的添加剂来解决。这类添加剂通常是贵金属或其他过渡金属。

添加剂的化学增敏和电子增敏机制是气体传感器研究中的重要课题。20世纪80年代，Yamazoe和Morrison等对此做出了重大贡献[16,24]。他们在文献中提出了两种基本机制（图4.10），分别基于贵金属添加剂对金属氧化物半导体气敏材料的化学或电子增敏，即溢流（spillover）效应或费米能级控制敏化机制。直到今天，这两种机制都是理解和设计气敏材料的基础。在电子增敏机制下，处于氧化状态的添加剂扮演了主体气敏材料中电子的强受体角色，从而在界面处产生电子耗尽的空间电荷层。与具有还原性的待测分子（如H_2）反应后，处于氧化态的添加剂被还原，同时将电子释放回半导体气敏材料中，从而产生气敏信号。典型的电子敏化添加剂体系包括PdO/Pd、AgO/Ag、CuO/Cu等。

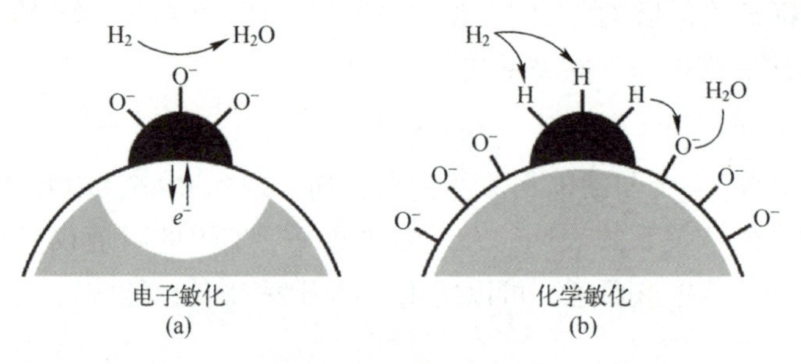

图4.10 电子增敏和化学增敏机制示意图

(a) 电子增敏机制，添加剂为电子受体，其氧化/还原状态受气体分子的作用而发生相应改变；
(b) 化学增敏机制，添加剂可活化待测分子（如H_2等），进行化学敏化，
产生的自由基或分子碎片随后溢流至气敏材料并改变表面吸附氧浓度。

化学增敏机制通常是由催化表面反应而引起的。铂等贵金属团簇或纳米颗粒可以为目标检测分子提供优良的吸附和活化位点，分子经贵金属活化，产生自由基等分子碎片溢流到半导体气敏材料上，再与吸附氧发生气敏反应，由此改变气敏材料表面的吸附氧浓度而产生敏感信号。

电子增敏和化学增敏这两种机制模型的优点是简单、易于理解。但是，实际气敏材料（包括添加剂）的反应活性和气敏性能之间的相互关系相当复杂，难以通过这两种简单的气敏机制来解释。因此，在很多情况下需要综合考虑电子增敏和化学增敏这两种机制。而且，利用电子增敏和化学增敏这两种经典机制也难以对新型的非贵金属添加剂进行机理分析。例如，在贵金属添加剂的基础上，近年来已经进一步发展出非贵金属的添加剂，包括γ-Al_2O_3、氧化

铈、分子筛等。这些有着优良催化活性的非贵金属催化剂很好地解决了一些惰性气体（如苯系物、氟利昂等）的高灵敏检测难题。这类非贵金属添加剂的增敏机制比较复杂，需要通过在线质谱等技术来揭示。

电子增敏和化学增敏这两种机制模型可以对一些气敏反应进行定性地解释，但还难以据此而实现气敏材料的按需设计。寻找具有特定敏感特性的气敏材料仍然需要依靠经验方法，也就是“试错法”。基于试错法优化得到的气敏材料，可以通过特定的表征设备对其气敏机制进行解释。例如，可以使用X射线光电子能谱仪（XPS）来确定氧化状态，通过X射线衍射仪（XRD）来分析气敏材料的物相与结构，使用透射电子显微镜（TEM）来分析材料的微结构等。德国学者U. Weimar等在题为“*Metal oxide-based gas sensor research: How to?*”的综述文章里，进一步总结了气敏材料现有的实验表征技术(图4.11)，其研究手段主要包括红外漫反射光谱（DRIFT）、霍尔测量、阻抗测量、功函测试以及敏感材料对目标分子的催化转换等[25]。其中，霍尔测量、阻抗及功函测量等技术主要用于表征气敏材料本身的理化特性；催化转化率主要研究目标分子在材料表面（尤其是在催化增敏剂表面）的分子转化行为。

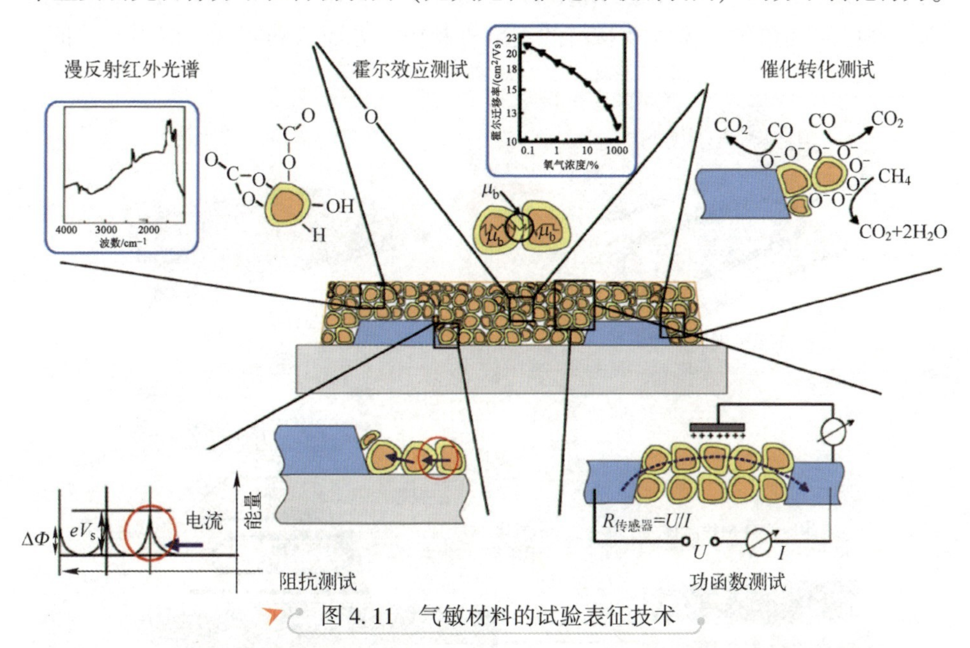

图4.11 气敏材料的试验表征技术

相比于离线的事后表征技术，原位分析技术更适于研究工况条件下的气敏作用机制。例如，DRIFT可以在模拟的气敏测试环境中，原位测试目标分子与气敏材料表面功能基团的成键类型，据此推断目标分子的种类等。原位测试的 DRIFT 光谱，还可以半定量表征目标分子在材料表面的吸附与脱附作用，因此，DRIFT 技术已成为表征气敏材料与目标分子之间作用机制的有力工具。华中科技大学和德国图宾根大学等单位的研究人员已利用 DRIFT 技术成功解释了 CO 和 NO_2 等分子在半导体材料表面的敏感作用机制[26-27]。中科院上海微系统所联合上海大学也采用 DRIFT 技术研究了 NH_3 分子与 CuBr 气敏材料的敏感作用机制[28]。

除了原位 DRIFT 技术，新近发展起来的原位 TEM 技术可以在检测气氛与传感器的实际工作温度下对纳米敏感材料的形貌、物相演变进行观测。图 4.12 是中国科学院上海微系统所研究气敏机制采用的原位 TEM 芯片及样品杆示意图。利用该气体原位 TEM 附件，可以将微量气敏材料精确负载到观察区；加热电极可以提供从室温直至逾千度的高温；反应气体由毛细管引入芯片；观察窗由数十纳米厚的 SiN_x 制成，该 SiN_x 强度高，可以耐受数个大气压的压力。利用该原位芯片装置，已经可以在标准大气压下，实时观测到 ZnO 纳米线在 SO_2 分子作用下的形貌演变全过程，成功实现了在工况条件下对气敏材料进行的原位表征[29]。目前，该研究所已经突破了原位 TEM 芯片量产的关键技术，并已经在数种典型气敏材料的气敏机制揭示方面成功实现了应用与验证。

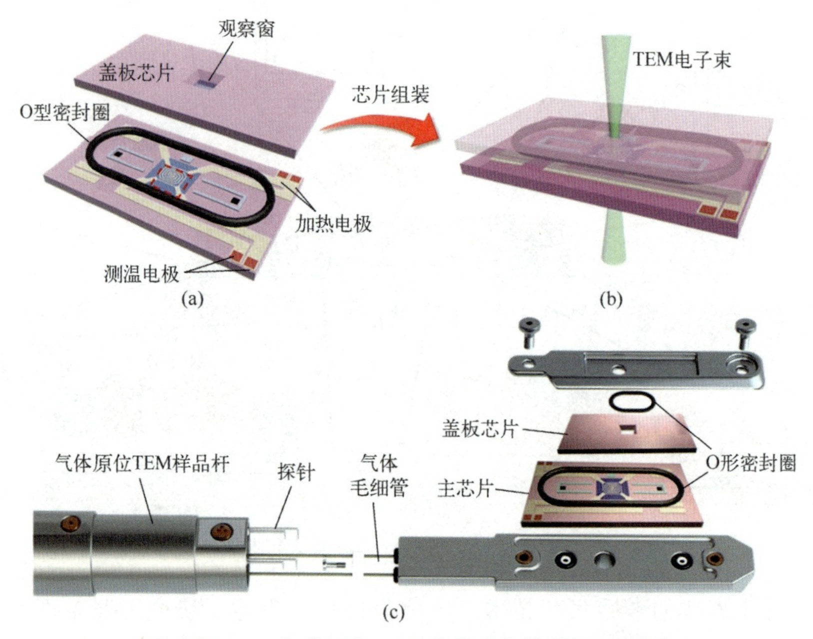

图 4.12　气体原位 TEM 的芯片与样品杆示意图

除了原位表征技术，高通量实验能够高效发掘具有先进敏感性能的新材料，并通过数据挖掘为阐明气敏材料的构-效关系提供大量数据，也是未来的发展方向之一。总之，为了应对电子增敏和化学增敏这两种机制模型日渐突显的缺陷，目前已经发展了数种气敏机制研究新方法和新理论。

4.3　半导体气体传感器的制作与测量

4.3.1　经典结构半导体气体传感器

经典的半导体气体传感器结构主要有以下三种类型：烧结型、薄膜型、厚膜型。本节对这三类经典结构的半导体气体传感器进行介绍。

1. 烧结型气体传感器

目前在各类气敏元件中，工艺最成熟、使用最广泛的当属烧结型气敏元件。该类气敏元件是以半导体材料为气敏材料，混合各类添加物（包括增敏剂和黏合剂等），采用传统的制陶工艺，在高温下进行烧结而成。这类器件主要用于检测还原性气体、可燃性气体和液体蒸气。一般而言，这类器件在工作时往往需要使用加热器将敏感材料加热至较高温度（往往超过300℃）。烧结型气体传感器按加热方式的不同，又可分为直热式和旁热式两种。其中，当加热器与气敏材料直接接触时，这一类结构的传感器即为直热式气体传感器；而旁热式气体传感器中的加热器与半导体材料处于隔离状态。

典型的直热式气体传感器呈微球珠状，球珠尺寸通常小于1mm。该结构传感器由半导体气敏材料、加热丝和金属引线三部分组成。加热丝和引线都直接埋在气敏材料内部。常用的加热丝为铂制成的线圈，可提供传感器需要的较高工作温度。加热丝和引线不直接接触，可视为连在气敏材料两端的测试电极，用于输出气敏材料电阻（或电导率）随待测气体浓度变化的传感信号，其测试电路如图4.13所示。

这类直热式气敏元件的优点是制作简单、成本低、功耗小。如郑州炜盛电子科技有限公司出品的MQ316传感器，其功耗小于150mW。但直热式气敏元件的缺点也明显：材料普遍存在的热胀冷缩特性会导致加热丝与气敏材料间出现接触不良现象的问题，影响使用。此外，气流、振动或冲击等也会对直热式气体传感器带来影响。

相比于直热式气敏元件，旁热式气敏元件更为常见。1968年，田口尚义

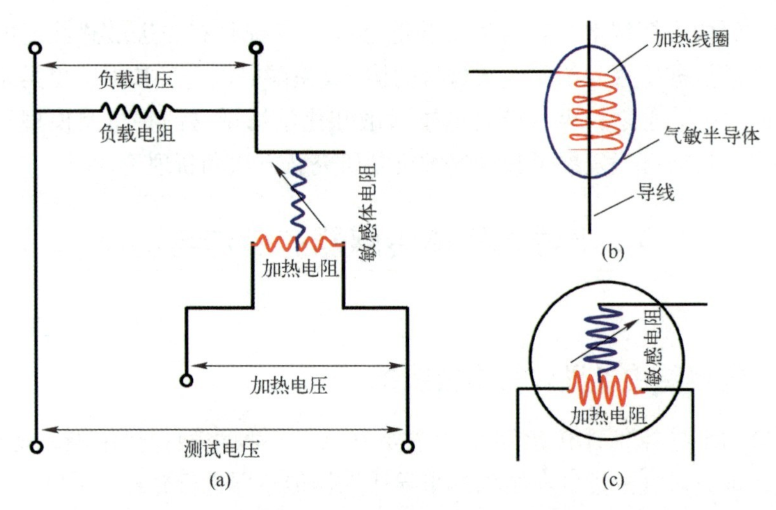

图 4.13　直热式气体传感器

（a）测试电路；（b）传感器结构图；（c）等效电阻图。

率先发明了世界上第一只半导体气敏元件，并将其命名为 TGS（Taguchi Gas Sensor），即田口式气体传感器。TGS 传感器为经典的旁热式气敏传感器，该传感器只需要使用简单的电路即可对各类低浓度的气体进行检测，应用广泛，且一直沿用至今。

如图 4.14 所示，TGS 气敏元件主要由带有铂电极的陶瓷管、加热丝和底座组成。一般使用金浆将铂电极焊接在陶瓷管的两端。常用的 TGS 气敏元件的制作步骤为，首先需将气敏材料预先用甲基纤维素、聚乙烯醇缩丁醛（PVB）等黏合剂混匀，制成均匀的、流平性好的膏状浆料。然后将气敏浆料均匀涂覆于陶瓷管表面，干燥后再经 500~600℃ 高温烧结 6h 而成。最后，将铂电极点焊于底座上，再将加热丝穿入陶瓷管中并点焊于底座上，盖上防爆网即可制成 TGS 气敏元件。TGS 气敏元件解决了直热式气敏元件存在的稳定性等问题，其加热丝内置于陶瓷管中，与气敏材料不直接接触，且测量铂电极与加热丝分置于陶瓷管的内外，从而避免了测量回路与加热回路之间的串扰。而且元件的体积大，热容量也较大，环境气氛对元件的工作温度影响也较小。总之，TGS 旁热式气敏元件有效改进了直热式气敏元件固有的稳定性和可靠性等不足，是一种应用十分广泛的气敏结构。

2. 薄膜型气体传感器

薄膜型气体传感器通常是使用蒸发等薄膜工艺在基底上沉积一薄层的气敏材料而制成。薄膜的厚度一般为数百纳米。近年来使用先进的成膜工艺如

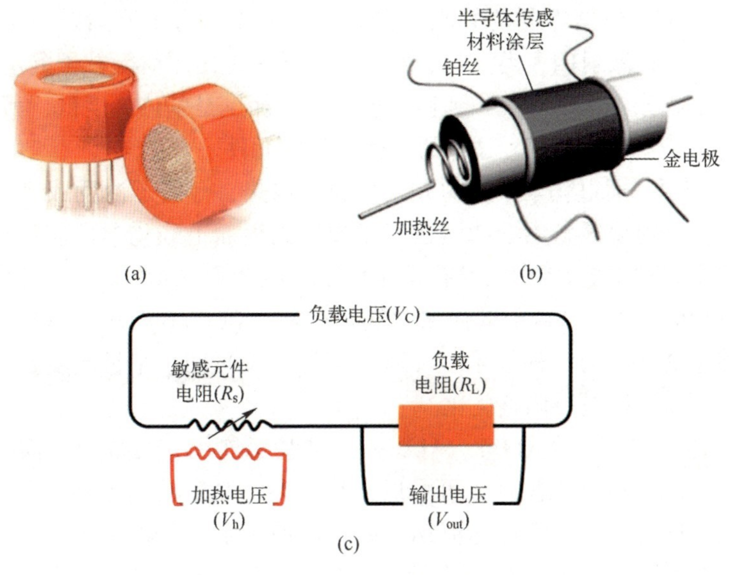

图 4.14 TGS 气敏元件

（a）郑州炜盛科技出品的 MQ-3B 型酒精传感器属于典型的 TGS 气敏元件；（b）TGS 气敏元件的结构；（c）旁热式气敏元件的测试电路图。

原子层沉积（Atomic Layer Deposition，ALD）可以制得只有数纳米厚度的连续气敏薄膜。相较于常用的 TGS 型传感器，薄膜型气体传感器具有功耗低、体积小等优势，而且薄膜工艺可与 IC 工艺兼容，且加工精度高，适于批量化生产。气敏薄膜的物理性质及其传感性能在很大程度上取决于薄膜的制造方式。下面介绍部分常用的薄膜型气体传感器制造方式。

（1）蒸发法。常用的蒸发法有真空蒸镀及反应蒸镀（RE）两种。真空蒸镀法一般用于蒸镀单质薄膜，选用与薄膜组分相同的蒸镀材料，并通过提高真空度来抑制材料与残余气体的化学反应来减少杂质。真空蒸镀法沉积面积大、速率快、效率高且操作较简便。但是，由于大多采取的是岛状生长模式，易形成疏松结构。该微观结构决定了其宏观性质：表面不平整、牢固性差、应力高。

需要指出的是，气敏元件常用 SnO_2等化合物薄膜，而不是常规的单质薄膜。但化合物薄膜由于各元素组分的蒸发、沉积速率不同，薄膜组分往往会偏离正常的化学计量比。使用反应蒸镀可解决这一问题，即在蒸镀时可通入适量的 O_2、N_2等活性气体，利用化学反应来补充因材料热分解而易失去的氧、氮等成分。反应蒸镀的工作气压略高，蒸镀材料的选择范围较大。

（2）溅射。依据不同的辉光放电方式，主要分为直流溅射、交流溅射、反应溅射和磁控溅射四大类。与蒸发不同，溅射是使用荷能粒子轰击靶表面，使固体原子或分子逸出并沉积到目标表面。其优点是基体温度低、薄膜质纯、组织均匀紧密、牢固性好，适于研究薄膜气敏元件。

（3）CVD。通过化学反应的方式，利用加热、等离子激励或光辐射等方式，在反应器内使气态化学物质在气相或气固界面上经化学反应形成固态沉积物的技术。常用的CVD技术有常压化学气相沉积（APCVD）、低压化学气相沉积（LPCVD）、等离子增强化学气相沉积（PECVD）等。CVD是制造薄膜气体传感器常用的一种技术。可通过调控生长时间、生长温度及气体流量等参数对薄膜性能进行调整优化。

（4）原子层沉积（ALD）。ALD是一种基于连续、交替的表面控制和自限表面反应的气相沉积技术，可形成连续均匀、厚度精确控制、保形度高的多种薄膜，厚度控制精度可达亚纳米级。可用于生长各种半导体金属氧化物材料，如SnO_2、ZnO和TiO_2。由于其可在高纵横比多孔结构、高表面积结构上沉积薄膜，使得传感器设计更加灵活多样。

3. 厚膜型气体传感器

厚膜型气体传感器具有小巧、生产简单、造价相对便宜等优点，在气体传感器领域有着特殊的地位。制作厚膜型气体传感器的主要方法是丝网印刷技术。丝网印刷技术最早起源于中国，历史悠久。早在中国古代的秦汉时期就出现了夹缬印花方法。盛唐时期进一步发展了这种技术，采用两块雕镂相同的图案花版，将待印布帛夹于其中，然后入染，从而在布帛表面印制精美的图案。宋代开始在染料里加入淀粉制成浆料进行丝网印刷，制造色彩更加绚丽的丝织品。在20世纪50年代末，丝网印刷技术首次作为印刷电路板工艺在电子产品中获得了应用。在20世纪60年代基于丝网印刷技术发展起厚膜混合集成电路。这些微电路由厚膜互连的陶瓷基板、集成厚膜无源元件和附加元件组成。混合集成电路在电信、汽车电子、军事和空间技术等领域有着广泛的应用。厚膜生产技术的发展也为气体传感器的开发带来了契机。目前，厚膜型气体传感器占据了市场的大块份额，各大知名的气体传感器生产商都广泛采用厚膜技术制造气体传感器。

生产厚膜型气体传感器所采用的丝网印刷工艺与在纸张、塑料片、T恤衫上进行丝网印刷所采用的工艺非常相似，但印刷机的丝网材料和复杂程度更高。典型的丝网印刷工艺需要一块具有图案化网孔结构的网版，含有气敏材料的浆料可通过网孔而沉积成特定的图案。丝网印刷工艺由以下四个基本要素组成：浆料、网版、承印物（基板）和刮刀。网版与基板保持约 0.5mm 的距离。将厚膜浆料置于网版的上表面，然后在网版上移动刮刀。利用刮刀将网版向下压，使其与基板接触并迫使浆料通过图案化的网孔，同时刮刀朝网版另一端匀速移动。在此过程中，浆料在移动中被刮板从网孔中挤压到基板上，从而在基板上沉积成图案化的气敏材料。印刷之后进一步通过干燥和烧结即可制得厚膜型气敏元件。图 4.15 为典型的采用丝网印刷法制备传感器的示意图。厚膜工艺所用浆料通常也称之为“油墨”，由气敏材料和有机溶剂以及黏合剂一起配置而成。油墨的配置需要特定的工艺，其黏稠度、流平性以及与基底的附着力对厚膜型气敏元件的性能影响很大，是厚膜传感器制备中的关键。

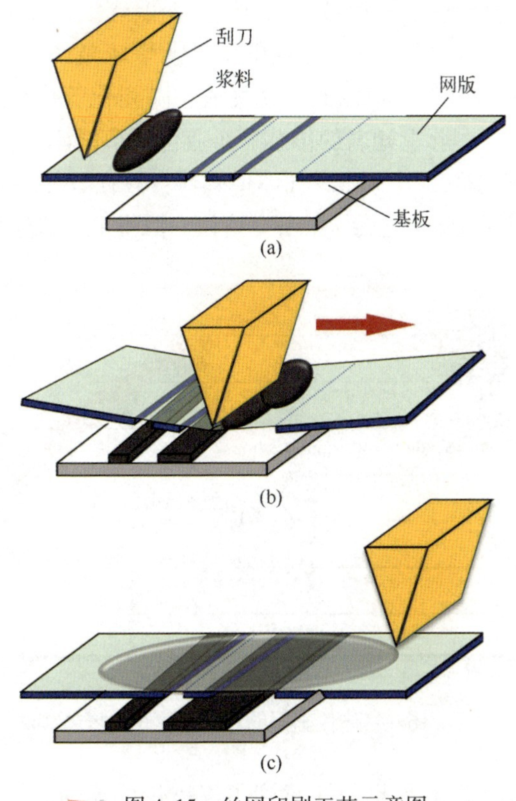

图 4.15 丝网印刷工艺示意图

在陶瓷基板上印制的厚膜型气体传感器，通常功耗都较大，无法满足便携式或手持式探测器的应用需求。集成微加热器的 MEMS 微热板具有功耗低等优势，但这类微加热板通常具有悬浮结构，使得器件较为脆弱。因此，MEMS 微加热板等新型器件的出现，对厚膜沉积技术提出了新的要求，各类新型的厚膜工艺也应运而生。例如，可采用各种微液滴法将气敏材料精确点滴到微加热盘的敏感区。总之，厚膜工艺是制造气体传感器的一种重要方法，仍然广为使用。

4.3.2 MEMS 半导体气体传感器

传统的陶瓷管式半导体气体传感器功耗较高（往往达到数百毫瓦）、体积大，无法与现代电子设备集成，很难在智能家居等新兴领域中获得广泛应用。使用 MEMS 技术制造毫米甚至是微米级的气敏芯片，可以大幅度减小加热区域的面积，从而将传感器的持续工作功耗降低至数十毫瓦量级甚至更低（图 4.16）。为了满足新能源、物联网和大健康等新兴产业的海量应用需求，必然需要发展具有体积小、功耗低、易集成、阵列化等优势的 MEMS 芯片式气体传感器。目前，国际上知名的传感器企业包括德国博世、日本费加罗、瑞士盛思锐等已经率先推出了 MEMS 气体传感器，并在智能终端、可穿戴设备、家居空气质量监测等领域中进行了一部分应用，取得了一部分的领先优势。

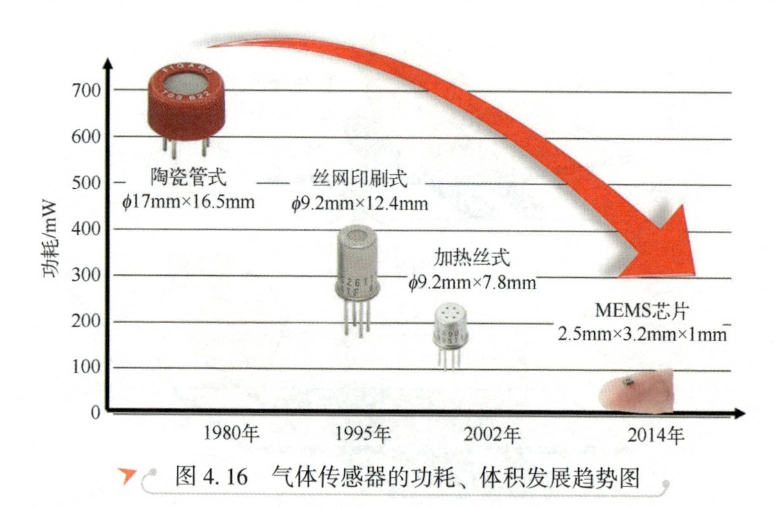

图 4.16 气体传感器的功耗、体积发展趋势图

我国的学术界和产业界也都注意到了气体传感器的这一发展趋势，正在努力开展 MEMS 气体传感器研究。科技部也立项了若干项国家重点研发计划，资助了多支优秀的研发队伍来研究 MEMS 气体传感器的芯片制造等关键技术，用于解决 MEMS 气体传感器研制过程中的一系列基础问题和共性关键技术。

中国科学院上海微系统与信息技术研究所建有传感技术国家重点实验室，长期从事 MEMS 气体传感器的芯片设计与批量制造技术研究。该实验室的研究团队设计制造了一系列的 MEMS 微加热板，开发的 MEMS 微加热板技术已经向传感器厂商进行了技术转移，有力支撑了我国的 MEMS 气体传感器产业化发展。图 4.17 为该实验室研制的部分 MEMS 气体传感器芯片。

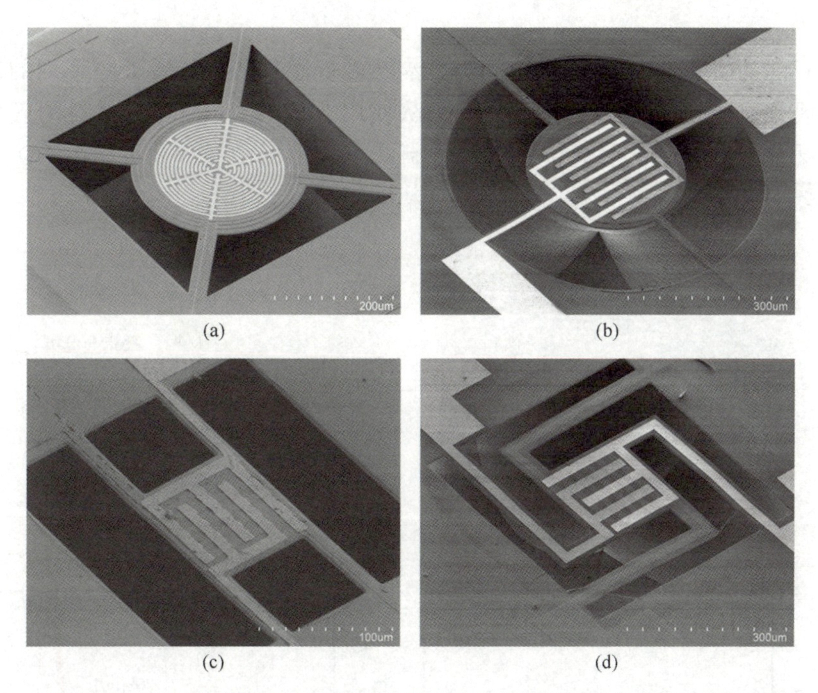

(a) (b) (c) (d)

图 4.17 中国科学院上海微系统与信息技术研究所开发的部分 MEMS 芯片

该团队研发的典型旁热式 MEMS 传感芯片的制造工艺步骤如下。

（1）使用单面抛光（100）硅晶圆进行旁热式 MEMS 传感芯片的制造。采用低压化学气相沉积（LPCVD）法在（100）硅晶片上沉积 SiN_x 层。

（2）沉积金属铂，并采用离子束（IBE）刻蚀的方法形成加热电极和测试电极图形。

（3）采用等离子增强化学气相沉积 SiO_2/SiN_x 绝缘层，然后采用反应离子蚀（RIE）方法刻蚀绝缘层，露出测试电极和引线焊盘。

（4）在敏感区域上方溅射金属 Cr 层，并完成 Cr 图案化，在敏感区域表面形成 Cr 保护层。

（5）采用反应离子刻蚀的方法形成加热盘形状，暴露出结构释放窗口。

(6) 在四甲基氢氧化铵（TMAH）溶液中进行各向异性腐蚀，直至加热盘结构完全释放。

(7) 去除敏感区域的 Cr 薄膜。

(8) 漂洗和干燥后，完成传感器芯片的圆片级制造。

(9) 再通过划片、打线等步骤，即可以得到如图所示的 MEMS 气体传感芯片。

我国的研究者使用上述 MEMS 气体传感芯片，已经开展了一系列的气体传感研究。例如，复旦大学邓勇辉团队使用合成的介孔 In_2O_3 材料为气敏材料，结合上述 MEMS 气体传感芯片，制成了一种低功耗、高灵敏的 NO_2 气体传感器，其灵敏度可达 50μg/L，部分结果如图 4.18 所示[30]。

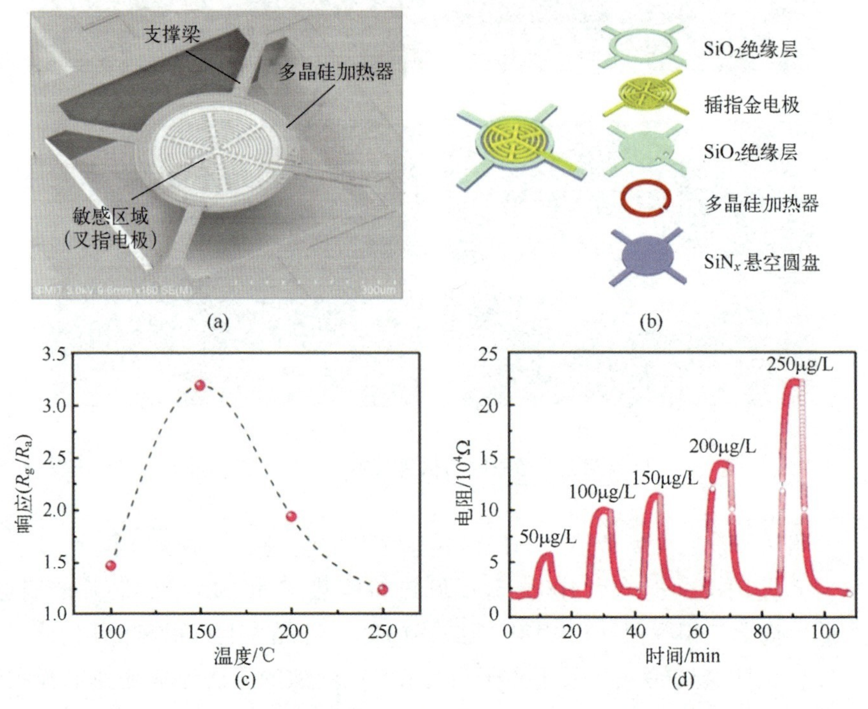

图 4.18 使用 MEMS 芯片开展的 NO_2 气体传感研究结果

上海大学材料基因组工程研究院的张源研究团队使用上述 MEMS 传感芯片，以 $Ru/Al_2O_3/ZnO$ 为敏感材料，构建了一种 SO_2 气体传感器。该传感器对 SO_2 具有较好的气敏响应，在 5~115mg/L 浓度范围内对 SO_2 气体具有良好的线性响应[31]。

中科院安徽光机所的孟刚团队利用上述 MEMS 传感芯片所独有的快速热响应和高稳定特性制成了一种 WO_3传感器，利用脉冲温度调制（PTM）检测方式，对各种氧化和还原性的气体（包括 NO_2、SO_2、NH_3、乙醇和丙酮）进行了高灵敏检测，PTM 测量进一步降低 MEMS 传感器的平均功耗[32]。

4.4 半导体气体传感器的应用

半导体气体传感器具有造价低、性能稳定可靠、体积小、功耗低等优势，已经在环境、反恐、健康等领域获得了广泛的应用。随着智慧城市、智能家居、物联网以及可穿戴电子产品等市场大量兴起，气体传感器在消费类电子产品（如可穿戴设备、智能移动终端）不断发展。这些新兴的应用都加快并推进了高性能气体传感器的研制。

在环保方面，空气污染是当今世界面临的主要问题之一。欧盟环境保护署（EU Environment Protection Agency）将空气污染列为“最大的环境危害”。空气主要污染物主要包括各种有毒气体，如氮氧化物、SO_2和气溶胶等。这些污染物造成的各种健康问题不时见于报端。世界上很多国家的政府机构都制定了严格的污染限制法案。为了监测空气污染物，亟须发展性能稳定、可靠的空气质量监测仪器。半导体气体传感器的造价和维护成本都较低，适于在空气质量监测方面广泛应用。

在安全检测方面，自从美国“9·11”事件后，各国都采取了严格的安保措施来应对恐怖袭击。爆炸物、化学战剂等危害社会安定、国家安全，引起国际社会的普遍关注。在边防检查站和机场、车站等场所都要求对行李进行检查，以确定是否携带炸药等危险品。开发爆炸物和化学战剂的现场检测设备成为当今热点研究领域之一。但是，这类危险品的种类多种多样，传感检测方式也各不相同。而且这类危险品的蒸气浓度极低，如 TNT 在室温下的饱和蒸气浓度仅约为 7~13μg/L，加之暴恐分子会将爆炸物层层藏匿，造成了可检测的 TNT 浓度会比其饱和浓度还要低许多，给检测带来了相当大的难度与挑战。因此，使用半导体气体传感器对痕量的爆炸物或化学战剂进行现场检测，要求传感器具有极高的灵敏度、选择性和稳定性。

在健康领域，基于半导体气体传感器发展新型的即时检测（Point-Of-Care Testing，POCT）技术是该领域的热点应用。利用气体传感器构建呼出气检测设备是 POCT 的一个重要应用。目前，通过检测^{13}C（或^{14}C）标记 CO_2气体来快速检测幽门螺旋杆菌（HP）感染是应用最为广泛的呼出气检测。基于半导体气体传感器研发低成本的幽门螺杆菌现场快速检验系统，通过呼出的NH_3、硫醇等气体检测筛查出幽门螺旋杆菌患者，取代现有的^{13}C同位素标记检测技术，在推动医疗科学技术发展和造福社会方面都具有重要的意义。除此之外，正在开展的呼出气检测研究还包括通过检测痕量的H_2S、NH_3、VOCs（挥发性有机化合物）等对胃癌、肺癌以及糖尿病等疾病实现早期检测或预警。

总之，未来的半导体气体传感器必将在环境安全、公共安全、国家安全、节能减排、环境治理、安全防护、物联网、智慧家居、智慧城市、健康医疗、可穿戴器件、环境监测等方面取得广泛的应用，并推动新机理、新材料与新器件等研究方向的蓬勃发展。

参考文献

[1] 格雷戈里 T. A. 科瓦奇. 微传感器与微执行器全书［M］. 张文栋，等译. 北京：科学出版社，2003.

[2] 康昌鹤，唐省吾. 气、湿敏感器件及其应用［M］. 北京：科学出版社，1988.

[3] WAN Q，LI Q，CHEN Y，et al. Fabrication and ethanol sensing characteristics of ZnO nanowire gas sensors［J］. Applied Physics Letters，2004，84（18）：3654-6.

[4] ZHANG Y，XU J，XIANG Q，et al. Brush - like hierarchical ZnO nanostructures：synthesis，photoluminescence and gas sensor properties［J］. The Journal of Physical Chemistry C，2009，113（9）：3430-5.

[5] ZENG Y，ZHANG T，YUAN M，et al. Growth and selective acetone detection based on ZnO nanorod arrays［J］. Sensors and Actuators B：Chemical，2009，143（1）：93-8.

[6] CHO I，SIM Y C，CHO M，et al. Monolithic micro light - emitting diode/metal oxide nanowire gas sensor with microwatt-level power consumption［J］. ACS Sensors，2020，5（2）：563-70.

[7] SCHEDIN F，GEIM A K，MOROZOV S V，et al. Detection of individual gas molecules adsorbed on graphene［J］. Nature Materials，2007，6（9）：652-5.

[8] CAMPBELL M G，SHEBERLA D，LIU S F，et al. Cu_3（hexaiminotriphenylene）$_2$：an electrically conductive 2D metal - organic framework for chemiresistive sensing［J］. Angewandte Chemie International Edition，2015，54（14）：4349-52.

[9] LIN Y，LI W H，WEN Y，et al. Layer-by-layer growth of preferred-oriented MOF thin film on nanowire array for high-performance chemiresistive sensing［J］. Angewandte Chemie

International Edition，2021：10.1002/anie.202111519.

[10] XIAO X，CHENG X F，HOU X，et al. Ion-in-conjugation：squaraine as an ultrasensitive ammonia sensor material [J]. Small，2017，13 (2)：1602190.

[11] 赵振国．吸附作用应用原理 [M]. 北京：化学工业出版社，2005.

[12] 近藤精一，等．吸附科学 [M]. 李国希，译．北京：化学工业出版社，2006.

[13] HONG S，WU M，HONG Y，et al. FET-type gas sensors：a review [J]. Sensors and Actuators B：Chemical，2020：129240.

[14] 谢光忠，吴寸雪，蒋亚东，等．有机薄膜晶体管气体传感器的研究进展 [J]. 电子科技大学学报，2016，45 (4)：664-73.

[15] HAN S T，PENG H，SUN Q，et al. An overview of the development of flexible sensors [J]. Advanced Materials，2017，29 (33)：1700375.

[16] YAMAZOE N，SAKAI G，SHIMANOE K. Oxide semiconductor gas sensors [J]. Catalysis Surveys from Asia，2003，7 (1)：63-75.

[17] BARSAN N，WEIMAR U. Conduction model of metal oxide gas sensors [J]. Journal of Electroceramics，2001，7 (3)：143-67.

[18] YAMAZOE N，FUCHIGAMI J，KISHIKAWA M，et al. Interactions of tin oxide surface with O_2，H_2O and H_2 [J]. Surface Science，1979，86：335-44.

[19] XU J，HAN J，ZHANG Y，et al. Studies on alcohol sensing mechanism of ZnO based gas sensors [J]. Sensors and Actuators B：Chemical，2008，132 (1)：334-9.

[20] XU D，XU P，WANG X，et al. Pentagram-shaped Ag@Pt core-shell nanostructures as high-performance catalysts for formaldehyde detection [J]. ACS Applied Materials & Interfaces，2020，12 (7)：8091-7.

[21] WANG X，XU P，TANG L，et al. Nano beta zeolites catalytic cracking effect on hydrochlorofluorocarbon molecule for specific detection of freon [J]. Journal of Materials Chemistry A，2021.

[22] WANG D，YIN Y，XU P，et al. The catalytic-induced sensing effect of triangular CeO_2 nanoflakes for enhanced BTEX vapor detection with conventional ZnO gas sensors [J]. Journal of Materials Chemistry A，2020，8 (22)：11188-94.

[23] ESPER M，LOGOTHETIS E，CHU J. Titania exhaust gas sensor for automotive applications [J]. SAE Transactions，1979：518-26.

[24] MORRISON S R. Selectivity in semiconductor gas sensors [J]. Sensors and Actuators，1987，12 (4)：425-40.

[25] BARSAN N，KOZIEJ D，WEIMAR U. Metal oxide-based gas sensor research：How to? [J]. Sensors and Actuators B：Chemical，2007，121 (1)：18-35.

[26] DEGLER D，WEIMAR U，BARSAN N. Current understanding of the fundamental mechanisms of doped and loaded semiconducting metal-oxide-based gas sensing materials [J].

ACS Sensors, 2019, 4 (9): 2228-49.

[27] RUSS T, HU Z, JUNKER B, et al. Operando investigation of the aging mechanism of lead sulfide colloidal quantum dots in an oxidizing background [J]. The Journal of Physical Chemistry C, 2021, 125: 19847-57.

[28] ZHANG Y, XU P, XU J, et al. NH_3 sensing mechanism investigation of CuBr: different complex interactions of the Cu+ ion with NH_3 and O_2 molecules [J]. The Journal of Physical Chemistry C, 2011, 115 (5): 2014-9.

[29] WANG X, YAO F, XU P, et al. Quantitative structure-activity relationship of nanowire adsorption to SO_2 revealed by in situ TEM technique [J]. Nano Letters, 2021, 21 (4): 1679-87.

[30] REN Y, ZHOU X, LUO W, et al. Amphiphilic block copolymer templated synthesis of mesoporous indium oxides with nanosheet - assembled pore walls [J]. Chemistry of Materials, 2016, 28 (21): 7997-8005.

[31] LIU Y, XU X, CHEN Y, et al. An integrated micro-chip with Ru/Al_2O_3/ZnO as sensing material for SO_2 detection [J]. Sensors and Actuators B: Chemical, 2018, 262: 26-34.

[32] DAI T, MENG G, DENG Z, et al. Generic approach to boost the sensitivity of metal oxide sensors by decoupling the surface charge exchange and resistance reading process [J]. ACS Applied Materials & Interfaces, 2020, 12 (33): 37295-304.

第5章 电化学气体传感器

电化学气体传感器是通过待测气体在传感器电极上发生电化学反应输出相应的电信号的大小来判断待测气体种类和浓度的装置。电化学气体传感器根据工作原理的不同分为燃料电池型、伽伐尼型、定电位电解型和浓差电池型气体传感器；根据电解质的不同分为液体电解质气体传感器和固体电解质气体传感器，本章重点介绍液体电解质气体传感器。

5.1 电化学气体传感器的理论基础

5.1.1 电极电势

任何氧化还原反应都伴随着电子从还原剂转移或者偏移到氧化剂的过程。原电池是将氧化剂与还原剂隔开，使电子通过导线传递，电子做规则的定向移动而产生电流，这种能使氧化还原反应产生电流的装置就是原电池。电化学气体传感器就是以待测气体作为其中的氧化剂或者还原剂的原电池。原电池都有一个正极、一个负极，在正极发生还原反应，负极发生氧化反应。

每个原电池都有两个半电池，每一个半电池由同一种元素不同氧化值的两种物质组成，这种由同一种元素的氧化型物质和其对应的还原型物质所构成的整体称为氧化还原电对。

把金属插入盐溶液中，金属在溶液中发生两个同时存在的过程：一是金属离子受极性水分子作用失去电子溶解到盐溶液中，二是溶液中的水合金属离子在碰撞过程中受自由电子的吸引重新沉积在金属表面的过程。金属活泼受水分子极性作用失去电子的趋势大于水合金属离子沉积到金属表面的趋势，达到平衡时金属表面带负电，靠近金属的溶液带正电；反之金属稳定金属溶解的趋势小于水合金属离子沉积的趋势，达到平衡时金属带正电，靠近金属的溶液带负电。在金属和溶液之间产生电势差，这种在金属与其盐溶液之间的电势称为该金属的平衡电极电势，金属和其对应的金属离子构成一个氧化还原电对。

将气体吸附于金属载体上构成一个电化学体系，每个电极上同样存在同一元素的氧化态和还原态，这个氧化态和还原态组成了一个氧化还原电对并存在一个平衡电极电势。

5.1.2 双电层

由于电极电势的存在，会在电极与溶液的接触界面形成双电荷层。随着溶液侧逐渐远离电极，溶液侧被分为若干层，其中最靠近电极的一层称为内层（IHP），它的特性吸附离子电中心位于图 5.1（a）中的 x_1处，它包含溶剂分子以及称为特性吸附的其他物质（离子或者分子）。溶剂化的离子位于相对于 IHP 的外层（OHP），即图 5.1（a）的 x_2处。溶剂化离子与荷电金属的相互作用力是长程作用力，与离子的化学性质无关，这些离子被称为非特性吸附离子，这些非特性吸附离子分布在分散层，如图 5.1（b）所示。

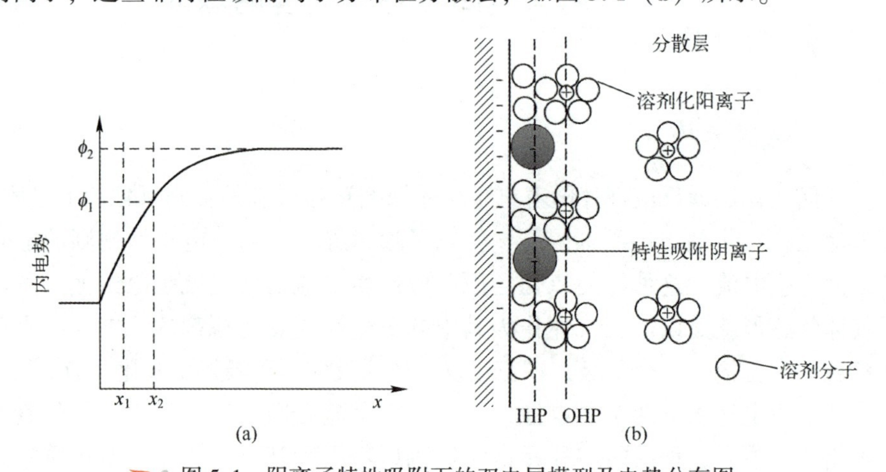

图 5.1　阴离子特性吸附下的双电层模型及电势分布图

对于一个反应为 $O+ne^- \rightleftharpoons R$ 的电化学反应，包含一系列影响氧化还原反应的步骤，如图 5.2 所示。

（1）物质传递。

（2）电极表面的电子转移。

（3）电子转移前和后的电化学反应。

（4）其他的表面反应，如吸附、脱附等。

一般电极反应过程如图 5.2 所示。

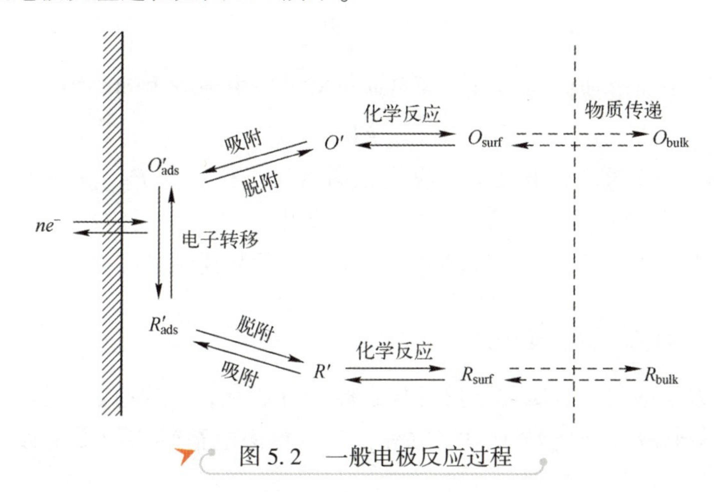

图 5.2　一般电极反应过程

并不是所有的电化学电对组合起来都能发生电化学反应，电化学反应能否发生及电化学反应发生的程度，可以通过电化学热力学和电化学动力学分别研究。

5.1.3　电化学热力学

电化学热力学和电极过程动力学是研究电化学过程的重要理论基础，电化学热力学研究电化学反应方向的问题；电极过程动力学研究电化学反应限度的问题。

电化学半反应方程式为

$$v_o O + vH^+ + ne^- \rightleftharpoons v_R R \tag{5.1}$$

式中：v 为化学计量数。

假设该反应为电化学可逆反应，则由基本热力学公式可知，其自由能为

$$\Delta G = \Delta G^\theta + RT\ln \frac{\alpha_R^{v_R}}{\alpha_O^{v_O}\alpha_{H^+}^{v}} \tag{5.2}$$

式中：α 为组分 i 的活度，它的大小和组分的浓度有关系。

因为 $\Delta G=-nFE$，并且 $\Delta G^{\theta}=-nFE^{\theta}$，其中，$n$ 为离子荷电数量，E 为电势，F 为法拉第常数，则

$$E=E^{\theta}-\frac{RT}{nF}\ln\frac{\alpha_R^{v_R}}{\alpha_O^{v_O}\alpha_{H^+}^{v}} \tag{5.3}$$

因为 $\alpha_{H^+}=1$，所以

$$E=E^{\theta}-\frac{RT}{nF}\ln\frac{\alpha_R^{v_R}}{\alpha_O^{v_O}} \tag{5.4}$$

对于一个原电池体系的电化学可逆反应，原电池的电动势为

$$E_{电动势}=E_{正}-E_{负} \tag{5.5}$$

当 $E_{电动势}>0$ 时，该电化学反应能正向自发进行；当 $E_{电动势}<0$ 时，该电化学反应逆向自发进行。从式（5.4）可以看出，电化学反应能否自发正向进行，与电化学体系的标准电极电势及参与反应的物质浓度有关。

5.1.4 电极过程动力学

从动力学的角度，电化学反应包含数个分步骤，主要有反应粒子的扩散、界面电荷的转移、产物粒子的扩散等，其中界面电荷转移习惯上被称为电化学步骤。

可逆反应为

$$O+ne\rightleftharpoons R$$

正反应 $A\rightarrow B$ 和逆反应 $B\rightarrow A$ 在同时进行，k_f 和 k_b 分别为正反应速率常数和逆反应速率常数，量纲为 s^{-1}，其中正反应速率 $v_f(mol\cdot L^{-1}\cdot s^{-1})$ 为

$$V_f=k_fC_O \tag{5.6}$$

逆反应速率为

$$v_b=k_bC_R \tag{5.7}$$

$O\rightarrow R$ 净转化速率为

$$v=k_fC_O-k_bC_R \tag{5.8}$$

当反应达到平衡时，净转化速率为零，所以

$$\frac{k_f}{k_b}=\frac{C_R}{C_O} \tag{5.9}$$

反应达到平衡时，体系各组分的浓度保持恒定，这与热力学公式（5.4）的结果一致，动力学描述了贯穿整个体系的物质流动的变化情况，包括达到

平衡状态的过程和平衡状态保持的过程。k 值越大，反应进行的越彻底。

根据 Arrhenius 公式，对于电化学反应，其速率常数为

$$k = A\mathrm{e}^{-\frac{E_A}{RT}} \tag{5.10}$$

式中：E_A为反应活化能；A 为与克服势垒的可能性有关的频率因子。

根据过渡态理论，化学反应先要经过一个中间的过渡状态，即首先形成一种活性基团（活化配合物）；然后再转化为产物。活化配合物中的价键处于原有化学键被削弱、新化学键正在形成的一种过渡状态，其势能较高，极不稳定，因此活化配合物一经形成就极易分解。图 5.3 中，c 点对应的能量为基态活化配合物的势能，a 点和 b 点对应的能量分别为基态反应物分子对、基态生成物分子对的势能。$E_{A,正}$和 $E_{A,逆}$分别表示基态活化配合物与基态反应物分子对、基态生成物分子对的势能差。在过渡状态理论中，所谓活化能实质为反应进行所必须克服的势能垒。从式（5.10）也可以看出，$E_{A,正}$越小，k 越大，反应进行得越彻底。

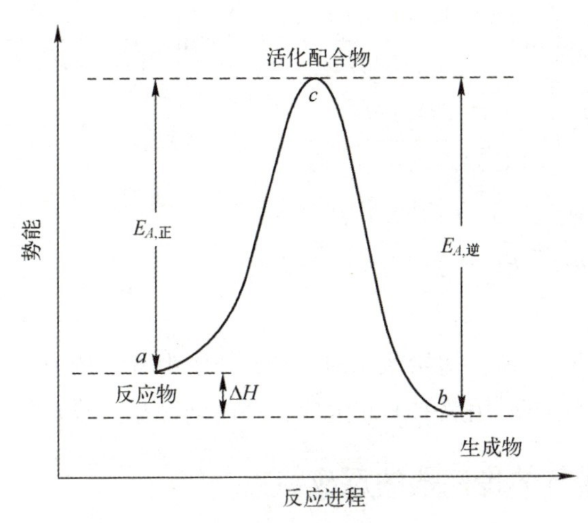

图 5.3 反应过程中势能变化示意图

5.2 电化学气体传感器的工作原理及分类

5.2.1 气体传感器的电化学反应过程

下面以电化学 CO 传感器为例介绍电化学气体传感器的电化学反应过程。

电化学 CO 传感器在工作电极和对电极上分别发生电化学半反应。

工作电极：

$$2CO+2H_2O=2CO_2+4H^++4e^-$$

对电极：

$$O_2+4H^++4e^-=2H_2O$$

对应的总反应为

$$2CO+O_2=2CO_2$$

对应的原电池符号为

$$(-)Pt|CO_{(g)}|CO_{2(g)}\|H_2O|O_{2(g)}|Pt(+)$$

工作电极电对的标准电极电势 $\varphi^\theta(CO_2|CO)=0.12V$，对电极电对的标准电极电势 $\varphi^\theta(O_2|H_2O)=1.229V$。电动势 E 为

$$E=\varphi(O_2/H_2O)-\varphi(CO_2/CO)$$

根据能斯特方程式可得

$$\begin{aligned}
E&=\Delta\varphi^\theta-\frac{RT}{nF}\left[\left(\ln\frac{P(CO_2)/P^\theta C(H^+)/C^\theta}{P(CO)/P^\theta}\right)+\ln\left(\frac{1}{P(O_2)/P^\theta C(H^+)/C^\theta}\right)\right]\\
&=\Delta\varphi^\theta-\frac{RT}{nF}\ln\frac{P(CO_2)/P^\theta}{P(CO)/P^\theta P(O_2)/P^\theta}\\
&=1.109-\frac{RT}{nF}\ln\frac{P(CO_2)/P^\theta}{P(CO)/P^\theta P(O_2)/P^\theta}
\end{aligned} \tag{5.11}$$

由式（5.11）可知，初始状态时，CO_2分压为零，$E>0$，反应正向自发进行，随着 CO 和 O_2的消耗及 CO_2的生成，E 逐渐减小，反应逐渐达到平衡。

5.2.2 电化学气体传感器的反应特点

电化学气体传感器反应过程和其他电化学过程一样，具有两个特点。

第一，反应分区进行。即氧化反应和还原反应分别在不同的空间位置进行，反应过程中还存在离子和电子的传输。电化学气体传感器同样存在工作电极和对电极上的氧化反应或者还原反应，并且这两个反应分别在不同电极完成，电极之间通过电解液进行离子和电荷的传递，通过外电路进行电子的传递。以电化学一氧化碳传感器为例，在工作电极上发生 CO 的氧化反应，在对电极上发生 O_2的还原反应，工作电极和对电极之间通过电解液硫酸中的 H^+ 进行离子传递和电荷传递，外电路从工作电极到对电极进行电子传递。

第二，电极和电解液界面存在电场，这个电场不仅影响电化学反应的速度，还影响反应的平衡位置，即影响平衡常数。从电化学热力学的角度看，吉布斯自由能的变化与电势的关系为

$$\Delta G=-nFE$$

吉布斯自由能与平衡常数的关系为

$$\Delta G=-RT\ln K \tag{5.12}$$

则

$$E=\frac{RT}{nF}\ln K \tag{5.13}$$

式中：E 为平衡电势；K 为反应的平衡常数；n 为得失电子数；R 为气体常数；F 为法拉第常数。

从式（5.3）可以看出，电极电势对电化学平衡位置有直接影响。标准状态下的平衡电势称为标准电极电势。当平衡状态发生变化时，E 随之发生变化，即

$$E=E^{\theta}-\frac{RT}{nF}\ln K \tag{5.14}$$

其中

$$K=\frac{[C]^{c}\times[D]^{d}}{[A]^{a}\times[B]^{b}} \tag{5.15}$$

式（5.14）称为能斯特方程。

电化学反应方程式为

$$aA+bB\rightleftharpoons cC+dD$$

当电化学体系处于热力学平衡状态时，其阳极氧化和阴极还原的绝对反应速率相等，满足能斯特关系，电极体系的平衡电位由能斯特方程式（5.14）决定。当外界待测气体 A 或者 B 浓度发生变化时，平衡常数 K 发生变化，E 随之发生变化，这种现象叫作电极的极化。同样，由式（5.13）可知，$K=e^{\frac{nFE}{RT}}$，电化学反应的进程与双电层的电极电势有关，所以工作电极和对电极的极化是持续实现气体电化学反应和异相电荷转移的前提。

对于电化学一氧化碳传感器，在洁净空气中，电极与电解液表面存在电场。当有 CO 气体到达电极表面时，CO 在该电场作用下发生极化，达到一定程度时电离失去电子，随着电子的失去，电极电势发生突变。随着反应逐渐达到平衡，电极电势逐渐趋于稳定。在对电极，O_2分子同样发生极化并与溶液中的 H^+共用电子对生成水分子，消耗电子引起电极电势的升高，随着反应逐渐达到平衡，对电极电势也逐渐趋于稳定。到达工作电极的 CO 浓度再次变

化时，工作电极和对电极的电极电势再次发生突变并逐渐达到新的平衡，如图 5.4 所示。

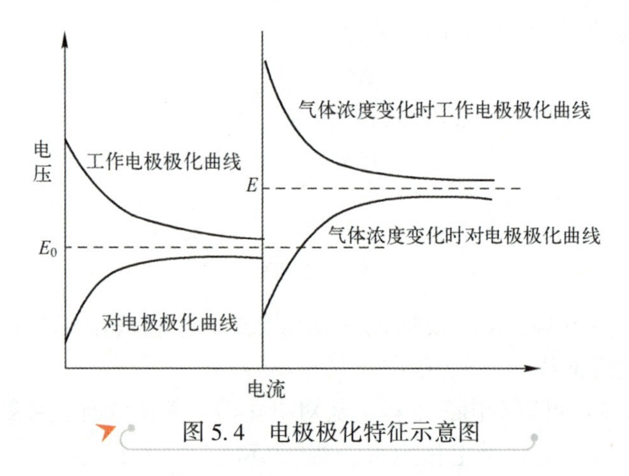

图 5.4　电极极化特征示意图

随着待测气体浓度的升高，电极的平衡电极电势升高，由式（5.13）可知，传感器的平衡系数也随之发生变化，所以传感器输出电流的大小与气体浓度不能呈现严格的线性关系。为了解决这一问题，引入了参比电极，通过外电路在工作电极与参比电极之间施加稳定的电势差，稳定工作电极的工作条件，从而建立起气体浓度和输出电流的线性关系。

根据以上原理，可将电化学气体传感器分为燃料电池型、伽伐尼型和定电位电解型。

5.2.3　燃料电池型气体传感器

5.2.3.1　燃料电池型气体传感器的结构

燃料电池型电化学气体传感器是用待测气体作为燃料，将燃料所具有的化学能通过特定的电化学反应转换成电能，并通过特定电路输出电压或者电流等电信号，通过该电信号的大小判断气体种类和浓度的原电池型气体传感器。燃料电池型气体传感器有两个电极，即工作电极和对电极。

燃料电池型气体传感器一般包括以下几个部分。

(1) 壳体。壳体是电化学传感器的各结构部件，一般包括外壳、上盖、电解池、后盖等。电化学传感器的壳体材质一般选择丙烯腈-丁二烯-苯乙烯（ABS）、聚碳酸酯（PC）、聚丙烯（PP）等化学稳定性较好的材料。若传感器电解液及其他部件无腐蚀性，也可采用金属壳体。

壳体的作用：一是提供电化学反应的场所；二是提供气体扩散通道。传感器上盖上有一个进气口，待测气体通过进气口进入气室并扩散至工作电极表面。进气孔有限制气体扩散量的作用，从而控制传感器灵敏度的大小。

（2）扩散层。扩散层的作用是控制待测气体扩散速度并提高传感器的选择性。

（3）电极。包括一个被密封于传感器内部、与反应气体隔绝的对电极和一个与待测气体接触的工作电极。

（4）电解质。通过离子导电连通对电极和工作电极，常见的电解质有液体电解质、固体电解质、半固体电解质等。常用的液体电解质有酸性电解液（H_2SO_4）、碱性电解液（KOH）和无机盐溶液等。

（5）外部电路。连接工作电极和对电极，并提取信号的低电阻电路。

5.2.3.2 燃料电池型气体传感器的电化学过程

燃料电池型气体传感器的工作过程如下：待测气体在工作电极上发生氧化或者还原反应，在对电极上发生相应的还原或者氧化反应，反应释放的电子通过外电路从工作电极流向对电极；传感器内部，离子在浓差引起的热力学扩散和极间电场的双重作用下完成电极间的定向移动，从而形成完整的电荷移动过程，传感器输出电流大小与气体浓度成正比并符合法拉第定律。

以燃料电池型 CO 传感器为例介绍一下燃料电池型电化学气体传感器的反应过程。燃料电池型 CO 传感器的电化学反应原理如下：

工作电极

$$2CO+2H_2O=2CO_2+4H^++4e^-$$

对电极

$$O_2+4H^++4e^-=2H_2O$$

总反应

$$2CO+O_2=2CO_2$$

CO 传感器的工作电极和对电极一般采用贵金属铂作为催化剂，硫酸为电解液。在洁净空气中，空气中的氧气通过扩散层吸附在工作电极和对电极表面，由于两个电极的材料相同，电解液相同，所以两个电极之间的电势差为零，电极与外电路无电流通过；当环境中有 CO 存在时，CO 气体通过气体扩散层到达工作电极表面，在工作电极表面电场作用下极化并与水分子反应生成 CO_2和 H^+，同时释放电子；对电极吸附的氧气在对电极表面电场的作用下极化并与电解液中的 H^+反应生成 H_2O。工作电极上生成的 CO_2通过气体扩散层释放到传感器外部，H^+在两个电极之前的浓度梯度和电场作用下从工作电极向对电极迁移并提供对电极反应所需的 H^+，从而完成电化学反应过程。

CO 传感器电化学反应过程示意图如图 5.5 所示。

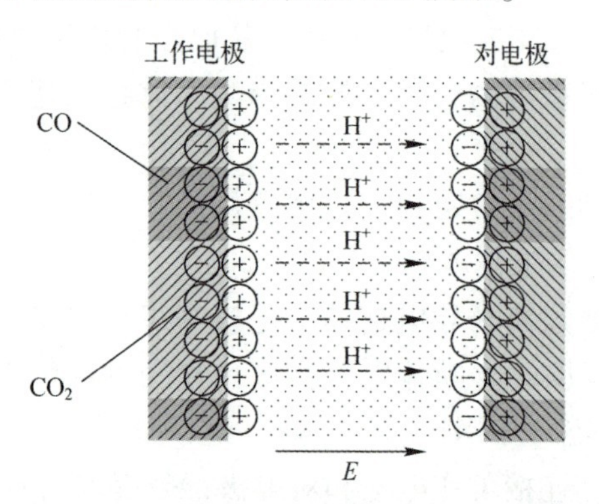

图 5.5　CO 传感器电化学反应过程示意图

理想情况下，待测气体通过扩散层到达工作电极表面，由于扩散层对 CO 的扩散有较强的限制作用，使得到达工作电极表面的 CO 均被氧化，CO 在工作电极表面的浓度趋近于零。一方面可防止待测气体扩散至对电极引起信号的衰减；另一方面可对整个电化学反应过程的气体扩散起到限制作用从而提高传感器的线性范围。如果扩散层对进入工作电极表面的气体限制作用弱化，到达工作电极表面的 CO 气体不能被完全氧化从而引起 CO 气体的积聚，则随着 CO 浓度的升高，当 CO 浓度增大到一定值时，传感器输出电流不再成比例增大，这将造成传感器测量范围的降低。图 5.6 所示为扩散过程控制的传感器极化曲线图。

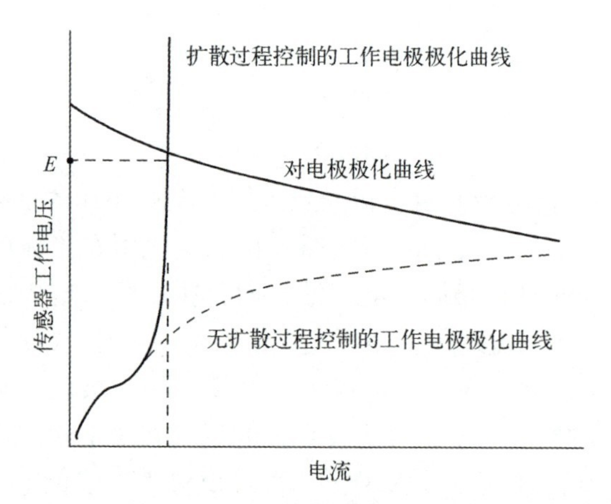

图 5.6　燃料电池型气体传感器电极极化特征示意图

5.2.4 伽伐尼型气体传感器

伽伐尼型气体传感器是其中一个电极在电化学反应过程中被消耗的原电池型气体传感器，典型的是铅氧传感器。它一般采用碳材料作为工作电极，金属铅作为对电极，当环境中的氧气分子通过传感器扩散层到达工作电极表面后，在工作电极上发生还原反应消耗电子，同时对电极铅被氧化释放电子，电子通过外电路从对电极流向工作电极，同时在传感器内部，电解液中的导电离子定向移动形成电流，电流大小和环境中的氧气浓度成正比。

伽伐尼型氧气传感器的电化学反应如下：

工作电极

$$O_2+2H_2O+4e^-=4OH^-$$

对电极

$$2Pb+4OH^-=2\,Pb(OH)_2+4e^-$$

总反应

$$O_2+2H_2O+2Pb=2Pb(OH)_2$$

由于伽伐尼型气体传感器的电极在使用过程中被消耗，并且这个过程为不可逆过程，所以伽伐尼型气体传感器的正常使用寿命一般不会超过两年，但是可以通过增加消耗性阳极的有效质量等方法延长寿命。

5.2.5 定电位电解型气体传感器

由两电极体系构成的电化学气体传感器如前文介绍的两电极燃料电池型气体传感器和伽伐尼型气体传感器，其在较高浓度被测气体环境中工作时，电化学极化和浓差极化引起的电极极化会使反应电极电位严重偏离被测气体的氧化还原电位而影响传感器的稳态输出和线性范围；两电极体系的电化学气体传感器也难以实现对具有较高氧化还原电位被测气体的高灵敏、高选择性检测。在检测精度要求高、线性范围要求宽、高选择性、稳态输出要求苛刻等场所通常采用由三电极体系构成的定电位电解式气体传感器。

定电位电解式气体传感器通常由工作电极、参比电极、对电极构成电极体系。工作时，依据被测气体在工作电极上的氧化还原电位设定工作电位，并通过由工作电极、参比电极等构成恒电位电路设计使工作电极电位处于恒定状态，如图5.7所示，被测气体在电极上发生定电位电解，产生的电解电流与气体浓度成正比并符合如下公式：

$$I=\frac{nFADC}{\delta}$$

式中：I 为电解电流；n 为气体分子化合价变化量；F 为法拉第常数；A 为气体扩散面积；D 为扩散系数；C 为电解质溶液中电解的气体浓度；δ 为扩散层的厚度。

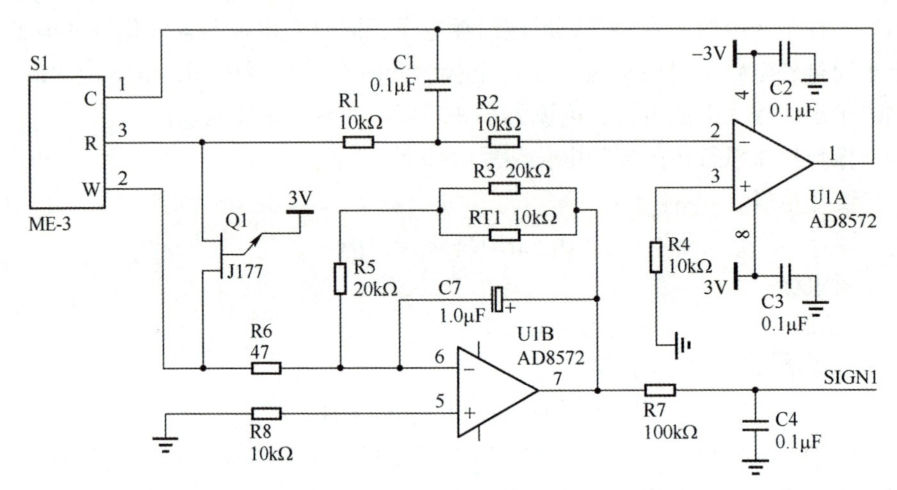

图 5.7　定电位电解型气体传感器基本工作电路
（W 为工作电极；C 为对电极；R 为参比电极）

依据不同的气体设定相应的定电位可较好地实现对气体的选择性检测。下面介绍几种常见气体的电化学反应原理。

1）还原性气体

（1）H_2S 传感器。

工作电极

$$H_2S+4H_2O \rightarrow H_2SO_4+8H^++8e^-$$

对电极

$$2O_2+8H^++8e^- \rightarrow 4H_2O$$

总反应

$$H_2S+2O_2 \rightarrow H_2SO_4$$

（2）SO_2传感器。

工作电极

$$2SO_2+4H_2O \rightarrow 2H_2SO_4+4H^++4e^-$$

对电极

$$O_2+4H^++4e^-\rightarrow 2H_2O$$

总反应

$$2SO_2+O_2+2H_2O\rightarrow 2H_2SO_4$$

2）氧化性气体

（1）Cl_2传感器：

工作电极

$$2Cl_2+4H^++4e^-\rightarrow 4HCl$$

对电极

$$2H_2O\rightarrow O_2+4H^++4e^-$$

总反应

$$2Cl_2+2H_2O\rightarrow O_2+4HCl$$

（2）NO_2传感器：

工作电极

$$2NO_2+4H^++4e^-\rightarrow 2NO+2H_2O$$

对电极

$$2H_2O\rightarrow O_2+4H^++4e^-$$

总反应

$$2NO_2\rightarrow 2NO+O_2$$

（3）O_3传感器：

工作电极

$$2O_3+12H^++12e^-\rightarrow 6H_2O$$

对电极

$$6H_2O\rightarrow 3O_2+12H^++12e^-$$

总反应

$$2O_3\rightarrow 3O_2$$

5.3 电化学气体传感器的结构与特点

电化学气体传感器的结构有一些共性的特点，下面以定电位电解型气体传感器为例进行介绍。

典型的定电位电解型气体传感器的结构如图 5.8 所示，包括一个工作电极、一个对电极、一个参比电极。每个电极之间通过浸渍有电解液的导液棉隔开；导液棉一方面可以对各个电极进行隔离，防止短路；另一方面担载具有离子传输能力的电解液，起到离子传输载体的作用。通过具有较好化学稳定性的金属引线将电化学反应产生的电信号传导至金属引脚，金属引脚与外部电路接通。下面对传感器各主要部件进行分别介绍。

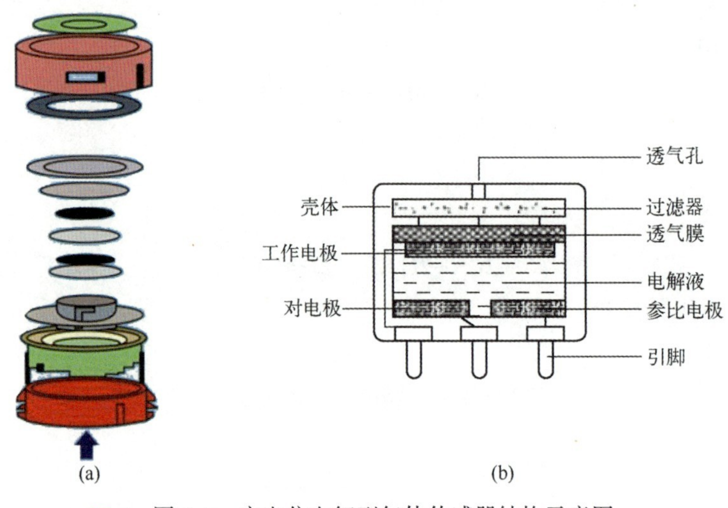

图 5.8　定电位电解型气体传感器结构示意图

5.3.1　壳体

壳体指电化学气体传感器的外壳，壳体有密封电解液、提供气体及电解液扩散通道的作用，壳体一般具有耐强酸强碱性能，一般采用丙烯腈-丁二烯-苯乙烯（ABS）、聚丙烯、聚碳酸酯等聚合物材料，对于采用非腐蚀性电解液的传感器也可以用金属材料作为壳体。壳体上一般有用于控制进气量的进气孔。

5.3.2　扩散层

待测气体通过进气孔进入传感器，首先通过扩散层。最初采用固态无孔的膜材料作为扩散层，具有较大的扩散阻力，是典型的扩散控制型电化学过程。待测气体在较大的气压差下通过固态膜材料，传感器输出电流的大小与待测气体压力呈线性关系：

$$i_L = K_1 \times P_1$$

式中：i_L为传感器输出的极限电流；P_1为待测气体的压力；K_1为与膜材料材质、厚度，及面积有关的常数。

这种膜材料只有在很薄的情况下才有极低的气体透过率，其气体透过率受温度影响较大。

多孔扩散层具有较小的扩散阻力，能够在常压下工作，并且具有相对较低的温度系数。

对于扩散控制的电化学反应过程，单位时间内参与反应的待测气体称为反应物通量 RF，即

$$\mathrm{RF}(\mathrm{mol/s})=\frac{i_L}{nF}=D_1\times(C_1-C_2) \tag{5.16}$$

式中：n 为气体分子化合价变化量；F 为法拉第常数；D_1为与下式有关的扩散层扩散系数：

$$D_1(\mathrm{m^3/s})=\frac{\text{扩散层面积}\times\text{孔隙率}\times D_0(\mathrm{m^2/s})}{\text{扩散层厚度}\times\text{孔隙扭转度}} \tag{5.17}$$

式中：D_0为标准状态下（273K，标准大气压）待测气体在扩散层中的扩散系数。

孔隙扭转度和扩散层厚度有关，孔隙扭转度和孔隙率对扩散系数的影响一致，所以在标准状态下，有

$$D_1=\frac{\pi d^2}{4L}D_0 \tag{5.18}$$

式中：d 为扩散层毛细管孔径；L 为毛细管长度。

扩散系数是与扩散层毛细管孔径和长度有关的常数。

5.3.3 电极

5.3.3.1 气体扩散电极

电化学气体传感器的电极主要包括两部分，即扩散层和催化层。扩散层由多孔聚合物组成，起到透过待测气体及限流的作用；催化层由对待测气体具有催化作用的贵金属粉体材料组成。

待测气体的反应过程如下。

（1）气体通过传感器进气口扩散至工作电极扩散层。

（2）气体在扩散层沿着横向和纵向两个方向扩散，穿过一层薄薄的液膜，到达催化剂表面。

（3）气体被吸附在催化层的“活性位”，被测气体为还原性气体时，还

原性气体在工作电极表面发生电化学氧化反应释放电子，同时在对电极吸附的氧气发生电化学还原反应消耗电子；被测气体为氧化性气体时，氧化性气体在工作电极发生电化学还原反应消耗电子，同时水在对电极发生电化学氧化反应释放电子，并通过外电路形成电流。

(4) 反应生成的气体通过扩散层释放至空气中。

气体在电极上发生电化学反应的位置叫作“三相界面”，即固体（催化剂）、液体（电解液）、气体（待测气体）三相的交界面，只有在三相界面处才能发生有效的电化学反应。为构建有效的三相界面，电极一般是由亲水的贵金属催化剂和憎水的聚四氟乙烯（PTFE）乳液以及黏合剂混合均匀，调制成电极浆料，然后将电极浆料采用喷涂或者印刷的方法担载在多孔的 PTFE 薄膜上，在一定的条件下处理制成所需的电极。亲水的贵金属催化剂与憎水的 PTFE 微粒结合构成电化学反应的电极骨架，电解液在骨架内渗透但并不能完全填充，亲水的催化剂和憎水的 PTFE 界面分别形成液相、气相通道，并构成电化学反应得以发生的固、液、气三相界面（图 5.9）。

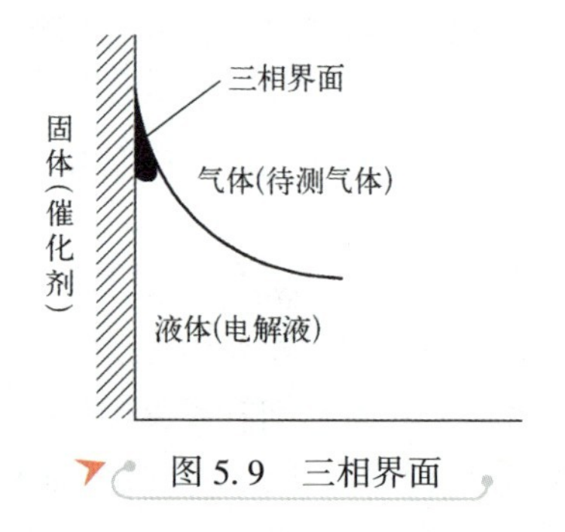

图 5.9 三相界面

PTFE 多孔膜一方面提供气体扩散通道，另一方面起到阻止电解液泄露的作用。图 5.10 为气体扩散电极剖面结构示意图。

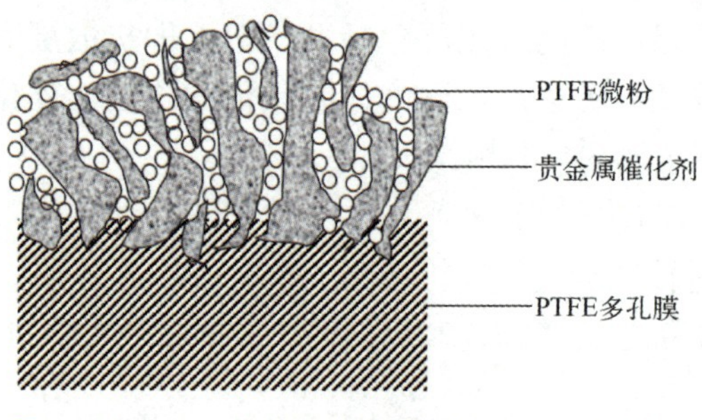

图 5.10 气体扩散电极剖面结构示意图

5.3.3.2　消耗性电极

伽伐尼型气体传感器是对电极（阳极）在电化学反应过程中被消耗的原电池型气体传感器，典型的是铅氧传感器，图 5.11 为铅氧传感器的结构示意图。

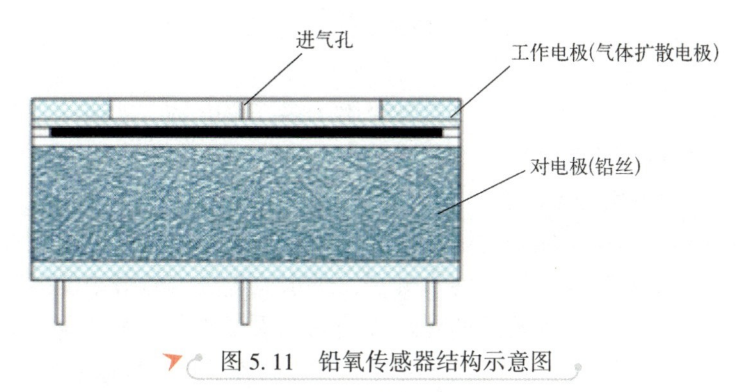

图 5.11　铅氧传感器结构示意图

铅氧传感器的工作电极（阴极）为气体扩散电极，对电极（阳极）为铅丝或铅块，电解液填充在铅丝空隙中。氧气从进气孔扩散至工作电极表面，通过气体扩散层到达三相界面并发生还原反应消耗电子，生成 OH^-离子；相应的在对电极，金属铅被氧化释放电子并消耗 OH^-生成 $Pb(OH)_2$，金属铅不断被不可逆的消耗，传感器的寿命也随着金属铅的消耗而逐渐趋于终结。

5.3.4　电解质

5.3.4.1　水溶性电解质

用于电化学气体传感器的电解质具有较高的离子导电性和较好的化学稳定性，常用的水溶性电解质有无机酸、碱性氢氧化物、中性盐等。电解质和水组成的电解液主要起到离子导电和液相传质的作用。理想的电解质需要具有较高的溶解度、较高的沸点和较低的凝固温度；具备一级完全电离、导电性好、保湿性好等特点。常用的无机酸作为电解液可以在-50℃条件下正常工作。部分碱溶液和盐溶液的凝固温度相对无机酸稍高，在-20℃条件下能正常使用。

可以通过改变电解液的成分、浓度、酸碱度的方式进行传感器选择性的设计。一方面，待测气体的反应活性会随着电解液的酸碱度变化，一些在酸性环境中不容易发生电化学反应的气体，在碱性环境下则具有较高的活性，所以可以通过改变电解液的酸碱度改变传感器对待测气体的灵敏度和选择性；

另一方面，像 CO_2 等一些化学性质较为稳定的待测气体不直接在电极上发生电化学反应，而是通过溶解在电解液中改变电解液的酸碱性从而改变工作电极和对电极之间的电极电势，引起输出电压或输出电流的变化达到检测待测气体的种类和浓度的目的。还有一些电解液，在催化剂的作用下作为对电极上的消耗材料直接参与电化学反应输出电流，从而达到对特定气体检测的目的。

电解液一般作为离子导电材料被吸附于多孔聚合物、玻璃纤维等材料内部，在这些材料内部形成贯通的离子通道，起到离子导电和液相传质的作用。CO 传感器一般采用特定浓度的硫酸作为电解液，硫酸具有较好的化学稳定性和较低的饱和蒸气压，硫酸的浓度会随着环境湿度的变化而自行调节，在潮湿环境中，电解液吸收环境中的水分子，吸水能力随着硫酸浓度的降低而降低；在干燥环境中，因为硫酸的保水性使其减缓了水分子的挥发，延长了传感器的使用寿命。所以，作为电解液的材料一般要求具有较低的饱和蒸气压，这样在干燥的环境中电解液挥发速度减缓，延长了传感器的使用寿命。

离子液体作为一种新型的电解液材料在气体传感器中也得到了广泛地研究和应用。由于离子液体具有较低的饱和蒸气压和较宽的电化学窗口，具有更好的保持电解液的能力，是一种优良的电解液材料。

5.3.4.2 半固体电解质

Nafion 是一种常见的半固体电解质，它是全氟磺酸-聚四氟乙烯的共聚物。简单的 Nafion 是特氟龙结构伴有一个氟碳侧链，该侧链的末端是一个磺酸基（$-SO_3H$）。

Nafion 结构式为

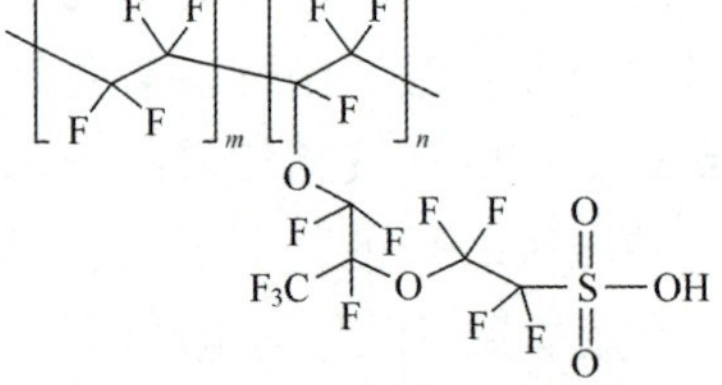

磺酸基有极强的吸水性能，在气相或者液相环境中，一个磺酸基能吸收13个水分子，这些水分子通过特氟龙的疏水性结构形成连贯的离子通道，完成质子传递过程，所以 Nafion 也被广泛地用作气体传感器的电解质材料。Nafion 作为气体传感器的电解质材料，是将贵金属催化剂担载在 Nafion 膜的两面，并在两面压合一层多孔的气体扩散层制得传感器的工作电极和对电极。Nafion 作为气体传感器的电解质材料，其质子导电能力受环境湿度变化而变

化，在环境湿度较大时，Nafion 中的磺酸基吸收水分子，质子导电能力增强，传感器灵敏度更高、响应更快；环境湿度降低，磺酸基吸收的水分子变少，质子导电能力变弱，传感器的内阻变大，灵敏度减小、响应变慢，甚至失去质子导电能力，导致传感器失效。

图 5.12 为常见的 Nafion 作为电解质的半固态电解质 CO 传感器结构示意图，将铂碳催化剂喷涂在 Nafion 膜两面，制成电化学反应需要的膜电极，电极正反两面是多孔、导电、憎水的扩散层，待测 CO 气体通过上盖进气孔进入传感器上电极（工作电极），在工作电极上发生电化学氧化反应释放电子，相应的氧气在下电极（对电极）发生电化学还原反应吸收电子，释放和吸收的电子数量与 CO 的浓度成正比，根据测量到的电流的大小即可判断一氧化碳浓度的大小。

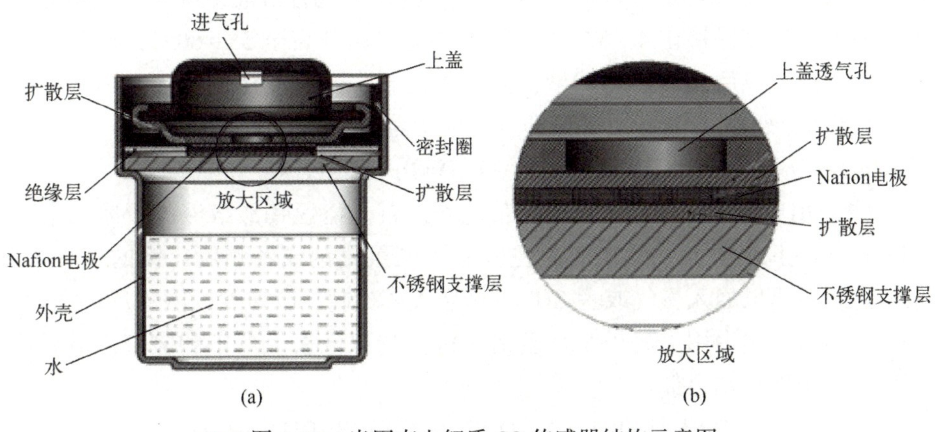

图 5.12 半固态电解质 CO 传感器结构示意图

Nafion 的导电能力受环境湿度影响较大，可以通过表面修饰和材料改性的方法改善 Nafion 的保水能力，从而增强传感器的可靠性，如在 Nafion 材料表面修饰亲水性材料或亲水基团的方法增强其保水性。也可以如图 5.11 所示，在传感器结构设计上增加一个储水槽延长传感器的使用寿命。

5.4 电化学传感器的制作工艺与性能

5.4.1 电化学气体传感器的制作工艺

电化学气体传感器的制作工艺流程如图 5.13 所示。

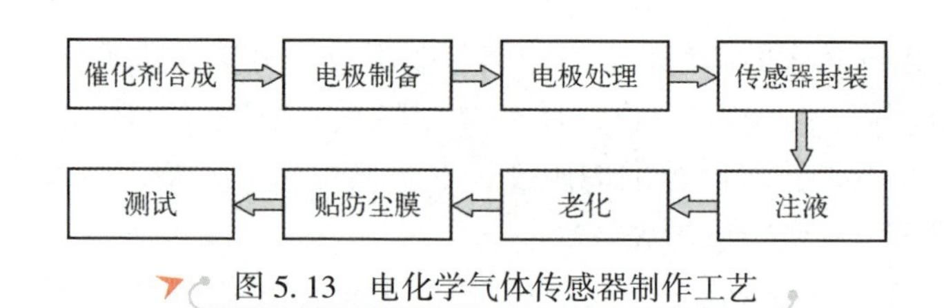

图 5.13 电化学气体传感器制作工艺

5.4.1.1 催化剂合成

电化学气体传感器常用的催化剂有贵金属、碳材料等。下面以贵金属铂为例，介绍常见的铂黑合成方法。铂黑一般采用化学还原的方法制备，常用的还原剂有甲醛、硼氢化钠、硼氢化钾、水合肼等。

（1）用甲醛还原制备铂黑催化剂。首先取氯铂酸溶液，加入一定浓度的甲醛溶液，搅拌均匀并冷却至-10℃以下。其次向混合溶液中滴入氢氧化钾溶液，并使其温度保持在4~6℃。然后将温度快速升高至55~60℃，使其还原完毕。反应完成后倾倒出上清液，并用去离子水反复洗涤，洗去氯离子和碱液。最后抽滤出沉淀物，干燥后即可得到所需的铂黑催化剂：

$$H_2PtCl_6+HCHO+H_2O=Pt+6HCl+CO_2$$

（2）用硼氢化钠还原制备铂黑催化剂。首先将氯铂酸溶液放于冰箱中在-18℃ 条件下冷冻 2h；其次将其注入盛有硼氢化钠或者硼氢化钾的烧杯中，反应过程中可以通入氮气或者 CO_2 等惰性气体控制反应速度。静置反应产物，倒掉上清液；然后用去离子水反复清洗沉淀物以洗去氯离子和酸液；最后将沉淀物烘干即得铂黑催化剂：

$$2H_2PtCl_6+NaBH_4+3H_2O=2Pt+NaCl+B(OH)_3+11HCl$$

（3）用水合肼还原制备催化剂。首先将氯铂酸置于冰箱中冷冻 2h；然后将其注入盛有水合肼的烧杯中，控制反应速度以得到合适粒径的催化剂，反应结束后同样用去离子水清洗沉淀物；最后烘干即得铂黑催化剂：

$$H_2PtCl_6+N_2H_4\cdot H_2O=Pt+N_2+6HCl+H_2O$$

5.4.1.2 电极制备与处理

电化学气体传感器电极常用的制备方法有丝网印刷法、喷涂法。

丝网印刷法是将催化剂和聚四氟乙烯乳液、黏合剂等按照一定的比例调制成印刷浆料，然后用丝网印刷机在聚四氟乙烯薄膜上印刷成一定厚度和一定图案的图形，经过干燥、固化等处理方法后，制备成电化学气体传感器电极，如图 5.14 所示。常用的黏合剂有甲基纤维素、松油醇、Nafion 溶液、聚氯乙烯（PVC）溶液等。

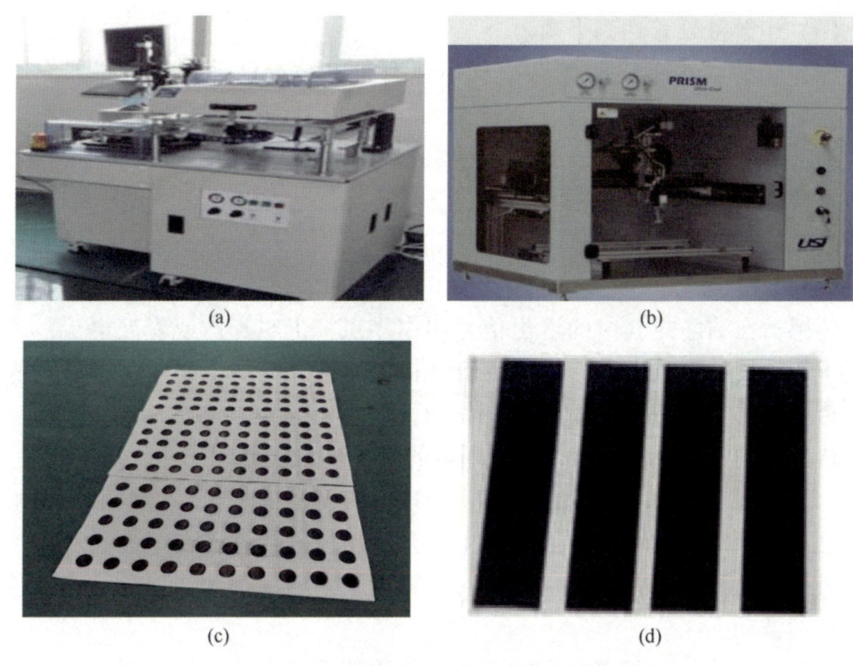

(a)　(b)　(c)　(d)

图 5.14　丝网印刷机、超声波喷涂机及电极

喷涂法是将催化剂与黏合剂按照一定的比例调制成喷涂浆料，用超声波喷涂机在聚四氟乙烯薄膜或者 Nafion 膜上喷成厚度均匀的催化层，在一定温度和压力条件下处理后，即得电化学气体传感器电极。Nafion 电极一般是双面喷涂，分别作为传感器的工作电极和对电极。

5.4.1.3　传感器封装

首先将印刷好的电极裁切成合适的大小，按照一层电极一层导液棉的顺序装配传感器，每个电极要和相应的引线相连以保证电信号能够取出；然后将电解液注入传感器内部，采用超声焊接或者热压焊的方式对传感器进行封装。封装是影响电化学气体传感器的重要工艺过程，封装不良会导致传感器电解液泄露，电解液泄露是电化学气体传感器常见的失效形式。

5.4.1.4　老化

装配好的传感器一般需要静置或者高温放置一段时间，以使传感器的零点、灵敏度等性能保持在一个相对稳定的水平，这叫作传感器的老化。传感器在老化过程主要发生以下变化。

（1）催化剂性能逐渐稳定。

（2）三相界面逐渐稳定。

（3）电解液迁移达到平衡。

（4）传感器内部吸附的杂质气体或有机物被提前消耗，传感器底电流变小。

通过传感器的老化，增强了传感器的稳定性和可靠性。

5.4.2 传感器的性能

5.4.2.1 零点

传感器在洁净空气中的输出信号叫作零点，也叫噪声或者底电流。理想情况下传感器的零点为零，但是由于材料洁净度及应用电路的信号波动等问题，传感器的零点往往会偏离理想输出值。

传感器的零点大小受以下几个因素的影响。

（1）传感器内部材料稳定性和洁净度。传感器的电极、电解液等材料的化学性质要稳定，材料本身不能发生电化学反应，传感器在组装过程中不能引入其他的还原性或者氧化性物质，材料体系的稳定性和洁净度会造成传感器零点的波动。

（2）偏置电压。偏置电压的存在也会使传感器工作电极和对电极之间有电流通过，表现为零点升高。应用电路供电电压的波动也会造成零点的波动。

（3）催化剂种类。如果工作电极与对电极采用同种催化剂，两个电极在同样的电解液体系中电极电势相同，传感器零点为零；若工作电极与对电极采用不同的催化剂，两个电极的电极电势不同，两电极之间存在的电势差会造成电荷的定向移动，从而有底电流产生。

另外，环境中存在的一些干扰气体，也会造成传感器零点的波动。

5.4.2.2 灵敏度

传感器在适当的工作条件下，与目标气体反应时，输出电流与被测气体浓度之比称为灵敏度，即

$$S=\frac{i}{C}$$

式中：S 为传感器灵敏度；i 为输出电流；C 为气体浓度。

影响传感器灵敏度的因素包括以下几个方面。

1）待测气体种类

待测气体的种类是影响传感器灵敏度的主要因素。在电化学反应能够顺利发生的条件下，单位量待测气体发生电化学反应释放电荷的数量决定了传感器灵敏度的大小，以硫化氢（H_2S）传感器和CO传感器为例，每个 H_2S 分

子发生电化学反应生成 SO_2释放 6 个电子，而每个 CO 分子发生电化学反应生成 CO_2释放 2 个电子。所以，理论上在这两个电化学反应都能瞬时发生的情况下，硫化氢传感器的灵敏度是一氧化碳灵敏度的 3 倍。但实际情况下，电化学反应还受到催化剂种类及粒度、气体及电荷传质速度等多方面的影响。

2）三相界面

三相界面的数量和稳定性也是影响传感器灵敏度的重要因素之一。电化学反应必须在三相界面发生，三相界面的数量是影响传感器灵敏度大小的重要因素。要构筑合适的三相界面，催化层中催化剂和憎水材料的配比及空隙结构的设计是关键。以 CO 传感器为例，CO 传感器一般采用贵金属铂作为催化剂。首先将一定粒度的铂黑与聚四氟乙烯乳液混合制备催化剂浆料；然后通过丝网印刷等方式将催化剂浆料印刷在聚四氟乙烯薄膜上，制得传感器需要的工作电极、对电极和参比电极。铂黑与聚四氟乙烯的比例、铂黑的粒度、聚四氟乙烯的支链长度等都会影响传感器三相界面的结构。

3）催化剂

催化剂的种类、粒度、制备方式对传感器灵敏度都有显著的影响。不同的催化剂对不同的气体具有不同的催化效果。催化剂粒度越小，表面能越高，对气体的吸附和催化能力越强。不同的制备方式，对催化剂表面态的影响不同。酸性环境制备的催化剂，表面基团呈酸性；碱性环境制备的催化剂，表面基团呈碱性。催化剂的酸碱性对电极浆料的调制、分散剂的选择、气体吸附等都会产生影响，也间接地对传感器的灵敏度产生影响。

4）电解液

电解液对传感器灵敏度的影响表现在以下几个方面。

（1）影响电极电势。电解液在电极表面形成一层液膜，构建了电极环境，起到调节电极电势的作用，电极电势大小对待测气体的电化学反应产生影响，间接地影响了传感器的灵敏度。

对于电化学反应

$$aA+bB \rightleftharpoons cC+dD$$

满足能斯特方程

$$E=E^{\theta}-\frac{RT}{nF}\ln\frac{\alpha_C^c\alpha_D^d}{\alpha_A^a\alpha_B^b} \tag{5.19}$$

式中：E 为电化学半反应的电极电势；E^{θ} 为标准电极电势；R 为气体常数；T 为环境温度；n 为电化学反应得失电子数；F 为法拉第常数；α 为气体或者离子的活度，离子活度与浓度有关。

以 CO 气体传感器为例，对于工作电极半反应为

$$\begin{cases} 2CO+2H_2O \rightleftharpoons 2CO_2+4H^++4e^- \\ E_{工作电极}=E^{\theta}-\dfrac{RT}{4F}\ln\dfrac{\alpha_{CO_2}^2\alpha_{H^+}^4}{\alpha_{CO}^2} \end{cases} \tag{5.20}$$

对于电极半反应

$$\begin{cases} O_2+4H^++4e^- \rightleftharpoons 2H_2O \\ E_{对电极}=E^{\theta}-\dfrac{RT}{4F}\ln\dfrac{1}{\alpha_{O_2}^1\alpha_{H^+}^4} \end{cases} \tag{5.21}$$

工作电极和对电极的电势差为

$$E=E_{工作电极}-E_{对电极}=\Delta E^{\theta}-\frac{RT}{4F}\ln\frac{\alpha_{CO_2}^2\alpha_{H^+}^8\alpha_{O_2}^1}{\alpha_{CO}^2} \tag{5.22}$$

由式（5.22）可知，半电池反应的电极电势与体系中气体浓度和 H^+浓度有关，由图 5.4 可知，电极电势的大小又影响输出电流的大小，所以电解液硫酸的浓度对传感器的灵敏度有直接关系。

（2）参与对电极半反应。一些电解液作为对电极的反应物质直接参与电化学反应，电解液的浓度对电化学反应输出电流的大小产生直接影响。

（3）离子导电。电解液最重要的作用之一是离子导电。电解液的浓度、电解液的填充饱和度对离子传质过程如离子的迁移量和迁移速率产生重要影响从而影响传感器的灵敏度。

5）进气孔

传感器灵敏度的大小与在工作电极上参加反应的待测气体的浓度有关系。环境中的待测气体首先通过进气孔到达气室，然后通过扩散层到达三相界面。进气孔有限制气体进入的作用。一般情况下，进气孔越大，进入的气体越多，传感器灵敏度越高。

6）扩散层

扩散层的透气率也是影响传感器灵敏度的重要因素。气体到达扩散层表面后进行横向扩散和纵向扩散。横向扩散使气体迅速覆盖整个电极表面，提高电极的利用率，纵向扩散使气体穿过扩散层，扩散层也是影响传感器灵敏度的重要因素。

5.4.2.3　响应时间和恢复时间

响应时间是传感器在被测气体中输出信号达到稳定输出的 90%所需要的时间为 T_{90}；恢复时间是传感器脱离被测气体时，传感器输出值达到稳定输出

值的 10%所需要的时间为 T_{10}。

响应时间和恢复时间是评判传感器性能优劣的重要指标，如图 5.15 所示。响应时间和恢复时间主要受电化学过程控制。电化学过程包括两类，即扩散过程和反应过程。以电化学 CO 传感器为例，如图 5.16 所示。气体首先通过进气孔到达工作电极（扩散过程），然后穿过扩散层到达三相界面（扩散过程），在三相界面进行电化学反应（反应过程），反应产生的气体扩散至空气中（扩散过程），反应产生的电子通过外电路流向对电极，反应产生的 H^+ 通过电解液流向对电极（扩散过程）；在对电极，溶解在电解液中的氧气在对电极表面聚集（扩散过程），在对电极与电解液中的 H^+ 反应生成水（反应过程），同时消耗外电路传递过来的电子。

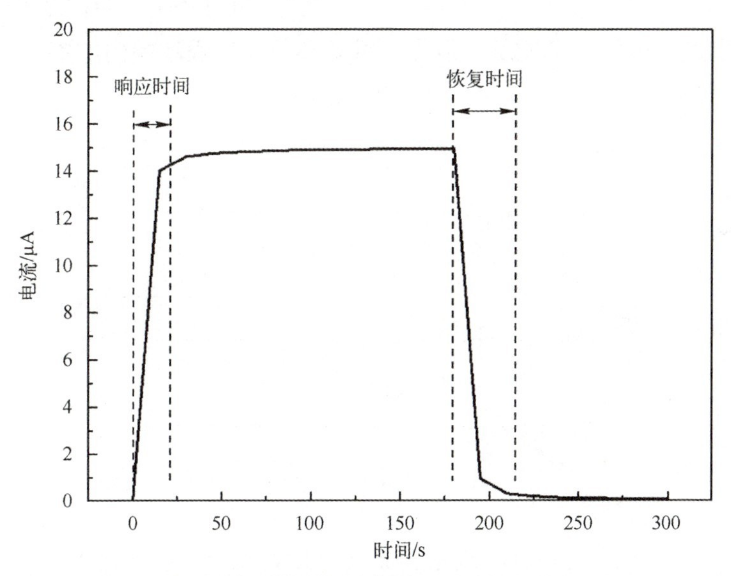

图 5.15 传感器的灵敏度及响应恢复曲线示意图

所以，扩散过程和反应过程是影响传感器响应时间和恢复时间的重要因素，任何一个扩散过程或者反应过程都可能成为控制过程。进气孔大小、催化剂活性、扩散层的透气率、离子传导速度、反应产物脱附速度等都会影响传感器的响应时间和恢复时间。

5.4.2.4 线性

电化学气体传感器的工作原理是待测气体在工作电极表面发生电化学反应释放电荷，并通过外电路形成电流，通过检测电流的大小判断待测气体浓度的高低。电流的大小与待测气体浓度呈正比，所以电化学气体传感器具有

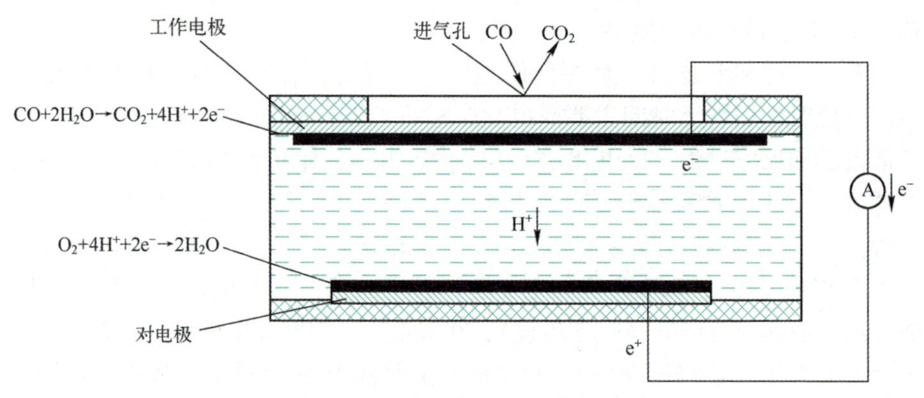

图 5.16 CO 传感器电化学反应过程示意图

较好的线性，如图 5.17 所示。但是传感器必须在量程范围内才能呈良好的线性关系，过高的浓度会导致电极严重极化而偏离线性。

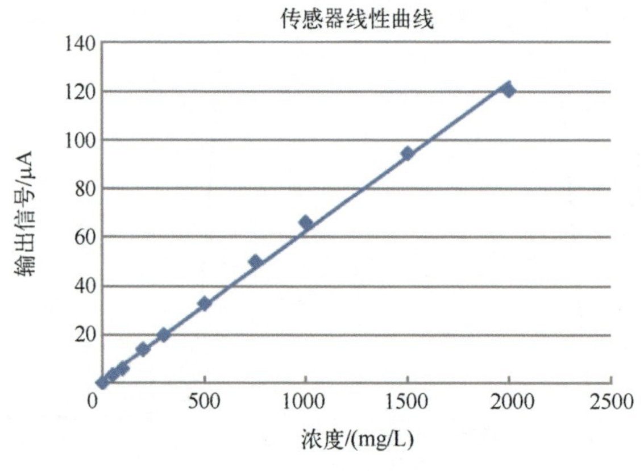

图 5.17 电化学 CO 传感器线性曲线示意图

5.4.2.5 温度特性

电化学气体传感器的输出信号会随着环境温度的波动而波动，一般情况下，随着温度的升高，传感器输出信号增大，图 5.18 是电化学 CO 传感器的灵敏度和零点与温度的关系示意图。

由图 5.17 可以看出，传感器的零点随着温度的升高逐渐增大，高温时传感器的零点受温度的影响更加明显；传感器的灵敏度随着温度的升高逐渐增大。原因主要在以下几个方面。

(1) 气体扩散速度。环境温度升高，分子热运动加快，分子扩散速度加

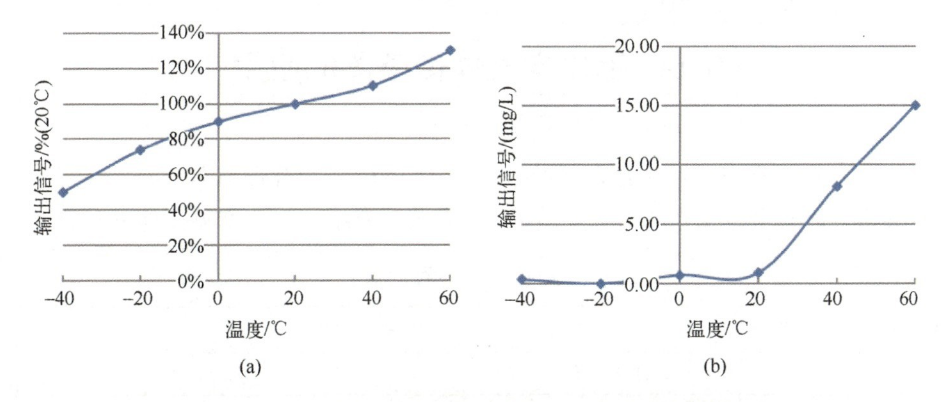

图 5.18　电化学 CO 传感器的灵敏度和零点的温度特性

（a）不同温度下传感器的输出情况；（b）传感器在不同温度条件下的零点输出。

快，单位时间内到达电极表面的气体分子增加，单位时间内参与电化学反应的分子数增加，输出电流增大；反之，环境温度降低，输出电流变小。

（2）催化剂活性。催化剂的活性随着环境温度的升高而增强，单位时间内对待测分子的催化能力越强，参与电化学反应的分子越多，输出电流增大；反之，环境温度降低，输出电流变小。

（3）电解液离子迁移率。电解液的离子迁移速率随着环境温度的升高而加快，在离子扩散控制的电化学反应体系中，离子扩散速度加快，电化学反应速度加快，传感器灵敏度增加；反之，传感器灵敏度降低。

5.4.2.6　寿命

传感器的寿命至今没有明确的定义，目前普遍认为灵敏度低于初始灵敏度的 50%即视为传感器寿命终结。

燃料电池型及定电位电解型气体传感器中进行电化学反应的燃料为待测气体及环境中的氧气，没有电极和电解液的消耗，所以理论上来说传感器的寿命可以无限长。但是，实际情况中随着电极催化剂催化性能的劣化以及电解液挥发导致电解液导电能力的下降等因素，燃料电池型气体传感器的寿命也不是无限长。持续的技术进步如基础材料与催化电极微观结构稳定性的改善、封装技术的进步等，传感器的寿命也逐渐延长。

伽伐尼型气体传感器是电极被不可逆消耗的传感器，传感器的寿命与电极被消耗的程度有关，提高电极的利用率是延长传感器寿命的重要方式。

5.5 电化学气体传感器的应用

在一些工业和居家生活环境中，经常会存在一些有毒有害气体，对人体健康和生命安全产生严重威胁，表5.1~表5.3介绍了一些常见气体的危害。

表5.1 氧气的危害

O_2浓度（VOL）/%	症　状
21	天然的空气
18	不至于造成严重健康状况的极限值
12~16	呼吸急促、脉搏加快、注意力分散、头痛、恶心、耳鸣
9~14	昏睡、恶心、耳鸣、虚弱无力
6~10	昏迷、意识丧失、全身肌肉痉挛
6及以下	意识丧失、昏迷、呼吸停止、心脏骤停、6min后死亡

表5.2 硫化氢的危害

H_2S浓度/(mg/L)	症　状
0.025	能闻到轻微的气味（根据个人情况有所差异）
0.3	能闻到明显的气味
3~5	能闻到中等程度的臭味
10	对眼睛的黏膜造成轻度的刺激
20~40	气味强烈，对肺黏膜造成轻度刺激
100	嗅觉在2~15min后受到损伤，眼睛和呼吸道在1h后受到刺激，有持续性；接触8~48小时，可导致死亡
170~300	1h接触不至于造成健康问题的极限
400~700	0.5~1h接触会危及生命
800~900	导致意识丧失、呼吸停止及死亡
1000	导致意识即刻丧失和死亡

表5.3 一氧化碳的危害

CO浓度/(mg/L)	症　状
100	即使呼吸数小时，也无明显影响
200	约1.5h后出现轻微头痛

续表

CO 浓度/(mg/L)	症　　状
400~500	约 1h 后出现头痛、恶心、耳鸣
600~1000	约 1~1.5h 后丧失意识
1500~2000	约 0.5~1h 后出现头痛、眩晕及恶心不适，并丧失意识；
3000~6000	数分钟后即出现头痛、眩晕及恶心不适等症状，接触 10~30min 可导致死亡
10000	导致意识即刻丧失和死亡

从表 5.1~表 5.3 可以看出，微量的这些气体即可对人体造成极大的伤害，严重的可导致死亡。在工业生产过程中，经常会用到这些气体或者产生这些气体，所以对这些有毒有害气体的安全监测就特别重要。

电化学气体传感器具有灵敏度高、线性好、重复性好、功耗低等优点，非常适用于监测有毒有害气体，被广泛地应用在工业、民生安全、医疗、环境保护等领域。

5.5.1 工业领域

电化学气体传感器广泛地应用在石油石化、冶金化工、生化制药、食品安全、电子工业、化学工业及纺织工业中。

1） *石油石化*

在原油加工、页岩气加工、煤炭加工及工厂整体安全管理各个方面均会有易燃易爆及毒性气体的产生和使用，气体安全监测伴随石油石化行业全过程。

（1）原油加工一般包括原油存储、常压蒸馏、减压蒸馏、催化裂解、渣油加氢精炼、重油热解、石油脱硫、乙烯制造及芳香族提取等环节，如图 5.19 所示。

在原油加工过程中，会产生一些易燃易爆的饱和烃和不饱和烃，以及 H_2S 等毒性气体。可以采用工人随身佩戴气体报警器或者在管道周围加装气体报警器的方法监测这些有毒有害气体。

（2）页岩气加工的制造工序如图 5.20 所示。各工序均使用气体报警器及气体检测仪。

（3）煤炭加工的制造工序如图 5.21 所示，各工序均使用气体报警器、检测仪。

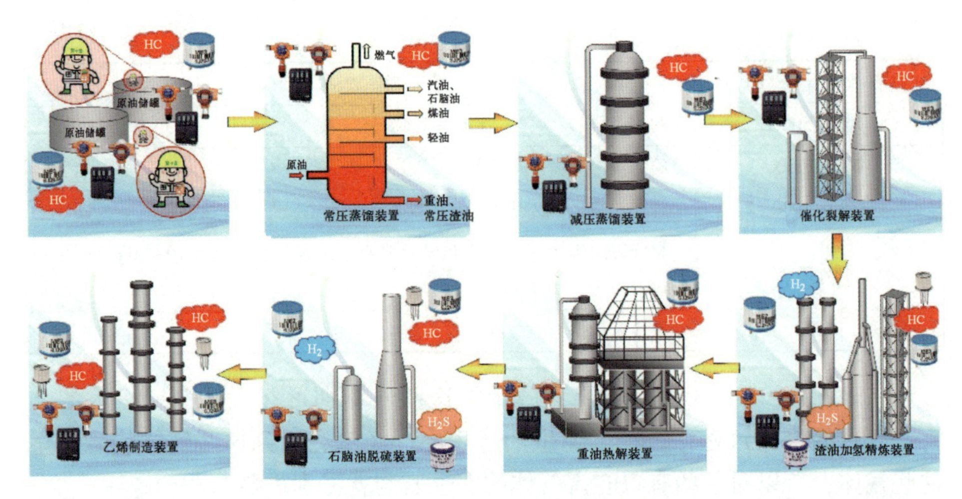

图 5.19　原油加工的一般环节

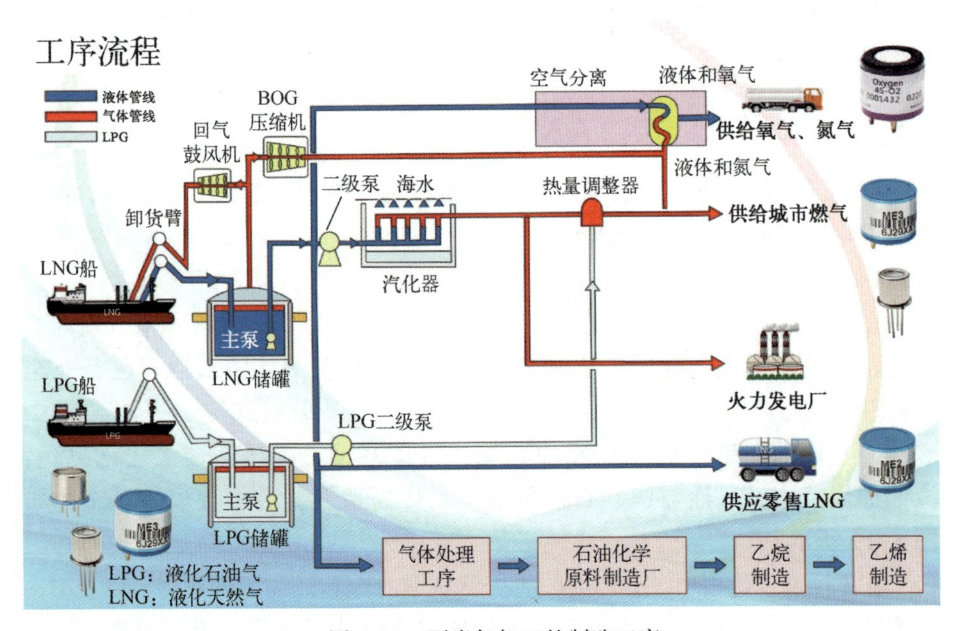

图 5.20　页岩气加工的制造工序

2）钢铁

钢铁工业工艺流程如图 5.22 所示。

在煤炭焦化、高炉炼铁、转炉炼钢的过程中，会产生大量的 H_2、CO、H_2S、SO_2、C_mH_n 等气体，表 5.4 为炼铁过程中产生的副产物气体及组成，这些气体一般又被用作炼铁炼钢过程的原料气。

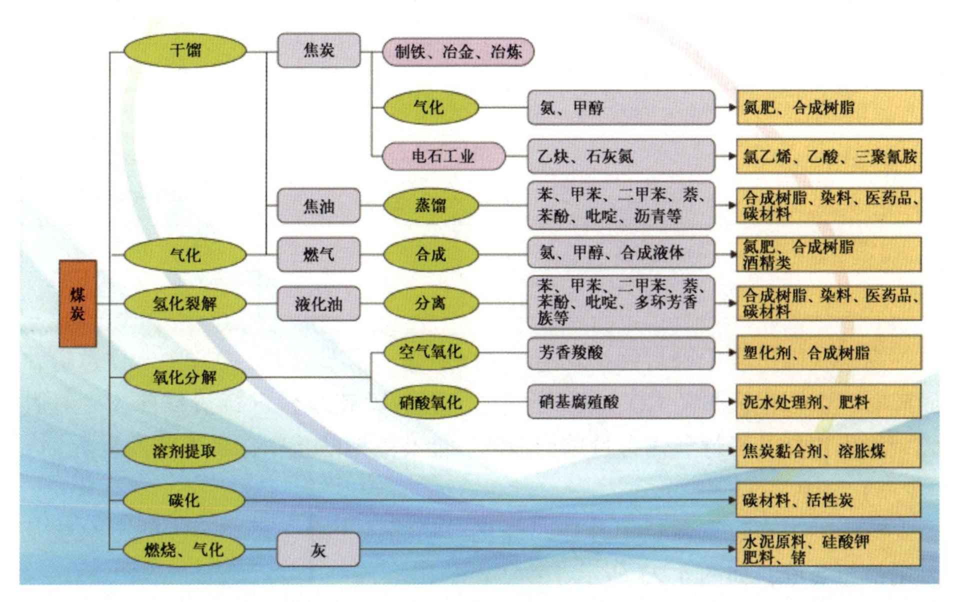

图 5.21　煤炭加工的制造工序

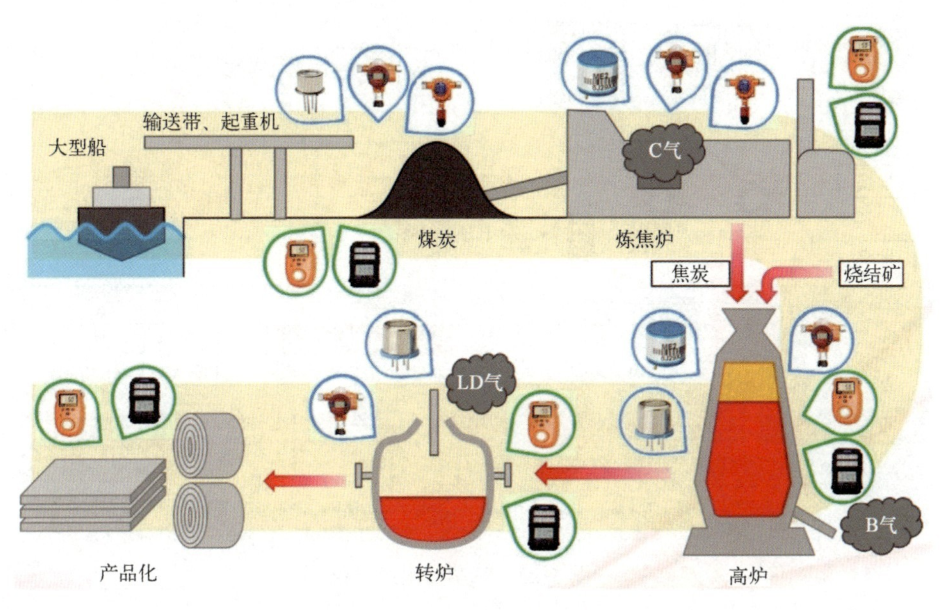

图 5.22　钢铁工业的工艺流程

表 5.4 炼铁过程中产生的副产物气体及组成 单位:%

元　素	焦炉煤气	高炉气	转炉气
H_2	56	4	1
CH_4	30	—	—
C_mH_n	3	—	—
CO	6	22.5	68
CO_2	2.5	22.5	16
N_2	2.5	51	15

高炉检修过程中密封阀松动造成 CO 泄露，易造成 CO 中毒；制铁过程中脱硫时，会产生大量的 CO、SO_2等气体，在对脱硫装置进行清扫前，先对脱硫装置入口处的毒性气体含量进行检测，能有效地防止中毒事件的发生。

3）汽车

汽车的生产过程包括了冲压、焊接、喷涂、干燥、再喷涂、整车组装及发动机组装等，如图 5.23 所示。

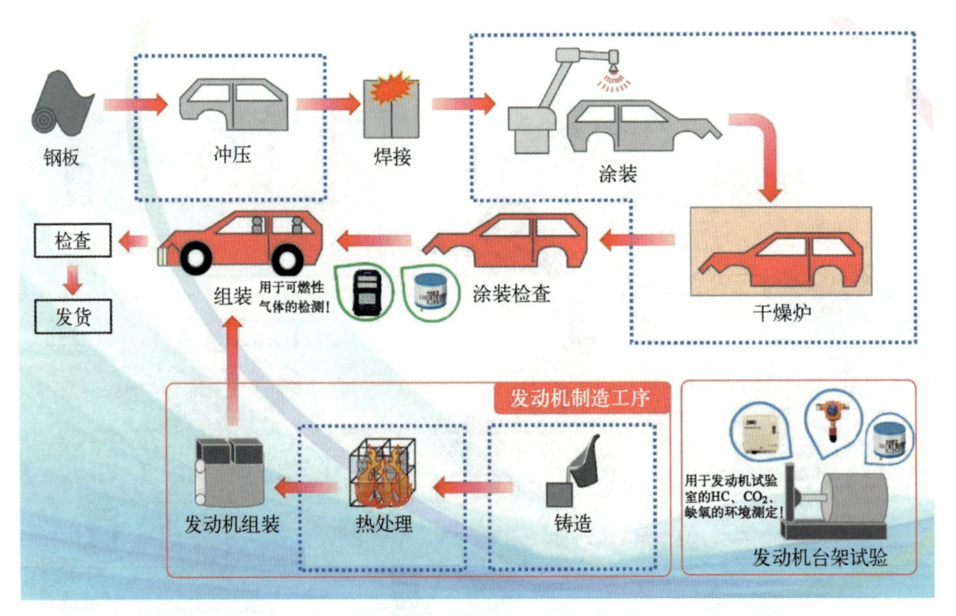

图 5.23 汽车的生产过程

在冲压、涂装、干燥、铸造及热处理工序中，会产生易燃易爆及 CO 气体及其他毒性气体，在生产车间加装气体报警器，或者工人随身携带气体检测仪，可以有效地预防中毒事件的发生。

4）造纸

造纸分为制浆和调制、抄纸几个主要环节，如图 5.24 所示。制浆时需要将木材或者废纸等原材料暂存在碎料仓中。密闭的碎料仓要严防失火和人员中毒。碎料仓要安装 CO 报警器和氧气报警器，用于防止人员中毒和缺氧，CO 报警器还能起到失火早期报警的作用。

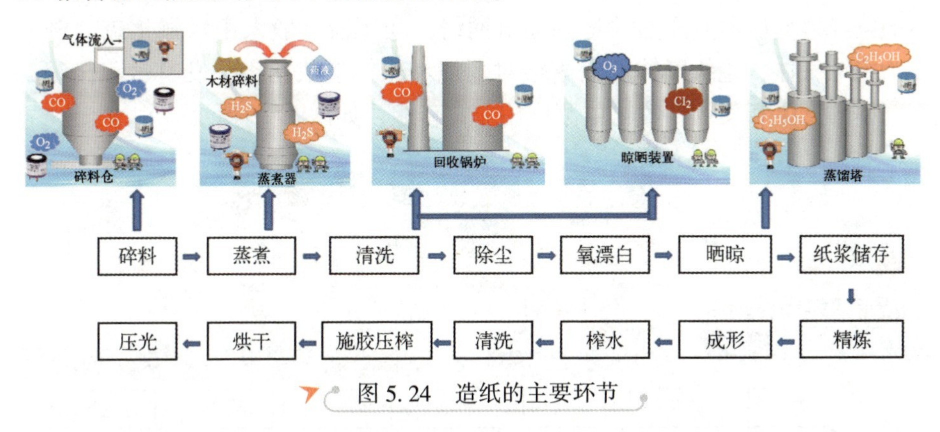

图 5.24　造纸的主要环节

在木料蒸煮过程中用到的药液是氢氧化钠和硫化钠，这些药液水解生成 H_2S，是一种毒性气体，可以通过安装硫化氢报警器或者工作人员随身携带 H_2S 检测仪的方法预防硫化氢中毒。

用清洗机清洗纸浆纤维时产生的废液可以作为制造乙醇的原料，乙醇在生产过程中泄露有燃烧爆炸或者中毒的风险，进行乙醇的监测能够防止事故的发生。也可以将废液浓缩在锅炉内燃烧，产生的蒸汽用来发电。回收锅炉内不完全燃烧产生的 CO 有使人中毒的风险，所以锅炉上一般安装 CO 报警器以防止 CO 的泄露造成人员中毒。

纸浆晾晒时会使用二氧化氯（ClO_2）、氯气（Cl_2）、臭氧（O_3）对纸张进行漂白，O_3 和 Cl_2 都是剧毒物质，需要安装氯气和臭氧报警器或者检测仪对其浓度进行监测。

纸张烘干过程会产生有机蒸汽类挥发气体，这类气体达到一定浓度时在密闭空间会发生爆炸，低浓度时也会对人体健康造成较大危害，所以有机蒸汽报警器的使用也很有必要。

在纸浆制造时会产生 H_2S、甲硫醇（CH_3SH）、二甲硫醚（C_2H_6S）、二甲二硫（$C_2H_6S_2$）四种气体，这四种气体有剧毒并且有臭味，可以通过检测这四种气体以防止中毒或者辨别臭味来源。

5）电力

火力发电一般采用煤或者石油作为原料，煤在存储和运输过程中会产生甲烷，如果不及时处理，会引起燃烧甚至爆炸。煤和石油被送进锅炉，锅炉中燃料不完全会释放 CO，容易引起一氧化碳中毒。燃烧产生的水蒸气驱动涡轮发电，发电机一般采用 H_2 作为制冷剂，制冷剂泄露有爆炸风险。发电机产生的电经过变压器升压后输送到输电网络，变压器一般采用六氟化硫（SF_6）作为绝缘气体，绝缘气体的泄露会对环境和人体造成伤害。发电过程全程都有气体的产生和使用，气体监测应用非常普遍，如图 5.25 所示。

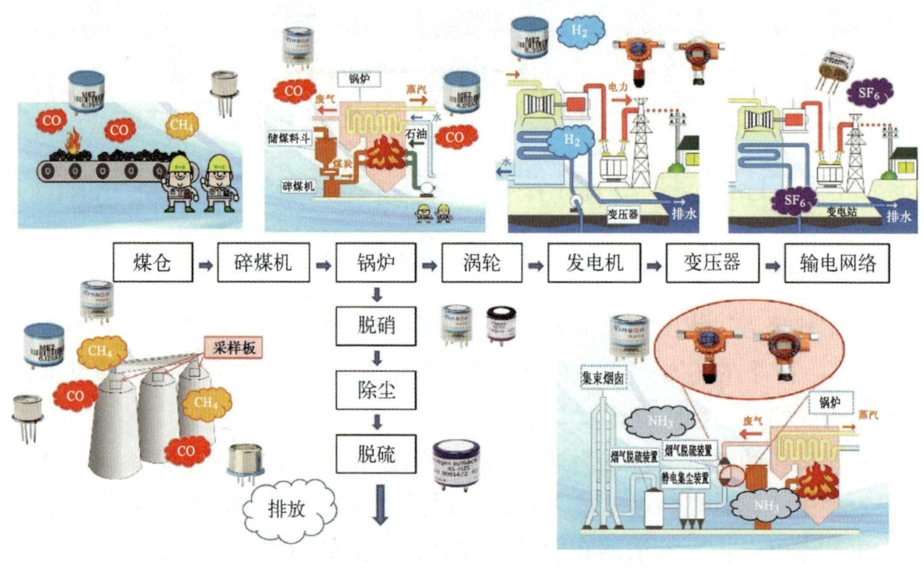

图 5.25 火力发电的全过程

6）矿山开采

矿山开采过程中也会有一些有毒气体从地壳中渗出并在密闭空间聚集，采矿工人一般在随身携带便携式气体检测仪或者在矿灯上安装气体传感器，对环境中的有毒有害气体进行监测，如图 5.26 所示。

7）其他应用

在有机合成及电子行业中，经常会用到一些原料气，生产过程中会产生一些有毒有害气体，如半导体工业中经常会用到氯硅烷（SiH_3Cl）作为原料气，同时产生四氯硅烷（$SiCl_4$）和 SiO_2。吸入或者食入（SiH_3Cl）对呼吸道

(a)　(b)　(c)　(d)

图 5.26　矿山开采过程中使用的气体传感器设备

黏膜具有强烈刺激作用，高浓度下，会引起角膜浑浊、呼吸道炎症，甚至肺部疾病，并可伴有头晕、头痛、恶心、乏力等症状。$SiCl_4$ 遇热或者遇水蒸气很容易生成 SiO_2 和 HCl，HCl 为有毒的腐蚀性气体，对人体安全和生态环境具有较大危害。采用电化学气体传感器可以实现对这些有毒有害气体的检测，减少安全事故的发生。

5.5.2　民生安全健康领域

1. 有毒气体检测

碳或者烃类不完全燃烧产生的 CO 浓度达到一定限值以后会引起 CO 中毒，这类安全事故在每年冬季取暖时表现较为突出。冬季在室内安装 CO 报警器，或者在燃气热水器上加装 CO 传感器已经成为较为成熟的应用。因为电化学 CO 传感器检测精度高、功耗小、成本低，已成为理想的 CO 气体检测元件，如图 5.27 所示。

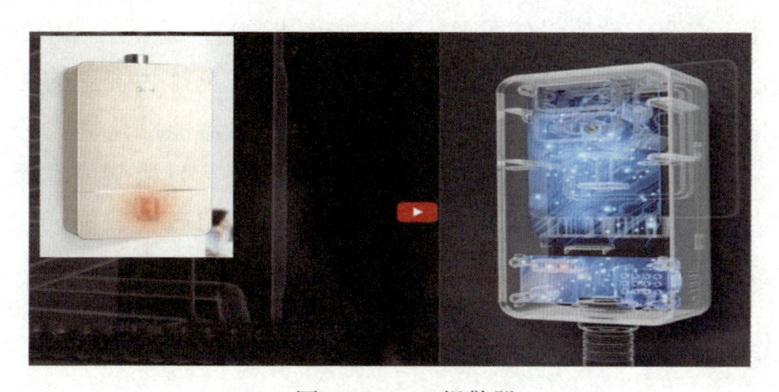

图 5.27　CO 报警器

2. 环境质量监测

电化学气体传感器在室内空气质量检测和室外空气质量监测方面都有着广泛的应用。室内空气中甲醛、苯类、氨气、臭氧、硫化物等对人体健康有严重威胁，电化学气体传感器适用于对环境中的微量气体进行实时监测，可以应用于室内空气质量检测仪、空气净化器、新风系统等。

大气环境中含有微量的 CO、O_3、H_2S、氮氧化物等，对这些气体的传统监测方法是采用大型的光学分析设备，但这些分析设备成本昂贵、分析周期长、需要专业人员操作等特点限制了其大规模应用。电化学气体传感器能够检测空气中微量气体，并且成本低、操作方便，适于广泛布设，可以通过传输系统将检测数据上传云端并对数据进行分析处理，结合大数据和云计算满足大气质量监测及判别污染源的需求，如图 5.28 所示。

图 5.28　传感器的网格化应用

3. 市政管廊检测

城市地下管廊环境密闭，地层与管道中渗透出来的气体如果长时间得不到有效处理，会造成严重的安全事故，用于智慧市政的地下管廊气体监测系统，是近几年安全市政建设的重要内容（如图 5.29）。地下管廊中的 H_2S、可燃气体等是监测的重点。除了地下管廊监测，燃气及排污管道的防漏监测与巡检，也用到电化学气体传感器。电化学气体传感器能够监测大部分的有毒有害气体，并且对低浓度气体具有较好的监测效果，且监测成本低，便于在地下管网中大范围布设，其监测数据可以同时上传市政大数据云端，成为市政安全管理的重要工具。

5.5.3　医疗领域

电化学氧气传感器在呼吸机、制氧机上也有广泛应用。与超声波氧气传感器相比，电化学氧气传感器更适合多组分气体中氧气浓度的检测。另外，电化学气体传感器还可以用来对医疗麻醉过程中使用的笑气进行监测。

电化学气体传感器也经常用在制药厂中，进行挥发性化学试剂的监测和废气监测。

图 5.29　城市地下管廊的气体监测

5.5.4　饮酒检测领域

电化学传感器另一个重要应用是在饮酒驾驶检测领域。饮酒检测一般采用泵吸进气方式：被检测者对着酒检仪吹气，当吹气压力达到一定值时，检测仪中的进气阀启动，呼出气体被吸入传感器内部，呼出气体中的酒精在传感器内部发生电化学反应释放电流，通过检测电流的大小判断被检测者饮酒多少及醉酒程度。泵吸式电化学传感器工作时进气量稳定，具有更好的稳定性和可靠性。

电化学酒精检测仪已成为世界范围内交通警察对饮酒者执法的辅助工具。电化学气体传感器在工业、民生、医疗及军事各个领域都得到了广泛的应用。

材料技术、MEMS 技术及集成电路技术的发展，促进了电化学气体传感器的发展，固体电解质气体传感器、离子液体气体传感器、MEMS 电化学气体传感器及智能电化学气体传感器研究逐渐成熟并走向应用。

第6章 固体电化学气湿敏传感器

6.1 固态电化学气湿敏传感器的分类与工作原理

6.1.1 根据工作模式分类

固态电化学气湿敏传感器根据其工作原理可分为电位型（potentiometric）和安培型（amperometric）两种工作模式的传感器[1-2]。

1. 电位型固态电化学气敏传感器

电位型电化学气敏传感器在开路条件下运行，外电路电流呈开路状态，该类型常见的传感器可分为两大类。

(1) 通过直接测量载流子实现对目标物的测量。该类型的电化学气敏传感器最为常见，其整体结构为电解质以及分布在电解质两端的敏感电极（Sensing Electrode，SE）和参比电极（Reference Electrode，RE），并通过测量敏感电极和参比电极之间的电势差变化来推测目标物的浓度[3]。该类传感器最典型的器件是基于“氧化钇稳定的氧化锆”（YSZ）电解质的氧气传感器，其电解质中的载流子为氧离子。由于YSZ电解质中的氧离子浓度会随着外界氧化还原性气体浓度的变化而改变，故YSZ电解质的电化学传感器还可用于测量氮氧化合物、烷烃、有机挥发物等气体。

该类传感器的工作原理可概述为：①当敏感电极暴露于被测气氛时，如果待测气氛中可参与电化学反应的气体只含有氧气，界面的电化学反应只与外界氧气浓度有关，此时的反应过程成为平衡反应过程（式（6.1））；②当被测气氛中还含有其他可以参与电化学反应的气体（如氢气和二氧化氮）时，敏感电极的电化学反应过程无法达到平衡状态。以含有氢气的空气和基于YSZ电解质的传感器为例（图6.1），当敏感电极接触到一氧化碳和氧气时，氢气会与YSZ电解质中的氧离子发生电化学反应（式（6.2））并减少YSZ中的氧离子浓度。由于气氛中还含有氧气，所以氧气也会在敏感电极表面发生电催化反应并增加YSZ中的氧离子浓度（式（6.3））。最终的结果是YSZ中的氧离子浓度由式（6.2）和式（6.3）两个反应达到平衡后决定。但式（6.2）和式（6.3）中单个反应均未达到平衡状态。此时的反应过程称为混合电位反应过程（mixed-potential reaction）或非平衡状态反应过程（non-equilibrium potentiometric）[4]。

$$O_2+4e^- \rightleftharpoons 2O^{2-} \tag{6.1}$$

$$2H_2+O^{2-} \longrightarrow 2H_2O+4e^- \tag{6.2}$$

$$O_2+4e^- \longrightarrow 2O^{2-} \tag{6.3}$$

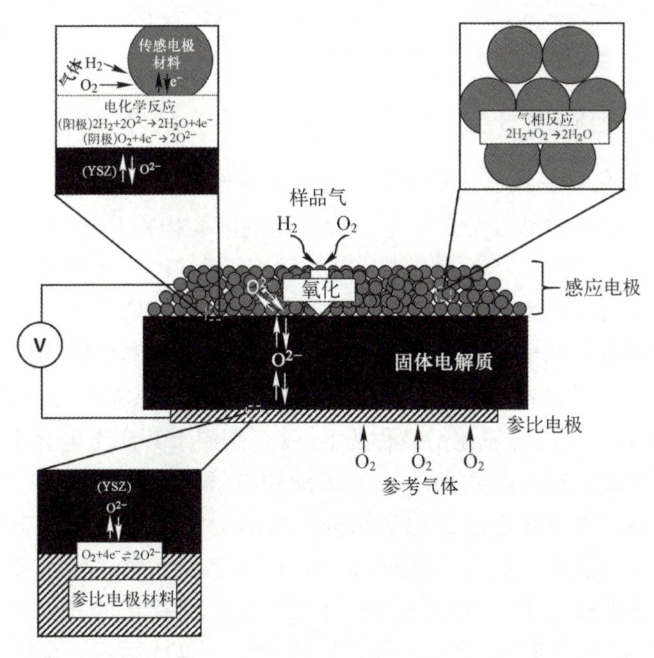

图6.1 固态电化学气体传感器反应界面的非平衡反应过程[4]

(2) 利用固相辅助层实现对目标物的测量。该传感器固态电解质的表面有一层固相辅助层，其中固相辅助层含有被测气体中的离子成分。固相辅助层可实现目标被测物和电解质中载流子的反应平衡，从而达到电化学反应产生的电势信号和目标被测物的浓度相关。该类型的传感器多用于测量二氧化碳和二氧化硫。

2. 安培型固态电化学气湿敏传感器

安培型电化学气湿敏传感器必须工作于特定的偏置电压下，以迫使特定的电化学反应发生。该类传感器往往配备一个气体扩散层，以实现响应信号出现饱和平台。被测物的分子穿透扩散层后会在敏感电极表面立即反应，并产生电流信号。所产生的信号直接与特定偏置电压下的动力学反应过程有关。如果气体扩散层选择合适，则传感器的电流信号与被测气体的浓度成正比。电流信号与浓度的关系可达到三个数量级的范围。安培传感器的优势在于当固定偏置电压后，其灵敏度（十亿分之一级到百万分之一级范围）和精度较高。与电位型电化学气敏传感器相比，安培型固态电化学气湿敏传感器更适合检测高浓度的气体，尤其是结合特定敏感材料以及气体扩散层，该类型传感器可以检测包括氧气、氢气、一氧化碳、氮氧化合物、二氧化硫、硫化氢、有机挥发物等一系列气体或者外界环境湿度[5]。

6.1.2 根据电解质分类

1. 基于氧化钇稳定氧化锆电解质的电化学气湿敏传感器

氧化钇稳定氧化锆（YSZ）是一种常用的陶瓷电解质[3,6-7]。高温下（不小于500℃）该电解质为离子导体，内部载流子为 O^{2-}，此时其电子电导率可以忽略，化学响应行为遵循能斯特方程（图 6.2）。但低温下（尤其是不大于400℃），该电解质的离子电导率偏低，此时电子电导率会影响响应信号，其化学响应行为逐渐偏离能斯特方程。因此，该类型传感器主要在高温下工作。8%质量的氧化钇取代的氧化锆被称为8YSZ，高温下其离子电导率最高，适合制作高温型气敏传感器。此外由于 YSZ 陶瓷电解质抗震性能好、抗湿度能力好且能在高温下维持其稳定的化学结构，故基于 YSZ 电解质的电化学传感器常用于汽车尾气监测，如汽车里面的 lambda 传感器和氧气传感器[8]。但汽车中的氧气传感器多基于5YSZ 电解质，即 5%氧化钇稳定的氧化锆，这主要是考虑到 8YSZ 相对于 5YSZ 更脆，抗振性能较差。总体而言，全固态电化学气敏传感器中，基于 YSZ 电解质型的电化学气湿敏传感器报道最多，应用面最广，检测气体覆盖氧气（O_2）、氮氧化合物（NO_x）、碳氢化合物（HCs）、氨气（NH_3）以及有机挥发物（VOC）。但该类型传感器只适合于高温检测环境，或通过集成加热片提供400℃以上工作温度，不适于应用在易燃易爆气体的检测上，且传感器整体功耗偏高。

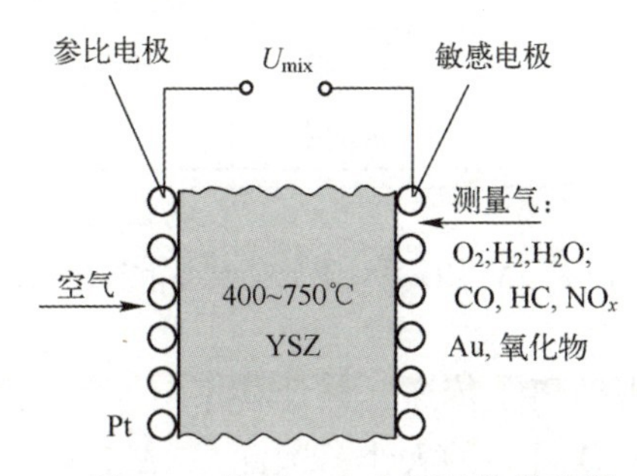

图 6.2 基于 YSZ 电解质的传感器

2. 基于氢离子导体陶瓷电解质的电化学气敏传感器

除氧离子导体电解质外，氢离子导体陶瓷材料也是一种常见的高温离子导体电解质[9]。最常见的氢离子陶瓷电解质是基于钙钛矿型复合氧化物的氢离子导体，其中最常见的该类型电解质有以 $BaCeO_3$、$SrCeO_3$、$SrZrO_3$ 和 $CaZrO_3$为母体的陶瓷材料，这些复合氧化物的纯母体材料并不呈现氢离子导电性，当母体中的铈（Ce）和锆（Zr）被三价阳离子部分取代时，因材料中生成的缺陷可与环境中的氢气或水蒸气反应，使材料在高温下对氢气和水蒸气的溶解度明显增大[10-11]。在600~1000℃的高温下，在氢气或湿润空气中可呈现出良好的氢离子寻电性。材料的氢离子导电性与母体氧化物及取代离子的种类和数量有关，离子导电性总的趋势是：$BaCeO_3$系 > $SrCeO_3$系 > $SrZrO_3$系 > $CaZrO_3$系，Ce 的取代离子有：钪（Sc）、钇（Y）、镱（Yb）、铌（Nb）、镉（Cd）等，Zr 的取代离子有铝（Al）、镓（Ga）、铟（In）、钪（Sc）、钇（Y）等，取代含量为0~10%。含 Zr 体系材料的离子导电性虽不很高，但是在使用温度范围内基本是纯的氢离子导体，且具有良好的化学稳定性和力学性能。基于该类型电解质的电化学传感器常用于高温环境下含有氢元素气体（如乙醇 ETOH，图 6.3）和湿度的检测[12]。

3. 基于ç/LISICON 电解质的电化学气敏传感器

钠离子快导体（NASICON）和锂离子快导体（LISICON）最先应用于充电电池领域，之后由于其中低温（150~300℃）下较好的离子导电性被引入电化学气敏传感器领域[13]。NASICON 型分子式为 $M[A_2B_3O_{12}]$，其中 M、A、B 分别为一价、四价和五价离子。其中锂离子在 NASICON 固态电解质中通过

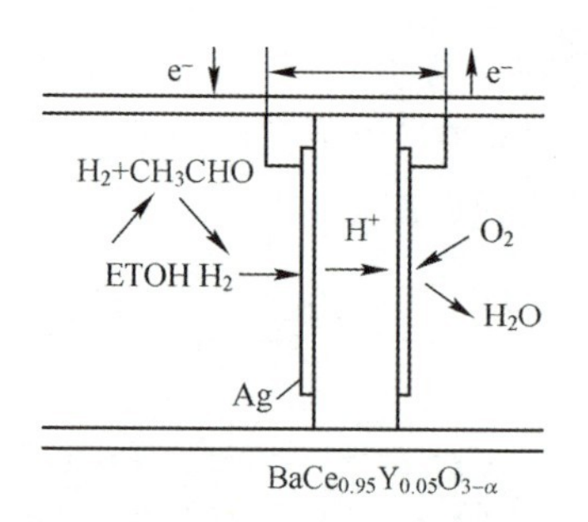

图 6.3 $BaCe_{0.95}Y_{0.05}O_{3-\alpha}$型氢离子陶瓷电解质型乙醇传感器

不同位点间的取代实现锂离子传递，其迁移率与“瓶颈”密切相关，电导率取决于骨架离子［$A_2B_3O_{12}$］-的大小。因此，NASICON 型电解质的改性方法以提高骨架离子间隙的离子掺杂为主。通过掺入铈（Ce）、钆（Gd）、镱（Yb）、铒（Er）、镝（Dy）等离子可显著提高 NASICON 型电解质的电导率[14]。

LISICON 型电解质内含三个可移动锂离子，离子电导率较高，是典型的硫化物晶态固态电解质，分子式为 $Li_{4-x}A_{1-x}B_xS_4$（该结构中 A 位元素为 Ge、Si 等，B 位元素为 P、Al、Zn 等），$x=0.75$ 时，室温离子电导率最高达 2.2×10^{-3}S/cm。对 LISICON 型固态电解质材料的改性主要集中在掺杂其他元素提高晶体稳定性；掺入异价离子制造空隙或改变通道大小，提高离子电导率；引入极性和体积较大的材料 S 可提高晶胞尺寸，使 LISICON 型固态电解质的离子电导率大幅提高[15]。

相对于 LISICON 电解质，NASICON 电解质型的气敏传感器报道较多。与前面几种固态电解质型传感器相比，该类型的电化学气敏传感器必须配备辅助电极，且辅助电极材料需要与待测气体的离子相同，以便于参与电化学反应。

以 Na_2CO_3作为辅助相电极的 NASICON 型 CO_2传感器为例，其传感器结构和响应机理为

$$Au, CO_2, O_2/Na_2CO_3/NASICON/O_2, Au \tag{6.4}$$

传感器上进行下述反应。

参比电极

$$Na_2O(\text{in NASICON}) \rightarrow 2Na^+ + 2e^- + 1/2O_2 \tag{6.5}$$

辅助电极

$$2Na^+ + 2e^- + CO_2 + 1/2O_2 \rightarrow Na_2CO_3 \tag{6.6}$$

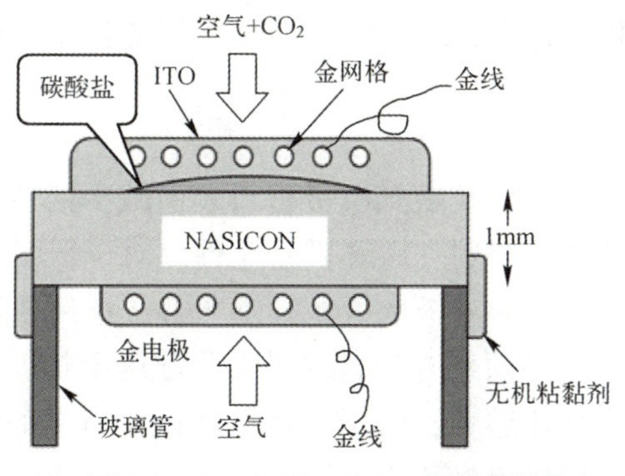

图 6.4 NASICON 型 CO_2 传感器结构

该类型传感器具备工作温度偏低，适用场合较广的优点，但也存在辅助电极材料自身不稳定，受环境影响较大，传感器的器件结构也较为复杂的缺点[16]。

6.1.3 固态电化学气湿敏感传感器的工作特性

传感器工作温度、抗湿性、选择性、检测限、线性度和使用寿命是衡量电化学气湿敏传感器的几个重要指标，尤其是在特定使用场合下，需要重点关注相关参数。

1. 工作温度范围

电化学气湿敏传感器的响应速率由敏感电极的电催化活性和电解质的离子电导率共同决定。低温下，敏感电极的电催化活性和固态电解质的离子电导率较低，导致电化学气体传感器的响应速率较慢。反之工作温度太高时，敏感电极的稳定性变差，缩短了传感器的使用寿命，并增加了传感器的功耗。此外，敏感电极对不同被测气体的电催化活性会随着工作温度的改变而变化，即不同温度下同一种被测气体的响应信号会不一致，从而影响传感器对特定被测气体的选择性。

总体而言，基于陶瓷电解质的电化学气湿敏传感器，其工作温度通常不低于 400℃，否则传感器的响应行为会严重偏离能斯特方程，如 ZrO_2 传感器的工作温度范围通常在 400～750℃。对于基于 Nafion 电解质的电化学气湿敏传感器，其工作温度范围一般在 60～80℃，当温度过高时电解质中的水分会大幅度减少，导致离子电导率降低。与此同时，电位型电化学气体传感器的工作温度范围一般不低于 350℃，否则会因敏感电极的电催化活性太弱导致传感器的响应信号太弱。低温下由于敏感电极自身的电催化活性太弱，需要外加偏置电压提高其催化活性，因此低温下工作的电化学气湿敏传感器多基于安培工作模式。

2. 湿度干扰

环境中的水蒸气会附着在敏感电极材料表面减少活性位点，同时附着的水珠会逐渐浸润敏感电极材料，破坏其稳定性。对于低温工作的固态电化学气湿敏传感器而言，湿度影响极大，尤其是 Nafion 电解质的电导率会随着湿度的变化而改变，因此必须额外配备滤膜去除湿度干扰。与之相反，工作与高温下的电化学气湿敏传感器，由于工作温度远远高于水珠气化温度，水蒸气难以长时间附着于敏感电极表面，因此湿度对其工作性能干扰较小。需要指出的是，对于部分易溶解于水的气体，湿度较高时会导致气体溶解于水蒸气后以盐的形式参与电化学反应，从而间接影响其响应性能和长期稳定性。

3. 选择性、检测限、线性度以及使用寿命

固态电化学气敏传感器的选择性主要源自气相催化选择性和反应界面的电催化选择性两部分。如图 6.5 所示，以 ZrO_2 电解质型的气敏传感器检测丙烯（C_3H_6）为例，当丙烯和空气中的氧气接触到三氧化二铬（Cr_2O_3）敏感电极时，丙烯会在敏感电极表面发生气相反应，此时部分丙烯会转化为二氧化碳或中间产物，之后中间产物再于反应界面发生电催化反应。当丙烯和其他干扰气体共存时，如果敏感电极对丙烯的气相催化活性较弱而电催化活性较强，对干扰气体的气相催化活性较强而电催化活性较弱，则在气相反应过程中会将大部分干扰气体转化掉，使之无法参与电催化反应，此时传感器给出的响应信号主要来源于丙烯气体，从而表现出对丙烯的高选择性响应。由于电化学气敏传感器的选择性由两个反应步骤决定，因而其对被测气体的选择性通常要相对优于完全靠表面反应的半导体气敏传感器。通常情况下，为了增加传感器的选择性，可以考虑在敏感电极表面额外增加一层催化层，以提高气相催化效率，尽可能去除共存气体带来的干扰信号。

由于固态电化学气敏传感器的气敏过程存在气相反应和电催化反应两个反应步骤，因此当被测气体到达反应界面发生电催化反应产生响应信号之前，部分被测气体已经被转化，降低了参与电催化反应的气体浓度。尤其是高温检测环境下，相当一部分气体在参与电催化反应之前就被转化了，因此固态电化学气敏传感器的检测限多在百万分之一（ppm，即 mg/L）级别。为实现对十亿分之一（ppb，即 μg/L）级浓度气体的检测，可通过降低工作温度、减小敏感电极厚度及引入高电催化活性的敏感电极材料来降低气相反应对目标气体的转化量，提高对其的电化学反应程度达到相应目的。此外，由于电

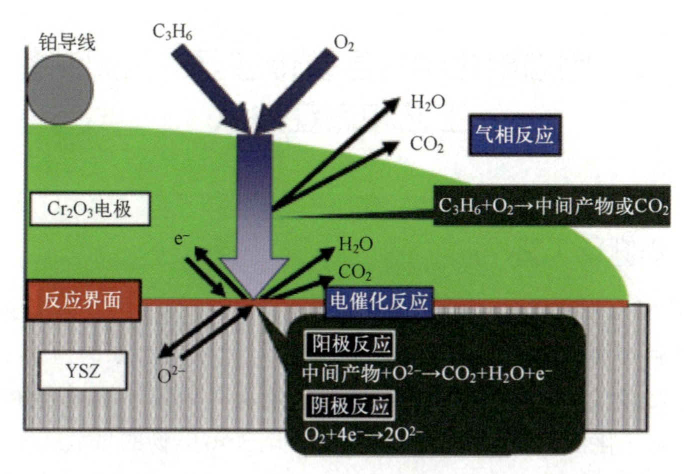

图 6.5　YSZ 电化学气敏传感器的气敏响应过程

位型传感器的响应信号和敏感电极的反应面积成正比，因此可通过增加其有效反应面积进一步拓展传感器的检测限。

电位型电化学气敏传感器的响应行为遵守能斯特方程，其响应信号通常与被测物浓度的对数呈线性关系。安培型电化学气敏传感器的响应行为遵守法拉第定律，其响应信号直接与被测物浓度呈线性关系。由于电位型电化学气敏传感器的信号与被测物浓度之间呈现对数关系，因而该类型传感器在检测浓度过高的气体时，响应信号与浓度之间的对应关系较差。相对而言，安培型电化学气敏传感器比较适合于高浓度的气体检测。

陶瓷电解质的稳定性远优于聚合物电解质，尤其是在高温高湿极端环境下。但由于基于陶瓷电解质的电化学气湿敏传感器工作温度多高于400℃，因此敏感电极材料尤其是基于金属氧化物的热稳定性会随着使用时间的延长而变差。目前所报道的使用金属氧化物敏感电极的陶瓷电解质型电化学气敏传感器的使用寿命多在一年以内。如果采用贵金属例如铂作为敏感电极材料，陶瓷电解质型电化学气湿敏传感器使用寿命可达数年之久。对于聚合物电解质型电化学气湿敏传感而言，由于其敏感电极多为贵金属和炭黑的混合物，且工作温度较低，因此该类型传感器的使用寿命主要由聚合物电解质的特性决定。总体而言，目前聚合物电解质型电化学气湿敏传感器使用寿命多在一年至一年半之间。

6.2 固态电化学气湿敏传感器的常规制备工艺和表征技术

6.2.1 常规制备工艺

20 世纪 60 年代初期，基于固体电解质气湿敏传感器的固体电解质氧传感器在钢液定氧方面取得成功。到 20 世纪 70 年代中期，德国博世（BOSCH）公司率先开发出汽车用氧传感器并安装在沃尔沃（Volvo）汽车上控制发动机的空燃比，与三化催化器结合后降低了汽车尾气污染物的排放[17]。此后各种形式和结构的基于固体氧离子电解质的电化学气湿敏传感器不断涌现，揭开了固体电化学气湿敏传感器发展的新篇章。以实际应用最广泛的汽车尾气传感器为例，根据传感器的结构不同，主要可分为 U 形管式结构和片式结构，这两类传感器涉及了完全不同的制备工艺[3,8]。U 形管式传感器强度高、封装容易，但制备工艺复杂、效率低；片式结构强度一般，封装较难，但制备生产效率高、一致性好，并且可精确制造复杂的多腔体结构[18-19]。

1. U 形管式传感器的制备工艺

固体电解质元件的成型质量直接影响到后续烧结致密化过程及离子传导能力。对于高温固体电解质尾气传感器，致密、无缺陷的固体电解质是确保传感器性能优良的先决条件。相对于平板型的固体电解质片，固体电解质 U 形管在同等传感器面积下体积更小，强度更高，便于后期封装，易满足实际应用需求[20]。

1）固体电解质 U 形管成型工艺

目前，在我国工业陶瓷生产中，固体电解质 U 形管主要采用的成型工艺有热压铸成型法、注浆成型法和等静压成型法。

热压铸成型法是我国固体电解质 U 形管生产中使用最早的一种成型方法。它主要是依据石蜡料浆加热融化后具有流动性和可塑性，冷却后能在金属模中凝固成一定形状这一特点来完成的。热压铸成型法工艺流程主要分为三个部分：制浆、成型、排蜡，如图 6.6 所示。如图 6.7 所示，成型过程中将无可塑性的陶瓷粉料与热石蜡液均匀混合形成可流动的浆料，在一定压力下注入金属模具中成型，待石蜡冷却凝固后脱模取出成型好的坯体。坯体经过适当修整，埋入吸附剂中加热进行脱蜡处理，然后再将脱蜡后的坏体在高温下烧结成型。热压铸成型法能制作形状复杂、精密度高的中小型制品，具有操作简单、便捷，生产效率高、设备简单、使用寿命长、产品尺寸精确以及模具磨损小等优点。其缺点是工序繁杂、粉尘多、工期长；不适用大件、薄壁产品。由于使用热压铸成型法时在配料中添加了有机物，因此多了一道排蜡工序，且在排蜡、注模等工艺过程中容易有空气介入，排蜡时有机物的排出很容易使制品产生不均匀的气孔。气孔有开口和闭口两种，开口气孔用肉眼容易看到，一般检验后就能剔除，而闭口气孔存在于晶粒之间或晶体内部，一般不易查到。这对固体电解质 U 形管无疑是一大危害，直接影响到固体电解质的电导率和强度，较难满足汽车氧传感器在恶劣工况下使用的需求。

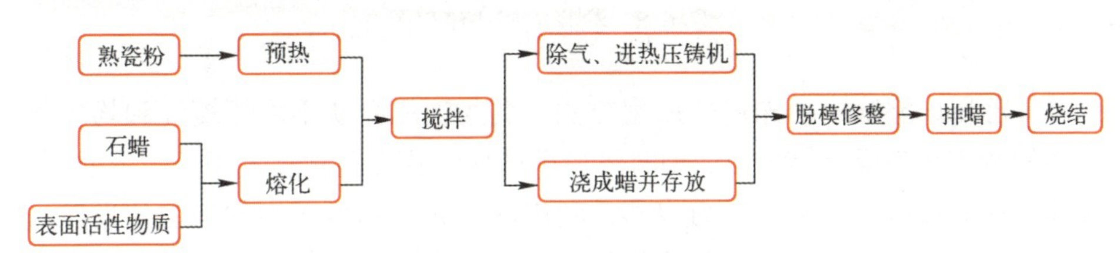

图 6.6 热压铸成型法工艺流程图

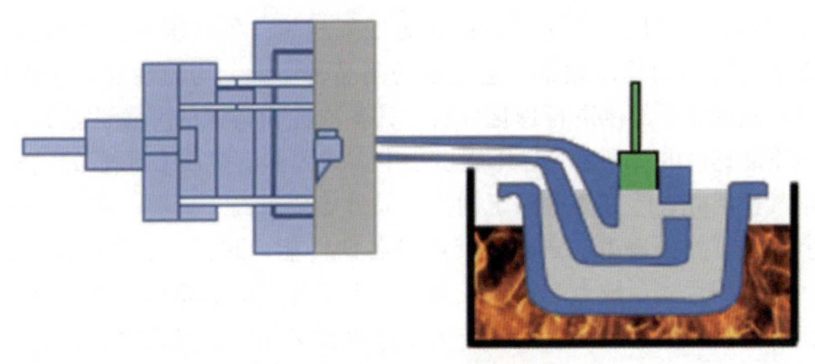

图 6.7 热压铸成型法原理图

注浆成型法是最常用的一种传统陶瓷成型法。它主要是利用石膏模型的毛细管作用力将悬浮的浆料吸附于模具内壁，从而形成一定形状和强度的坯件。这一传统工艺也被应用于工业陶瓷的生产。具体操作过程如图 6.8 所示，注浆成型法与热压铸成型法有一定的相似之处。注浆成型法的优点是能制作一些形状复杂且不规则、体积大的坯件，尺寸精度要求低，产品的工艺简单、模具投资小。缺点是劳动强度大，生产周期长，环境卫生差。压力注浆能减少一些气孔产生，但由于注浆含溶剂率高、压力的传递性和高位差，烧成后的制品收缩变形大、均匀性差，对机械强度、几何尺寸、电气性能均有一定影响，因而合格率低，一致性也较差，一般大批量生产的汽车氧传感器的固体电解质 U 形管较少采用该方法。

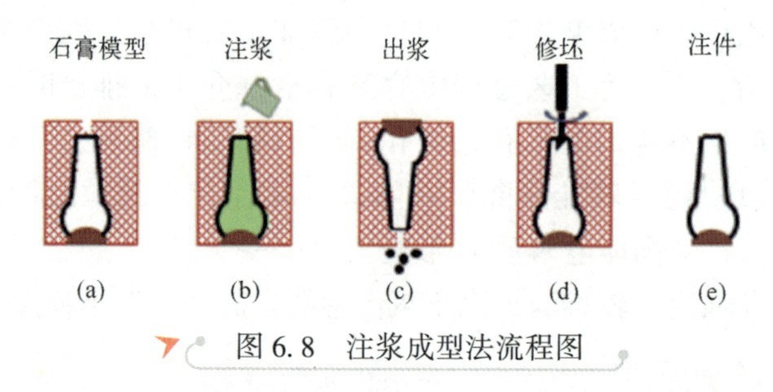

图 6.8　注浆成型法流程图

等静压成型法一种先进的成型方法，利用液体介质不可压缩性和均匀传递性的特点来完成。等静压成型时将待压试样经软壳包覆后置于压力容器中，液体介质通过压力泵注入压力容器，利用液体介质不可压缩和均匀传递压力的性质从各个方向对试样进行均匀加压。此时高压容器中的粉料在各个方向上受到的压力是均匀且大小一致的。如图 6.9 所示，等静压成型法最显著的特点是液体介质受压后各个方向的压力处处相等，各向压力传递到粉体中，使得坯体各向均匀受压致密。烧结后的制品密度大、均匀性好、气孔率少，无论从产品的哪个部位进行理化分析，其各项性能指标的一致性是其他成型方法所不能比拟的。利用等静压成型法生产的固体电解质 U 形管的机械强度高、电气性能好。此方法适用于制作产品性能要求高、壁厚、件大、一致性好的制品。等静压成型法还具有使产品各向性能一致性好，半成品强度高，环境污染少的优点。缺点是设备投资大，工效低，形状简单，模具制作周期长、工模夹具多。等静压成型法与热压铸成型法相比，在成型过程中压力的大小更容易控制，成型的坯体密度均匀，制作方便，且在制备过程中粉料不需要添加黏合剂。成型后得到的坯体不需要干燥，因此也不会产生裂纹，可大大减少分层和剥离的现象。其缺点是坯体的尺寸不能达到精确地控制。但经过适当的工艺改进后，等静压成型法是目前国内最常用的固体电解质 U 形管成型工艺。

2）U 形管式传感器的电极涂覆

在 U 形管式氧传感器中，需要在 U 形管内壁和外壁分别涂覆铂金（Pt）浆料等敏感电极浆料并烧结后以作为催化电极。以常见的氧化锆基 U 形管式氧传感器为例，其锆管内孔直径较小，一般在 5mm 之内，氧传感器 U 形管内

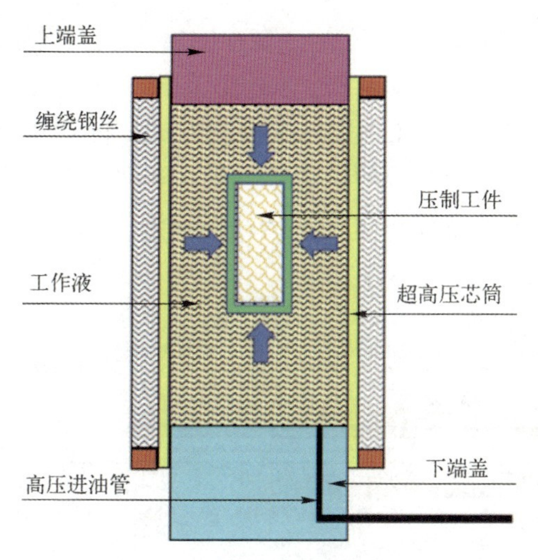

图 6.9 等静压成型法原理图

孔具有内部催化层，氧传感器 U 形管外壁具有外部催化层，主要用于氧离子的吸附和脱附反应，产生氧离子信号。由于氧传感器锆管的内孔直径小，其内孔上的内部催化层难以涂覆，目前国内 U 形管式氧传感器生产厂家主要采用以下三种方法涂覆内部催化层。

① 刷涂法。该方法使用毛笔蘸取适量 Pt 浆料，通过手感深入 U 形管式氧传感器锆管内孔底部深处刷涂，仅能将 Pt 浆料刷涂至锆管底部弧面内。这种方式涂覆层薄厚和宽窄不均匀，铂电极浆料克重无法精确控制，进而无法有效地控制产品性能。同时人工涂覆还面临学习时间长、生产效率低的问题。此外，U 形管式氧传感器锆管内部常需要放置加热管，一般情况下，加热管需要同外部催化层的位置相对应。加热器的位置与传感器催化电极距离较近时，U 形管式氧传感器升温速率较快，U 形管式氧传感器进入工作状态的时间越短。采用刷涂方法时，若内外层催化内外电极对应位置较远，氧离子传递路径过长，传感器响应慢，性能较差。因此刷涂法在传感器制备中较难保持致密性，但其设备投入成本低、适应性强，仍然是目前国内汽车氧传感器生产普遍采用的方法。

② 整体注浆法。该方法主要是将 Pt 浆料整体注满锆管内部，然后将锆管倾斜，让 Pt 浆料流出，形成内部催化层，该方法能够达到较好的传感器电性能，但是其对于铂金的使用量过大，成本极高。

③ 压缩空气吹拂法。该方法是使用一根能与 U 形管内壁紧密贴合的中空

管，作为涂覆装置。如图 6.10 所示，在中空管中放置同轴的压缩空气通道。利用压缩空气带入稀释的印刷浆料，在一定的压力下雾化后喷涂在 U 形固体电解质管内避。此方法通过压缩空气吹拂的方式，将 Pt 浆料均匀涂覆在氧传感器锆管与外部催化层相对应的位置上，形成与外部催化层相对应的内部催化层。此方法的工艺装置简单、成本低，但铂浆的稀释、回收利用是限制其推广应用的关键。

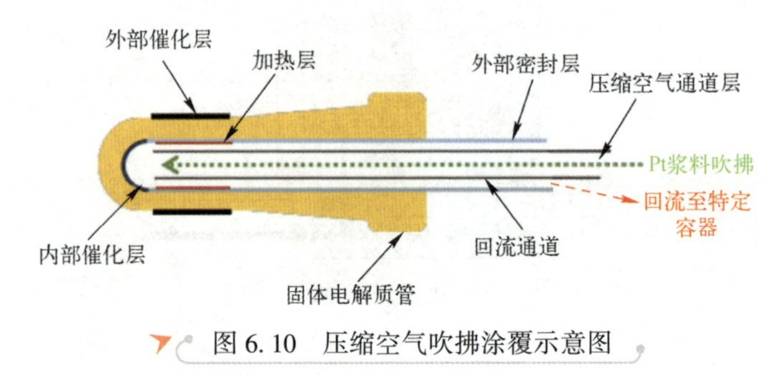

图 6.10 压缩空气吹拂涂覆示意图

2. 片式传感器的制备工艺

1）制备工艺

目前，常用的平板式固态电化学气湿敏传感器是对工艺复杂、效率低的 U 形管式结构传感器的改进，采用高温陶瓷共烧工艺（HTCC）大大提高了制造传感器的效率，降低了制备成本，并且提高了一致性。HTCC 是一种在低于 900℃的环境中先对预叠层的陶瓷素坯进行排胶处理，随后在 1500~1600℃的高温环境中将多层叠压的基片共烧成一体陶瓷的技术。使用 HTCC 制备平板式固态电化学气湿敏传感器可靠、高效，但对高精度的制备设备具有较强的依赖性。以平板式固体电解质汽车传感器为例，制备平板式固态电化学气湿敏传感器时，通常需要通过流延成型工艺制备固体电解质（YSZ）基体等，再通过丝网印刷工艺制备绝缘层和电极等功能层，烘干后将各个功能层利用叠层热压工艺得到氧传感器素坯，最后将素坯切割置于高烧炉中共烧，最后得到传感器样品。HTCC 流程如图 6.11 所示[21]。目前，国内新兴的固体电解质气湿敏传感器厂家均采用该工艺。

2）流延成型工艺

在第二次世界大战及以后，陶瓷成型工艺技术取得了很大的进步。其中一项进步就是将流延成型作为一种制造工艺制备薄片陶瓷材料。流延之父 Glenn Howatt 于 1952 年首先申请并获得了相关专利[22]。流延成型工艺在近几

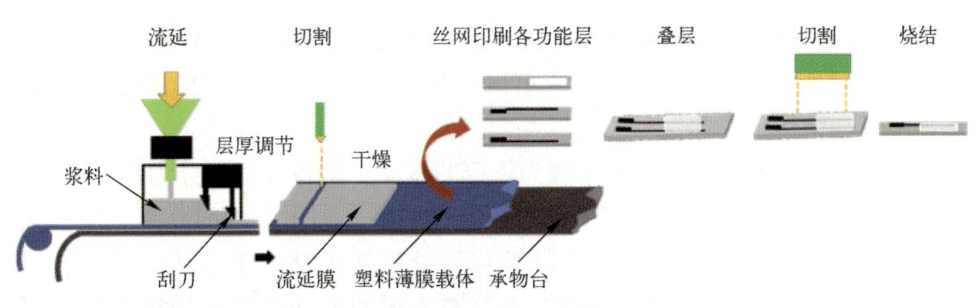

图 6.11 平板式固态电化学气湿敏传感器常规制备工艺流程图[21]

十年来发展更为迅速，逐渐为一种成熟的成型工艺。随着工艺的日臻完善，流延成型工艺技术越来越得到人们的青睐，尤其是当人们相继开发出大量新产品时。例如 1996 年日本通过采用流延成型技术研制出厚度仅为 5μm 的电容器贴片，1997 年日本和美国市场开始出现能够制备出 5μm 膜片流延成型的机械设备。到 1998 年研究者利用流延成型技术成功研制出仅为 3μm 的流延膜片。从目前看来，作为制备多层陶瓷基片（MLCP）和多层电容器（MLC）的核心技术，流延成型技术占据着绝对的主导地位，特别是在电子陶瓷工业中多层共烧陶瓷（LTCC）拥有独一无二的特殊作用。这一技术同时也在平板式固体电解质气湿敏传感器的生产制造中得到了广泛的应用[23-25]。

流延过程中将黏合剂、分散剂、塑性剂等有机成分依据一定的比例加入陶瓷粉料之中，然后使用超声波分散或球磨分散的方法使得浆料分散均匀。再将分散均匀的浆料倒入在流延刮刀的浆槽中，通过控制流延刮刀的高度来获得目标厚度的素胚膜，再将素胚膜进行干燥得到流延膜片。流延成型的原理如图 6.12 所示。根据设计者的需求，进行下一步工艺，如丝网印刷高温叠压等操作。最后进行低温排胶和高温烧结，获得致密的固体电解质气湿敏传感器。

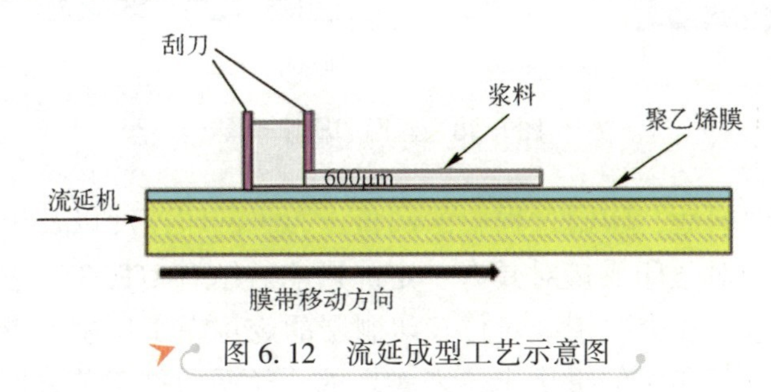

图 6.12 流延成型工艺示意图

流延成型技术通常具有以下优势：①在工业生产之中，操作性强，生产效率高，一致性好；②与粉体干压法相比，流延成型获得的材料更均一稳定，缺陷少，而且材料的利用率高；③可以批量制备复合以及单相陶瓷膜，可制备多层复杂结构陶瓷体。

浆料制备是流延成型过程中较为重要的步骤，制备过程可分为三个步骤：第一步加入分散剂、溶剂和陶瓷粉料，通过球磨，利用分散剂分离湿润粉体以及陶瓷颗粒的软团聚，使陶瓷颗粒均匀分散在溶剂之中形成悬浮液；第二步是添加高分子聚合物，目的在于控制浆料的流动性以及最终膜版的可塑性和黏结性；第三步是脱泡过筛，去除残渣和气泡，获得稳定均一的流延浆料。

3）丝网印刷工艺

丝网印刷是一种简单的图形转印，其原理如图 6.13 所示。首先，根据需要印刷的图案定制丝印网模板；其次，印刷时将所需要印制的浆料涂抹在丝印网板上；最后，使用刮板均匀地将印制图形压印在承印体上。制备图案清晰、分辨率高、一致性好的印刷层是丝印网板、印刷浆料、刮板、承印体、印台的综合作用。其中丝印网板的张力、耐用性、网孔目数对转印出来的图案是否清晰，图形厚度是否一致等具有重要的影响。丝印网版需要满足：①能承受一定的压力，有一定的抗张能力，恢复性好；②印刷时，印墨下漏均匀，即网孔的孔隙需一致；③不易与化学试剂（印刷浆料及洗涤剂）发生反应；④过程中网线干净整洁；⑤有较好的耐磨性，经过多次印刷，需要转印的图案和文字不会发生变化；⑥在不同湿度温度压力下，丝印网板的物理性质都基本保持一致。

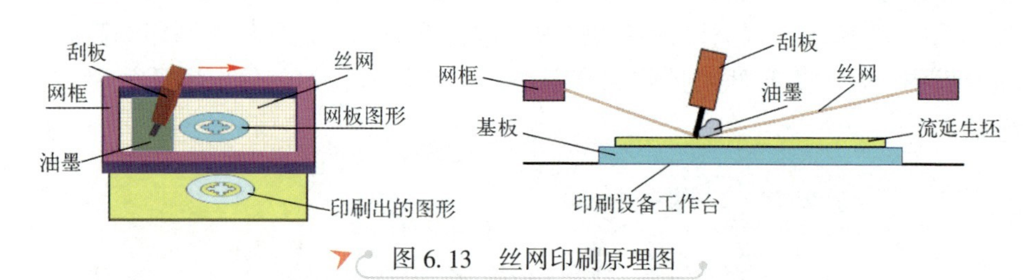

图 6.13　丝网印刷原理图

加载印刷浆料后，印刷过程中的刮板压力，刮印速度以及印制拍的烘干温度、烘干时间对丝印质量对具有一定的影响。结合 HTCC 工艺，采用丝网印刷法制作厚膜电极需要精准对位，印刷层的定位在工厂生产中使用高精度打孔机和全自动丝印机的摄像定位来实现的。丝网印刷工艺方便可靠，效率高、工艺成本低，但对印刷浆料、环境温度要求较高。

4）温等静压工艺

等静压工艺的基本原理为：在高压密闭容器中，利用液体介质均匀传压的性质，对试样进行均匀加压，使试样在各个方向上受到的压力均匀且大小一致。等静压机通常有三种类型：冷等静压机、温等静压机和热等静压机。在平板式固体电解质气湿敏传感器生产中常用的等静压机是温等静压机，压制温度一般为80~120℃，压力范围为80~100MPa，压力介质通常为水或油，包套材料为橡胶和塑料等。等静压的温度高低、时间长短、压力大小以及流延膜片放置在空气中的时间长短对此过程中膜片能否黏结成一个整体十分重要，是在制备过程中不可忽视的细节。实验室中亦常用叠层温等静压法制备固体电解质片。叠层温等静压法是将流延片按照顺序先叠层，然后真空塑封，最后经过温等静压形成一个整体。

5）多层共烧工艺

平板式固体电解质气湿敏传感器制备的最后一个工艺步骤是烧结，多层共烧工艺实际上是将多层功能层经过等静压后的一体传感器素坯放入箱式炉中以适当的升温速率和温度烧结致密。烧结过程中的驱动力为粉体表面能的降低和系统自由能的降低，影响烧结效果的因素有烧结温度、烧结时间、烧结气氛和原料粉末的粒度等。烧结的作用是使素坯在高温下除去有机物和杂质最终实现气密性和致密化，并有稳定的物理和化学性能。烧结过程中需要根据粉体的种类、形貌、添加剂的种类、挥发温度对共烧的烧结机理进行适当的调整。合理设置烧结机制，是保证传感器烧结致密，共烧结过程中不发生层间开裂，共烧结后催化电极催化性能良好、固体电解质电导率高、传感器性能良好的关键步骤。

6.2.2 表征技术：极化曲线和阻抗谱

极化曲线和阻抗谱是固体电解质气湿敏传感器的两个主要表征技术，采用这两个表征技术可以获得传感器的基本电化学工作过程及状态，是传感器工作机理研究的重要手段。

1）极化曲线

在两电极电化学体系中，极化曲线是以两个电极间的电位差为横坐标、电极上通过的电流为纵坐标获得的曲线。极化曲线通常用于表征腐蚀原电池反应的推动力电位与反应速度电流之间的函数关系[26-28]。极化曲线分为四个区，活性溶解区、过渡钝化区、稳定钝化区、过钝化区（图6.14）。极化曲线可用实验方法测得。分析研究极化曲线，是解释金属腐蚀的基本规律、揭示金属腐蚀机理和探讨控制腐蚀途径的基本方法之一。对于固体电解质气湿敏传感器，极化曲线是揭示气体在传感器三相界面的电化学反应过程和反应途径的基本方法之一。

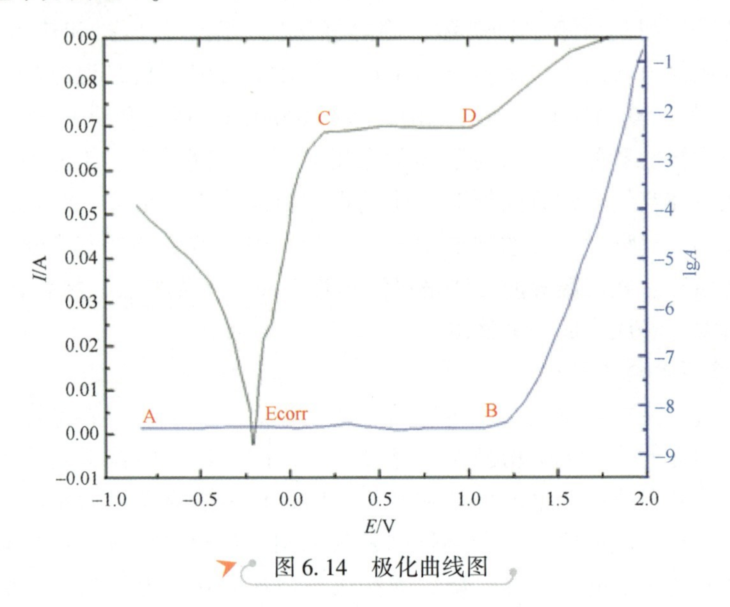

图 6.14　极化曲线图

极化曲线就是描述传感器电极上电流与电位之间关系的曲线，它是研究气体传感器电极工作过程的主要分析方法。直流极化曲线的测量方法通常分为控制电流法和控制电位法。本质上恒电流法和恒电势法在极化曲线的测量方面具有相同的功能，如果电化学体系中存在电流极大值时选择恒电势法，存在电势极大值时选择恒电流法。恒电位法就是将电极电势依次恒定在不同的数值上，然后测量对应于各电位下的电流。极化曲线的测量应尽可能接近体系稳态。稳态体系指被研究体系的极化电流、电极电势、电极表面状态等基本上不随时间而改变。在实际测量中，常用的控制电位测量方法有以下两种：①静态法：将电极电势恒定在某一数值，测定相应的稳定电流值，如此逐点地测量各个电极电势下的稳定电流值，以获得完整的极化曲线。对某些体系，达到稳态可能需要很长时间，为节省时间，提高测量重现性，往往人们自行规定每次电势恒定的时间。②动态法：控制电极电势以较慢的速度连续地改变（扫描），并测量对应电位下的瞬时电流值，以瞬时电流与对应的电极电势作图，获得整个极化曲线。一般来说，电极表面建立稳态的速度越慢，则电位扫描速度也应越慢。因此对不同的电极体系，扫描速度也不相同。为测得稳态极化曲线，人们通常依次减小扫描速度测定若干条极化曲线，当测至极化曲线不再明显变化时，可确定此扫描速度下测得的极化曲线即为稳态极化曲线。同样，为节省时间，对于那些只是为了比较不同因素对电极过程影响的极化曲线，则选取适当的扫描速度绘制准稳态极化曲线。

2）电化学阻抗谱

电化学阻抗谱（Electrochemical Impedance Spectroscopy，EIS），也称交流阻抗谱（AC Impedance），该技术通过向待测电化学系统输入一个小振幅的交流扰动信号，测量交流信号电压与电流的比值随正弦波频率 ω 的变化，或者是阻抗的相位角 ϕ 随 ω 的变化。得到待测系统的电化学阻抗图谱，通过分析阻抗图谱从而获得电化学系统的电极过程动力学、双电层和扩散过程等[29]。该技术由荷兰物理化学家于 20 世纪 60 年代初成功运用到电化学过程的研究中，经过数十年的发展，目前已经成为材料冶金、化学化工、电工电子、生物医学等领域研究电极材料、固体电解质、导电高分子及腐蚀防护等机理的重要测试手段[30-31]。其基本原理描述如下：

在电化学体系使用电化学阻抗谱的研究过程中，可将电化学系统看作是一个由电容电阻等组成的未知等效电路，如果向该待测电化学系统 M 输入某一频率的小振幅正弦电压（或电流）扰动信号 X，待测系统产生的响应输出电流（或电压）信号为 Y，若待测系统内部是线性稳定结构，则输出信号 Y 便是输入信号 X 的线性函数，即 $Y=G(\omega)\cdot X$，其中 $G(\omega)$ 为传递函数，用于描述输入与输出之间的函数关系。

若 X 是角频率为 $\omega(\omega=2\pi f)$ 的正弦电流信号，则响应信号 Y 是角频率为 ω 的正弦电压信号，$G(\omega)$ 也是角频率 ω 的函数，$G(\omega)$ 即为系统 M 的阻抗，一般使用 Z 表示。如果 X 是角频率为 ω 的正弦电压信号，则 Y 是角频率为 ω 的正弦电流信号，$G(\omega)$ 也是角频率 ω 的函数，$G(\omega)$ 即为系统 M 的导纳，一般可用 $\boldsymbol{A}$ 表示。阻抗和导纳二者互为倒数，即 $\boldsymbol{Z}=\frac{1}{\boldsymbol{A}}$。阻抗 $\boldsymbol{Z}$ 是随信号频率变化的矢量，通常用与频率相关的复变函数表示，即 $\boldsymbol{Z}=\boldsymbol{Z}'+\mathrm{j}\boldsymbol{Z}''$，其中 $\mathrm{j}^2=-1$，阻抗具有复数的性质，阻抗的模 $|\boldsymbol{Z}|=\sqrt{(\boldsymbol{Z}')^2+(\boldsymbol{Z}'')^2}$ 阻抗的相位角 $\tan\varphi=\frac{\boldsymbol{Z}''}{\boldsymbol{z}'}$。进行交流阻抗测试时，通过测定不同频率 $\omega(f)$ 的扰动信号 X 和响应信号 Y 的比值，得到不同频率下阻抗的实部 $\boldsymbol{Z}'$、虚部 $\boldsymbol{Z}''$、模值 $|\boldsymbol{Z}|$ 及相位角 φ，然后将这些量绘制成各种形式的曲线图，即交流阻抗图谱，通过分析阻抗图谱便可获得系统 M 的电化学信息。

通常交流阻抗图谱有 Nyquist 图、Bode 图、Warburg 图等多种基本表示方式。

Nyquist 图，也称 Cole−Cole 图，是以阻抗实部 **Z′** 为横轴，虚部 **Z″** 为纵轴所构成的图谱，如图 6.15 所示，Nyquist 图是最常用的阻抗数据的表示形式，可以直观表示体系的电阻参数，一定程度上可以反映出待测体系的时间常数，但对电容等参数的表示不够直观，Nyquist 图也可用于大致推断电极过程的机理和估算电极过程的部分动力学参数。Bode 图是以输入信号频率 f（或 $\log f$）为横轴、分别以阻抗模 $|\mathbf{Z}|$ 和相位角 φ 为纵轴构成的图谱，如图 6.16 所示，Bode 图可直观表示出与时间及频率相关的阻抗信息，还可以用于分析体系中的不同弛豫过程。

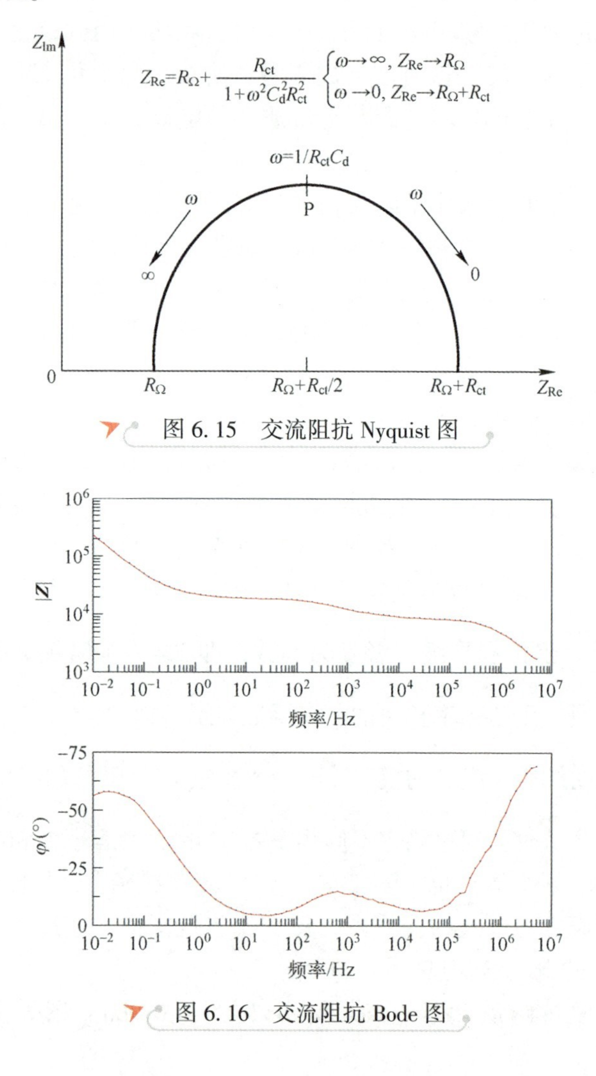

图 6.15　交流阻抗 Nyquist 图

图 6.16　交流阻抗 Bode 图

固体电解质气湿敏感器由一层固体电解质和两个或两个以上多孔电极组成。电化学阻抗谱是研究其电化学过程的重要手段。其交流阻抗谱有别于其他化学体系，理想固体电解质气湿敏传感器的 Nyquist 阻抗谱应包含三个阻抗弧，如图 6.17 所示，其高频、中频及低频段的阻抗弧分别代表质子导体的晶粒阻抗、晶界阻抗及电极阻抗，高频区阻抗弧与横轴的截距为晶粒电阻 R_b，中频区阻抗弧与横轴的截距为晶界电阻 R_{gb}，二者之和为质子导体的总电阻 R_t，低频区阻抗弧与横轴的截距为电极电阻 R_{el}，实际测试阻抗时，由于“弥散效应”和电解质的不均匀性均会导致所测得的阻抗弧并非理想的半圆，而是存在一定程度的压扁现象（即半圆旋转现象）。

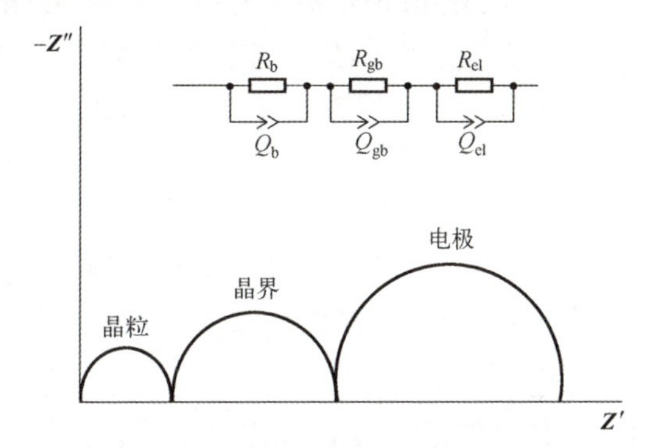

图 6.17　固体电解质气湿敏传感器阻抗谱及等效电路图

一般在低温测试条件下，才有可能测到晶粒阻抗弧，这主要是由于晶粒电容非常小，只有在低温区晶粒电阻足够大的情况下才有可能观察到，因此在低温区质子导体的阻抗谱可能会出现 3 个阻抗弧，其基本特征和等效电路与上述理想阻抗谱相同。

在中温测试条件下，一般不太容易区分出晶粒阻抗弧，而仅能区分出晶界阻抗弧和电极过程阻抗弧，因此相应的阻抗谱一般由 2 个阻抗弧构成，其中晶界阻抗弧的高频端与横轴的截距为 R_b，晶界阻抗弧与横轴的截距为 R_{gb}，电极阻抗弧与横轴的截距为 R_{el}。

在高温测试条件下，阻抗谱中有时仅可以区分出电极过程阻抗弧，即阻抗谱只有 1 个阻抗弧构成，电极过程阻抗弧高频端与横轴的截距即为总电阻 R_t，电极阻抗弧与横轴的截距为 R_{el}。

综上所述，质子导体 Nyquist 图中阻抗弧个数一般为 1~3 个，不同体系和测试条件下情况不尽相同。

6.3 固态电化学气湿敏传感器的应用

6.3.1 汽车尾气检测

1）lambda 浓差电池式空燃比传感器

自 19 世纪末以来，汽车一直是人类的主要交通方式。由于它由碳氢燃料燃烧提供动力，燃烧过程中的空燃比（A/F）是控制油耗和污染物排放的关键参数。汽车排放的 CO、C_mH_n和 NO_x 不仅有害，还会导致酸雨。20 世纪 60 年代美国洛杉矶雾霾事件引发了许多发达国家从 20 世纪 70 年代开始强制使用三效催化转化器和氧化锆 A/F 传感器。三效催化剂将 NO_x 还原成 N_2，并将 CO 和 C_mH_n氧化成 CO_2和 H_2O。德国 Bosch 公司早在 1976 年和 1982 年就先后研制成功不带加热器和带加热器的套管式 O_2传感器，并于 1976 年首次将其应用于 Volvo 汽车。经过几十年的发展氧传感器已经由原来的 U 形管式 lambda 氧传感器，发展到了片式 lambda 氧传感器[2]。

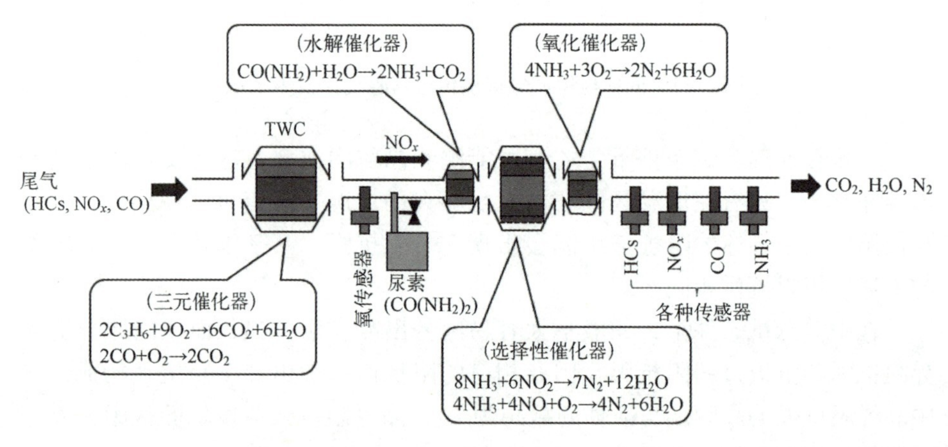

图 6.18 汽车尾气传感器的应用

（1）U 形管式 lambda 氧传感器。

lambda 传感器结构如图 6.19 所示，顶针形状传感器的内部和外部分别暴露在空气基准和汽车废气中[21]。电池的电动势（EMF）可以在下面的能斯特方程中给出。

$$V=-t_{ion}\frac{RT}{4F}\ln\left(\frac{P_{O_2}(\text{exhaust})}{P_{O_2}(\text{air})}\right) \tag{6.7}$$

式中：t_{ion}，R、T、F、$P_{O_2}(\text{exhaust})$、$P_{O_2}(\text{air})$ 分别为空气参考值和排放物的离子迁移数、普适气体常数、绝对温度、法拉第常数和氧分压；$4F$ 表示 4 个电子参与了将阴极的 O_2 分子转变为 $2O^{2-}$，然后在阳极将其恢复为 O_2 分子的过程。当电解质为完全离子导体 $t_{ion}=1$ 时，电动势出现最大值，当混合导电或电子导电占主导地位时，电动势减小。因此，纯固体电解质是传感器应用的理想材料。低温时，由于电极催化活性不足、电解质离子电导率低，三相界面的氧离子化变得困难。因此，传感器通常工作在 400℃ 以上。工作时，lambda 传感器将尾气中氧含量的浓度值反馈给汽车电子控制单元（ECU），ECU 将汽油发动机的空气和燃料比控制在 14.7 左右，如图 6.20 所示，使三元催化转化具有最高的效率，大大降低了尾气中污染物的排放。

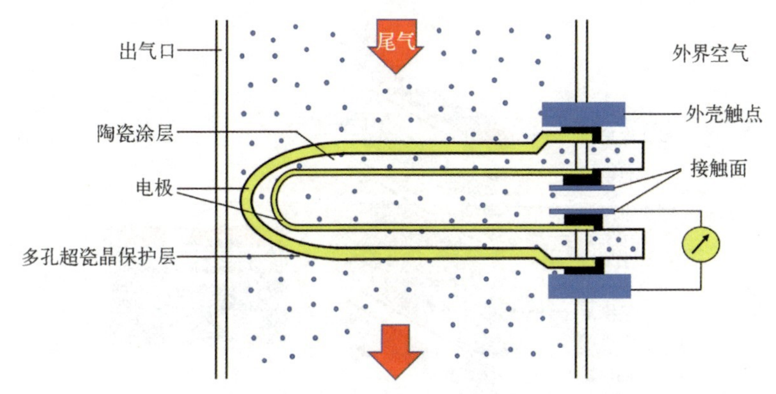

图 6.19　U 形管式 lambda 传感器的结构示意图

（2）片式 lambda 氧传感器。

片式 lambda 氧传感器的工作原理与 U 形管式 lambda 氧传感器的工作原理相同。片式 lambda 氧传感器借助 HTCC 工艺改变传感器的结构提高了传感器的性能，同时降低了传感器的材料成本和生产成本。图 6.21 所示是片式结构 lambda 传感器的结构图。封装之后的片式结构 lambda 传感器头部置于被测尾气之中，外电极与被测尾气相接；传感器的尾部置于空气之中，内电极通过传感器内部一端封闭的空气气道与空气相接。工作时两电极之间产生与尾气中氧浓度相关的电信号。

片式结构氧传感器将加热器与传感器的浓差电池制作为一个整体，体积小、导热快，传感器的启动时间短，能够使发动机更快地进入最佳空燃比工

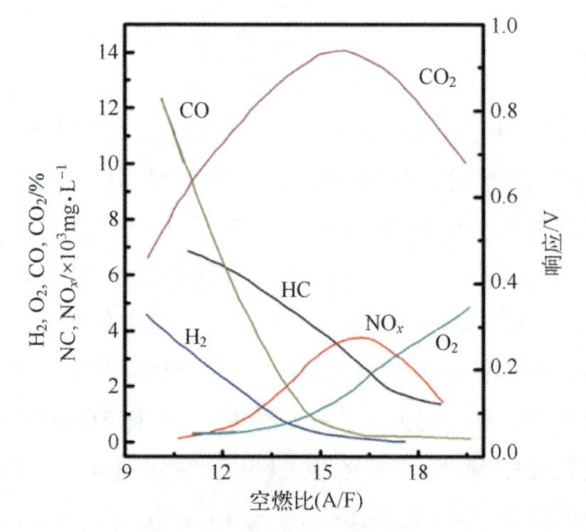

图 6.20 发动机尾气污染物排放（处理前）与空燃比的关系

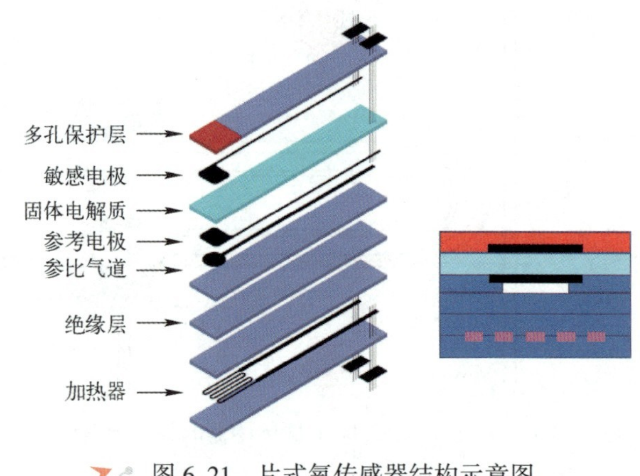

图 6.21 片式氧传感器结构示意图

作状态。图 6.22 是 U 形管式 lambda 传感器和片式 lambda 传感器启动过程对比曲线。

（3）NO_x 传感器。

固体电解质气湿敏传感器能够经受汽车尾气、工业尾气和高温高压的冲击，可用于控制燃料燃烧过程和监测空气污染物。对汽车和工业过程排放的 NO_x（NO 和 NO_2）等有害污染物的精确现场测量的需求日益增加，基于 YSZ 固体电解质的 NO_x 传感器已被证明是在恶劣环境下最可靠的器件[32-34]。

① 电流型 NO_x 传感器。

从 O_2传感器发展起来的电流型 NO_x 传感器已经在汽车尾气后处理系统中

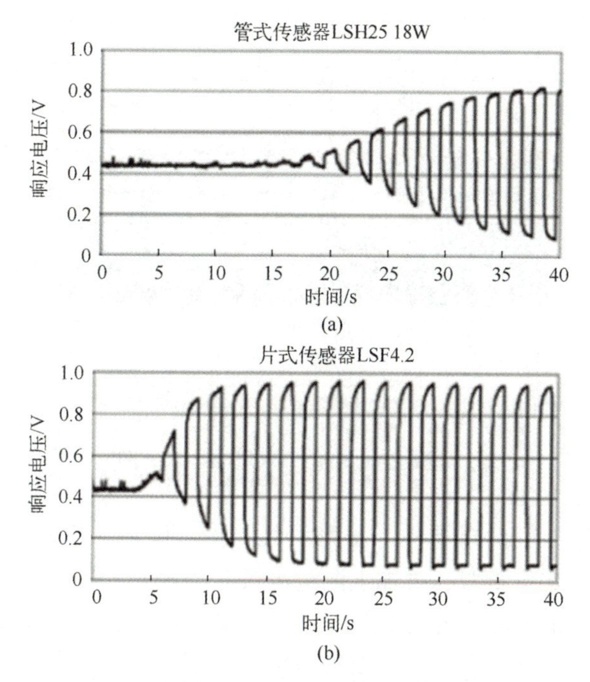

图 6.22 U 形管式传感器与片式传感器启动对比图[21]

得到广泛应用。1999 年，日本 NGK 公司开发出了汽车用电流型 NO_x 传感器并不断对其进行升级换代，最新的 NO_x 传感器结构如图 6.23 所示[35]。

电流型 NO_x 传感器为片式结构，包括两个腔室，第一个腔室通过第一个扩散通道与尾气连通，第二个腔室通过第二个扩散通道与第一个腔室分开，主泵内电极辅助泵内电极，NO_x 测量电极与主泵外电极分别构成三个氧泵，能够将腔内的氧气输送到外腔外。NGK 公司的 NO_x 传感器芯片拥有两个空腔和多路电池结构，通过对腔体内的测量气体进行分级、分室控制，实现了对 NO_x 的测量，如图 6.24 所示[36]。测量原理细节如下：

首先，测量气体经过传感器表面的狭缝扩散进入第一空腔中，通过主泵的作用，第一空腔中的氧气大部分被抽出，NO 与 NO_2之间的化学平衡被打破，在高温（780℃左右）下发生下列反应：

$$2NO_2 \rightarrow 2NO + O_2 \tag{6.8}$$

从而导致 NO_2的分解。同时通过闭环控制，使第一空腔中的氧气的浓度保持在一个适合的范围内，保证不会使 NO 分解。与此同时，尾气中的 HC、H_2、CO 等可燃性气体在 Pt 电极的催化作用下氧化燃烧。

其次第一空腔中经过初步泵氧的待测量气体通过第二扩散狭缝进入到第

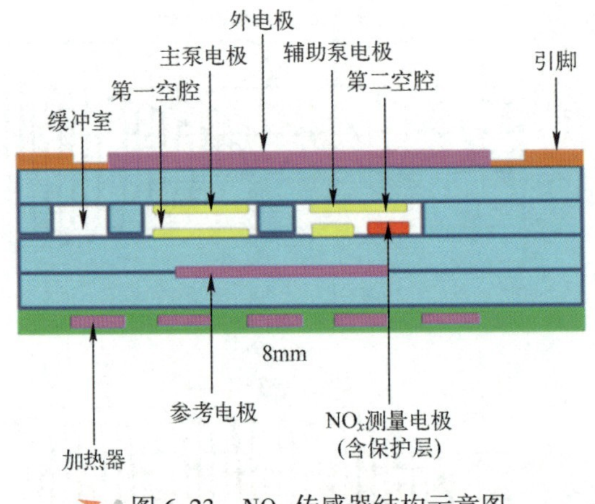

图 6.23　NO_x 传感器结构示意图

二空腔里，由于在辅助泵上进一步将氧气排出，使第二空腔里面氧气浓度继续降低到亿万分之一量级，再加上测量电极对的 NO 电催化分解作用，使得尾气中的 NO 气体在测量电极上发生反应，导致 NO 分解成 N_2和 O_2，即

$$2NO \rightarrow N_2 + O_2 \tag{6.9}$$

最后式 6.9 所分解生成的 O_2被测量泵不断抽走，在泵电极上产生的泵电流与 NO_x 的浓度对应，此时的泵电流值就代表了测量气体中的 NO_x 浓度。在测量泵电极上产生的电流与 NO_x 浓度成正比关系，如式 6.10 所示。

$$P_{NO_x} = \alpha_{NO_x} \times I_{P2} + \beta_{NO_x} \tag{6.10}$$

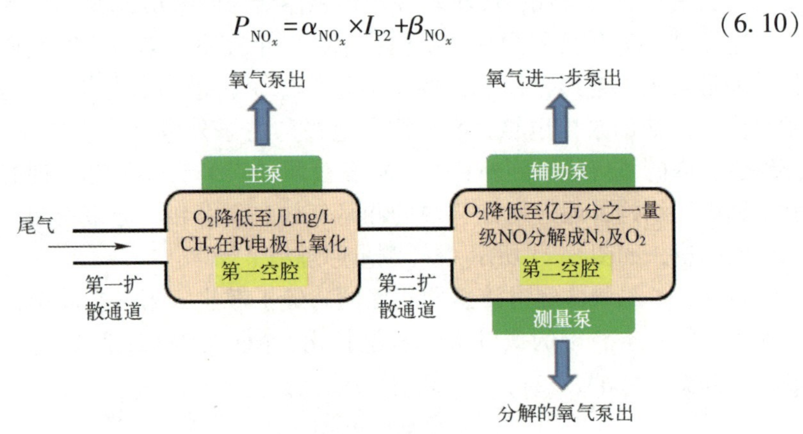

图 6.24　NO_x 传感器工作原理图

电流型 NO_x 传感器可以同时测得 NO_x 和 O_2浓度，根据此原理配合专用的控制电路，该传感器已在汽车柴油发动机上配合选择性催化系统（SCR）广

泛应用。

② 混合电位型 NO_x 传感器。

在过去的十年里，YSZ 基混合电位型 NO_x 气体传感器的重要进展在许多文献中都有充分的报道[37-40]。传感器结构如图 6.25 所示，混合电位型 NO_x 传感器工作机制解释如下：当 NO_2（或 NO）与 O_2在尾气中共存时，如下所示，在 SE/YSZ 界面同时发生阳极和阴极反应。

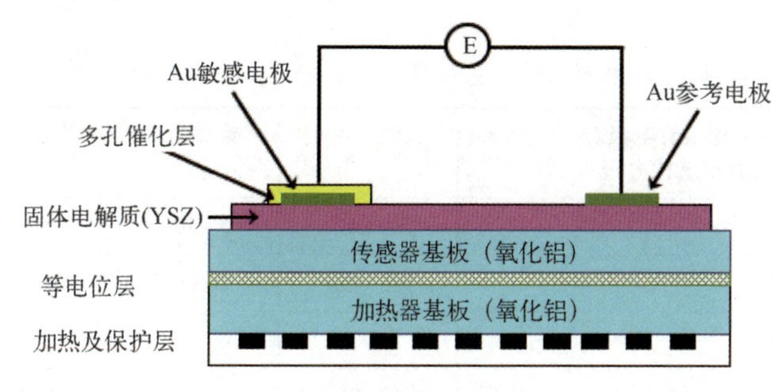

图 6.25　混合电位型 NO_x 传感器结构示意图

对于 NO_2而言，阳极部分反应为

$$2O^{2-} \rightarrow O_2 + 4e^- \tag{6.11}$$

阴极部分反应为

$$2NO_2 + 4e^- \rightarrow 2NO + 2O^{2-} \tag{6.12}$$

对于 NO 而言，阳极部分反应为

$$2NO + 2O^{2-} \rightarrow 2NO_2 + 4e^- \tag{6.13}$$

阴极部分反应为

$$O_2 + 4e^- \rightarrow 2O^{2-} \tag{6.14}$$

当阳极反应式（6.11）和式（6.13）的速率分别等于阴极反应式（6.12）和式（6.14）的速率时，在 SE 处出现混合电位。当 YSZ 基 NO_x 传感器对 NO 和 NO_2的电动势响应相反，对 NO_2的电动势为正，对 NO 的电动势为负。值得注意的是，当样品气体组成（$NO/NO_2/O_2$）接近反应平衡（$2NO_2 = 2NO + O_2$）时，几乎不产生混合电位。混合电位型 NO_x 传感器的传感特性不仅与 SE 材料的组分、催化活性有关，而且与其形貌（包括颗粒尺寸、孔隙率和厚度）密切相关。因此，即使对于相同化学成分的 SE 材料，不同的合成方法和不同的烧结温度制备的 SE 材料的 NO_x 传感特性也会有很大的不同。为了解决这一问题，同时满足混合电位型 NO_x 传感器的高灵敏度和高选择性，寻找新的 SE 材料和控制其形貌成为人们关注的焦点。表 6.1 是到目前为止文献中报道的混合电位型 YSZ 基 NO_x 传感器的总结。综合目前国内外的研究小组的最新研究结果，普遍认为 SE 材料的化学成分和结构形貌是进一步提高 YSZ 基混合电位型 NO_x 传感器传感性能的关键因素。此外，还发现纳米结构 SE 材料的传感特性与其体相样品有很大的不同。例如，通过射频溅射技术制备的纳米结构的 Au-Se 对 NO_2 表现出显著的灵敏度和选择性，而大块样品则没有气体选择性。因此，如何揭示纳米结构 SE 材料的传感特性，从而进一步提高传感器的性能，还有待于下一步的工作。

表 6.1　文献中混合电位型 YSZ 基 NO_x 传感器的研究

传感器结构敏感电极/固体电解质渗比电极	工作温度/℃	检测范围/$mg \cdot L^{-1}$	年份/年	参考文献
$CdMn_2O_4$ | YSZ | Pt	500~600	5~4000	1996	41
$CdCr_2O_4$ | YSZ | Pt	500~600	20~600	1997	42
$CdCr_2O_4$ | YSZ | Pt	800	0~2500	1998	43
WO_3 | YSZ | Pt	500~700	5~200	2000	44
$NiCr_2O_4$ | YSZ | Pt	550~650	25~436	2001	45
$ZnCr_2O_4$ | YSZ | Pt	600~700	50~436	2002	46
$ZnFe_2O_4$ | YSZ | Pt	600~700	50~436	2002	47
WO_3/Pt(orAu) | YSZ | Pt	500~700	300~1000	2003	48
$V_2O_3(+Al_2O_3)$ | YSZ | Pt	440~460	0~1000	2003	49
Cr_2O_3 | YSZ | Pt	450~650	500	2003	50
Cr_2O_3 | YSZ | Pt	600	10~200	2004	51
Cr_2O_3 | YSZ | Pt	500	200~800	2004	52
$La_{0.8}Sr_{0.2}FeO_3$ | YSZ | Pt	450~700	20~1000	2004	53
ZnO | YSZ | Pt	600~700	40~450	2004	54
$LaFeO_3$ | YSZ | Pt	450~700	20~1000	2004	55，56
NiO | YSZ | Pt	700~900	10~400	2005	57，58
$La_{0.8}Sr_{0.2}CrO_3$ | YSZ | Pt	450~650	0~500	2006	59
CuO-$CuCr_2O_4$ | YSZ | Pt	518~659	10~500	2006	60
NiO(+Au) | YSZ | Pt	600~800	50~400	2008	61
Au | YSZ | Pt	600	50~400	2008	62

续表

传感器结构敏感电极/固体电解质渗比电极	工作温度/℃	检测范围/$mg \cdot L^{-1}$	年份/年	参考文献
$La_{0.6}Ca_{0.4}Mn_{1-x}Me_xO_3$ | YSZ | Pt	550	50~800	2008	63
NiO(+YSZ) | YSZ | Pt	700	100~500	2009	64
NiO(+Cr) | YSZ | Pt	800~900	50~400	2009	65
$Ni_{1-x}Co_xO$ | YSZ | Pt	800	10~400	2009	66
La_2CuO_4 | YSZ | Pt	400~600	50~400	2011	67
CuO | YSZ | Pt	550	10~100	2012	68
$SmFeO_3$ | YSZ | Pt	300~500	30~90	2013	69
$MnCr_2O_4$ | YSZ | Pt	650	5~600	2013	70
$WO_3-Cr_2O_3$ | YSZ | Pt	800	20~300	2013	71
$MnCr_2O_4$ | YSZ | Pt(Porous YSZ)	800	10~500	2013	72
$NiCr_2O_4$ | YSZ | Pt (laser writing)	800	5~500	2014	73
$La5/3Sr1/3NiO_4$-YSZ | YSZ | Pt	400	100~700	2014	74
Activated carbon | YSZ | Pt	300	2.5~300	2014	75
NiO | YSZ | Pt (sand blasting)	850	10~200	2015	76
Nano NiO | YSZ | Pt TPB coat technique	800	10~500	2015	77
$Co_3V_2O_8$(+40%YSZ) | YSZ | Pt	700	10~400	2015	78
Au=10%YSZ | YSZ | Pt	450	20~100	2015	79
NiO | YSZ | Pt	850	10~400	2016	80
In_2O_3 | YSZ | Pt	700	5~300	2016	81
$CoNb_2O_6$ | YSZ | Pt	750	2~300	2016	82
$CoNb_2O_6$ | YSZ | Pt	750	0.1~2	2016	82
NiO | YSZ | Pt	600	20~80	2016	83
$MoO_3-In_2O_3$ | YSZ | Pt	500	10~200	2016	84
$LaFeO_3$ | YSZ | Pt	550	15~60	2016	85
$CoTa_2O_6$ | YSZ | Pt	650	0.5~500	2017	86
Nb_2O_5 | YSZ | Pt	800	10~400	2017	87
NiO-YSZ | YSZ | Pt	400	3~100	2018	88
$CeO_2-Cr_2O_3$ | YSZ | Pt	450	5~200	2018	89

续表

传感器结构敏感电极/固体电解质渗比电极	工作温度/℃	检测范围/$mg \cdot L^{-1}$	年份/年	参考文献
NiO|YSZ|Pt-ion beam etched TPB	850	2~100	2018	90
NiO|YSZ|Pt	600	2~100	2019	91
WO_3|YSZ|Pt	500	0.06~10	2019	92
a-Fe_2O_3-SnO_2|YSZ|Pt	650	20~100	2019	93
Fe_2O_3-SnO_2|YSZ|Pt	650	10~100	2019	94
$LaFeO_3$|YSZ|Pt	250	10~200	2019	95
SnO_2-NiO|YSZ|Pt	700	5~100	2019	96

（4）NH_3传感器。

为了分解汽车排放的各种有害气体（如 HCS、NO_x 和 CO），在排气管的中途安装了利用铂（Pt）、钯（Pd）和铑（Rh）的三效催化剂（TWC）。然而，在贫燃（即空气过量）的条件下，会提高发动机的燃油利用率，此时 TWC 不能有效地脱除尾气中的 NO_x。最近，一种在贫燃条件下也能有效运行的独特的脱硝系统已经被开发并安装到车辆上，称为选择性催化还原（SCR）系统。在这个系统中，利用尿素水溶液热水解生成 NH_3，产生的 NH_3气体与 NO_x 反应，转化为环境安全的 N_2和 H_2O，如图 6.26 所示。如果 SCR 催化剂下游的 NH_3氧化催化剂不能正常工作，过量喷射尿素会导致未反应的 NH_3排放到大气环境中。在柴油发动机下游的基于 YSZ 的 NH_3传感器，通过将当前 NH_3传感器的信号反馈到尿素喷射控制系统，可有效地分解总 NO_x 的 90%，NH_3漂移实际上被抑制在 25mg/L 以内。为了减少 NH_3的排放，近年来对研制高灵敏度、高选择性、高稳定性的 NH_3传感器的需求很大。NH_3传感器开发的最终目标是将研制的 NH_3传感器应用于汽车尾气排放的实际环境中。固体电解质型 NH_3 传感器又可以分为电势型 NH_3传感器和电流型 NH_3传感器。

① 电流型 NH_3 传感器。

从 O_2传感器发展起来的电流型 NO_x 传感器已经在汽车尾气后处理系统中得到广泛应用。1999 年，日本 NGK 公司开发出了汽车用电流型 NO_x 传感器并对其进行了升级换代，后来在电流型 NO_x 传感器基础上研发出电流型 NH_3传感器，因此电流型 NH_3 传感器与电流型 NO_x 传感器的测试原理基本相同。[97-98]

2011 年 2 月，日本 NGK 公司在电流型 NO_x 传感器基础上研制出了电流型 NH_3传感器，如图 6.26 所示。电流型 NH_3传感器工作时，NH_3在第一腔室发生氧化反应生成 NO_x，NO_x 在第二腔室被解离成 N_2和 O_2，根据 I_{p2}氧电池测量在第二腔室生成的 O_2的浓度得到电流信号 I_{p2}，由反应方程式可以间接计算得到 NH_3的浓度。电流型 NH_3传感器与电流型 NO_x 传感器一样，泵氧电池的存在能够适用于氧化性气氛和还原性气氛，但是类似于 NO_x 传感器易受 NH_3的干扰，电流型 NH_3传感器也会受到 NO_x 气体的干扰。

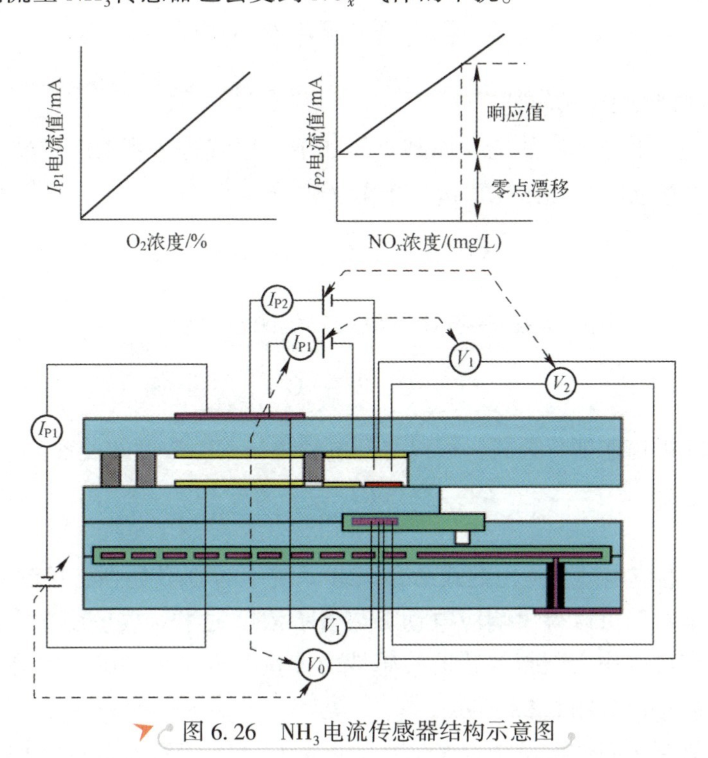

图 6.26 NH_3电流传感器结构示意图

综合电流型 NO_x 传感器和电流型 NH_3传感器在结构和功能上的相似性，2011 年 3 月，日本 NGK 公司的研究人员在电流型 NO_x 传感器基础上增加 NH_3敏感元件，制备出了可以同时检测 NO_x 和 NH_3的混合电流型 NO_x/NH_3传感器，如图 6.27 所示。

电流型 NH_3传感器具有适用性强、抗干扰能力强、测量精确度高等特点。但是，电流型 NH_3传感器由多个腔室和泵氧电池组成，结构复杂，制备工艺烦琐，需要用到大量贵金属做电极，导致其生产成本较高。

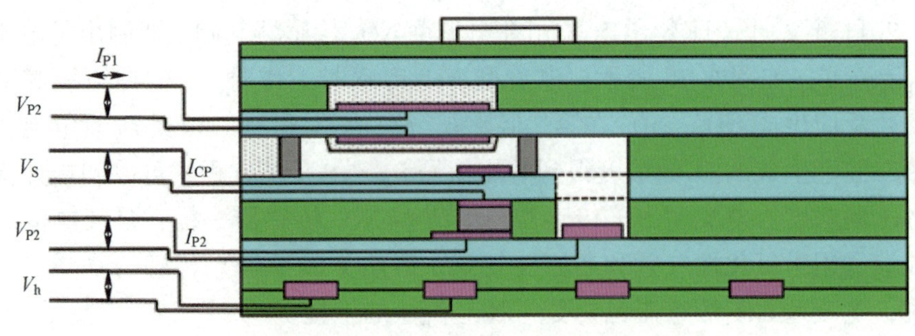

图 6.27 混合电流型 NH_3 传感器

② 电势型 NH_3 传感器。

电势型 NH_3传感器的工作原理具体如下：尾气进入到 NH_3传感器的检测腔，尾气中的 NH_3气在敏感电极发生阳极反应[4]：

$$\frac{2}{3}NH_3+O^{2-}\to\frac{1}{3}N_2+H_2O+2e^- \tag{6.15}$$

同时，尾气中的 O_2在 Pt 参比电极处发生阴极反应：

$$\frac{1}{2}O_2+2e^-\to O^{2-} \tag{6.16}$$

根据非平衡能斯特公式，可以得到电动势与 NH_3浓度的关系：

$$V\approx\frac{RT}{3F}\ln C_{NH_3}-\frac{RT}{4F}\ln C_{O_2}+\frac{RT}{2F}\ln C_{H_2O} \tag{6.17}$$

式中：V 为响应电动势。由此式结合 SCR 系统中的 O_2传感器，控制 O_2与 H_2O 的浓度为常数，可以得出响应电动势与 NH_3浓度的半对数呈线性关系，拟合曲线的斜率可以作为判断传感器敏感性的度量，定义为敏感度电势型 NH_3传感器的响应特性如图 6.28 所示。

基于氧离子固体电解质（YSZ）的电势型 NH_3传感器具有结构简单、响应灵敏、耐高温等特点，但是干扰性气体对电势型 NH_3传感器的影响因敏感材料的不同而不同，其中 NO_x 对电势型 NH_3传感器的干扰不能忽视，因此电势型 NH_3传感器对敏感材料要求较高。目前，具有高选择性的 NH_3敏感材料成了电势型 NH_3传感器的关键和研究热点。

6.3.2 湿度检测

精确、稳定地检测待测湿度或气体浓度，在航空航天、临床医学诊断、环境监测、药品运输存储、生物化学检测等领域具有重要的应用价值，是气

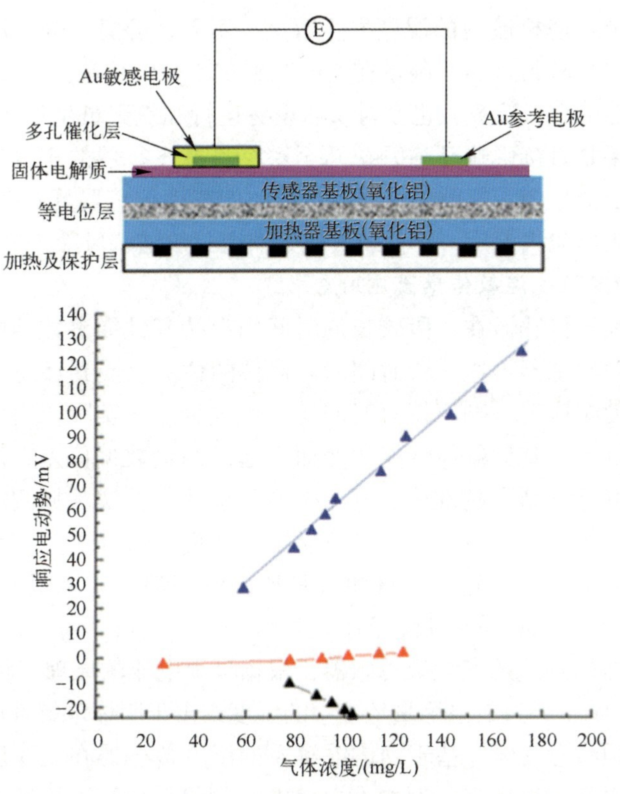

图 6.28　混合电势型 NH_3 传感器结构与响应特性

湿敏传感器领域发展的重要方向。

1）高灵敏气湿敏传感器的应用需求

灵敏度是传感器最重要的特征参数，是保证传感器对待测环境进行精确监测的首要因素。很多领域的气湿敏传感系统都面临着高灵敏度的挑战。例如在化学药品储运等领域，有些药品对湿度极其敏感，比如口炎清浸膏粉，为保持储存稳定性，其储存的环境相对湿度不得高于 18.8%，否则极易出现粘壁、软化和结块现象，甚至潮解或霉变，影响治疗效果，因此需要严格限制储运环境的湿度变化。基于湿度传感原理的人体呼吸检测仪，多用于专业的照护情况，需要精确采集测试者呼吸过程的湿度变化，提供准确的呼吸频率资料，而人体在呼吸时，鼻孔周围的湿度变化范围较小，必须采用高灵敏的湿度传感器才能监测。尤其是在航天领域，航天器里温度、湿度、压力等各项参数都有严格技术指标，航天器舱内空气湿度控制是环控生保系统的一个重要分系统，用以确保航天员正常的工作和生活。而航天员出汗、呼吸排出的湿气等都会使机舱内的湿度发生改变。睡眠、静息、轻度活动和中度活动情况下，单个航天员的产湿量在50g/h到155 g/h不等。在失重的环境下，水蒸气会在舱壁形成冷凝，也会对仪器设备运行和航天员生活产生不利影响，更严重的后果是直接影响环控系统乃至整个目标飞行器的正常运转，甚至会威胁到航天员的生命。这就要求环控系统内的湿度传感器具有高灵敏度特性，准确检测航天器舱内湿度，降低载人航天器密封舱结露风险。

2）高稳定性气湿敏传感器应用需求

稳定性表示传感器在一段较长的时间内保持其性能参数的能力。一般情况下，气湿敏传感器工作一段时间后，器件的性能会受到环境温度等环境因素的影响，使响应度、响应恢复时间等发生改变。在实际应用中，器件的性能越稳定越好，以避免器件性能改变而引起的测量数据偏差。传感器稳定性越高，代表其测试结果越准确。解决生产和生活中的实际探测需求，开发出可长期稳定工作的气湿敏传感器是科研工作者们的研究重点。在工业生产的一些领域，如干燥食品业、木材和纸张加工业等都对环境湿度有严格要求，需要精确控制生产加工的湿度区间。

基于固体电解质的气湿敏传感器，根据极限电流的原理，将H_2O电催化分解成H_2和O_2，通过氧泵测量环境中的湿度。由于固体电解性能稳定，极限电流原理无须参考气体，基于固体电解质的湿度传感器在工业燃烧的环境中湿度监测中得到广泛应用，例如火力发电厂的尾气监控、垃圾焚烧厂的尾气检测。但通常需要加热到350℃以上，才能开始工作，发挥其敏感性能。但是在尾气环境中，尤其是在垃圾焚烧的环境中，尾气环境极其恶劣且不可控，对传感器稳定性和抗中毒能力是一个极大的考验。

6.3.3 氢气检测

氢气作为一种用之不尽的无污染能源，已受到世界各国专家的重视，并广泛应用于石化、电子、医疗、医药、航空等领域。同时，氢气在作为推进燃料方面比传统燃料更有其优越的特性，因此火箭发动机开始使用氢气作为主要推进燃料。此外，氢分子最小、最轻，氢气易燃、易爆。在室温和标准大气压下，当空气中泄露的氢气浓度为4%~74.5%时，空气变得易燃，从而也极易导致空气爆炸[99]。另外，在石油工业上许多工艺过程需用氢气，如加氢裂化、加氢精制、加氢脱硫、催化加氢等。氢气还是一种还原性气体，可用于提炼重要金属钨和钼等。因此，无论是为了预防氢的积累还是要利用氢的场合，研制对氢的含量进行测量和监控的探测器显得非常重要。长期以来，人们一直努力寻找灵敏度高、选择性好、响应速度快、稳定性好、价格低廉、制作工艺简单、易集成化的氢气传感器，以用于氢气含量的在线监测。

第一个电化学氢传感器是 Childs 在 1978 年发明的。从此以后，出现了几种室温固态电化学氢检测仪的原型仪器，其中一些已得到实际应用。例如 Hultquist 用电化学监测仪研究了铜（Cu）在纯水中腐蚀氢的产生。Liaw 研制了一种在高温下使用的电化学氢传感器。随着氢传感器的进一步发展，越来越多方便、实用的固态电解质传感器得到研究开发，其中包括有机固体电解质氢传感器和无机离子固体电解质传感器两种。

固态电解质电化学测氢传感器元件由三部分构成：参比电极，固体电解质和氢敏电极。其基本构型如图 6.29 所示。其氢敏机理包括氢的氧化和氧的还原，当参比电极电势固定时，元件电动势与氢分压对数呈线性关系：

$$E=E_0+b\lg P_{H_2},\quad E_0=a-E_{参} \tag{6.18}$$

式中：E 表示元件电动势；$E_{参}$ 表示参比电极电动势；a 是常数，贵金属铂（Pt）或钯（Pd）为敏感电极时，b 值在 $-140\sim-90$mV 之间，与 -116mV 相近。可见，作为氢敏元件，其灵敏度较高。

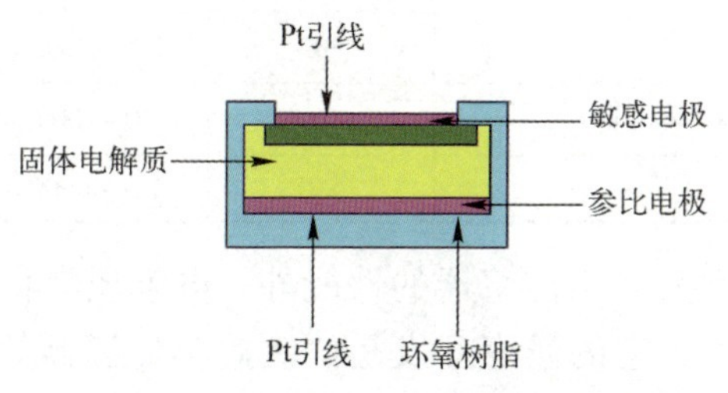

图 6.29　电化学型氢传感器元件简图

YSZ 的混合电位型 H_2 传感器具有灵敏的选择性响应，因此受到了研究学者的广泛关注。Tang 和 Yang 使用涂覆（$ZnO-CuO-Al_2O_3$）氧化物催化剂的 Pt 敏感电极制作并研究了基于 YSZ 的 H_2 传感器。该传感器被证实能够提供百万分之一的 H_2 响应。Lu 等使用不同的 SE 结构报道了附着在贵金属网（Pt）金属氧化物（如 ZnO）上的 YSZ 基传感器，也表现出对 H_2 的敏感响应。使用贵金属 SE（包括催化剂和集电器）的传感器的昂贵材料成本已成为利用廉价金属氧化物作为 SE 材料的动机之一。Fadeyev 等也报告了最近关于利用金属氧化物作为敏感电极的类似成果，与其他单氧化物相比，使用 ZnO 和 SnO_2 作为敏感电极的传感器产生了更高的 H_2 响应。表 6.2 总结了基于 YSZ 的 H_2 检测传感器的发展。

表 6.2　文献中 YSZ 基混合电位型氢气传感器的研究

传感器结构敏感电极/固体电解质渗比电极	工作温度/℃	检测范围/mg · L^{-1}	年份/年	参考文献
ZnO | YSZ | Pt	400~600	50~500	1996	[100]
ITO | YSZ | Ag	500	200~2000	2004	[101]
ITO | YSZ | Pt	450~550	200~27000	2005	[102]
ITO | YSZ | Pt	535	1000~20000	2010	[103]
SnO_2(+YSZ) | YSZ | NiO-TiO_2	600	20~800	2012	[104]
Au-mesh | YSZ | Pt	550	10~400	2013	[105]
$Cr_2O_3/Al_2O_3/SnO_2$(+YSZ) | YSZ | Pt	550	20~800	2013	[106]
ZnO-$Zn_3Ta_2O_8$ | YSZ | Pt	600	20~100	2013	[107]
ZnO+(+Ta_2O_5) | YSZ | Pt	500	10~400	2013	[108]
$ZnWO_4$ | YSZ | Pt	600	5000~30000	2014	[109]
$MnWO_4$ | YSZ | Pt	500	80~960	2015	[110]
Au-$ZrSiO_4$ | YSZ | Pt	500	20~400	2015	[111]
$CdWO_4$	500	5000~30000	2016	[112]
$La_{0.8}Sr_{0.2}Cr_{0.5}Fe_{0.5}O_3-\delta$ | YSZ | Pt	500	20~1000	2017	[113]
ITO | YSZ | Pt	550	10~40000	2017	[114]

除了电极材料大大影响传感器的性能外，电解质在传感器中起到支撑电极和传输离子的作用，它的研究开发是研制此类传感器的关键，尤其是它的导电性能。高聚物固态电解质是近 40 年发展起来的，Nafion 膜是美国杜邦（Dupont）公司生产的一种全氟磺酸型离子交换膜，具有优良的离子选择透过性、化学稳定性和一定的机械强度，是一种优良的质子导体固态电解质。最初 Nafion 膜被作为分离膜用于电解装置中，显示了良好性能。20 世纪 60 年代末，Nafion 膜被应用到离子交换膜燃料电池，取代聚苯乙烯磺酸膜，使电池寿命提高了数万小时。20 世纪 80 年代，Nafion 膜固态电解质电池因为具有能量效率高、功率密度大、无电解质泄漏等优点被投入到电动汽车的研发上。随后，Xianbolu 等制作的以 Nafion 膜为电解质的燃料电池型氢气传感器，可在线检测氢气，在氢气浓度为 0.056%~1.15%范围内，稳态电流与氢浓度呈线性关系，响应时间短。研究表明，在工作电极前加设聚乙烯膜，增大了氢气扩散阻力，可以提高氢气氧化电流与氢气浓度间的线性关系。M. Sakthivel 等以 Nafion 固体聚合物电解质为氢离子导体，通过化学还原方法在 Nafion 膜

表面镀上一层 Pt 膜，研制了一种小型的、响应性能高的、能在室温下少量水环境中工作的电流型氢敏传感器。可检测 1%～10%浓度范围的氢气，响应时间 10～50s，且电流与氢气浓度线性关系明确。用磷酸掺杂的聚苯并咪唑（PBI）也是一种具有卓越机械性能和热稳定性能的质子导体，即使在干燥环境中仍能表现出良好的质子导通性。

此外，人们在无机离子固体电解质材料的电导性能方面也有重大发现。H. Iwahara 等 1981 年发现，某些低氧化态金属阳离子掺杂的 ABO_3 钙钛矿型 $SrCeO_3$ 陶瓷，在高温（600～1000℃）下，氢气或水蒸气中是良好的质子导体。其后，又陆续发现掺杂的钙钛矿型 $BaCeO_3$、$CaZrO_3$、$SrZrO_3$、$BaZrO_3$ 等陶瓷在上述条件下也是良好的质子导体。这些材料后来被用作氢传感器的固体电解质，1990 年，Ando Yamakawa 将固体电解质（5%Yb_2O_3-$SrCeO_3$）用于电池，设计了新型的探测高温下钢铁中渗透的原子氢的仪器。它通过将电池与沉积了铂层的钢和无定形金属铜填充物连接在一起，可用于精确地测量高温下氢在普通碳钢和 2.25Cr-Mo 钢中的扩散系数及其含量，从而可预测氢对化工设备的侵蚀。1994 年日本 TYK 研究所利用 $CaZr_{0.90}ln_{0.10}O_{3-x}$ 为固体电解质，推出了名为“NOTORP”的实用型氢传感器，用于熔融铝中的氢活度测定。其响应时间一般为 3min，工作寿命为 50～100h。西北工业大学耿军平等利用 Yb^{3+} 掺杂的 $SrCeO_3$ 在高温时的 H^+ 导电特性制作了 $SrCe_{0.95}Yb_{0.05}O_{3-\alpha}$ 高温测氢探头，并利用该探头对氢在 45 号钢中的扩散行为进行了研究和分析。ABO_3 型钙钛矿复合氧化物因灵敏度高，选择性好，操作时可逆变化性强等而倍受各国科学家关注。

电化学固态氢传感器具有耐高温、选择性好、装配简单、便于微型化集成化的特点。因此广泛应用于实时原位的现场监测。但它也有明显的缺点，如有机固体电解质的电导率一般都较小，而无机固体电解质使用温度高、响应时间长等。

6.3.4 VOC 检测

可挥发性有机化合物（Volatile Organic Compound，VOC）是影响室内空气质量的主要原因之一。VOC 主要包括烷烃、烯烃、芳烃、醛类或酮类等物质，具有特殊的气味刺激性，而且部分已被列为致癌物，如氯乙烯、苯、多环芳烃等，部分 VOC 对臭氧层也有破坏作用，如氯氟烃和氢氯氟烃。VOC 浓度过高时，很容易引起急性中毒，轻者会出现头痛、头晕、咳嗽、恶心、呕吐；重者会出现肝中毒，甚至很快昏迷，有的还可能有生命危险。因此，对室内环境中各 VOC 的检测至关重要[115]。

在现有的用于检测污染气体的传感材料和技术中，固态电化学传感器因其体积小、成本低等优点被广泛应用。基于氧化锆的电化学传感器的研究包括对 O_2、NO_x、CO、CO_2、烃类和其他空气污染物气体检测的广泛研究。固态电化学传感器具有较强的机械稳定性和抗热应力能力。这有助于保持传感器的行为不太依赖于老化效应。此外，与半导体（如 SnO_2）传感器相比，这种类型的传感器的热稳定性有助于在恶劣环境和较高的温度条件下使用。最近，人们对使用固态传感器检测 VOC 越来越感兴趣，因为 VOC 已经给人类生活带来了严重的问题。在电位法中，当传感器暴露于一定的混合气体时，可以测量两个电极之间的开路电压。较早的研究小组已经研究了带有参考电极的电位氧化型传感器对空气中几种挥发性有机化合物的检测性能。

Mori 等研究了参考空气下 Pt/YSZ/Pt 结构中的电位型氧传感器，以检验检测空气中 VOC 的可行性。他们还调查了在一面 Pt 电极上涂金的影响，他们发现响应取决于表面的物理化学性质，如电极表面可用吸附位点、催化活性位点和反应动力学位点的数量，可氧化的种类和温度。这些研究人员在另一项研究中研究了一个氧传感器 Pt 电极上的 $SmFeO_3$催化层对传感器对 VOC 的敏感性和选择性的影响。此外，还研究了该催化层厚度对灵敏度和响应时间的影响。Sato 等最近还研究了包括 SnO 在内的各种氧化物，作为电位 YSZ 型传感器的敏感电极，该传感器对作为代表性 VOC 之一的甲苯浓度很低时表现出很高的响应。此外，NASICON 在制作 VOC 传感器方面有广泛应用，如：卢革宇等以 NASICON 为离子导电层，分别以 Cr 掺杂 NiO 和 Cr_2O_3为敏感电极材料制作了丙酮和氯气传感器。基于 NASICON 固体电解质和氧化物以及复合金属氧化物电极，如：$NiWO_4$、$ZnSnO_3$、Sm_2O_3、$ZnTiO_3$等，已构建 NO、SO_2、甲苯等 VOC 气体传感器，并以 Y_2O_3和 $ZnTiO_3$为双敏感电极构建了 CO-C_7H_8固体电解质双功能气体传感器。其他一些文献中报道过的 VOC 传感器如表 6.3 所示。

表 6.3 文献中固态电化学 VOC 传感器的研究

目标气体	检测范围/mg · L^{-1}	工作温度/℃	固体电解质	年份/年	参考文献
Acetone	0.2~200	600	YSZ	2019	[116]
Acetone	1~50	580	CeO_2	2019	[117]
Acetone	1~50	600	CeO_2	2018	[118]

续表

目标气体	检测范围/mg·L^{-1}	工作温度/℃	固体电解质	年份/年	参考文献
Acetone	1~200	535	CeO_2	2018	[119]
Butane	25~100	500	YSZ	2013	[120]
Ethanol	400	350	—	2019	[121]
Toluene	0.5~500	—	—	2016	[122]
N-propanol	1~50	—	CeO_2	2020	[123]

6.4 固态电化学传感器的新兴技术

6.4.1 新型参比电极：锰系和全封闭式

固态电化学气湿敏传感器的参比电极材料主要是铂，其中铂参比电极的电位信号对氧气浓度的变化极为敏感，为实现固定铂参比电极的电位信号，需要固定氧气浓度。通常情况下，最简单的解决方式就是将参比电极直接暴露在氧气浓度为21%的空气环境中，形成铂/空气（Pt/air）参比电极。目前商用固态电化学气体传感器的主要结构可分为管式和片式，如图6.30所示。其中管式的铂参比电极涂制于管式电解质内壁，而片式的铂参比电极则被单独放置于一个联通外界空气环境的气腔里面。这两类电化学传感器的结构带来的主要问题是传感器制备工艺较为复杂，尤其是片式传感器的制备工艺极其烦琐、成品率相对偏低。另外由于需将铂参比电极暴露在大气环境中，该类电化学传感器的体积往往偏大，难以小型化。

为解决上述问题，研究人员提出了开发新型固态参比电极以替代常用铂/空气参比电极的方案。新型固态参比电极的主要研发思路为：①开发一种对氧气浓度不敏感的材料，达到参比电极材料电位信号不随氧气浓度变化的目的；②将铂参比电极密封在一个氧气浓度固定的腔体里面，以实现外界大气环境的变化无法影响铂参比电极的电位信号的效果。这两种主要研发思路对应的传感器结构如图6.31所示。前者主要基于氧化锰材料，其对应的参比电极又称锰系参比电极（Mn-based RE）。而后者则主要是利用玻璃釉（glassseal）将铂参比电极和金属氧化物密封在于一个腔体，又称金属/金属氧化物参比电极（M/MO RE）。

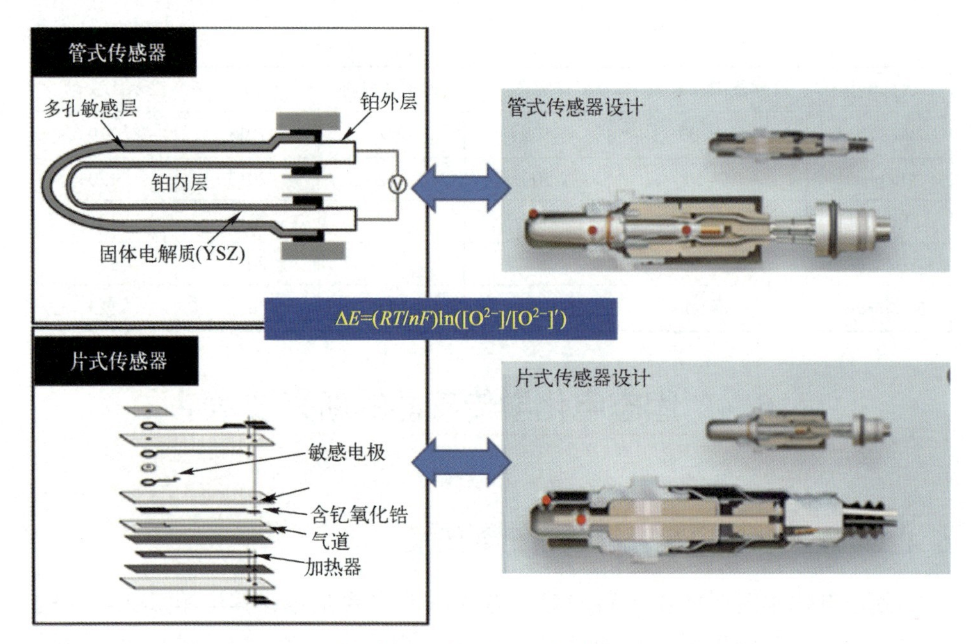

图 6.30 管式和片式电化学气体传感器结构示意图

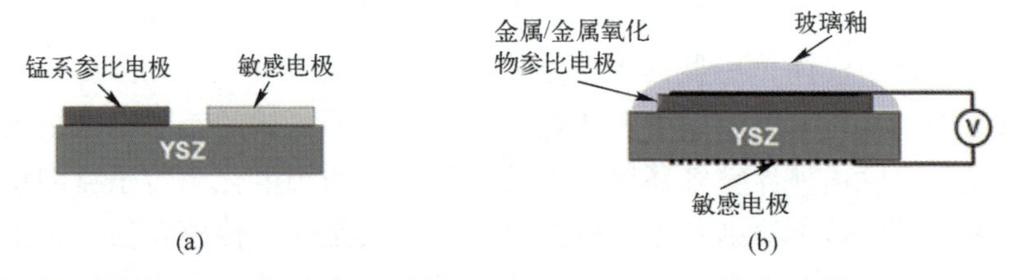

图 6.31 锰系参比电极（a）和金属/金属氧化物参比电极（b）

1）锰系参比电极工作原理

如图 6.32 所示，锰系参比电极的工作原理可以简要地概括为：高温下氧化锰与 YSZ 电解质形成固溶体，由于锰离子对载流子（氧离子，O^{2-}）束缚能力较强，在一定温度下氧离子无法在空穴中跳跃至反应界面参与电化学反应，即电解质中的氧离子浓度不再随外界气氛环境中氧气浓度的改变而变化。根据能斯特方程 $E=(RT/nF)\ln([O^{2-}])$，当 YSZ 电解质中氧离子浓度恒定，则电解质中的半电位信号恒定。此时，锰系参比电极的电位信号与外界大气中氧气浓度无关，仅由工作温度决定。但当温度高于某特定值时（575℃），由于热弛豫效应显著增强，锰离子对载流子的束缚能力变弱，氧离子恢复在空穴中的跳跃行为，并迁移至反应界面参与电化学反应，此时电解质中的氧离子浓度将与外界气氛有一定的关联，即锰系参比电极的半电位不再与外界氧气浓度无关。

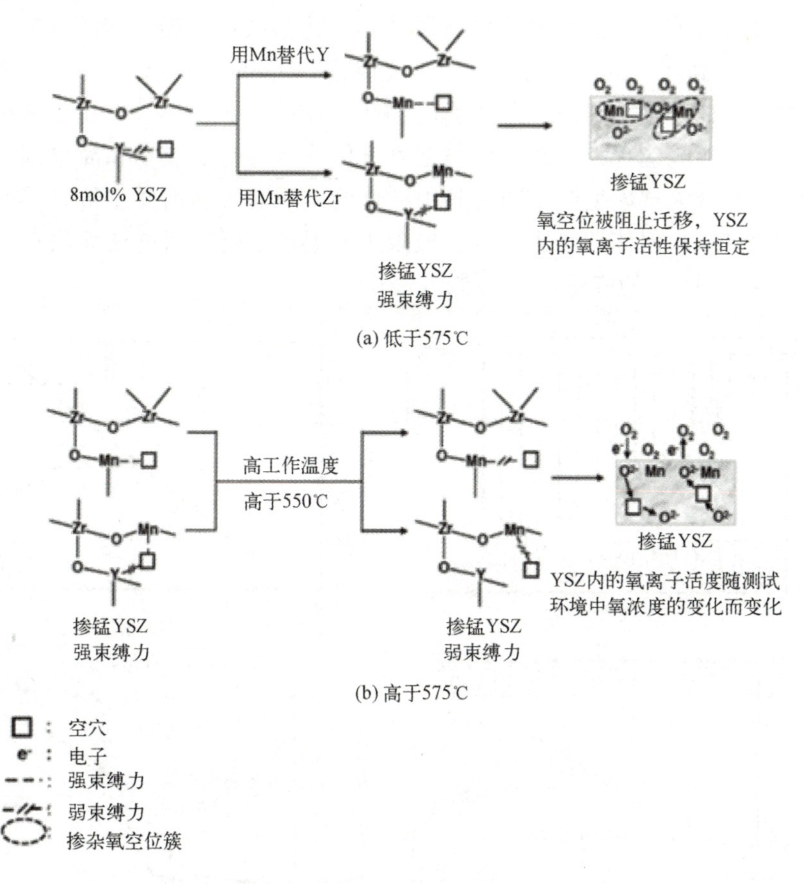

图 6.32 锰系参比电极工作原理

2) 金属/金属氧化物参比电极工作原理

金属/金属氧化物参比电极工作原理可以用如下公式解释：

$$\mathrm{MO}(\text{金属氧化物})\longrightarrow \mathrm{M}(\text{金属单质})+\mathrm{O_2}$$

该化学反应可逆，且氧分压由化学平衡常数决定，而化学平衡常数只与工作温度有关。当工作温度固定时，玻璃釉密封壳内的氧分压恒定，此时参比电极的半电位为固定常数。

3) 两种新型固态参比电极工作性能

由于锰系参比电极的半电位不受外界气氛的影响，故该类型参比电极可将工作电极暴露于待测气氛中，显著简化了传感器的制备工艺，同时有利于传感器的小型化。该工作电极在低于700℃的工作温度下表现出了良好的化学稳定性和抗湿性能。日本九州大学Miura教授等人利用该锰系参比电极与Pt工作电极制备了一个基于YSZ电解质的小型化氧气传感器，如图6.33所示，实验结果显示，所制备出的小型化氧气传感器在350~575℃工作温度范围内对0.05%~21%氧气给出了很好的线性响应结果，此外其响应性能与传统的管式氧气传感器响应行为一致。该类型氧气传感器具有低成本和简单制备工艺的特点，适合大规模生产，同时其小型化的体积契合当前微型传感器的国家战略部署计划。但该类参比电极的极限工作温度较低，目前还无法在工作环境温度高于600℃的应用场合下推广。

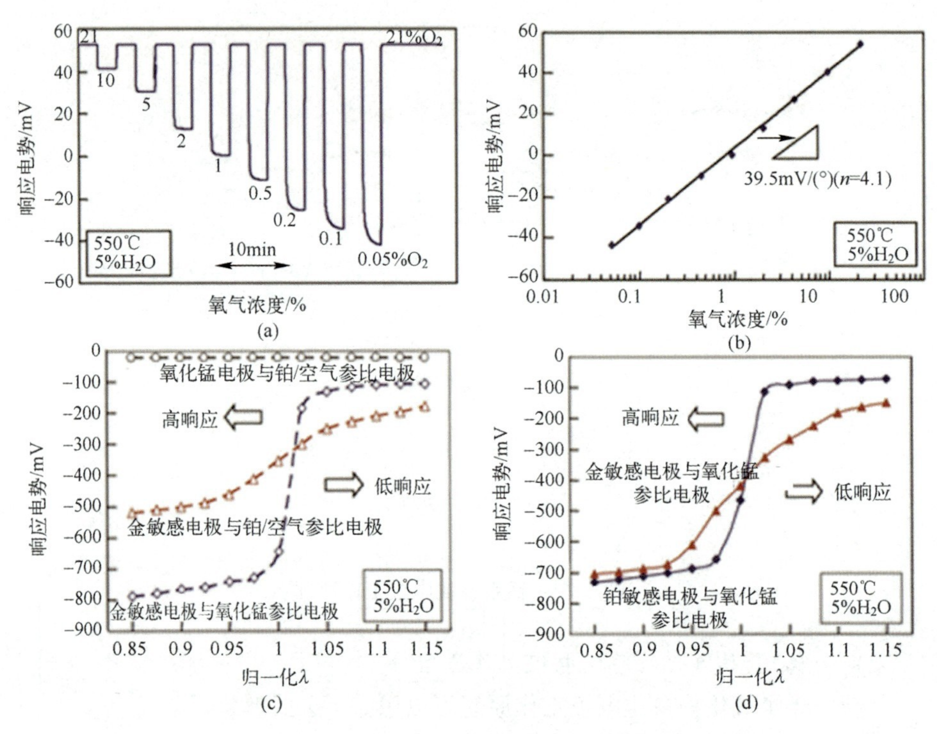

图6.33 配备锰系参比电极的氧气传感器工作性能图

该类电极包括In/In_2O_3、Sn/SnO_2、Pd/PdO、Ru/RuO_2和Ni/NiO，受材料熔点因素影响，绝大部分该类工作电极的极限温度为500℃。相对于其他类型的金属/金属氧化物参比电极，Ni/NiO的极限温度可超过600℃，因而具有更广泛的应用前景。但高温环境下玻璃釉密封腔内的Pt会和Ni形成合金，为解决该问题研究者在Pt和Ni金属层之间增加了一层氧化铝隔离层，避免合金的形成。该类型的参比电极在高温下也展现了较好的稳定性，有报道称配备了 Pt/Ni/NiO 金属氧化物参比电极的 YSZ 电解质型氧气传感器可在 663℃的工作温度下连续工作 5100 小时。然而，金属/金属氧化物参比电极存在高温下玻璃釉的密封性会逐渐变差的问题，导致外界氧气渗入腔体影响腔内的氧分压，降低该类型传感器的使用寿命。缺乏高温工作环境下的有效内腔密封技术是制约该类型参比电极走向市场的主要原因。

6.4.2 新型传感器结构：变频式

变频式氧传感器也被称为分压型氧传感器，传感器结构如图 6.34 所示[124-126]。传感器由二片上下表面印有 Pt 电极的钇稳定氧化锆固体电解质及其围成的一个小密闭空腔组成。上层钇稳定氧化锆固体电解质构成敏感电池，下层钇稳定氧化锆固体电解质构成氧泵。工作时使传感器处于一定的工作温度，然后，先对氧泵施加恒定的正方向泵氧电流 I，将空腔内的氧气泵出，增大腔内外的氧浓度的差异。根据能斯特方程可知，敏感电池内外电极间的浓差电势 E 将不断增大；当电势 E 达到预定的电势 E_1 时，保持电流大小恒定并翻转其方向，即-I，将氧气从外界泵入空腔，缩小内外氧浓度的差异，从而使敏感电池内外电极间的浓度差电势 E 不断减小，当减小到预定的电势 E_2 时，再次将电流方向反转。如此根据设定的浓差电势阈值，反复翻转电流方向。其腔内氧化压 P_2，敏感电池的浓差电势 E，泵氧电流 I，将形成如图 6.35 所示的一个周期变化形式。

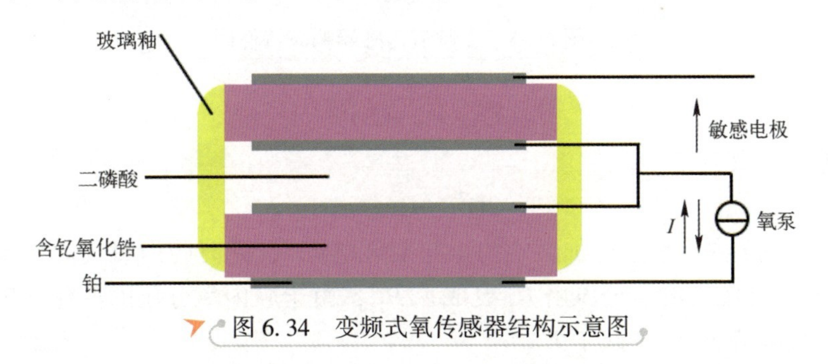

图 6.34 变频式氧传感器结构示意图

待测环境的氧浓度可以通过如下公式推导获得：

氧气在 Pt 敏感电极与固体电解质组成的三相界面处存在如下的化学反应：

电氧化反应：

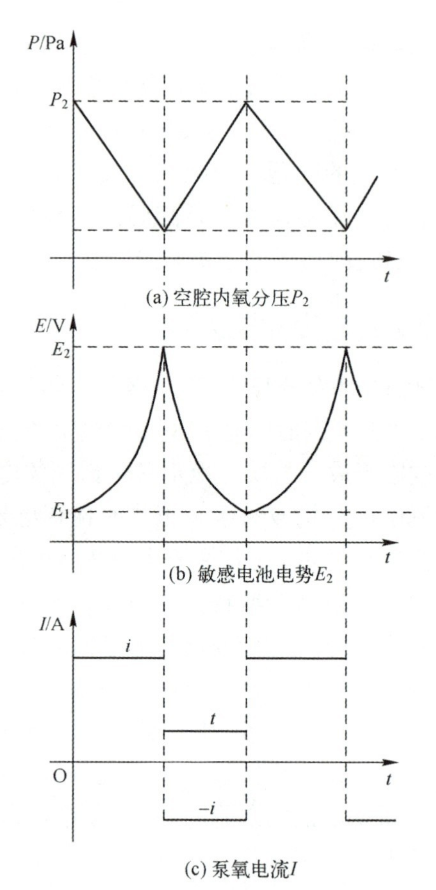

图 6.35　变频氧传感器响应特性图

$$O_2+4e^-\rightarrow 2O^{2-} \tag{6.19}$$

电还原反应：

$$2O^{2-}\rightarrow O_2+4e^- \tag{6.20}$$

若时间 t 内给氧泵施加恒定的正向泵氧电流 I，此时腔内氧气向外泵出了 Δa 摩尔，空腔内的氧分压由 P_{21}变成了 P_{22}，由于腔内氧分压的变化，敏感电池的浓差电势由 E_1 变成了 E_2。

首先根据法拉第电荷守恒定律，可得

$$It=4\Delta aF \tag{6.21}$$

式中：F 为法拉第常数。

因传感器的内腔体积为一常量，根据理想气体方程，腔内氧分压的变化可描述如下：

$$(P_{21}-P_{22})V=\Delta aRT \tag{6.22}$$

联立上述二个方程可得

$$(P_{21}-P_{22})=\frac{IRT}{4FV} \tag{6.23}$$

根据能斯特方程，敏感电池的电势差 E 与腔内外的氧分压 P_2、P_1 可描述为

$$E=-\frac{RT}{4F}\ln^{\frac{P_2}{P_1}} \tag{6.24}$$

上述方程可改写为

$$\frac{P_2}{P_1}=\mathrm{e}^{-\frac{4FE}{RT}} \tag{6.25}$$

假设在电压阈值 E_1 时腔内氧分压为 P_{21}，电压阀值在 E_2 时腔内氧分压为 P_{22}，则

$$\frac{P_{21}}{P_1}=\mathrm{e}^{-\frac{4FE_1}{RT}} \tag{6.26}$$

$$\frac{P_{22}}{P_1}=\mathrm{e}^{-\frac{4FE_2}{RT}} \tag{6.27}$$

联立上述方程：

$$\frac{t}{P_1}=\frac{4FV}{IRT}(\mathrm{e}^{-\frac{4FE_1}{RT}}-\mathrm{e}^{-\frac{4FE_2}{RT}}) \tag{6.28}$$

通过恒定传感器泵电流的翻转阈值，泵电流大小和工作温度，可知翻转时间 t 与被测氧分压 P_1 呈正比关系。此类传感器工作时无须参考气体、无扩散小孔，克服了浓差电势型氧传感器的需要参考气体、极限电流型氧传感器扩散小孔易堵塞的缺点。

6.4.3 光耦合电化学传感技术

固态电化学气体传感器的检测限多在百万分之一级。尤其是基于 YSZ 电解质的电化学气体传感器，由于其自身较高的工作温度导致大部分目标气体在到达反应界面发生电化学反应之前就被直接消耗。因此，该类电化学气体传感器无法检测十亿分之一级的气体目标物。目前提高电化学传感器气敏响应信号的主要手段是基于研究者经验调节材料组分。此外，将多个传感器串联成阵列或利用刻蚀技术增加反应界面活性点也为解决该问题提供了新思路。为针对性的提高响应特性，近期有研究者提出了基于混合电位响应行为的光

耦合电化学传感技术。该传感技术通过以光敏材料为敏感材料，利用紫外光激发其光催化活性，使目标气体先在敏感材料表面发生光催化反应形成中间体，再通过耦合电催化反应产生电化学信号。由于中间体不稳定很容易参与电化学反应，单位时间内参与反应的目标气体分子数量会有所提高，最终实现了混合电位信号的提高。具体过程见图 6.36，该过程被称为光耦合电化学反应过程。

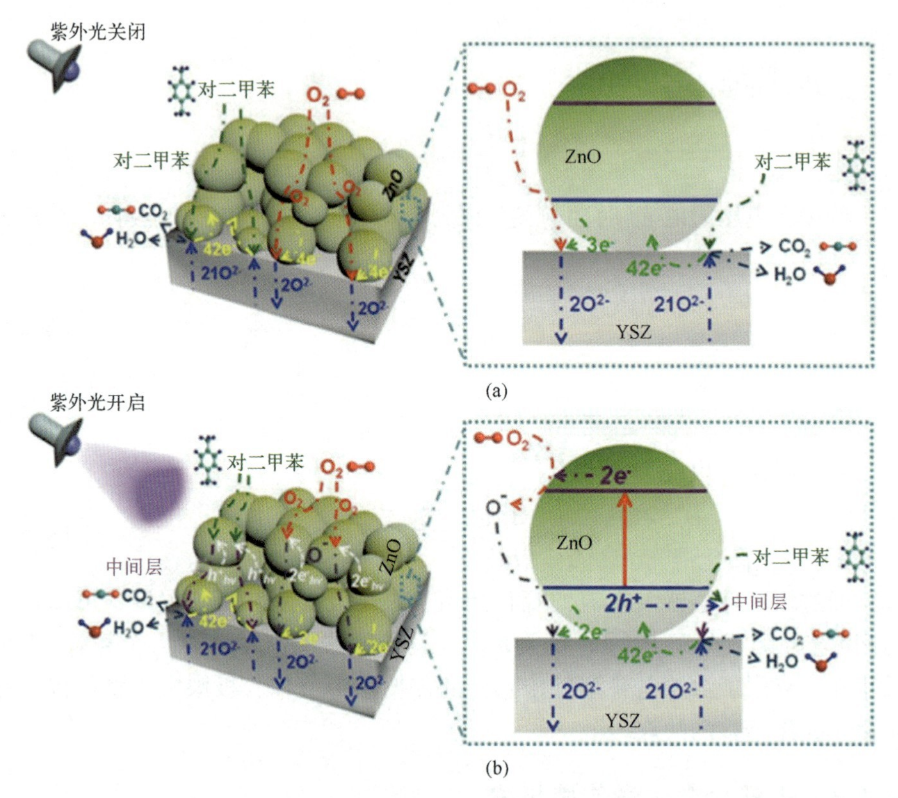

图 6.36　光耦合电化学反应过程图

(a) 传统电化学反应；(b) 光耦合电化学反应。

光耦合电化学传感技术于 2016 年报道并最先应用在芳香族挥发有机物的检测上。传统基于 YSZ 电解质的电化学气敏传感器对芳香族挥发有机物（如间二甲苯、三甲苯、乙苯、甲苯）的检测限多在 3~4mg/L 范围，采用光耦合电化学传感技术后传感器的响应信号提升了 2~4 倍，对间二甲苯的检测限拓展到了十亿分之一级别，且湿度对传感器的影响性能可以忽略。此外，基于该传感技术，可在保证传感器工作性能的前提下降低其工作温度。相比较传统通过合成高性能材料实现电化学气敏传感器响应性能的提升，该技术操作简便、针对性更强。如果采用复合光敏材料作为敏感电极，联用该技术后传感器的响应信号可进一步大幅度的提高，对有机挥发物的检测线可拓展至100μg/L。

除提高和拓展传感器的响应信号和检测限以外，光耦合电化学传感技术可以进一步改善固态电化学气敏传感器对目标气体的识别性或选择性。具体表现为如下几个方面：

1）增强传感器阵列对多种目标气体的识别性能

光敏材料对不同气体的光催化、电催化活性强弱均存在一定差别。当不同的气体参与光耦合电催化反应的时候，由于催化活性的差异会导致在诱发光耦合电化学反应前后，传感器阵列对多个目标气体的响应模式会存在差异，即响应模式翻倍。因此，此时用特定算法处理所得的响应模式，对所有目标气体的识别效果会得到显著增强。如图 6.37 所示，当采用含有 3 个电化学气敏传感器的传感器阵列识别 6 种有机挥发物时，如果只输入不诱发光耦合电化学反应或单纯诱发光耦合电化学反应后的响应模式，6 种目标气体的识别效果均较差。如图 6.38 所示，当输入诱发光耦合电化学反应前后的所有响应模式时，传感器阵列可较好地识别这 6 种目标气体，即采用三个传感器组成的传感器阵列实现了对 6 种气体的识别。因此采用光耦合电化学传感技术，不但可以增强传感器阵列的识别性能，还能减少传感器阵列中传感器的个数。

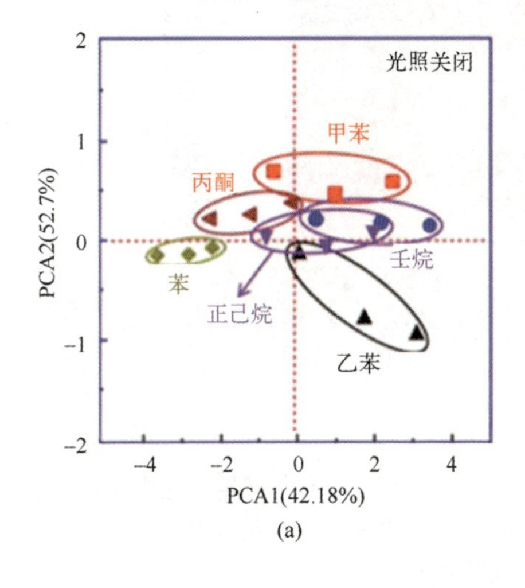

(a)

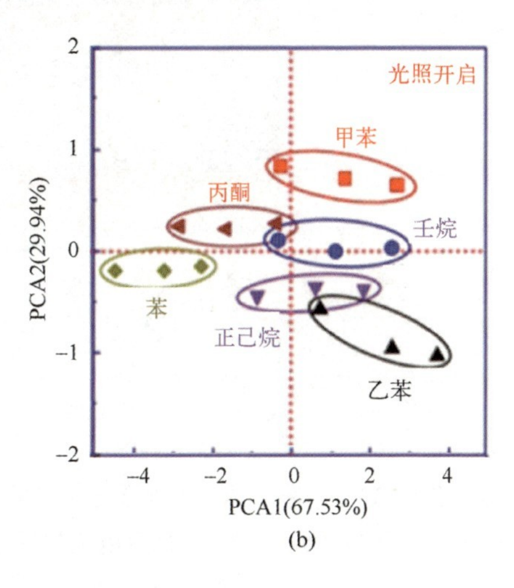

(b)

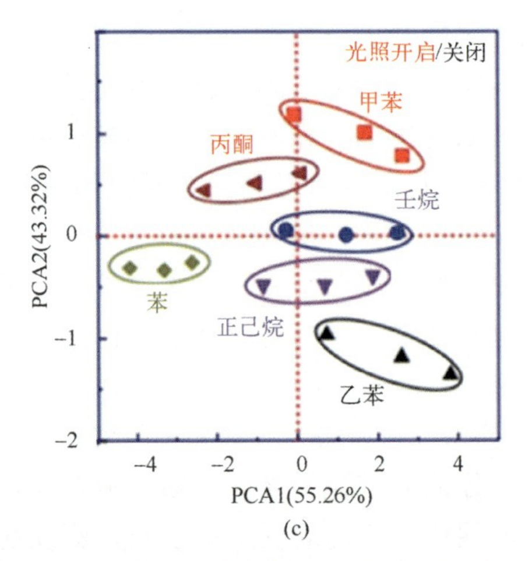

图 6.37 光耦合电化学反应诱发前后传感阵列对 6 种有机挥发物的响应模式图

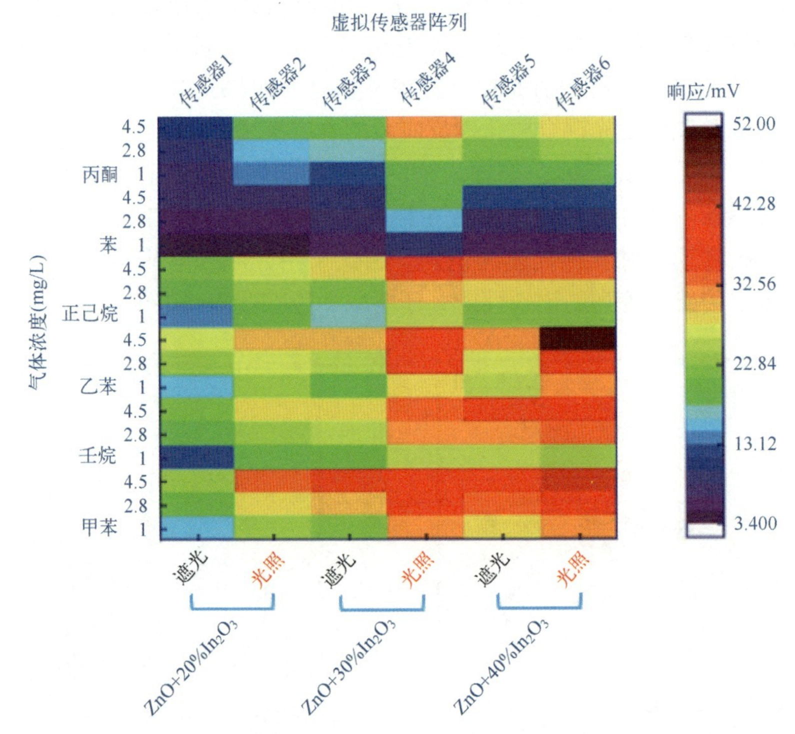

图 6.38 只输入诱发光耦合电化学反应前（a）或后（a）传感器响应模式，以及输入诱发光耦合电化学反应前后（c）传感器响应模式时，传感器阵列对 6 种有机挥发物的识别效果

2）增强传感器对特定气体的响应选择性

如果光敏材料对某种气体的光催化活性远远强于其他共存的气体，那么当光耦合电催化反应被诱发时，电化学传感器对某种气体的响应信号会被单一地增强，而对其他共存气体的响应信号几乎不变。如图 6.39 所示，由于氧化锌对丙烯的光催化活性远远强于一氧化氮和一氧化碳，当联用光耦合电化学传感技术后，传感器对丙烯的响应信号有了明显提高，此时传感器对丙烯的选择性多有提升，即选择性和响应信号均有增强。

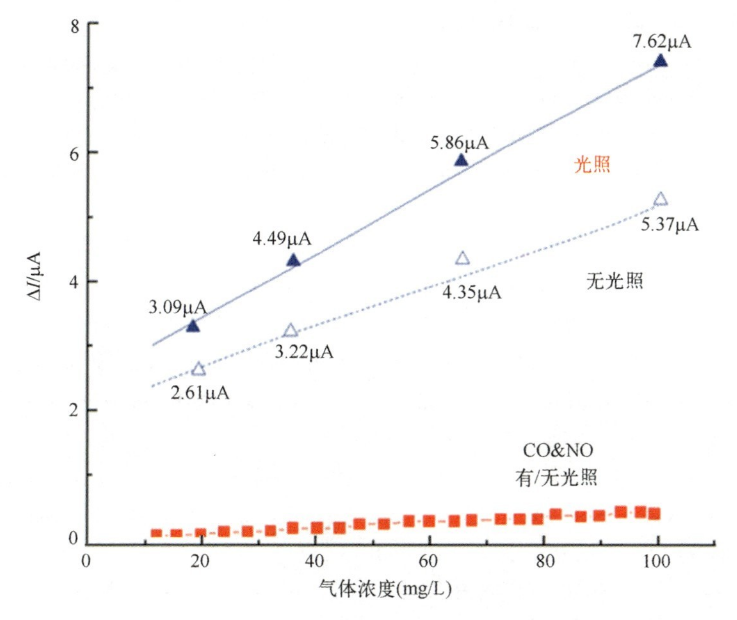

图 6.39 光耦合电化学传感技术联用安培工作模式时 YSZ 电解质型电化学传感器对丙烯的响应行为

参 考 文 献

[1] PARK C O, FERGUS J, MIURA N, et al. Solid-state electrochemical gas sensors [J]. Ionics, 2009, 15 (3): 261-284.

[2] JASIŃSKI P. Solid-state electrochemical gas sensors [J]. Materials Science Poland, 2006, 24 (1): 269-278.

[3] LÓPEZ-GÁNDARA C, RAMOS F M, A. Cirera. YSZ-based oxygen sensors and the use of nanomaterials: a review from classical models to current trends [J]. Journal of Sensors,

2009, 15: 258489.

[4] MIURA N, SATO T, S. A. ANGGRAINI, et al. A review of mixed-potential type zirconia-based gas sensors [J]. Ionics, 2014, 20 (7): 901-925.

[5] YANG J C, DUTTA P K. High temperature amperometric total NO_x sensors with platinum-loaded zeolite Y electrodes [J]. Sensors and Actuators B: Chemical, 2007, 123 (2): 929-936.

[6] MAHATO N, BANERJEE A, GUPTA A, et al. Progress in material selection for solid oxide fuel cell technology: a review [J]. Progress in Materials Science, 2015, 72: 141-337.

[7] LIU T, ZHANG X, WANG X, et al. A review of zirconia-based solid electrolytes [J]. Ionics, 2016, 22 (12): 2249-2262.

[8] LIU T, ZHANG X, YUAN L, et al. A review of high-temperature electrochemical sensors based on stabilized zirconia [J]. Solid State Ionics, 2015, 283: 91-102.

[9] YAJIMA T, KOIDE K, TAKAI H, et al. Application of hydrogen sensor using proton conductive ceramics as a solid electrolyte to aluminum casting industries [J]. Solid State Ionics, 1995, 79: 333-337.

[10] IWAHARA H, UCHIDA H, OGAKI K , et al. Nernstian hydrogen sensor using $BaCeO_3$-based, proton-conducting ceramics operative at 200~900℃ [J]. Journal of The Electrochemical Society, 1991, 138 (1): 295.

[11] RANRAN P, YAN W, LIZHAI Y, et al. Electrochemical properties of intermediate-temperature SOFCs based on proton conducting Sm-doped $BaCeO_3$ electrolyte thin film [J]. Solid State Ionics, 2006, 177 (3-4): 389-393.

[12] VOLKOV A, GORBOVA E, VYLKOV A, et al. Design and applications of potentiometric sensors based on proton-conducting ceramic materials: a brief review [J]. Sensors and Actuators B: Chemical, 2017, 244: 1004-1015.

[13] LIANG X, ZHONG T, GUAN H, et al. Ammonia sensor based on NASICON and Cr_2O_3 electrode [J]. Sensors and Actuators B: Chemical, 2009, 136 (2): 479-483.

[14] ANANTHARAMULU N, RAO K K, RAMBABU G, et al. A wide-ranging review on nasicon type materials [J]. Journal of Materials Science, 2011, 46 (9): 2821-2837.

[15] KANNO R, MURAYAMA M. Lithium ionic conductor thio-LISICON: the $Li2_SGeS_2P_2S_5$ system [J]. Journal of the Electrochemical Society, 2001, 148 (7): A742.

[16] KIDA T, SHIMANOE K, MIURA N, et al. Stability of NASICON-based CO_2 sensor under humid conditions at low temperature [J]. Sensors and Actuators B: Chemical, 2001, 75 (3): 179-187.

[17] ENGH G T, WALLMAN S. Development of the Volvo Lambda-sond system [J]. SAE Transactions, 1977: 1393-1408.

[18] KOJIMA T, KUROKI Y, YANAGI K. Ceramic heater and oxygen sensor [Z]. Google Patents, 1999

[19] MCCLANAHAN M R, DINGER B R, DUCE R W. Exhaust sensor with tubular shell [Z].

Google Patents, 1994

[20] POLLNER R . Solid closed ended tubular oxygen sensor [Z]. Google Patents, 1979.

[21] RIEGEL J, NEUMANN H, WIEDENMANN H M. Exhaust gas sensors for automotive emission control [J]. Solid State Ionics, 2002, 152: 783-800.

[22] HOWATT G N . Method of producing high dielectric high insulation ceramic plates [Z]. Google Patents, 1952.

[23] NISHIHORA R K , RACHADEL P L, QUADRI M G N, et al. Manufacturing porous ceramic materials by tape casting: a review [J]. Journal of the European Ceramic Society, 2018, 38 (4): 988-1001.

[24] JABBARI M, BULATOVA R , TOK A I Y, et al. Ceramic tape casting: a review of current methods and trends with emphasis on rheological behaviour and flow analysis [J]. Materials Science and Engineering B-Advanced Functional Solid-State Materials, 2016, 212: 39-61.

[25] REN L, LUO X, ZHOU H . The tape casting process for manufacturing low-temperature co-fired ceramic green sheets: a review [J]. Journal of the American Ceramic Society, 2018, 101 (9): 3874-3889.

[26] STERN M, GEARY A L. Electrochemical polarization: I. a theoretical analysis of the shape of polarization curves [J]. Journal of the Electrochemical Society, 1957, 104 (1): 56.

[27] STERN M. Electrochemical polarization: III. further aspects of the shape of polarization curves [J]. Journal of The Electrochemical Society, 1957, 104 (11): 645.

[28] AKSÜT A, LORENZ W, MANSFELD F. The determination of corrosion rates by electrochemical dc and ac methods II: systems with discontinuous steady state polarization behavior [J]. Corrosion Science, 1982, 22 (7): 611-619.

[29] JORCIN J B, ORAZEM M E, PÉBÈRE N, et al. CPE analysis by local electrochemical impedance spectroscopy [J]. Electrochimica Acta, 2006, 51 (8-9): 1473-1479.

[30] CHANG B Y, PARK S M. Electrochemical impedance spectroscopy [J]. Annual Review of Analytical Chemistry, 2010, 3: 207-229.

[31] ORAZEM M E, TRIBOLLET B. Electrochemical impedance spectroscopy [J]. New Jersey, 2008, 3: 207-229.

[32] ZHUIYKOV S, MIURA N. Development of zirconia-based potentiometric NO_x sensors for automotive and energy industries in the early 21st century: What are the prospects for sensors? [J]. Sensors and Actuators B: Chemical, 2007, 121 (2): 639-651.

[33] KIHAS D, UCHANSKI M R. Engine-Out NO_x models for on-ECU implementation: a brief overview [R]. SAE Technical Paper, 2015.

[34] ISHIGURO Y, TAKAYUKI S, KOBAYASHI A, et al. NO_x sensor control apparatus and vehicle control apparatus [Z]. Google Patents, 2016.

[35] KATO N. NO_x sensor and method of measuring NO_x [Z]. Google Patents, 1999.
[36] HORISAKA S, LEE S J. NO_x sensor [Z]. Google Patents, 2012.
[37] ZOU J, ZHENG Y, LI J, et al. Potentiometric NO_2 Sensors Based on Thin Stabilized Zirconia Electrolytes and Asymmetric $(La_{0.8}Sr_{0.2})_{0.95}MnO_3$ Electrodes [J]. Sensors (Basel), 2015, 15 (7): 17558-71.
[38] ZOU J, SUN H, ZHANG X, et al. Light-regulated electrochemical reaction: Can it be able to improve the response behavior of amperometric gas sensors? [J]. Sensors and Actuators B: Chemical, 2018, 267: 366-372.
[39] WEST D, MONTGOMERY F, ARMSTRONG T. Electrode materials for mixed potential NO_x sensors [C]//Proceedings of the Ceramic Engineering and Science Proceedings, F, 2004.
[40] PARK J, YOON B Y, PARK C O, et al. Sensing behavior and mechanism of mixed potential NO_x sensors using NiO, NiO (+YSZ) and CuO oxide electrodes [J]. Sensors and Actuators B: Chemical, 2009, 135 (2): 516-523.
[41] MIURA N, KUROSAWA H, HASEI M, et al. Stabilized zirconia-based sensor using oxide electrode for detection of NO_x in high-temperature combustion-exhausts [J]. Solid State Ionics, 1996, 86-8: 1069-1073.
[42] LU G, MIURA N, YAMAZOE N. High-temperature sensors for NO and NO_2 based on stabilized zirconiaand spinel-type oxide electrodes [J]. Journal of Materials Chemistry, 1997, 7 (8): 1445-1449.
[43] HIBINO T, KUWAHARA Y, OTSUKA T, et al. NO_x detection using the electrolysis of water vapor in a YSZ cell: Part II. electrochemical oxygen pump [J]. Solid State Ionics, 1998, 107 (3-4): 217-220.
[44] LU G, MIURA N, YAMAZOE N. Stabilized zirconia-based sensors using WO_3 electrode for detection of NO or NO_2 [J]. Sensors and Actuators B: Chemical, 2000, 65 (1-3): 125-127.
[45] ZHUIYKOV S, NAKANO T, KUNIMOTO A, et al. Potentiometric NO_x sensor based on stabilized zirconia and $NiCr_2O_4$ sensing electrode operating at high temperatures [J]. Electrochemistry communications, 2001, 3 (2): 97-101.
[46] ZHUIYKOV S, ONO T, YAMAZOE N, et al. High-temperature NO_x sensors using zirconia solid electrolyte and zinc-family oxide sensing electrode [J]. Solid State Ionics, 2002, 152: 801-807.
[47] MIURA N, ZHUIYKOV S, ONO T, et al. Mixed potential type sensor using stabilized zirconia and $ZnFe_2O_4$ sensing electrode for NO_x detection at high temperature [J]. Sensors and Actuators B: Chemical, 2002, 83 (1-3): 222-229.
[48] DUTTA A, KAABBUATHONG N, GRILLI M L, et al. Study of YSZ-based electrochemical sensors with WO_3 electrodes in NO_2 and CO environments [J]. Journal of the Electrochemical

Society, 2003, 150 (2): H33.

[49] KÄDING S, JAKOBS S, GUTH U. YSZ-cells for potentiometric nitric oxide sensors [J]. Ionics, 2003, 9 (1-2): 151-154.

[50] MARTIN L P, PHAM A Q, GLASS R S. Effect of Cr_2O_3 electrode morphology on the nitric oxide response of a stabilized zirconia sensor [J]. Sensors and Actuators B: Chemical, 2003, 96 (1-2): 53-60.

[51] ONO T, HASEI M, KUNIMOTO A, et al. Sensing performances of mixed-potential type NO_x sensor attached with oxidation-catalyst electrode [J]. Electrochemistry, 2003, 71 (6): 405-407.

[52] SZABO N F, DUTTA P K. Correlation of sensing behavior of mixed potential sensors with chemical and electrochemical properties of electrodes [J]. Solid State Ionics, 2004, 171 (3-4): 183-190.

[53] DI BARTOLOMEO E, KAABBUATHONG N, D'EPIFANIO A, et al. Nano-structured perovskite oxide electrodes for planar electrochemical sensors using tape casted YSZ layers [J]. Journal of the European Ceramic Society, 2004, 24 (6): 1187-1190.

[54] MIURA N, AKISADA K, WANG J, et al. Mixed-potential-type NO_x sensor based on YSZ and zinc oxide sensing electrode [J]. Ionics, 2004, 10 (1-2): 1-9.

[55] DI BARTOLOMEO E, GRILLI M L, TRAVERSA E. Sensing mechanism of potentiometric gas sensors based on stabilized zirconia with oxide electrodes: Is it always mixed potential? [J]. Journal of the Electrochemical Society, 2004, 151 (5): H133.

[56] DI BARTOLOMEO E, KAABBUATHONG N, GRILLI M L, et al. Planar electrochemical sensors based on tape-cast YSZ layers and oxide electrodes [J]. Solid State Ionics, 2004, 171 (3-4): 173-181.

[57] ELUMALAI P, WANG J, ZHUIYKOV S, et al. Sensing characteristics of YSZ-based mixed-potential-type planar NO_x sensors using NiO sensing electrodes sintered at different temperatures [J]. Journal of The Electrochemical Society, 2005, 152 (7): H95.

[58] ELUMALAI P, MIURA N. Performances of planar NO_2 sensor using stabilized zirconia and NiO sensing electrode at high temperature [J]. Solid State Ionics, 2005, 176 (31-34): 2517-2522.

[59] BROSHA E L, MUKUNDAN R, LUJAN R, et al. Mixed potential NO_x sensors using thin film electrodes and electrolytes for stationary reciprocating engine type applications [J]. Sensors and Actuators B: Chemical, 2006, 119 (2): 398-408.

[60] XIONG W, KALE G M. Novel high-selectivity NO_2 sensor incorporating mixed-oxide electrode [J]. Sensors and Actuators B: Chemical, 2006, 114 (1): 101-108.

[61] PLASHNITSA V V, UEDA T, ELUMALAI P, et al. Zirconia-based planar NO_2 sensor using ultrathin NiO or laminated NiO-Au sensing electrode [J]. Ionics, 2008, 14 (1): 15-25.

[62] PLASHNITSA V V, ELUMALAI P, MIURA N. Sensitive and selective zirconia-based NO_2 sensor using gold nanoparticle coatings as sensing electrodes [J]. Journal of the Electrochemical Society, 2008, 155 (11): J301.

[63] ZOSEL J, FRANKE D, AHLBORN K, et al. Perovskite related electrode materials with enhanced NO sensitivity for mixed potential sensors [J]. Solid State Ionics, 2008, 179 (27-32): 1628-1631.

[64] SEKHAR P K, BROSHA E L, MUKUNDAN R, et al. Effect of yttria-stabilized zirconia sintering temperature on mixed potential sensor performance [J]. Solid State Ionics, 2010, 181 (19-20): 947-953.

[65] ELUMALAI P, ZOSEL J, GUTH U, et al. NO_2 sensing properties of YSZ-based sensor using NiO and Cr-doped NiO sensing electrodes at high temperature [J]. Ionics, 2009, 15 (4): 405-411.

[66] ELUMALAI P, PLASHNITSA V V, FUJIO Y, et al. Tunable NO_2-Sensing Characteristics of YSZ-Based Mixed-Potential-Type Sensor Using $Ni_{1-x}Co_x$ OSensing Electrode [J]. Journal of the Electrochemical Society, 2009, 156 (9): J288.

[67] MACAM E R, BLACKBURN B M, WACHSMAN E D. The effect of La_2CuO_4 sensing electrode thickness on a potentiometric NO_x sensor response [J]. Sensors and Actuators B: Chemical, 2011, 157 (2): 353-360.

[68] BREEDON M, ZHUIYKOV S, MIURA N. The synthesis and gas sensitivity of CuO micro-dimensional structures featuring a stepped morphology [J]. Materials Letters, 2012, 82: 51-53.

[69] GIANG H T, DUY H T, NGAN P Q, et al. High sensitivity and selectivity of mixed potential sensor based on Pt/YSZ/$SmFeO_3$ to NO_2 gas [J]. Sensors and Actuators B: Chemical, 2013, 183: 550-555.

[70] DIAO Q, YIN C, GUAN Y, et al. The effects of sintering temperature of $MnCr_2O_4$ nanocomposite on the NO_2 sensing property for YSZ-based potentiometric sensor [J]. Sensors and Actuators B: Chemical, 2013, 177: 397-403.

[71] DIAO Q, YIN C, LIU Y, et al. Mixed-potential-type NO_2 sensor using stabilized zirconia and Cr_2O_3-WO_3 nanocomposites [J]. Sensors and Actuators B: Chemical, 2013, 180: 90-95.

[72] YIN C, GUAN Y, ZHU Z, et al. Highly sensitive mixed-potential-type NO_2 sensor using porous double-layer YSZ substrate [J]. Sensors and Actuators B: Chemical, 2013, 183: 474-477.

[73] GUAN Y, LI C, CHENG X, et al. Highly sensitive mixed-potential-type NO_2 sensor with YSZ processed using femtosecond laser direct writing technology [J]. Sensors and Actuators B: Chemical, 2014, 198: 110-113.

[74] CHEN Y, XIA F, XIAO J. Effect of electrode microstructure on the sensitivity and response time of potentiometric NO_x sensors based on stabilized-zirconia and $La_{5/3}Sr_{1/3}NiO_4$-

YSZ sensing electrode [J]. Solid-state electronics, 2014, 95: 23-27.

[75] SATO T, IKEDA H, MIURA N. Novel zirconia-based NO_2 sensor attached with carbon sensing-electrode [J]. Electrochemistry Communications, 2014, 46: 60-62.

[76] SUN R, GUAN Y, CHENG X, et al. High performance three-phase boundary obtained by sand blasting technology for mixed-potential-type zirconia-based NO_2 sensors [J]. Sensors and Actuators B: Chemical, 2015, 210: 91-95.

[77] CHENG X, WANG C, WANG B, et al. Mixed-potential-type YSZ-based sensor with nano-structured NiO and porous TPB processed with pore-formers using coating technique [J]. Sensors and Actuators B: Chemical, 2015, 221: 1321-1329.

[78] LIU F, GUAN Y, DAI M, et al. High performance mixed-potential type NO_2 sensors based on three-dimensional TPB and $Co_3V_2O_8$ sensing electrode [J]. Sensors and Actuators B: Chemical, 2015, 216: 121-127.

[79] ROMANYTSIA I, VIRICELLE J P, VERNOUX P, et al. Application of advanced morphology Au-X (X= YSZ, ZrO_2) composites as sensing electrode for solid state mixed-potential exhaust NO_x sensor [J]. Sensors and Actuators B: Chemical, 2015, 207: 391-397.

[80] WANG B, LIU F, YANG X, et al. Fabrication of well-ordered three-phase boundary with nanostructure pore array for mixed potential-type zirconia-based NO_2 sensor [J]. ACS Appl Mater Interfaces, 2016, 8 (26): 16752-60.

[81] LIU F, GUAN Y, SUN H, et al. YSZ-based NO_2 sensor utilizing hierarchical In_2O_3 electrode [J]. Sensors and Actuators B: Chemical, 2016, 222: 698-706.

[82] LIU F, WANG B, YANG X, et al. High-temperature stabilized zirconia-based sensors utilizing MNb_2O_6 (M: Co, Ni and Zn) sensing electrodes for detection of NO_2 [J]. Sensors and Actuators B: Chemical, 2016, 232: 523-530.

[83] UEDA T, SAKAI M, KAMADA K, et al. Effects of composition and structure of sensing electrode on NO_2 sensing properties of mixed potential-type YSZ-based gas sensors [J]. Sensors and Actuators B: Chemical, 2016, 237: 247-255.

[84] CAI H, SUN R, YANG X, et al. Mixed-potential type NO_x sensor using stabilized zirconia and MoO_3-In_2O_3 nanocomposites [J]. Ceramics International, 2016, 42 (10): 12503-12507.

[85] THO N D, GIANG H T, NGAN P Q, et al. High temperature calcination for analyzing influence of 3D transition metals on gas sensing performance of mixed potential sensor Pt/YSZ/$LaMO_3$ (M= Mn, Fe, Co, Ni) [J]. Electrochimica Acta, 2016, 190: 215-220.

[86] LIU F, WANG B, YANG X, et al. High-temperature NO_2 gas sensor based on stabilized zirconia and $CoTa_2O_6$ sensing electrode [J]. Sensors and Actuators B: Chemical, 2017, 240: 148-157.

[87] MAHENDRAPRABHU K, ELUMALAI P. Stabilized zirconia-based selective NO_2 sensor using sol-gel derived Nb_2O_5 sensing-electrode [J]. Sensors and Actuators B: Chemical,

2017, 238: 105-110.

[88] BALAMURUGAN C, SON C, HONG J, et al. Enhanced mixed potential NO_x gas response performance of surface modified and NiO nanoparticles infiltrated solid-state electrochemical-based NiO-YSZ composite sensing electrodes [J]. Sensors and Actuators B: Chemical, 2018, 262: 664-677.

[89] YOU R, WANG T, YU H, et al. Mixed-potential-type NO_2 sensors based on stabilized zirconia and $CeO_2-B_2O_3$ (B=Fe, Cr) binary nanocomposites sensing electrodes [J]. Sensors and Actuators B: Chemical, 2018, 266: 793-804.

[90] YOU R, HAO X, YU H, et al. High performance mixed-potential-type Zirconia-based NO_2 sensor with self-organizing surface structures fabricated by low energy ion beam etching [J]. Sensors and Actuators B: Chemical, 2018, 263: 445-451.

[91] BHARDWAJ A, HONG J W, KIM I H, et al. Effects of electronic probe's architecture on the sensing performance of mixed-potential based NO_x sensor [J]. Sensors and Actuators B: Chemical, 2019, 282: 426-436.

[92] ZHENG X, ZHANG C, XIA J, et al. Mesoporous tungsten oxide electrodes for YSZ-based mixed potential sensors to detect NO_2 in the sub ppm-range [J]. Sensors and Actuators B: Chemical, 2019, 284: 575-581.

[93] BHARDWAJ A, BAE H, NAMGUNG Y, et al. Influence of sintering temperature on the physical, electrochemical and sensing properties of $\alpha-Fe_2O_3-SnO_2$ nanocomposite sensing electrode for a mixed-potential type NO_x sensor [J]. Ceramics International, 2019, 45 (2): 2309-2318.

[94] BHARDWAJ A, KIM I H, HONG J W, et al. Transition metal oxide (Ni, Co, Fe)-tin oxide nanocomposite sensing electrodes for a mixed-potential based NO_2 sensor [J]. Sensors and Actuators B: Chemical, 2019, 284: 534-544.

[95] HONG H, SUN J, WU C, et al. High Performance Mixed Potential Type NO_2 Gas Sensor Based on Porous YSZ Layer Formed with Graphite Doping [J]. Sensors, 2019, 19 (15): 3337.

[96] YOO Y S, BHARDWAJ A, HONG J W, et al. Sensing performance of a YSZ-based electrochemical NO_2 sensor using nanocomposite electrodes [J]. Journal of The Electrochemical Society, 2019, 166 (10): B799.

[97] KOBAYASHI N, YAMASHITA A, NAITOU O, et al. Development of simultaneous NO_x and NH_3 sensor in exhaust gas [J]. MITSUBISHI JUKO GIHO, 2001, 38 (3): 158-161.

[98] OKAMOTO T, MONNA K, MORI N. Ammonia sensor calibration method [Z]. Google Patents, 2019

[99] HÜBERT T, BOON-BRETT L, BLACK G, et al. Hydrogen sensors: a review [J]. Sensors and Actuators B: Chemical, 2011, 157 (2): 329-352.

[100] LU G, MIURA N, YAMAZOE N. High-temperature hydrogen sensor based on stabilized

zirconia and a metal oxide electrode [J]. Sensors and Actuators B: Chemical, 1996, 35 (1-3): 130-135.

[101] MARTIN L P, PHAM A Q, GLASS R S. Electrochemical hydrogen sensor for safety monitoring [J]. Solid State Ionics, 2004, 175 (1-4): 527-530.

[102] MARTIN L P, GLASS R S. Hydrogen sensor based on YSZ electrolyte and tin-doped indium oxide electrode [J]. Journal of the Electrochemical Society, 2005, 152 (4): H43.

[103] SEKHAR P K, BROSHA E L, MUKUNDAN R, et al. Development and testing of a miniaturized hydrogen safety sensor prototype [J]. Sensors and Actuators B: Chemical, 2010, 148 (2): 469-477.

[104] YAMAGUCHI M, ANGGRAINI S A, FUJIO Y, et al. Selective hydrogen detection at high temperature by using yttria-stabilized zirconia-based sensor with coupled metal-oxide-based sensing electrodes [J]. Electrochimica Acta, 2012, 76: 152-158.

[105] BREEDON M, MIURA N. Augmenting H_2 sensing performance of YSZ-based electrochemical gas sensors via the application of Au mesh and YSZ coating [J]. Sensors and Actuators B: Chemical, 2013, 182: 40-44.

[106] YAMAGUCHI M, ANGGRAINI S A, FUJIO Y, et al. Stabilized zirconia-based sensor utilizing SnO_2-based sensing electrode with an integrated Cr_2O_3 catalyst layer for sensitive and selective detection of hydrogen [J]. International journal of hydrogen energy, 2013, 38 (1): 305-312.

[107] ANGGRAINI S A, BREEDON M, MIURA N. Effect of sintering temperature on hydrogen sensing characteristics of zirconia sensor utilizing Zn-Ta-O-based sensing electrode [J]. Journal of The Electrochemical Society, 2013, 160 (9): B164.

[108] ANGGRAINI S A, BREEDON M, MIURA N. Sensing characteristics of aged zirconia-based hydrogen sensor utilizing Zn-Ta-based oxide sensing-electrode [J]. Electrochemistry communications, 2013, 31: 133-136.

[109] TANG Z, LI X, YANG J, et al. Mixed potential hydrogen sensor using $ZnWO_4$ sensing electrode [J]. Sensors and Actuators B: Chemical, 2014, 195: 520-525.

[110] LI Y, LI X, TANG Z, et al. Hydrogen sensing of the mixed-potential-type $MnWO_4$/YSZ/Pt sensor [J]. Sensors and Actuators B: Chemical, 2015, 206: 176-180.

[111] ANGGRAINI S A, IKEDA H, MIURA N. Tuning H_2 sensing performance of zirconia-based sensor using $ZrSiO_4$ (+Au) sensing-electrode [J]. Electrochimica Acta, 2015, 171: 7-12.

[112] LI Y, LI X, TANG Z, et al. Potentiometric hydrogen sensors based on yttria-stabilized zirconia electrolyte (YSZ) and $CdWO_4$ interface [J]. Sensors and Actuators B: Chemical, 2016, 223: 365-371.

[113] ZHANG H, YI J, JIANG X. Fast response, highly sensitive and selective mixed-potential H_2 sensor based on (La, Sr) (Cr, Fe) $O_{3-\delta}$ perovskite sensing electrode [J]. ACS Ap-

plied Materials & Interfaces, 2017, 9 (20): 17218-17225.

[114] BROSHA E L, ROMERO C J, POPPE D, et al. Field trials testing of mixed potential electrochemical hydrogen safety sensors at commercial california hydrogen filling stations [J]. Journal of the Electrochemical Society, 2017, 164 (13): B681.

[115] MIRZAEI A, LEONARDI S G, NERI G. Detection of hazardous volatile organic compounds (VOCs) by metal oxide nanostructures - based gas sensors: a review [J]. Ceramics International, 2016, 42 (14): 15119-15141.

[116] LIU F M, WANG J , LI B, et al. Ni-based tantalate sensing electrode for fast and low detection limit of acetone sensor combining stabilized zirconia [J]. Sensors and Actuators BChemical, 2020, 304: 127375.

[117] LIU T, LI L, YANG X, et al. Mixed potential type acetone sensor based on $Ce_{0.8}Gd_{0.2}O_{1.95}$ and $Bi_{0.5}La_{0.5}FeO_3$ sensing electrode used for the detection of diabetic ketosis [J]. Sensors and Actuators B: Chemical, 2019, 296: 126688.

[118] LIU T, YANG X, MA C, et al. CeO_2-based mixed potential type acetone sensor using $MMnO_3$ (M: Sr, Ca, La and Sm) sensing electrode [J]. Solid State Ionics, 2018, 317: 53-59.

[119] LIU T, ZHANG Y, YANG X, et al. CeO_2-based mixed potential type acetone sensor using $MFeO_3$ (M: Bi, La and Sm) sensing electrode [J]. Sensors and Actuators B: Chemical, 2018, 276: 489-498.

[120] SEKHAR P K, MUKUNDAN R, BROSHA E, et al. Effect of perovskite electrode composition on mixed potential sensor response [J]. Sensors and Actuators B: Chemical, 2013, 183: 20-24.

[121] 洪浩, 孙剑文, 吴次南. 基于$LaFeO_3$/YSZ/Pt结构的混成电势乙醇传感器研究 [J]. 传感技术学报, 2019, 32: 12.

[122] SHIMANOE K, MA N, OYAMA T, et al. High Performance of SnO_2-Based Gas Sensor by Introducing Perovskite-Type Oxides [J]. ECS Transactions, 2016, 75 (16): 31.

[123] YIN Y, SHEN Y, ZHOU P, et al. Fabrication, characterization and n-propanol sensing properties of perovskite-type $ZnSnO_3$ nanospheres based gas sensor [J]. Applied Surface Science, 2020, 509.

[124] 简家文, 沈杰, 章东兴. 变频式氧传感器输出特性的研究 [J]. 传感器与微系统, 2010, (1): 9-11.

[125] 卢灿, 叶结伢, 孙帮东, 等. 分压型氧传感器在氧气体积分数测量中的应用 [J]. 传感器与微系统, 2009, 28 (10): 110-113.

[126] 王少臣, 张洪泉, 王东亮, 等. 分压型氧传感器电性能测量与计算 [J]. 传感器与微系统, 2008, 27 (5): 105-107.

第7章 光学气体传感器

7.1 光学气体传感器概述

随着智能科技的发展，科研人员愈发意识到发展高性能、小尺寸的智能传感器的重要性。除了之前介绍的气体传感器类型外，光学气体传感器作为新型智能传感器的一种，也面临着科技发展和市场运用的重大需求。而近些年红外光源、红外探测器电子技术的发展，推动了光学气体传感器的迅速发展。光学气体传感器具有灵敏度高、可无接触探测、器件性能稳定、选择性好、响应和恢复快、使用周期长等优势。光学气体传感器可以广泛运用于大气污染程度测量、工业排放监控、有毒气体泄漏报警、机动车尾气检测，有很广阔的发展前景。

目前，研究和使用较多的光学气体传感器主要有非分散红外（NDIR）气体传感器、可调谐半导体激光吸收光谱（TDLAS）气体传感器、光纤气体传感器、光声光谱式气体传感器。以下将分别介绍这四种光学气体传感器的工作原理。这些光学气体传感器气体探测原理都需要借助 Beer-Lambert 定律来对气体的精确浓度进行计算。

Beer-Lambert 定律是分光光度法的基本定律，是描述物质对某一波长光吸收的强弱与吸光物质的浓度及其液层厚度间的关系，是光吸收的基本定律，适用于所有的电磁辐射和所有的吸光物质，包括气体、固体、液体、分子、原子和离子。Beer-Lambert 定律是比色分析及分光光度法的理论基础。光被吸收的量正比于光程中产生光吸收的分子数目。根据 Beer-Lambert 定律，电磁辐射与原子和分子间的相互作用是光谱遥感探测污染物成分以及特性的基础，根据环境中痕量气体成分在紫外、可见和红外光谱的特征吸收性质来反演其浓度。可调谐二极管激光光谱吸收技术作为光学遥感方法的一种，用几百米到几千米、甚至更长的光程代替了传统试验室中的取样池，采用检测激光光束的透射谱，即使光束从待测气体的一侧入射通过污染气体，在另一端出射用探测器接收的方法。发射器与接收器间的距离确定了光程（大气的折射率近似为1.0），测量原理基于 Beer-Lambert 定律。

在 Beer-Lambert 定律中，一些基本概念如下：

$$I(\lambda)=I_0(\lambda)\exp(-\sigma(\lambda)\cdot C\cdot L) \tag{7.1}$$

式中：$I(\lambda)$为透射光谱强度；$I_0(\lambda)$为激光的初始强度；$\sigma(\lambda)$为在波长λ处的分子吸收系数；C为吸收物质的浓度；L为总的光程。

进一步，根据实际应用要求，将上面的公式改进为

$$I(\lambda)=I_0(\lambda)\exp(-P\cdot S(T)\phi(\lambda)\cdot C\cdot L) \tag{7.2}$$

式中：$I(\lambda)$为谱线的线强度；$S(T)$只与温度有关，单位为 $cm^{-2}MPa$，可以运用 HITRAN 数据库直接进行计算得出；P为气体的总压，单位为 MPa；$\phi(\lambda)$为线性函数，表示被测吸收谱线的性质与温度、压强和气体的种类等有关。

需要注意的是，光学气体传感器不能测量氧气、氢气、氮气等由相同原子构成的气体分子。在分子内部，原子间靠化学键连接，原子间的空间距离、角度、方向由于电子分布的不均衡而不停发生变化，即振动、转动，而且不同的分子会有其独特的振动、转动频率，当遇到相同频率的红外线照射时会产生谐振、原子间距离和电子分布发生变化即偶极矩发生变化的现象，红外吸收就是这样产生的（紫外吸收同理）。必须满足谐振、偶极矩变化才能产生红外吸收。氧气、氢气、氮气等由同一种原子构成的分子没有红外吸收峰的两个基本条件：一是气体分子振动频率与照射的红外线频率相同，二是偶极矩变化。不难理解，第一个条件容易满足，第二个条件无法满足，所以没有红外吸收峰。

相同原子构成的分子正负电荷中心完全重叠，即偶极矩为零，其结果是电子在分子中的分布是均衡的，以红外光本身的低能量密度特征，其照射不会改变这种均衡，更不可能使分子电离，即不会导致能量变化。而不同原子构成的分子—— 以水分子为例，分子中电子的分布偏向氧这端，即微观上水分子中氢一端呈正电性，氧一端呈负电性，正负电荷中心是不重叠的，即偶极矩不为

零。这是氧吸引电子的能力比氢强的缘故。

与水分子振动、转动频率相同的红外线照射时，会使电子在水分子中的分布更偏向氧一端，导致氢和氧的平均距离变短，即偶极矩变短，能量变高，即水分子受到红外照射时会从低能级跃迁到高能级，红外吸收就是这样产生的。可以简单理解为：红外线与相同原子组成的分子相遇时，由于相同原子组成的分子是理想的弹性球体，两者的相互作用是完全弹性碰撞，只有能量交换，没有能量转移。若不同原子组成的分子与红外线相互作用则有能量转移。因此，红外吸收原理不能测相同原子构成的分子。

由不同原子构成的分子会有独特的振动、转动频率，当其受到相同频率的红外线照射时，就会发生红外吸收，从而引起红外光强的变化，通过测量红外线强度的变化就可以测得气体浓度。需要说明的是振动、转动是两种不同的运动形态，这两种运动形态会对应不同的红外吸收峰，振动和转动本身也有多样性，因此一般情况下一种气体分子会有多个红外吸收峰。根据单一的红外吸收峰位置只能判定气体分子中有什么基团，精确判定气体种类需要依据气体在中红外区所有的吸收峰位置即气体的红外吸收指纹。在已知环境条件下，根据单一红外吸收峰的位置可以大致判定气体的种类。

非分散红外（NDIR）气体传感器是一种由红外光源、气室、红外探测器和电路软件算法组成的智能光学气体传感器。该传感器采用量子级联红外激光器、光电响应强的光电探测器、气室和数据采集系统，可以实现对多种气体的实时测量。其工作原理是基于不同气体分子的近红外光谱选择吸收特性，由红外光源发出的红外光在气室中会被待测气体特征吸收，吸收强度关系满足Beer-Lambert定律，滤波后通过红外光电探测器测量红外光的强度来鉴别气体组分并确定待测气体浓度。为了能够在众多气体中检测出某一气体的浓度，排除其他气体的干扰，会在光电探测器前面加一个窄带滤光片，滤掉其他波段光的干扰，这样光电探测器及其之后的电路信号就只会随待测气体浓度的变化而变化，实现对单一气体实时、准确的测量。

可调谐二极管激光吸收光谱技术（TDLAS）是一种吸收光谱技术，通过分析测量光束被气体的选择吸收获得气体浓度。具体来说，半导体激光器发射出特定波长的激光束穿过被测气体时，被测气体对激光束进行吸收导致激光强度产生衰减，激光强度的衰减程度与被测气体含量成正比，因此，通过测量激光强度衰减信息就可以分析获得被测气体的浓度。分布反馈（DFB）激光器的波长可以被温度和电流调谐，一般用温度调谐把激光器的波长稳定在气体吸收峰附近，再用电流调谐方法使激光器的波长扫描气体吸收峰。在大气痕量气体和气体泄漏的监测中，为了提高探测的灵敏度，一般会根据具体情况对激光器采取不同的调制技术如波长调制、振幅调制、频率或者位相调制等，同时和长光程吸收池相结合使用，并辅之以各种噪声压缩技术。TDLAS 不仅精度较高、选择性强而且响应速度快，已经广泛用于大气中多种痕量气体的检测以及地面的痕量气体和气体泄漏的检测。

光声光谱式气体分析仪的工作原理是气体分子吸收电磁辐射后受激，跃迁到更高一层的激发态。分子的电子状态，震动和转动状态都是量子化的。通常，气体分子会通过发射荧光或者震动回到基态。震动能引起气体温度的升高，并传递能量，称之为无辐射弛豫现象。这种通过振动产生的无辐射弛豫过程发生的前提是：弛豫时间快于激发态寿命。调节声频辐射源温度的周期性变化，从而引起压力的周期性变化，这个变化能产生声音信号；在气体检测中，这个声音信号可以由高灵敏度的麦克风检测到。基于激光光源的光声探测器能在大气压下检测气体的浓度，其灵敏度高于传统科学检测仪器。除此之外，它还能实现在动态环境中的无干扰检测以及在线检测。

光纤传感器以光波为载体，光纤为媒质，感知和传输外界需要被测量的信号。在光纤传感系统中，光源为光纤传感器提供必需的载波，光源发出的光经过光纤耦合传输到传感头，在传感头内，被测物理量与光相互作用，调制光载波的参数（光强、相位、偏振、频率、波长等），使光波参数发生变化，成为被调制的光信号，然后由光探测器检测出被调制光波中的有用信号，从而获得被测参数。

NDIR 气体传感器和 TDLAS 气体传感这两种检测技术的共同点在于都是利用气体分子吸收红外线的特性，二者的区别在于光源。红外检测技术是利用红外线做光源，是广谱的光源，即使经过滤光片依然是广谱的光源，所以气体检测时容易被其他气体干扰，红外气体传感器的选择性差、灵敏度较低。激光光谱技术采用激光器做光源，此光源是单一频率的光源，光源的频率可以和气体分子的吸收频率一致，所以激光光谱技术的特点是选择性好、灵敏度高。光纤气体传感器安全、抗电磁干扰的特点是其他气体传感器无法比拟的。这使它可以安全方便地用于易燃易爆、强电磁干扰或其他恶劣环境中气体的检测。随着新光源、声传感技术以及微弱信号检测技术的不断进步，加上光声光谱学理论的逐步完善，近十几年光声光谱技术得到迅速发展。现阶段光声光谱技术已经广泛应用于物理学、化学、生物、医学和环境保护等众多领域。

7.2 光学吸收型气体传感器

7.2.1 NDIR 气体传感器

NDIR 是一种基于不同气体分子的近红外光谱选择吸收特性，利用非色散红外光谱法，通过检测气体浓度与吸收强度关系来识别气体组分并确定其浓度的气体传感装置。采用分光的方式，适合测量的红外波段很广，具有可同时对多种气体进行分析、测量精度较高等优点。非色散红外光谱法的原理是 Beer-Lambert 定律，即不同的气体分子由于其原子组成和分子结构不同，会吸收不同波段的红外光谱，此红外光谱为该气体分子的特征吸收谱线。当红外线波长与被测气体吸收谱线相吻合时，红外光的能量被大量吸收。红外光线穿过被测气体后的光强衰减满足 Beer-Lambert 定律：

$$I=I_0\exp(-kCL) \tag{7.3}$$

式中：I_0为红外线光谱经过被测气体前光强；I 为红外线光谱经过被测气体后的光强；k 为被测物体的吸收系数；L 为红外线光源和探测元件之间的距离；C 为被测气体的浓度值。从公式中可以得到，通过测量待测气体吸收红外光前后的光谱强度的变化即可推算出气体的浓度。

如图 7.1 所示，NDIR 气体传感器主要由宽谱光源、气室、滤光片、红外探测器以及后端信号处理电路组成。光源提供宽谱的红外光，滤光片用于排除其他红外波段对待测气体的干扰，探测器用来探测红外光的强度，最后利用信号处理电路对红外探测器电信号采集及处理，识别气室内待测气体的浓度和组分。

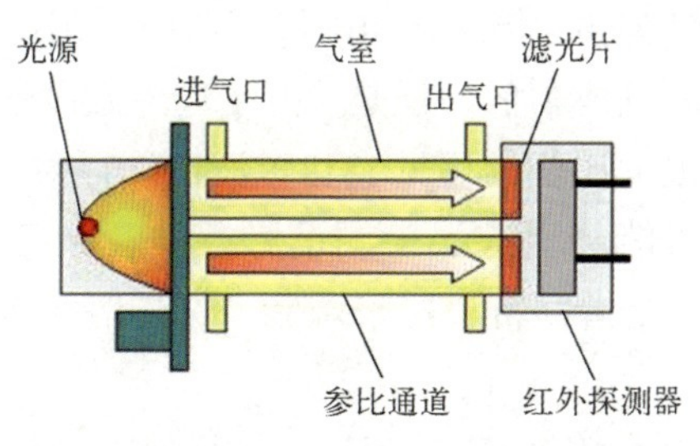

图 7.1 NDIR 气体传感器原理图

1）NDIR 气体传感器结构

（1）红外光源。

红外光源是 NDIR 气体传感器中的一个重要部件，合适的选择将有利于降低 NDIR 气体传感器功耗、减小体积并提高检测精度。红外光源根据其工作原理可分为三大类：热辐射、发光二极管以及激光光源。

激光光源是一种利用激发态粒子在受激辐射作用下发光的电光源。由工作物质、泵浦激励源和谐振腔三部分组成。工作物质中的粒子（分子、原子或离子）在泵浦激励源的作用下，被激励到高能级的激发态，形成粒子数反转。粒子从高能级跃迁到低能级时产生光子，如果光子在谐振腔反射镜的作用下，返回到工作物质而诱发出同样性质的跃迁，则产生同频率、同方向、同相位的辐射。如此靠谐振腔的反馈放大循环下去，往返振荡，辐射不断增强，最终即形成强大的激光束输出。激光光源是一种相干光源，输出波长范围从短波紫外直到远红外，具有单色性好、方向性强、光亮度高等优点。但是由于其体积较大、能耗高，不适合用于小型化的 NDIR 气体传感器。

发光二极管（LED）的核心部分是由 p 型半导体和 n 型半导体组成的晶片，在 p 型半导体和 n 型半导体之间有一个过渡层，称为 pn 结。在某些半导体材料的 pn 结中，注入的少数载流子与多数载流子复合时会把多余的能量以光的形式释放出来，从而把电能直接转换为光能。pn 结加反向电压，少数载流子难以注入，故不发光。当它处于正向工作状态时，电流从 LED 阳极流向阴极时，半导体晶体可发出从紫外到红外不同颜色的光线，且光的强弱与电流有关。红外发光二极管可以提供比热辐射光源更高的光谱效率，发射的光谱范围能更好地匹配气体吸收带[1]。这些器件的调制速率比热辐射光源高得多，但相比之下只能以相对较低的光谱功率使用[2]。

热辐射光源利用物体通电加热至高温时辐射发光的原理制成。早期的热辐射光源主要以白炽灯为主，传统 NDIR 传感器中使用的灯泡有两个好处：它们的光谱发射相对较高且成本低。但是，由于灯泡温度通常达到 3000K，它们发射的光谱可能包含很大比例的可见光和短波红外辐射，这在测量中是不需要的。这种额外的辐射可能会引起误检测信号。并且微灯泡的电光转换效率以及电调制频率较低，需要借助斩波器来调制，这会增大 NDIR 气体传感器系统体积。

近年来随着微机电系统（Micro-Electro-Mechanical System，MEMS）技术的发展及应用，基于 MEMS 技术制作光源也被广泛应用。MEMS 红外光源[3]的工作原理是在外部驱动电压作用下，辐射黑体温度升高，产生焦耳热而辐射出红外光，其器件性能很大程度上依赖于材料特性和结构设计。MEMS 红外光源的发射光谱紧随普朗克发射曲线的灰体（发射率小于 1 的黑体）。低温操作（600~1400℃）可提高中红外区域的光谱效率，并延长设备的使用寿命。采用 MEMS 制造方法来开发悬浮在空气中或作为陶瓷基板上的层沉积的薄膜，由于它们的低热质量可以快速调制，调制频率可以高达 30Hz[4]。目前，MEMS 红外光源按辐射层材料不同，可分为金属类和半导体类；按结构设计不同，可分为薄膜型和微桥型两类。这种利用微纳加工技术制备的 MEMS 红外光源，与传统红外光源相比，具有调制频率高、电光转换效率高、体积小、成本低等显著特点。

（2）气室。

在过去的十几年内，基于 NDIR 原理的小型化气体传感器已经成为商业市场中的较为成熟的产品。这些传感器的尺寸会按照一个行业内的标准来执行。因此，很多制造商在设计气体传感器时并不会涉及气室的设计。但是在设计小尺寸气室时在其中添加一些特殊结构可以增加光程长度。这些方面的研究有主要集中在以下几个方面：①需要尽可能紧凑的气室；②需要提高红外光在气室内部的传输效率；③在一些需要非常低的量程的应用中，需要尽可能的提高光程长度。

由 Beer-lambert 定律可知，仪器的测量量程由气室长度决定，低浓度检测需要配置光程较长的气室，高浓度检测需要配置光程较短的气室。现有的 NDIR 气体传感器测量气室的长度多为依据低浓度气体的测量标准制作的一体化结构，吸收气体层长度较长，在测量高浓度的气体时，如果直接按照现有的低浓度气体所用长气室的一体化结构很难实现对高浓度气体检测。同时，随着科学技术不断发展，全集成、微型化、低功耗、高灵敏以及高选择性，是人工智能、物联网快速发展对新一代 NDIR 气体传感器提出的需求，如图 7.2 所示。这种一体化机械加工很难保证微型化 NDIR 气体传感器气室满足低浓度气体检测要求。因此，不同结构的气室被设计出来。例如，瑞士工程师用 MEMS 技术取代了传统的红外光源和探测器，在此次研究中，工程师将超材料集成至 MEMS 平台上，进一步缩小了 NDIR 传感器的尺寸，并显著提高了其光程长度[5]。该设计的关键之处在于，其采用了一种称为超材料完美吸收器（MPA）的材料，而该材料由铜和氧化铝组成的复杂分层结构制成。由于具备分层结构，MPA 材料可吸收来自任何角度的光线。为了利用该特性，研究人员设计了一个多反射单元，能够通过多次反射红外光来“折叠”红外光，从而可以在一个尺寸为 5.7×5.7×4.5mm 的空间内压缩一条约为 50mm 的光吸收路径。在传统 NDIR 传感器中，光线需要穿过一个几厘米长的腔体，才能在浓度非常低的情况下探测到气体。但是，新设计优化了光的反射，能在一个半厘米长的腔体中就实现同样的灵敏度，实现了小型化 NDIR 气体传感器低浓度气体检测的可能。

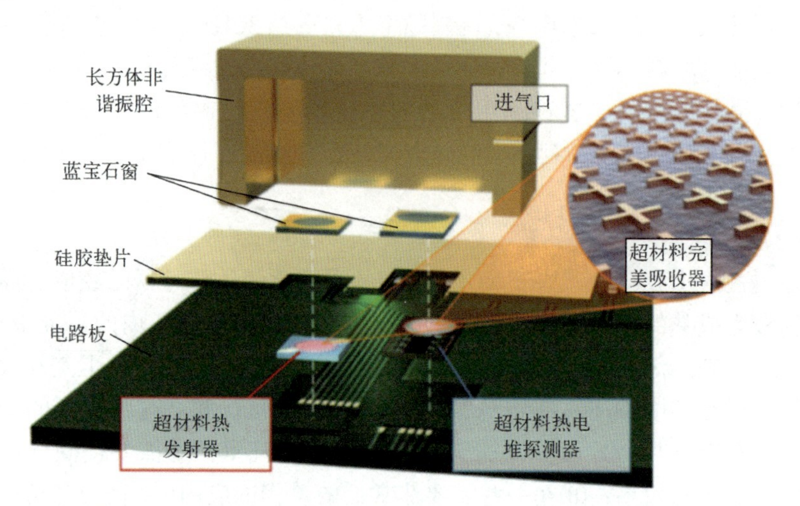

图 7.2 全金属材料设计的 MEMS 红外气体传感[4]

(3) 红外探测器。

根据工作原理的不同，红外探测器可分为热电探测器和光子探测器。热探测器是最早发展的红外探测器，主要包括热电偶、热电堆以及热释电探测器。

电偶是基于一种热电效应——塞贝克效应来工作的温差电元件。如果在绝对零度以上的任意温度下连接两种不同的金属，则两种金属之间会产生电位差[6]。把两根不同材料的两个端头焊接（电焊、铜焊或锡焊）起来，即构成一个热电偶（图 7.3）。当一个端头较热、另一个端头较冷时，由于塞贝克效应，在热电偶的开路端产生出温差电动势（在闭路热电偶中产生出温差电流）；因为产生的温差电动势与两个端头之间的温度差（温度梯度）成正比（比例系数为 Seebeck 系数），所以，如果固定一个端头（参考极）的温度不变，那么由热电偶的温差电动势大小即可得知另一个端头（传感器）的温度，从而可把热电偶作为温度传感器使用。

热电堆探测器是一种热释红外线传感器，它由大量热电偶串联而成，与单个热电偶相比，热电堆产生的热电电压要高得多（图 7.4）。热电堆的输出电压（输出温差电动势）是多个热电偶的输出电压之和。热电堆不仅可用作为

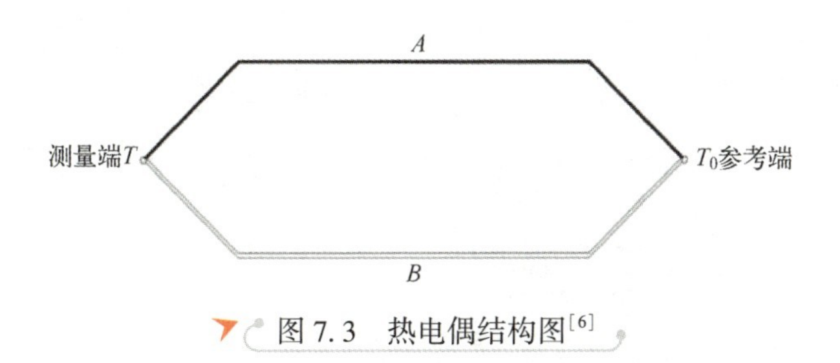

图 7.3 热电偶结构图[6]

温度传感器，而且也可以用作为长波长光（红外光和远红外光）的光电探测器。把热电偶一端的表面涂上黑色薄膜，让其大量吸收光，并产生热量；而把另一端（参考极）罩住、有时还涂上一层反射薄膜，不让吸收光，并保持在环境温度下，然后通过测量热电堆的温差电动势即可检测出长波长光的辐射[7]。为了提高灵敏度和响应速度，热电堆光电探测器往往采用薄膜来制作。此外，热电堆光电探测器通常都放置于真空中或者惰性气体中。

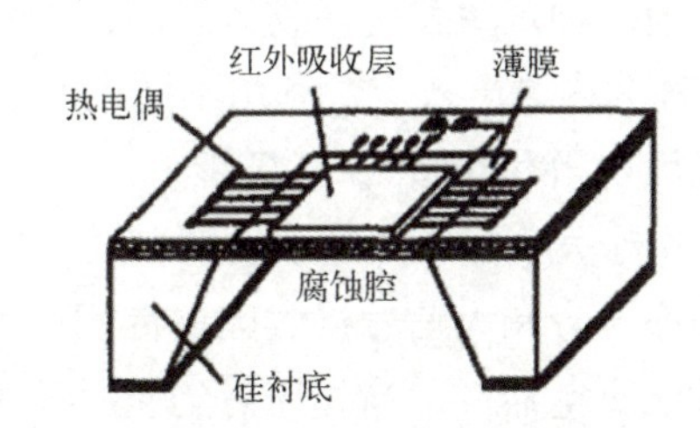

图 7.4 常见的热电堆探测器结构示意图[8]

热释电探测器主要是由一种高热电系数材料制成的元件（图 7.5）。热释电材料是一种具有自发极化的电介质，它的自发极化强度随温度变化。在恒定温度下，材料的自发极化被体内的电荷和表面吸附电荷所中和。如果把热释电材料做成表面垂直于极化方向的平行薄片，当红外辐射入射到薄片表面时，薄片因吸收辐射而发生温度变化，引起极化强度的变化。而中和电荷由于材料的电阻率高跟不上这一变化，其结果是薄片的两表面之间出现瞬态电压。若有外电阻跨接在两表面之间，电荷就通过外电路释放出来[9]。由于热电元输出的是电荷信号，并不能直接使用，因而需要用电阻将其转换为电压形式。故引入的 n 沟道结型场效应管接成共漏形式来完成阻抗变换。为了提高探测器的探测灵敏度以增大探测距离，一般在探测器的前方装设一个菲涅尔透镜，该透镜由透明塑料制成，将透镜的上、下两部分各分成若干等份，制成一种具有特殊光学系统的透镜，它和放大电路相配合，可将信号放大 70dB 以上。常用的高热电系数的材料有锆钛酸铅系陶瓷、钽酸锂、硫酸三甘钛等。

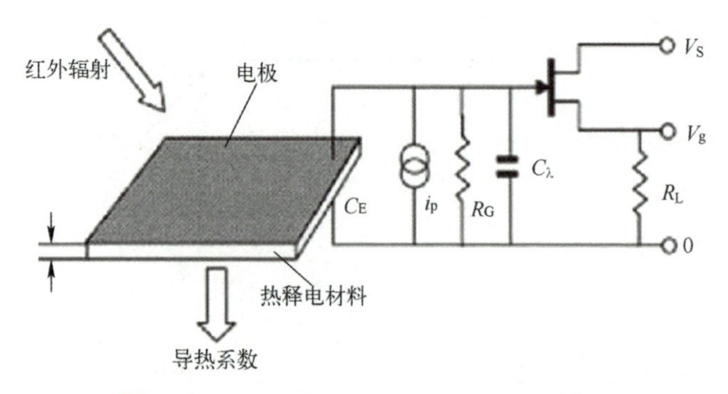

图 7.5 热释电探测器原理示意图[9]

与热电探测器相比，光子探测器工作原理是：基于光电效应，利用半导体材料吸收光子，引起电学特性改变，根据半导体材料能量带隙的不同，能够将不同能量的光子转换成电信号（图 7.6）。光电效应分为光电子发射、光电导效应和光生伏特效应。前一种现象发生在物体表面，又称外光电效应，后两种现象发生在物体内部，称为内光电效应，利用不同光电效应制备的器件对应的分别为光电倍增管、光敏电阻和光敏二/三极管。

光电倍增管基于光电子发射，二次电子发射和电子光学理论基础，结合了高增益、低噪声、高频率响应和大信号接收区等特征，是一种具有极高灵敏度和超快时间响应的光敏电真空器件。当光照射到光阴极时，光阴极向真空中激发出光电子。这些光电子按聚焦极电场进入倍增系统，并通过进一步的二次发射得到倍增放大。然后把放大后的电子用阳极收集作为信号输出。因为采用了二次发射倍增系统，所以光电倍增管在探测紫外、可见和近红外区的辐射能量的光电探测器中，具有极高的灵敏度和极低的噪声。另外，光电倍增管还具有响应快速、成本低、阴极面积大等优点。

光敏电阻工作原理基于内光电效应。在黑暗的环境下，它的阻值很高；当受到光照并且光辐射能量足够大时，光导材料禁带中的电子受到能量大于其禁带宽度 ΔE_g 的光子激发，由价带越过禁带而跃迁到导带，使其导带的电子和价带的空穴增加，在外加电场的作用下做漂移运动，电子奔向电源的正极，空穴奔向电源的负极，从而使光敏电阻器的电阻率变小，阻值迅速下降。

光电二极管工作原理基于内光电效应，是由一个 pn 结构成的半导体器件，具有单方向导电特性，是把光信号转换成电信号的光电传感器件。光电二极管是在反向电压作用之下工作的。没有光照时，反向电流很小（一般小于 0.1μA），称为暗电流。当有光照时，携带能量的光子进入 pn 结后，把能量传

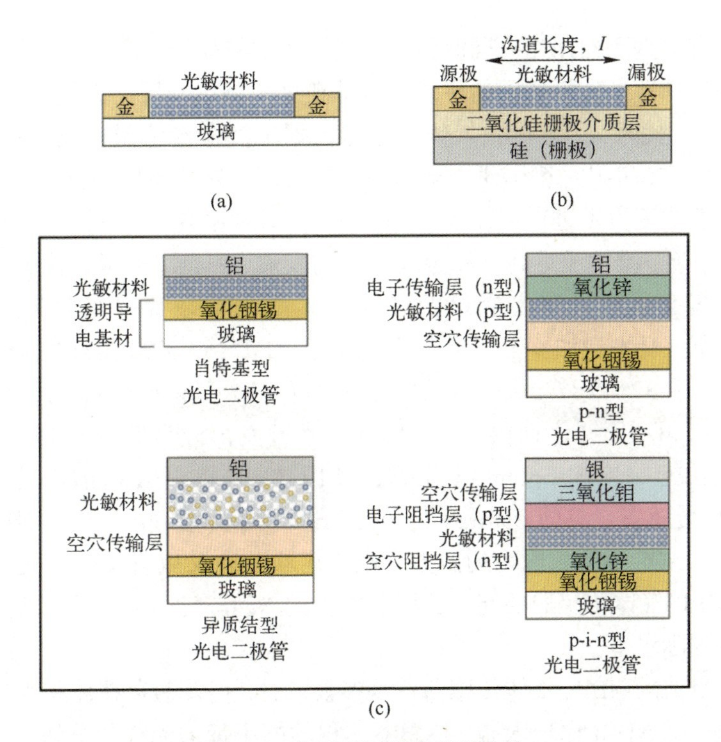

图 7.6 光子型探测器器件结构

（a）光电导型探测器；（b）光电晶体管型探测器；（c）不同种光电二极管型探测器[10]。

给共价键上的束缚电子，使部分电子挣脱共价键，从而产生电子-空穴对，称为光生载流子。它们在反向电压作用下参加漂移运动，使反向电流明显变大，光的强度越大，反向电流也越大。这种特性称为“光电导”。光电二极管在一般照度的光线照射下，所产生的电流叫光电流。如果在外电路上接上负载，负载上就获得了电信号，而且这个电信号随着光的变化而相应变化。

光电三极管是一种晶体管，当光照强弱变化时，电极之间的电阻会随之变化。光电三极管可以根据光照的强度控制集电极电流的大小，从而使光电三极管处于不同的工作状态，光电三极管仅引出集电极和发射极，基极作为光接收窗口。其工作原理分为两个过程：一是光电转换；二是电流放大。在无光照射时，光电三极管处于截止状态，无电信号输出。当光信号照射光电三极管的基极时，光电三极管导通，首先通过光电二极管实现光电转换，再经由三极管实现光电流的放大，从发射极或集电极输出放大后的电信号。

2）NDIR 气体传感器研究现状

NDIR 气体传感器具有非接触测量的优势，因此其在高污染环境以及在文物保护中有着重要的用途；同时因为不同气体的特征峰不同，因此该传感器具有较好的选择性。世界各国的科研人员都在这一领域开展了大量的研究工作。20世纪60年代时，半导体式气体传感器占据了气体传感器领域的一半市场，直到20世纪70年代，德国研制出第一款防爆型红外气体检测仪，非色散分光红外传感器才逐步走进市场，由于当时的技术条件限制，传感器的体积比较庞大，操作烦琐，维护成本高。经过几十年的发展，目前，美国、德国、日本等国家已有多家公司研制出成熟的红外气体传感器并实现商业化应用（图7.7）。例如，日本费加罗公司生产的型号为CDM7160-C00的红外CO_2传感模块，尺寸仅为32×17×7.5mm，也是目前市售的红外气体传感器中尺寸最小的；英国GSS公司利用锑化铟铝NDIR LED技术开发出微型低功耗的COZIR-LP传感器及快速响应的Sprint IR系列；英国Alphasense公司推出的IRC-AT NDIR气体传感器；英国Clarirair公司的Prime系列、Cirius系列；美国Honeywell公司的AQS系列。国内的四方光电、诺联芯和汉威科技等公司也具备生产小型NDIR气体传感器的能力，相继推出的NDIR气体传感器，部分技术指标已达到国际水平。

但从目前的NDIR气体传感器技术参数来看，仍普遍存在体积大、集成度低的问题。受NDIR原理限制，传感器体积的缩小带来光程的缩短，从而导致传感器灵敏度、响应时间和气体检测限以及量程范围等指标的降低。解决减小传感器体积与提升气敏性能二者之间的矛盾，其难点在于：NDIR气体传感器的宽谱红外光源、气室、滤光片、红外探测器和信号处理电路等核心元器件长期处于分立设计和制造的状态，不同元器件在材料、结构和集成工艺上缺乏兼容性，导致NDIR气体传感器的集成度不足，缺乏核心部件的集成设计理论与传感器系统集成技术，从而制约了高性能NDIR气体传感器的微型化。随着技术的发展，尤其是MEMS工艺的发展，红外气体传感器中所需要的两个核心部件：光源和红外敏感元，它们的体积和性能都将得到非常大的改进。

随着社会的不断发展，红外气体传感器市场也会越来越广阔。据统计，未来国内每年对红外气体传感器的需求量将达到200多万台（套）。所以，对于红外气体传感器检测系统的研发具有明显的经济效益和广阔的应用前景。

7.2.2 TDLAS气体传感器

TDLAS（Tunable Diode Laser Absorption Spectorscopy）气体传感器与NDIR气体传感器类似，其工作原理也是基于Beer-lambert定律，利用不同气体对应的不同吸收光谱，当对应波长的激光通过待测气体时会被气体吸收，光功率下

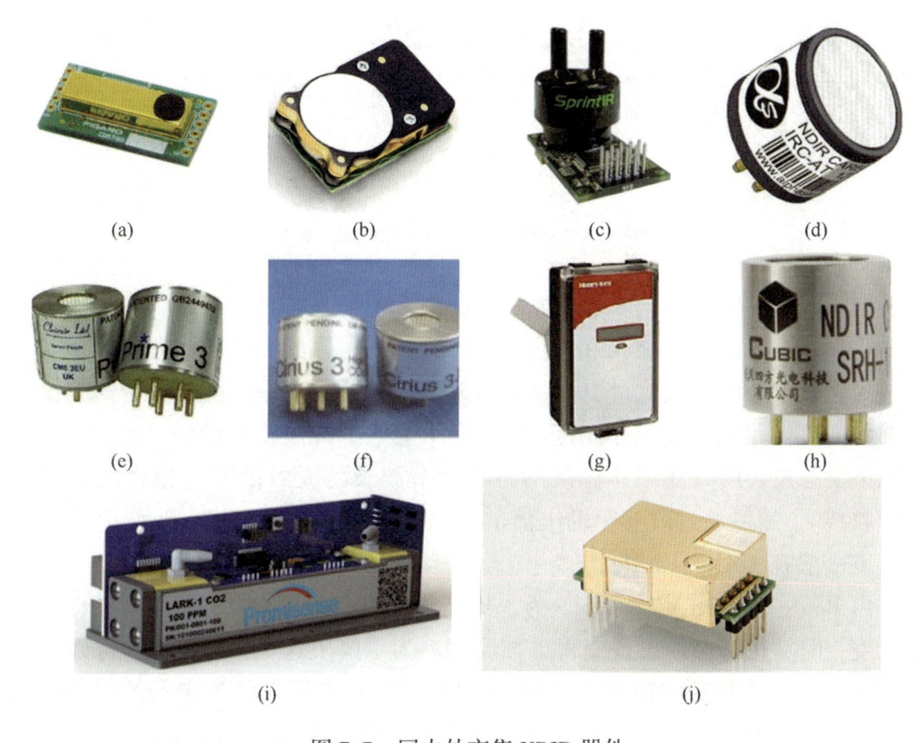

图 7.7　国内外市售 NDIR 器件

(a) 日本 FEGARO 产品 CDM7160；(b) 英国 GSS 产品 CozIR-LP；(c) 英国 GSS 产品 SpintIR-WF；
(d) 英国 Alphasense 产品 IRC-AT；(e) 英国 Clairair 产品 Prime3；(f) 英国 Clairair 产品 Cirius3；
(g) 美国 Honeywell 的产品 AQS71-KAM；(h) 中国四方光电 SRH 系列产品；
(i) 中国诺联芯科技 LARK-1 系列产品；(j) 中国汉威科技产品 MH-Z19B。

降。气体浓度越高吸收越明显，通过测量入射气体前后的入射光和出射光光功率之比，便可判断气体浓度与种类。

TDLAS 气体传感器结构如图 7.8 所示，与 NDIR 气体传感器相比，基于可调谐激光吸收谱（TDLAS）技术的气体探测方式采用可调谐激光光源（如垂直腔面发射激光器 VCESL 和量子级联激光器 QCL），由于激光的良好单色性，可以省掉滤光片，结合探测器即可以完成气体检测。同时由于激光功率较强，利用环境作为气室，可以实现较远距离的探测（遥测）以及非接触测量[12]，这是其他类型传感器无法实现的特点。

当改变可调激光的驱动电流时，激光输出光功率将会随着改变，出光波长也会随之改变，因此可以推导出输出光功率和波长的关系。如果在波长扫描的范围内没有出现气体吸收线，那么光电探测器接收的光功率和激光光源输出的

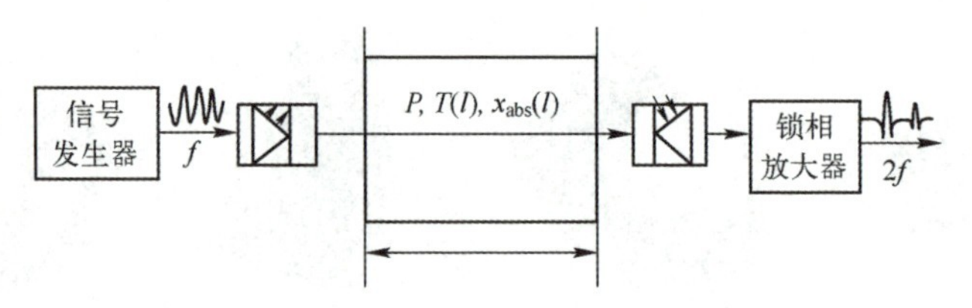

图 7.8 TDLAS 气体传感器原理图[11]

光功率应该是一样的。但是，在波长范围内发现吸收线时，在光功率测试时会有凹陷。通过凹陷处的波长和深度，可以判断该气体的种类和强度。

除了改变驱动电流之外，可以通过改变激光器的工作温度，来达到波长扫描的目的。但是用改变工作温度的方式比较慢，一般需要几秒钟。所以，通常情况下，首先会用改变工作温度的方法调节波长的大致范围（包含相关气体的吸收线），然后通过改变驱动电流的方法来进行精确的调节，改变电流的扫描速度一般在 10Hz~10kHz。

由 Beer-Lambert 定律可知，为了提高气体吸收的灵敏度，需要增长气体腔的长度，但是这将会使设备变得更加庞大。为了解决这个体积问题，可以在气体腔体两端加上特殊的镜片（低损耗的反射镜），它可以将激光器的出光在气体腔内来回反射，这样光通过气体的距离就会变长，可以提高测试的高灵敏度，即使很微弱的吸收线也可以完成良好的测试。

1）TDLAS 气体传感器核心部件

（1）可调谐激光光源。

作为 TDLAS 系统的主要部件之一，常用的可调谐半导体激光器主要有 FP（Fabry-Perot，法布里-珀罗）激光器、DFB（Distributed Feedback，分布反馈式）激光器、VCSEL（Vertical Cavity Surface Emitting Laser，垂直腔面发射激光器）以及 QCL（Quantum Cascade Laser，量子级联激光器）等。

FP 激光器的输出功率大（可达瓦级），一般为多模输出，且因为光谱线宽较宽，难以满足对精度要求高的痕量气体分析需求。DFB 激光器的输出功率比 FP 激光器低很多，可以输出较窄（0. 01nm 量级）的光谱，并能够通过温度调谐提供有限的波长调谐（几个波数）。DFB 激光器也是目前市面上 TDLAS 系统中常见的激光器。目前对 TDLAS 激光气体检测技术的研究与开发普遍采用 DFB 型边发射激光器作为检测光源，但是这种功耗较高、体积较大，限制了 TDLAS 检测技术在功率敏感场合的应用。

① VCSEL（Vertical Cavity Surface Emitting Laser，垂直腔面发射激光器）。

1979年，垂直腔面发射激光器（VCSEL）的概念被提出，与传统的边发射激光器不同的是，其激光出射方向垂直于衬底表面，可获得圆形光斑。由于谐振腔长与波长接近，动态单模性比较好，有望在光通信、光互连、光存储、激光显示和照明等领域大展身手。

典型的VCSEL包括顶发射和底发射两种结构（如图7.9所示）。一般来说，早期典型器件是通过金属有机物化学气相沉积（MOCVD）技术在n型GaAs衬底上生长而成的。其主要由DBR（Distributed Bragg Reflector，分布式布拉格反射镜）作为激光腔镜，量子阱有源区（MQW）夹在n-DBR和p-DBR之间，由于量子阱厚度小，使单程增益很小，因此反射镜的反射率较高，一般全反腔镜反射率大于99.9%，输出腔镜的反射率通过理论计算设定最佳的耦合输出率（大于99%），然后，在衬底和p-DBR外表面制作金属接触层。通过在p-DBR或n-DBR上制作一个圆形出光窗口，获得圆形光束，窗口直径从几微米到百微米量级，再和导热性好的热沉键合，提高芯片的散热性能[13]。由于GaAs衬底对800nm附近的光有强吸收[14]，所以在这个波段的器件通常采取顶发射结构。底发射结构可用于产生976nm和1064nm波段[15]，为了减少衬底的吸收损耗，通常将衬底减薄到150μm以下，再生长一层增透膜，提高激光光束质量，最后将增益芯片安装在热沉上，离有源区更近，因此散热性更好。

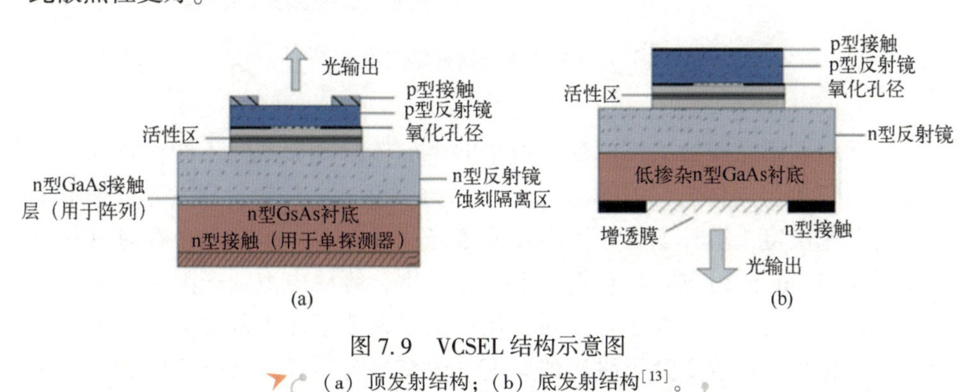

图7.9　VCSEL结构示意图
（a）顶发射结构；（b）底发射结构[13]。

VCSEL激光的优点是线宽较窄（0.35nm）且波长对温度漂移较小（0.06nm/℃）。另外，VCSEL激光的阈值电流也较小（1mA），在相同的输出功率下，它比DFB激光和FP激光的效率更高，而且不像DFB激光那样容易产生啁啾。最后，比起其他激光，制造和调整准直VCSEL都比较容易，这样就能够生产低成本基于VCSEL的收发器。

② QCL（Quantum Cascade Laser，量子级联激光器）。

1994 年，世界上第一台量子级联激光器在贝尔实验室被研制出来[16]。经过二十几年的发展，早已实现了商业化。一般而言，量子级联激光器系统包括量子级联激光模块、控制模块以及接口模块（图 7.10）。目前，QCL 的基本结构有 3 种：F-P 腔量子级联激光器，分布反馈式量子级联激光器（Distributed Feedback Laser Quantum Cascade Laser，DFB-QCL）和外腔式量子级联激光器（External Cavity Quantum Cascade Laser，EC-QCL）。

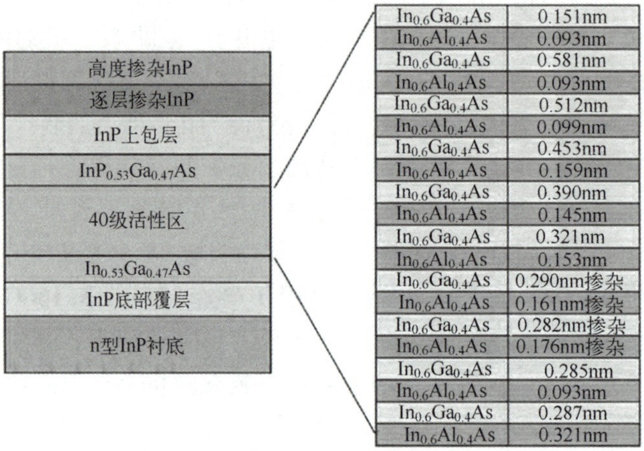

图 7.10　量子级联器件结构示意图[17]

量子级联激光器的工作原理与通常的半导体激光器截然不同，它打破了传统 p-n 结型半导体激光器的电子-空穴复合受激辐射机制，其发光波长由半导体能隙来决定，填补了半导体中红外激光器的空白。QCL 受激辐射过程只有电子参与，其激射方案是利用在半导体异质结薄层内由量子限制效应引起的分离电子态之间产生粒子数反转，从而实现单电子注入的多光子输出，并且可以轻松地通过改变量子阱层的厚度来改变发光波长。量子级联激光器比其他激光器的优势在于它的级联过程，电子从高能级跳跃到低能级过程中，不但没有损失，还可以注入下一个过程再次发光。这个级联过程使这些电子“循环”起来[18]。量子级联激光理论的创立和量子级联激光器的发明使中远红外波段高可靠、高功率和高特征温度半导体激光器的实现成为可能。QCL 作为一种新型的红外相干光源，有着传统半导体激光器所不具备的特点。例如，激射波长容易调节，可以覆盖超宽的中远红外波长范围；增益谱线窄而对称；输出功率高，可以在室温工作。而很多气体的吸收谱带都集中在中红外波段，因此，利用 QCL 进行红外吸收光谱的研究迅速成为热点。由于 QCL 具有传统半导体激光器所没有的独特优势，因此基于 QCL 的吸收光谱检测系统有着较高的灵敏度。

目前国际上已研制出 3.6～19μm 中远红外量子级联激光器系统。随着技术的进步，目前量子级联激光器不但能以脉冲的方式工作，而且可以在连续工作的方式输出大功率激光。激光模块将 QCL 激光器装进一个气密性封装内，最大限度地保护了激光器的性能和寿命。

（2）光电探测器敏感材料。

① 热敏材料。

具有热电效应的热电和铁电材料在近几十年中，作为研制红外探测器的重要材料，得到了迅速发展。大多数由热电和铁电材料制成的红外探测器具有可在室温使用、无须工作偏压、价格便宜、易于形成批量生产等特点，这些特点使之在越来越多的红外仪器中得到成功的应用。

（a）热电材料。

1821 年，德国科学家塞贝克发现在两个导线的回路其中一端加热，放在导线旁的磁针会发生转动的现象，由此产生的电压差与温差的比值后来被命名为塞贝克系数。由此，通过温差发电逐渐进入人们的视野。热电材料是一种能在电能和热能直接相互转换的材料，热电材料的效率主要由热电优值 ZT 决定[19]，热电优值公式如下所示：

$$ZT=\frac{S^2T\sigma}{K} \tag{7.4}$$

式中：S 为塞贝克系数；T 为绝对温度；σ 为电导率；K 为导热系数[20]。

按照材料的适用温度分为低温，中温和高温热电材料。低温材料以碲化铋（Bi_2Te_3）和碲化锑（Sb_2Te_3）为代表[21]。中温材料以碲化铅（PbTe）为代表[22]，而高温材料则以硅锗基合金（Si、Ge）类为代表[23]。

在高温热电材料中，以金属元素（Na、Ca、Ba 等）氧化物及 Si、Ge 合金作为高温热电材料的首选，其优良的结构稳定性和化学稳定性使热电转换在高温下有效进行。金属氧化物热电薄膜材料以钴基氧化物和钙钛矿型氧化物为主。在钴基氧化物中，除 $Ca_3Co_4O_9$外，$NaCo_2O_4$、$Bi_2Sr_2Co_2O_x$等都是性能较好的热电材料。Si、Ge 合金是目前应用于高温区的另一种较为成熟的热电材料，它适用温度在 700K 以上，Si、Ge 合金在 1000～1200K 之间 ZT 值达到最佳且接近 1[24]。

中温热电材料主要有 PbTe 体系、Mg_2Si、$Bi(SiSb_2)$、TAGS 等，在这些材料中以 PbTe 体系应用最为广泛，且较为成熟。PbTe 体系在 500~900K 具有较高的热电性能指数，其热电优值的极大值随掺杂浓度的升高向高温区偏移。迄今为止，块状热电性能最热门的热电材料是 PbTe 体系中的 $AgPb_mSbTe_{m+2}$新型热电材料，其中 $AgPb_{10}SbTe_{12}$在 700K 时 ZT 值为 1，$AgPb_{18}SbTe_{20}$在 800K 时 ZT 值为 2.1[25]。

低温热电材料是工作温度在 100~500K 的热电材料，主要是无掺杂的 $Bi_{1-x}Sb_x$合金以及$(Bi,Sb)_2(Te,Sb)_3$类固溶体材料。$Bi_{1-x}Sb_x$合金热电材料电传输性能受 Sb 含量及温度影响。$(Bi,Sb)_2(Te,Sb)_3$合金热电材料在 80~300K 时，电导率随温度的升高而增加，Bi-Te 合金的塞贝克系数绝对值随温度的升高而升高，在常温下达到最大值 220μV/K。

（b）铁电材料。

铁电材料是热释电材料的分支，也是热释电系数最大的材料。它与其他热释电材料的区别在于铁电晶体的自发极化能在外加电场作用下反转过来，且当温度达到居里温度时，极化立即消失，晶体发生从极化到非极化的相变。由于铁电晶体的热电系数远大于其他热释电材料，所以铁电体以外的其他热释电材料很少用来进行制作热释电探测器。在已知的热释电材料在一千种以上，但仅对其中 10%的热释电特性进行了研究，研究发现真正能满足器件要求的不过十几种，它们都是铁电体，其中最主要的有钽酸锂和锆钛酸铅系陶瓷等。

$Pb(Zr_xTi_{1-x})O_3$（PZT）基陶瓷作为传统热释电陶瓷，利用其在远低于相变点时极化随温度变化的特点，工作在居里温度（TC）以下，可以获得较高的热释电响应。通过进行合适的离子掺杂、引入适当的三元系或多元系、改进制备工艺等手段，PZT 铁电陶瓷的热释电性能能够得到极大提高，其他的电学性能也可以得到调节。国际上对于 PZT 热释电陶瓷材料的研究始于 20 世纪 60 年代，20 世纪 70 年代以后陆续有文章和专利报道了改性 PZT 热释电陶瓷的研究结果：掺杂改性的一般思路是加入改善热释电性能的元素以获得所需性能的热释电陶瓷，如掺入 La 以增加热释电系数、掺入 Mn、Fe、Cr 以降低介电常数和介电损耗、掺入 U 以降低陶瓷的体电阻率等；引入多元系改性的目的主要是为了适当增加材料的自发极化、改善陶瓷的烧结性能、在更大范围内对 PZT 陶瓷的电学性能进行调节等[9]。

基于钽酸锂热释电红外传感器最早是采用钽酸锂晶体研制的，钽酸锂晶体薄片可以制作传感器的响应单元，为了提高器件比探测率和电流响应率，必须减薄钽酸锂响应单元的厚度，所以早期器件一直把减薄钽酸锂响应单元厚度作为第一研究目标[26]。机械抛光技术首先用于这一目标，中科院上海技术物理研究所在机械抛光基础上发展了一种制备低损耗晶体薄片的化学腐蚀工艺，制备得到约为6~7μm厚度的晶体薄片，器件的等效噪声功率NEP达到1.1×10^{-10}（$W/Hz^{1/2}$），比探测率达到8×10^{8}Jones[27]。中国台湾中山大学陈英忠等采用溶胶-凝胶法制备出钽酸锂薄膜红外传感器的响应单元厚度约为0.5μm，电压响应达到8398V/W，器件比探测率为1.1×10^{8}Jones[28]。总体上讲，钽酸锂薄膜红外传感器的性能还没有超过钽酸锂晶体红外传感器性能。发展非制冷、微型化、薄膜化、低成本的器件制作工艺，提高薄膜器件或系统性能是今后制备钽酸锂薄膜和制作热释电红外传感器的研究发展方向。

② 光敏材料。

光子探测器工作原理是基于光电效应，利用半导体材料吸收光子引起电学特性改变，根据半导体材料能量带隙的不同，能够将不同能量的光子转换成电信号。目前，常用的光敏材料主要有：InGaAs、HgCdTe、Ⅱ类超晶格以及量子阱等。

三元化合物$In_xGa_{1-x}As$是Ⅲ-Ⅴ族的赝二元系、直接带隙半导体材料，闪锌矿结构，可以InAs、GaAs任意配比形成。InGaAs具有介于InAs、GaAs之间的特性，随着组分x的变化，其禁带宽度从1.43eV变化到0.35eV，工作波长覆盖0.87~3.5μm，是一种重要的短波红外敏感材料（图7.11）。在近室温条件下，$In_xGa_{1-x}As$器件具有较高的量子效率，并具有较高的灵敏度和探测率。在$In_{0.53}Ga_{0.47}As$探测器光谱响应范围0.92~1.7μm内，InGaAs器件的量子效率大于80%；即使是当$x=0.74$时，InGaAs器件的光谱响应范围在1~2.2μm时，量子效率也超过了65%。InGaAs材料具有更好的材料稳定性，采用成熟的MBE和MOVCD生长方法，更容易获得大面积高质量的外延材料。通过调节In组分，InGaAs红外焦平面的工作波长范围可延长至约2.6μm。InGaAs红外探测器在军事和民用领域都已拥有广泛的应用。

HgCdTe是闪锌矿的伪二元合金直接带隙半导体，随着碲成分的增加，$Hg_{1-x}Cd_xTe$带隙能逐渐从HgTe的负值增大到CdTe的正值，带隙能量的调整使其能够应用于短波红外探测；能够产生高量子效率的大光学系数；具有低和高两种载流子浓度、高电子迁移率和低的介电常数，可用于不同工作模式的探测器（图7.12）。HgCdTe红外探测器在短波红外（1~3μm）、中波红外（3~5μm）和长波红外（8~14μm）三个大气窗口都可以做到接近背景限的水平。现已获得适用于三代的双色、三色HgCdTe红外焦平面探测器。三色探测器的性能在很大程度上取决于势垒掺杂程度及相对于结的位置。势垒位置稍有移动、掺杂水平发生小的变化都会对光谱响应度很大的影响，这是该探测器结构在技术上遇到的挑战[30]。其次，高性能的 HgCdTe 红外光电器件通过真空外延技术制备，复杂和昂贵的制造工艺及表面存在的漏电流也在一定程度上限制了其发展。

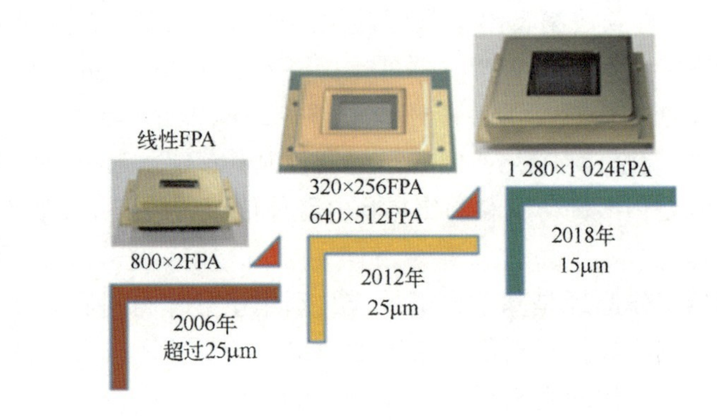

图 7.11 近红外 InGaAs 焦平面探测器发展现状[29]

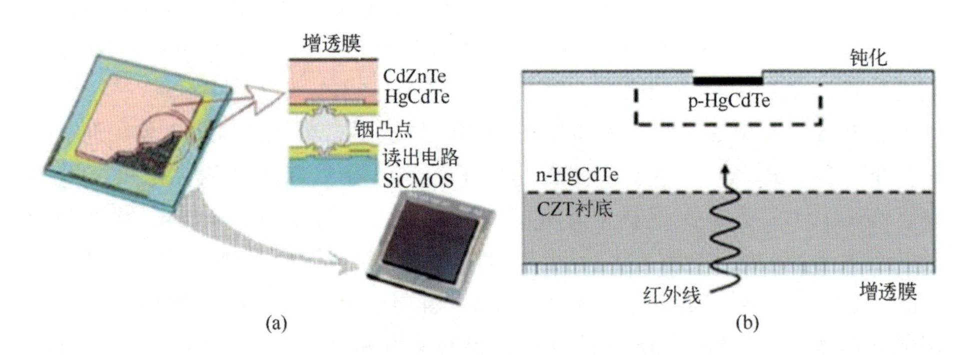

图 7.12 HgCdTe 红外探测器及内部结构[31]

基于量子阱的红外光电探测器，其探测波长在 6~20μm 波长范围内可调，具有高阻抗、快速响应时间和低功率损耗的优点，能很好地与大尺寸焦平面阵列的制造要求匹配（图 7.13）。利用分子束外延技术可以便利地产出具有超低缺陷密度的多波段结构，适合高性能红外系统要求的多色探测器。但其对垂直光吸收为零，没有光学跃迁，导致量子效率低，需要光学格栅来增大器件的光吸收，这就导致了对波长依赖性很强，且其效率随像素尺寸的减小而降低。

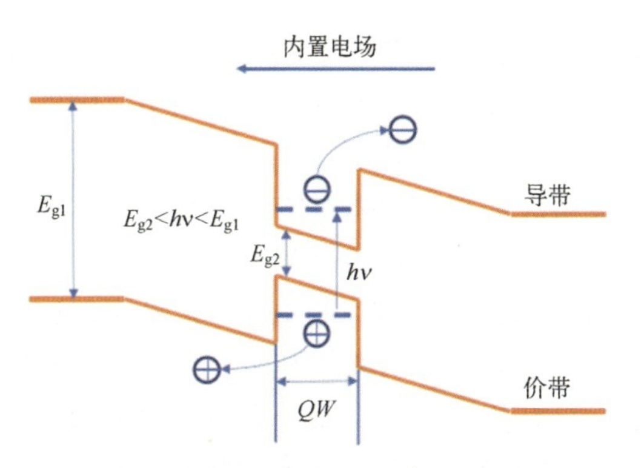

图 7.13 带间跃迁量子阱红外探测器原理图[32]

在低维异质结中引入量子限制可以大大提高光电子器件的性能，这是超晶格作为红外探测器材料的主要动机。和体 HgCdTe 相比，超晶格红外材料具有较高的均匀性，较小的暗电流，较低的俄歇复合率。基于 InAs/GaSb 超晶格的光电探测器，对垂直入射光的吸收很强，具有高响应度，不需要光栅，且机械性更高，只需通过改变材料厚度，就可调谐波长，可视为 HgCdTe 的替代品（图 7.14）。但是，其没有稳定的钝化层，表面钝化工艺还需进一步提

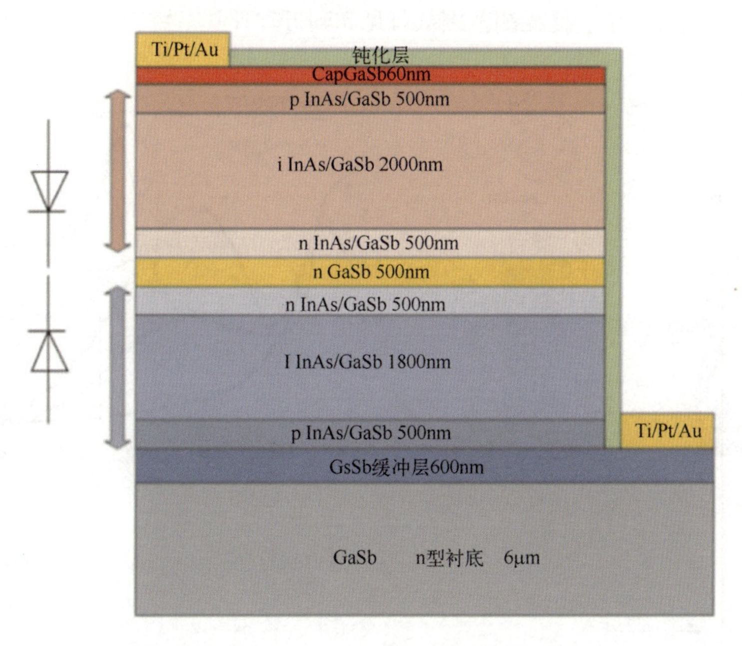

图 7.14 InAs/GaSb 超晶格材料结构[33]

高。在保证材料总体成膜质量不变的条件下，形成足够厚度并具有合适量子效率的超晶格材料也是一项挑战。其次，要求晶格匹配度高，复杂的器件阵列连接技术也大大增加了制造成本。

除此之外，低温溶液加工半导体材料是一类以化学法制备可以以油墨形式快速加工的新兴半导体光电材料。首先，它可以采用多种技术如旋涂、喷涂、喷墨打印等进行大面积和图形化制备器件。其次，这类材料可以与多种材料结合制备器件，并兼容不同的柔性和刚性衬底。同时此类材料可以制备顶部超薄敏感层，结合读出电路可以制备更高集成度的光电探测器件，以提高精度和灵敏度[34]。有机光电材料、卤素钙钛矿和胶体量子点是目前主要研究的几种新型光电材料。

有机光电探测器能够进行具有高空间分辨率的多层结构堆叠[35]，实现无滤波器窄带彩色传感[36]，但有机半导体激子结合能高，会严重影响电荷的产生与传输以及外部量子效率，电子迁移率受富勒烯衍生物影响较大，吸光层厚度较低，会产生高的漏电流和噪声（图 7.15）。Gong 团队[37]通过使用窄带材料与富勒烯衍生物复合，将光谱响应范围扩展到 1450nm，但将有机半导体的光学带隙减小到 1eV 以下有待进一步研究[34]。另外，也可通过引入有机材料，如 PbS，来扩展光谱响应范围，使探测范围从可见光到近红外甚至短波红外均可调。

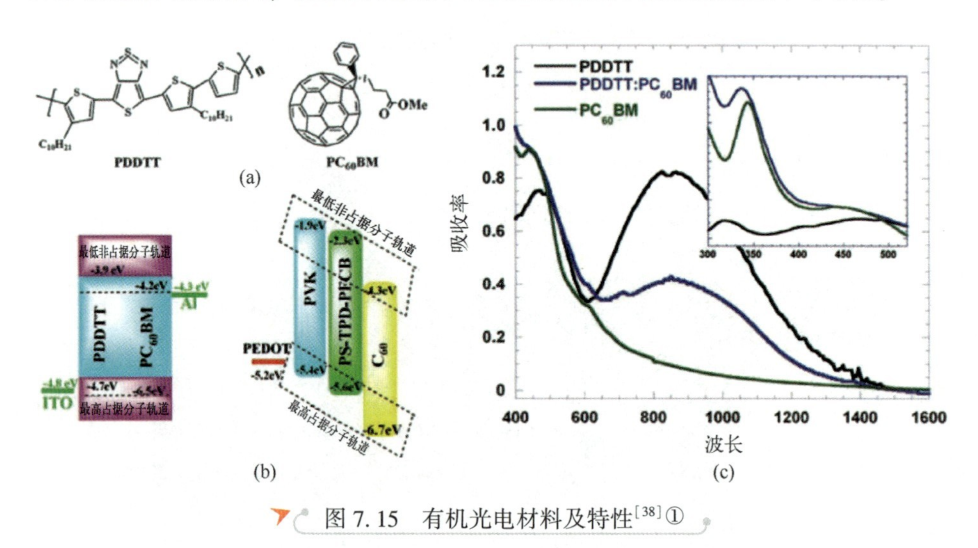

图 7.15 有机光电材料及特性[38]①

① 图中 PDDTT、PC60MM、PEDOT、ITO 等皆为不同材料，其中文都颇为复杂，如 PEDOT 为聚二氧乙基噻吩结合聚苯乙烯磺酸，为保简洁，图中全部使用了材料英文缩写。

金属卤化物钙钛矿可通过改变卤化物比率而调节能带隙，由于激子结合能较低，可通过平面或中孔支架结构形成有效的薄单光交叉点，类似于无机半导体（图7.16）。金属卤化物钙钛矿结合了无机和有机半导体的优点，光生载流子在产生和收集过程中几乎没有损耗。钙钛矿在光电探测中具有潜在的研究价值，Miao等[39]在最近研究报道，金属卤化物钙钛矿近红外光电探测器的光谱响应范围已扩展到1000nm。但是基于金属卤化物钙钛矿的光电探测器仍留有许多问题待解决，如介电弛豫、离子行为、光生成和收集，以及如何克服传统的光电检测在噪声、光响应和速度方面的权衡等。

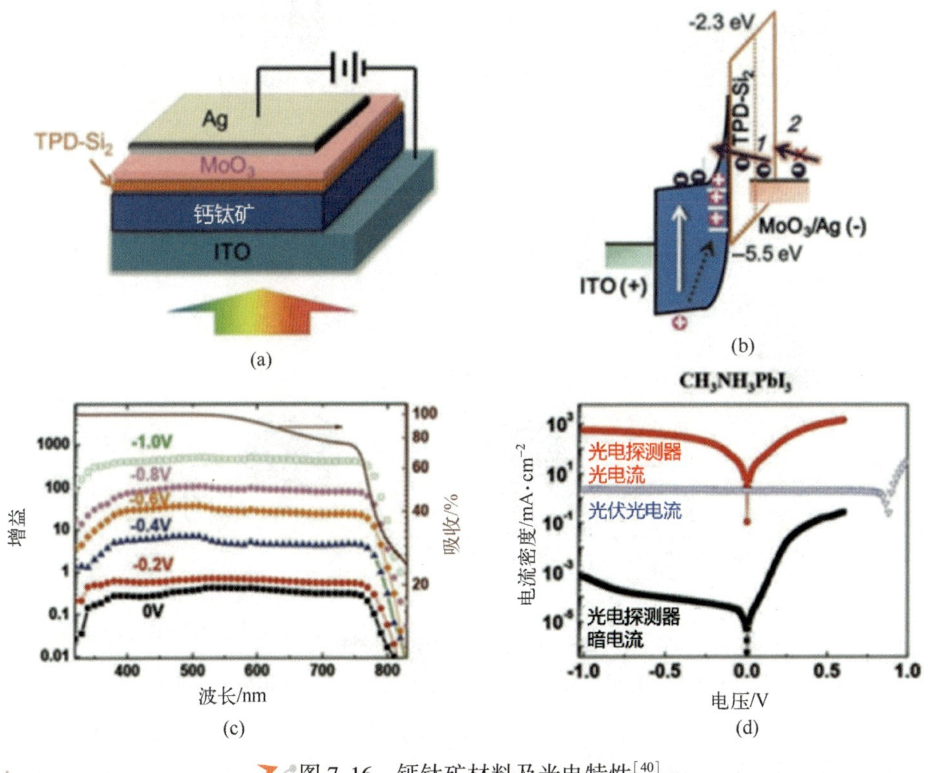

图7.16 钙钛矿材料及光电特性[40]

量子点红外光电探测器是通过带间光激励使导带量子点中束缚态的电子进入连续态，在电场作用下，发射电子向集电极漂移，生成光电流。量子点可通过控制量子点生长速率、反应温度等调节量子点尺寸大小，使量子点响应峰值光谱灵活可调，从而使其具有多波长探测能力，其基本特征见图7.17。量子点良好的可溶液处理与制备工艺，能与多种衬底兼容，易于大规模制备与生产，符合低成本、高性能的柔性光电子器件的发展趋势，是目前近红外与短波红外探测器研究的热点。但量子点表面原子比例高，表面缺陷态密度高，可通过表面化学与配体工程钝化来改善光电特性。

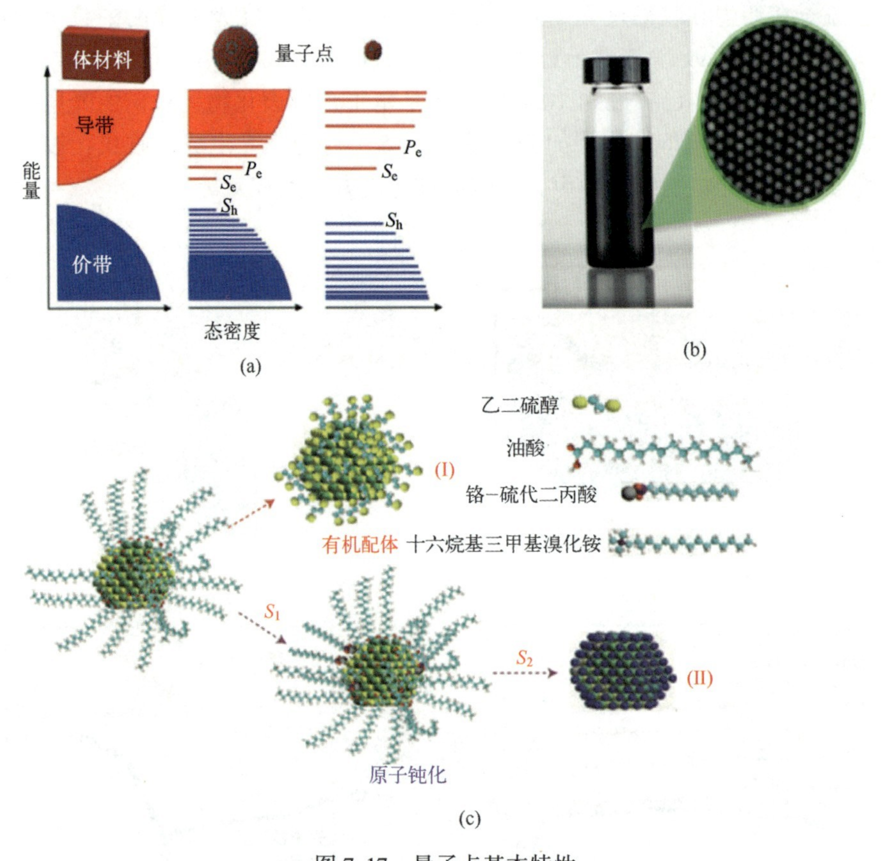

图 7.17 量子点基本特性

（a）无机半导体能带结构对材料尺寸的依赖[41]；（b）胶体量子点溶液；（c）胶体量子点表面配体置换[42]。

2）TDLAS 气体传感器研究进展

国外对 TDLAS 技术的研究起步比较早，大约在 20 世纪 70 年代，由 Ed. Hinkley 等人提出。因该技术以激光作为光源，所以激光器的发展在很大程度上影响了 TDLAS 技术的发展。20 世纪 70 年代，应用到 TDLAS 技术上的激光器主要是铅盐激光器，但这类激光器在当时只能在非常低的液氮甚至是液氦温度下运转，设备复杂且价格昂贵，从而限制了该技术的应用与发展。海德尔堡大学的 P. Werle 等于 1998 年设计了用于检测 O_2浓度的垂直外腔面发射激光器；2001年，斯坦福大学的J. Wang等利用二极管吸收技术在760nm附近探测了O_2浓度，但主要处于实验室阶段。除此之外，日本索尼公司、爱尔兰Trinity大学等均在这一方面进行了研究。如今，德国西门子公司在过程分析仪器产品中又推出了LDS 6二极管激光气体分析仪，响应时间达到1s，可适应条件苛刻的环境。Andreas Hangauer等研制了以VCSEL激光器为光源的TDLAS技术来探测O_2浓度，并将其作为燃烧传感仪应用在汽车排气管系统，实现了高性能低成本的目标气体探测。瑞典的U. Gustafsson等应用激光器实现了混合气体的监测，同时对O_2、H_2O等的检测。

国内利用TDLAS技术检测气体的浓度起步较晚，以20世纪80年代末中国科学院和安徽光学机械精密研究所的先进研究成果作为起步，我国在近20年间对利用TDLAS技术进行气体检测做了深入的研究并且效果显著。中科院安徽光机所早在2001年就完成了基于长光程差分吸收光空气质量在线监测系统的研发工作；从2004年到2007年，我国首套基于TDLAS技术的机动车尾气排放监测系统、温室气体在线实时监测系统、城市地下燃气管网泄漏监测系统也先后问世。聚光科技（杭州）有限公司采用的基于TDLAS技术的LGA系列半导体激光现场在线气体分析仪，解决了背景气体交叉干扰、粉尘污染等问题，在钢铁、水泥、石化、航天等领域取得了良好的应用；西安聚能公司、凯尔科技（北京）发展有限公司、北斗星工业化学研究所这些单位也对气体分析仪做了相应的研制。除此之外，对TDLAS技术应用于气体检测的研究在国内高校中掀起了热潮。

7.2.3 光纤气体传感器

光纤传感技术是一项正在发展中的具有广阔前景的新型技术。由于光纤本身在传递信息过程中具有许多特有的性质，如光纤传输信息时能量损耗很小，给远距离遥测带来很大方便。光纤材料性能稳定，不受电磁场干扰，在高温、高压、低温、强腐蚀等恶劣环境下保持不变，所以光纤传感器从问世至今，一直都在飞速发展。

1）光纤气体传感器发展历史

如表7.1所列，光纤气体传感器在世界上已有多种光纤传感器，诸如位移、速度、加速度、压力、流量等物理量都实现了不同性能的光纤传感。光纤气体传感技术是光纤传感技术的一个重要应用分支，主要基于气体的物理或化学性质相关的光学现象或特性。近年来，它在环境监测、电力系统以及油田、矿井、辐射区的安全保护等方面的应用显示出其独特的优越性。

表 7.1　光纤气体传感器发展历史

年　份	单　　位	光纤气体传感器研究进展
1989 年	西安应用光学研究所	对光纤气体传感器展开研究，在《应用光学》杂志上介绍了差分光谱吸收的基本原理，给出了实验框图和应用实例[43]
1992 年	中国矿业大学	在《光纤通信技术》杂志上介绍了吸收型光纤瓦斯传感技术和干涉型瓦斯传感器的原理，并对其在煤矿重的应用前景做了探讨[44]
1997 年	山东矿业学院	针对光纤瓦斯传感器光波波长的选择展开讨论，提出根据传感器技术指标来确定光纤瓦斯传感器的基本参数，并建立了相应的数学模型[45]
1999 年	大连理工大学	报道了一种新型透射式光纤甲烷传感器，用 1.31μm InGaAsP 型 LED 做光源测量甲烷浓度，通过研究制备一种纳米级多透射膜，增强了甲烷气体对激光的光谱吸收[46]
1999 年	香港理工大学	靳伟应用调制光盘技术对 DFB 激光器惊醒调制，研究光纤气体传感器的分时多路复用（TDM）技术。建立了计算仿真模型，仿真结果表明由 20 个甲烷气体传感器组成的光纤气体传感器阵列的检测灵敏度可以达到 2000mg/L。实现了连续波调频技术复用的光纤气体多点传感系统[47-48]
2000 年	浙江大学	对 CH^4 分子近红外洗后光谱分析比较的基础上考虑与光纤的低损耗窗口相一致以及价格等因素，采用价廉的 1.3μm 波段的 LED 作为光源，实现了对甲烷气体的检测，检测灵敏度为 1300mg/L/m[49]
2001 年	燕山大学	根据甲烷气体的吸收光谱，研究了一种利用价格低廉的 LED 作为光源的新型投射式光纤甲烷气体传感器，选择两种同型号的 LED 光源作为差分吸收信号，光源驱动器自动实行交替斩波。为了保证系统对甲烷气体检测的精度，采取了两项措施，一是设置了参考通道，二是采用了光源反馈通道以增强 LED 光源的稳定性[50-51]
2005 年	武汉理工大学	对光谱吸收型光纤气体进行了研究。每一种气体都有固有的吸收谱，当光源的发射光波与气体的洗后光波长相吻合时，就会放入共振洗，其洗后强度与该气体的浓度有关，通过测量光的吸收强度就可测量气体的浓度。以甲烷气体为例，通过实验研究，分析了吸收路径长度对传感器灵敏度的影响，增加吸收路径的长度，有利于提高传感器的灵敏度。气体浓度较小时，通过增加吸收路径的长度来提高传感器的灵敏度效果明显[52]
2006 年	中国科学院安徽光机所	阚瑞峰等可调谐二极管激光吸收光谱与多次反射池相结合，研制了用于地面环境空气中甲烷含量检测的便携式吸收光谱仪，并利用不同体积分数的甲烷气体对系统进行了测试，取得了很好的测试结果。王晓梅等分析了 TDLAS 谐波信号的特征，建立了谐波信号的数学模型，利用较高浓度气体的二次谐波信号作为曲线，对待测气体的谐波信号进行线性回归[53-54]

续表

年 份	单 位	光纤气体传感器研究进展
2007 年	燕山大学	采用双光路、双波长来解决光源功率波动、光纤损耗等问题，在接收端采用旋转双色滤光器和单探测器消除了双光电器件的飘逸对测量结果的影响。同年，中国科学院安徽光机所的陈玖英等应用自平衡测量方法，消除了激光的共模噪声和其他同性干扰的影响，该方法不用加信号调制和所想放大器，减小了系统装置的体积，易于集成便携式痕量气体检测仪[55-56]
2008 年	燕山大学	通过光纤光栅和压电陶瓷对快带光源 LED 进行调制，获得了与气体吸收峰对应的窄带反射出射光，检测二次谐波实现气体浓度的高灵敏测量，利用测量气室和参考气室的二次谐波比值来消除吸收系数随环境的变化、光源光功率的波动和光路干扰对测量精度的影响[57]
2009 年	华南理工大学	基于自平衡激光接收器和数字锁定放大器构造了 TDLAS 汽车尾气动态浓度测量系统，自平衡激光接收器通过引入一个低频反馈回路去维持吸收信号和参考信号的自动平衡，数字锁定放大器由 DSP 芯片实现相关检测算法，提高了系统的测量灵敏度[58]
2010 年	南京航空航天大学	基于光源扫描的光纤气体传感器系统设计方案，设计了一种新的基于差分吸收原理的气体传感系统，能对单一气体记性对波段测定检测，同时可以完成多种气体共存环境的检测。提出了一种基于最小二乘的背景噪声消除方法。利用传感器输入和输出的拟合曲线相除的方法，实现了传感器输出的归一化，解决了传感器背景噪声漂移的问题，同时解决了浓度对气体吸收谱拟合线的影响，提高了测量精度[59]
2012 年	哈尔滨工业大学	以 Beer-lambert 定律为理论基础，利用光谱吸收法测量气体的浓度，根据 HIRAN 数据库，选择近红外区甲烷 2v3 带 $R(3)$ 支的三条气体吸收线记性研究，并确定吸收谱线的相关参数。研究波长调制光谱与谐波检测理论，利用傅里叶级数展开模型和泰勒级数展开模型分析各次谐波信号，在频率调制信号模型的基础上，采用频率-强度调制信号模型研究强度调制对各次谐波信号的影响。研究高斯线型和洛伦兹线型的各次谐波型号余波长调制系数的关系，确定各次谐波最佳的波长调制系数。对激光在光路中多次反射形成的标准具效应展开研究，为标准具噪声的抑制提供理论依据[60]

2）各种类型光纤气体传感器及其工作原理

如图 7.18 所示，光纤传感技术是传统的光检测技术。光纤传感器的检测原理是：根据光在光纤中被外界被测参数，对可能引起的光强、波长、频率、相位等参数的变化，提取被测参数的信息。其一般形式为利用光纤本身的特性或外加敏感元件，将被测信号的变化调制成光参数的变化[61]。根据检测方法的不同，光纤气体传感器主要有以下几种类型。

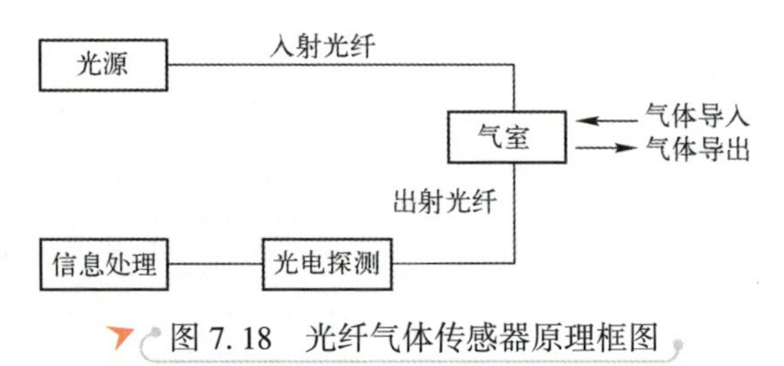

图 7.18 光纤气体传感器原理框图

(1) 光谱吸收型光纤气体传感器。

光谱法通过检测样气透射光强或反射光强的变化来检测气体浓度。每种气体分子都有自己的吸收谱特征，光源的发射谱只有在与气体吸收谱重叠的部分才产生吸收，吸收后的光强发生变化。根据 Beer-lambert 定律，当波长为 λ 的单色光在充有待测气体的气室中

传播距离为 L 后，其吸收后的光强为

$$I(\lambda)=I_0(\lambda)\exp(-\alpha_\lambda CL) \tag{7.5}$$

式中：$I_0(\lambda)$为波长为 λ 的单色光透过不含待测气体的气室时的光强；C 为吸收气体的浓度；α_λ为光通过介质的吸收系数。整理得

$$C=\frac{\ln\left(\frac{I_0}{I}\right)}{\alpha_\lambda L} \tag{7.6}$$

检测通气前后光强的变化，就可以测出待测气体的浓度。利用介质对光吸收而使光产生衰减这一特性，制成吸收型光纤气体传感器。光源发出的光，由光纤送入气室，被气体吸收后，由出射光纤传至光电探测器，得到的信号光送入计算机进行信号处理，可得出气体浓度。

光谱吸收型光纤传感器是基于激光光谱分析技术设计的，结合现代光纤通信技术，将以前主要用于实验室气体分析的激光光谱分析技术应用在工业现场。同时利用光纤技术的特点，使光谱吸收型光纤传感器在探测灵敏度、远程遥测、多点测量方面发挥更大的优势。

(2) 渐逝场型光纤气体传感器。

渐逝场型光纤传感器是利用光纤界面附近的渐逝场被气体吸收峰衰减来测量气体浓度的方法，是一种功能性光纤传感器。从本质上说，可以认为其是一种特殊的光纤光谱吸收型传感器。

(3) 荧光型光纤气体传感器。

这是一种通过测量与气体相应的荧光辐射来确定其浓度的光纤气体传感

器。荧光可以由被测气体本身产生，也可以由其相互作用的荧光染料产生。荧光物质受吸收光谱中特定波长的光照射时，被测气体的浓度既可以改变荧光辐射的强度，也可以改变其寿命。和吸收型光纤气体传感器相比，荧光行传感器使用波长（荧光波长）不同于激励波长。由于不同的荧光材料通常具有不同的荧光波长，因此荧光传感器对被测量的鉴别性好。实际上希望辐射波长和激励波长离开的越远越好，在输出端可用廉价的波长滤波器将激励光和传感光分开。通常激励波长在可见光或红外区，这一波段上光源技术成熟，价格也比较低廉。

（4）燃料指示剂型光纤气体传感器。

一些气体在石英光纤低耗窗口内没有较强的吸收峰，或者虽有吸收峰但相应波长的光源或检测器不存在或太昂贵，解决这些问题的方法之一是应用燃料指示剂作为中间物来实现间接传感。燃料与被测气体发生化学反应，使得燃料的光学性质发生变化，利用光纤传感器测量这种变化，就可以得到被测气体的浓度信息。最常见的燃料指示剂光纤气体传感器是 pH 值传感器，一些燃料指示剂的颜色会随着 pH 值的变化而变化，引起对光的吸收的变化。通过测量某些气体浓度变化带来的 pH 值变化，分析气体浓度信息。

3）光纤气体传感器的特点及其优势

光纤传感器以光纤技术为基础，将被敏感的状态以光信号形式取出。它与其他传感器相比，有如下优点：

① 灵敏度高，频带宽，初态范围大。由于传输的信息载体是光，所以已研制成功的光纤传感器分辨率大部分优于其他同类传感器。光信号载频高，频带宽，光器件已较成熟，能做成强大的动态范围。

② 光纤不仅可作敏感元件，而且当用作传输线时，其损耗很低，因此不必考虑测量仪器和被测物体的相对位置，特别适合于电子式等传感器不太适于的地方，可以与光纤遥测技术相配合实现远距离测量与控制。

③ 光纤材料有很好的电绝缘性。光纤传感器不受电磁干扰，能避免产生火花，适用于油罐气体。它耐高压，耐腐蚀，在恶劣环境下工作可靠。

④ 光纤是无源器件，对被测对象不产生影响。其自身独立性好，可适应各种使用环境。

⑤ 光纤传感器组成的光纤传感器系统便于与中心计算机连接，可实现多功能、智能化的要求。

⑥ 光纤加特殊保护层后能在高低温下工作。

⑦ 光纤传感器体积小，重量轻，安装简单，造价低。

由于光纤气体传感器具有上述优点，尤其是它安全、抗电磁干扰的特点，是其他气体传感器无法比拟的。这使它可以安全方便地用于易燃易爆、强电磁干扰或其他恶劣环境中气体的检测。现行的光纤气敏传感技术发展相当快，其灵敏度是传统气体传感器所无法比拟的，加之在个别场合中，光纤传感器的独特优点，具有很广阔的应用潜力。

7.2.4 光声光谱式气体传感器

传统的气体检测技术通常基于非光学的检测，如气相色谱法、化学催化法。但这些都存在很多问题，为了解决这些问题，又提出了光学检测手段，首先提出的是光谱吸收法，但其对试样的浓度有很高的要求，而另一种检测方法则采用的是光声光谱技术。该技术既不受电磁干扰，也不需要损耗替换检测物质，可以免疫外界背景噪声，并且具有较高的灵敏度和良好的选择性。因此光声光谱技术可以在微型化、远程化和普及化的同时实现实时远程的精确探测，并且非常适合用在很多极端环境以及针对易燃易爆物质的监测条件下。特别是近些年在原本的研究基础上开始出现使用石英音叉代替原本的麦克风共振腔，令光声光谱技术在灵敏度和抗环境噪声干扰方面提升了一大步。

1）光声光谱技术

光声光谱（PAS）是一种基于光声效应的吸收光谱技术。通过对单色光源进行调制（强度调制/波长调制），产生具有声学调制特征的激发光，并耦合至光声中，光声池内特定气体分子吸收光能后受激跃迁到振动能级的高能态，进而通过无辐射跃迁将能量转化为平动能，在光声池内形成压力波；利用传声器检测压力波的强度，并根据光声信号幅度与入射光强、气体吸收系数和含量的正比关系，确定光声池内受光激发气体分子的含量[62]。光声光谱气体传感过程可以简单描述为气体吸收光能产生周期性热膨胀，从而引起微弱的声压波，采用麦克风来探测声压波的涨落来判断气体浓度。

2）光声光谱式气体传感器的发展历史

1880年，贝尔发现固体的光声效应。次年，贝尔、廷德尔和伦琴相继发现气体和液体的光声效应。他们将气体密封于池子里，用阳光间断照射池中样品，通过接到池上的一个听筒听到了某种声响。20世纪60年代，由于微信号检测技术的发展、高灵敏微音器和压电陶瓷传声器的出现、强光源（激光器、氙灯等）的问世，光声效应及其应用研究又重新活跃起来。将光声效应和光谱技术结合起来，就形成了光声光谱技术。光声光谱技术在不断发展，二氧化碳激光光源红外光声光谱仪适用于气体分析；氙灯紫外-可见光声光谱仪适用于固体和液体的分析；傅里叶变换光声光谱仪能对样品提供丰富的结构信息。光声拉曼光谱法也在迅速发展。光声光谱式气体传感器的发展历史如表 7.2 所列。

表 7.2 光声光谱式气体传感器的发展历史

年 份	单 位	光声光谱式气体传感器研究进展
1904 年	美国莱斯大学	提出了基于石英增强型光声光谱检测系统，该系统采用分布反馈式半导体激光器作为光源，石英音叉作为共振增强器件，对 CH_4 气体浓度进行检测，灵敏度达到 1.2×10^{-7}（$cm^{-1}W/Hz^{1/2}$）。石英音叉的 Q 值能够达到 8000～20000，有利于降低周围环境噪声的影响，是对传统光声池的一种突破[63]
2007 年	芬兰	提出了一种基于悬臂梁增强型光声光谱探测装置，该系统使用分布反馈式激光二极管作为光源来检测二氧化碳的浓度，采用悬臂梁检测光声信号，由迈克尔逊干涉仪来检测悬臂梁的位移量，得到的探测灵敏度为 1.7×10^{-10}（$cm^{-1}W/Hz^{1/2}$）[64]
2007 年	华北电力大学	采用强激光诱导 NO 分子的多光子的光声光谱，以 Nd：YAG 激光器抽运的光学参量发生放大器为激励源，采用脉冲光声光谱技术，获得了 NO 分子在 420～470nm 波长区间的激光诱导光声光谱，得出光声技术对 NO 分子进行探测的最佳波长为 452.4nm 和 429.6nm[65]
2008 年	美国橡树岭国家实验室	在石英音叉增强型光声光谱的研究基础上，提出了一种基于悬臂梁的光热光谱远距离爆炸物探测系统。该系统采用红外单色仪作为光源，照射到位于 1m 处的被测爆炸物样品，使用微悬臂梁来接收其反射光，由于光热效应微悬臂梁发生振动，通过位置灵敏探测系统拾取到悬臂梁的振动信号，由此解调出被测爆炸物的吸收光谱。该研究小组分别对 TNT 等三种爆炸物样品进行了检测，探测极限为 100（ng/cm^2）[66]
2009 年	重庆大学	提出了一种激光共振光声光谱技术，利用分布反馈半导体激光器的窄线宽和可调谐特性，测得乙炔分子在近红外区第一泛音带的 $R(4)$、$R(5)$ 支光声光谱，搭建了光声光谱气体检测装置，利用该装置对乙炔气体进行检测，得到最低体积分数检测限约为 1.4×10^{-6}[67]
2011 年	大连理工大学	提出了一种全光式的光声光谱探测痕量气体的装置。该系统运用可调谐激光吸收光谱技术，基于光纤法珀干涉原理制作出一种工作在常温常压下的光声传感器。系统使用长光程技术，增加吸收程，从而增加系统的灵敏度，他们用此装置实现了在常温常压下，连续、实时的检测乙炔气体的浓度，在信噪比为 1 的情况下得到最小检测极限为 1.56μg/L[68]

续表

年　份	单　　位	光声光谱式气体传感器研究进展
2012 年	重庆大学	在基于光声光谱检测原理的基础之上，利用分布反馈半导体激光器搭建了 CO 气体光声光谱检测平台，选择 1.567μm 的 CO 分子谱线为研究对象，实验发现，在气体吸收未发生饱和效应的条件下，光声信号与激光功率、气体浓度均具有良好的线性关系[69]

3）光声光谱式气体传感器的结构组成

光声光谱检测的实验装置主要由四部分组成：激发光源、调制技术、光声池和声信号检测器（图 7.19）。

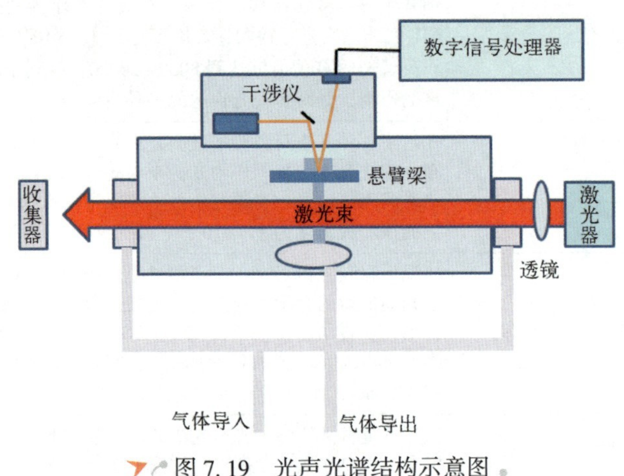

图 7.19　光声光谱结构示意图

光声光谱式气体传感器的常用激光光源包括：Ar 离子激光器、He-Ne 激光器、CO_2激光器、半导体激光器和可调染料激光器等，以及新发展的一种量子多级激光器，无论是哪种激光器，它们都具备共同的优点：单色性好、脉冲峰值功率大、波谱范围宽等。在光声光谱的实验中，无论普通光源还是激光光源作为激发光源，都必须满足实验对它们的共同要求：辐射光的脉冲频率一定要在声频（50~1200Hz）范围以内。

一般情况下脉冲光源不需要特别调制即可直接使用，但在使用连续谱光源时，则需要对光束进行调制。光调制技术包括振幅调制和频率调制（或波长调制），其中振幅调制较为常用，其调制方法有机械斩波器、声-光调制和电-光调制。虽然振幅调制较为常用，但与之相比，频率调制（或波长调制）能够消除由波长引起的窗材料吸收等带来的背景干扰，从而提高探测灵敏度。

但该调制模式仅适用于窄线宽的吸收体。

光声池是光声光谱实验的核心部分，它的设计是否合理直接影响到探测信号的灵敏度大小。为了提高探测信号的灵敏度，光声池设计上必须满足以下要求：光声池内声信号不受外界信号的干扰；最大限度地降低光声池内激光束与池壁、窗口及声信号探测器相互作用产生的干扰信号；探测器类型和灵敏度的选择要合理；最大化光声池内来自样品的声信号；按照待测样品的种类和实验的类型设置光声池。

常用的声传感器分为四种类型：电动式传声器、电容式传声器、压电式传声器和驻极体式传声器[62]。电动式传声器灵敏度低，容易产生噪声且频率响应范围较窄。当声波作用在电容式麦克风振膜上时，膜片振动使后极板之间距离改变，导致电容量变化。压电式传声器利用声信号使压电换能器发生形变，导致换能器两极间电荷重新分布，从而引起输出电信号的变化。由于微机电技术的发展，国内外课题组在小型化、灵敏度和低噪声领域对麦克风做出很多探索，出现了几种新型麦克风光声探测系统，包括增强型石英音叉的光声光谱（QEPAS）、增强的悬臂梁光声光谱（CEPAS）以及机电薄膜探测器（EMFIT）（图7.20）。现在基于电的电容式薄膜麦克风已经达到其理论极限，为了测量更低的浓度，实现更小的体积，使用了许多更复杂的方法。与传统麦克风式测量相比，石英调谐音叉和光学测量的悬臂梁麦克风在灵敏度和宽的动态范围上展示了优越性，并逐渐代替传统麦克风的高灵敏度测量。图7.20是机电膜片式声传感器与光声池实物图。

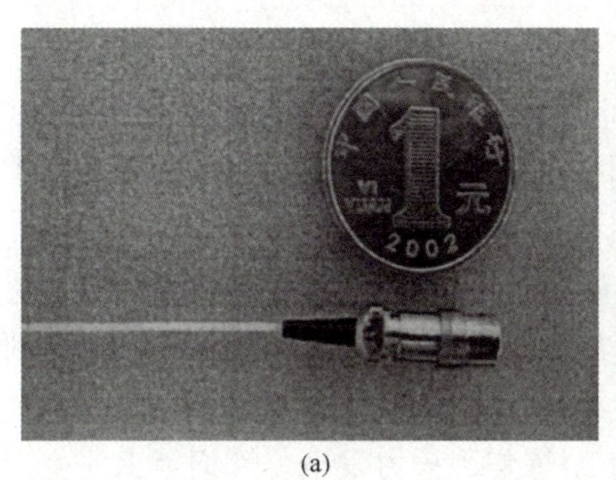

(a)

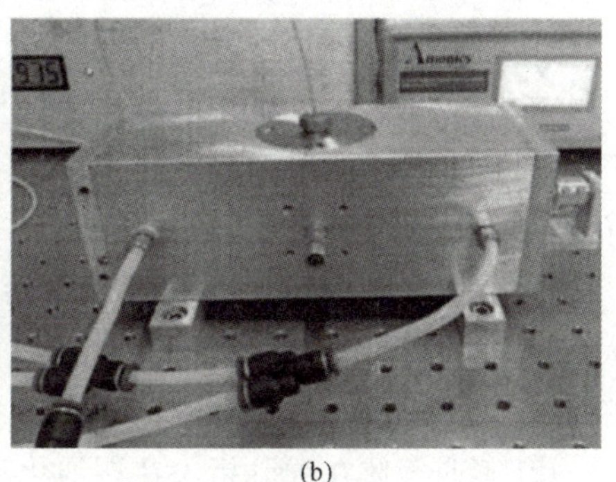
(b)

图7.20 机电膜片式声传感器与光声池实物图[62]

4）光声光谱式气体传感器的特点及其优势

由于光声光谱测量的是样品吸收光能的大小，因而反射光、散射光等对测量干扰很小。故光声光谱适用于测量高散射样品、不透光样品、吸收光强与入射光强比值很小的弱吸收样品和低浓度样品等。而且样品无论是晶体、粉末、胶体等均可测量，这是普通光谱做不到的。光声效应与调制频率有关，改变调制频率可获得样品表面不同深度的信息，所以它是提供表面不同深度结构信息的无损探测方法。

光声光谱技术可实现对痕量气体的检测。很多科学研究都集中于对温室效应、酸雨、臭氧层破坏等环境问题的研究，光声光谱可以用来测量生物发酵气，汽车尾气排放造成的污染和土壤氮化物，植物生理学、生物系统的氮检测，微生物学和医学上的无损呼吸分析等。光声光谱还可以应用在载人航天、工业安全和工业环境领域，用来分辨和检测爆炸物的存在和杀伤性武器、化学武器等泄漏的微量气体。其可应用于密封舱内，例如载人空间站、潜艇、战车、战舰密封舱中环境有害污染物的检测。低功耗便携式气体预警仪可作为手持的蓄电池式仪器由相关人员携带进入一些特殊环境舱室，进行舱内气体环境定期检查。当有险情发生时，根据易燃易爆和有毒有害气体的浓度，判断安全区域，及时对人员进行疏散[62]。随着各种光谱和成像技术的发展，光声光谱技术在物理、化学、生物学、医学、地质学、材料科学、智能电网中变压器在线监测等方面得到广泛应用。

7.3 光学气体传感器的应用

光学气体传感器发展至今，在气体检测与分析领域的应用愈来愈深入，同时随着科技的进步与发展，光学气体传感器的应用逐步扩展到众多垂直领域：

① 大气环境监测，对大气环境污染物成分、浓度、来源进行分析，对大气环境质量的改善、治理，从而减少污染物气体对人类健康造成的不利影响；

② 工业气体在线分析，在石油化工、炼焦、火力发电、炼钢等工业生产工程重，由于环境情况复杂，需要通过光学气体传感器对气体浓度进行实时测量，进行安全监控和了解气化反应情况；

③ 生物和医学研究，光学气体传感器可应用于血糖监测和呼气诊断，对

人体呼出气体检测可实现对肝脏和肾脏的检测和疾病筛查；

④ 消费电子，集成到智能家居、可穿戴设备、智能手机等消费电子产品中；可用于检测家用燃气的使用状况（CH_4、CO 等）、建筑物/汽车的挥发性有机物（VOC）、健康吸氧休闲活动中 O_2浓度；

⑤ 燃烧过程分析、发动机效率，发动机内部燃烧过程很多参数难以直接测量瞬态变化值，阻碍了对发动机燃烧控制规律的认知。通过光学气体传感器能快速和实时对燃烧过程排放的 CO 浓度进行测量，再根据燃烧情况对燃料输入进行调整，实现最大燃烧效率；

⑥ 交通运输，光学气体传感器能实现对汽车尾气重 CO 和 CO_2等气体的定性和定量分析，应用于环境监测部门路检和抽检、尾气净化装置的快速检测；

⑦ 国防安全，有毒气体监测；

⑧ 对气体、液体、固体成分以及生物样品进行分析，测定物质结构以及内部状态信息。

但每种应用场景下都有不同的技术要求，如被测气体类型、气体检测浓度、封装尺寸、灵敏度、寿命、响应时间等。以消费类市场为例，其要求气体传感器具有良好的灵敏度、可靠性、低成本、小尺寸和低功耗。光学气体传感器具有响应速度快、高选择性、非接触性探测、寿命长等特点，此外，随着 MEMS 技术的发展，光学气体传感器有望进一步应用于消费类领域。光学气体传感器的未来发展趋势主要分为以下几个方面：

① 微型化、全集成 MEMS 传感器。MEMS 传感器具有体积小、重量轻、成本低、功耗低、可靠性高、适于批量化生产、易于集成和实现智能化的特点。同时，在微米量级的特征尺寸使得它可以完成某些传统机械传感器所不能实现的功能。结合 MEMS 技术，未来光学气体传感器有望朝着微型化、全集成方向发展。

② 智能传感器。集成智能传感器是指利用现代微加工技术，将敏感单元和电路单元制作在同一芯片上的换能和电信号处理系统。目前集成传感器正在智能传感器系统迅速发展，主要包括以下两个方面：其一是系统化，即在电路方面不但包括模数部分，同时包含数据部分、逻辑计算，未来还要包含天线和无线收发单元；其二是多功能化，比如一个集成传感器模块可以同时感测温度、湿度、压力等多种变量。

参考文献

[1] ALEKSANDROV S, GAVRILOV G, KAPRALOV A, et al. Portable optoelectronic gas sensors operating in the mid-IR spectral range (lambda=3/5μm) [J]. Proceedings of SPIE, 2002, 4680: 188-194.

[2] SMITH S D, VASS A, KARPUSHKO F, et al. The prospects of LEDs, diode detectors and negative luminescence in infrared sensing of gases and spectroscopy [J]. Philosophical Transactions of the Royal Society of London. Series A: Mathematical, Physical and Engineering Sciences, 2001, 359 (1780): 621-634.

[3] 田英，熊继军，关新锋，等．MEMS 红外光源研究及其应用 [J]. 微纳电子技术，2012，49 (9): 607-611.

[4] BAUER D, HEEGER M, GEBHARD M, et al. Design and fabrication of a thermal infrared emitter [J]. Sensors & Actuators: A. Physical, 1996, 55 (1): 57-63.

[5] LOCHBAUM A, DORODNYY A, KOCH U, et al. Compact mid-infrared gas sensing enabled by an all-metamaterial design [J]. Nano Letters, 2020, 20 (6): 4169-4176.

[6] 许一洲．热电偶的使用基于定律及冷端温度补偿方法 [J]. 科学技术创新，2020，10: 180-181.

[7] 赵利俊，欧文，闫建华，等．一种与 CMOS 工艺兼容的热电堆红外探测器 [J]. 红外技术，2012，34 (2): 89-94.

[8] 张萍，周汉昌，郝晓剑，等．微机械热电堆红外探测器的设计 [J]. 传感器与微系统，2008，27 (5): 76-78.

[9] 郭少波，姚春华，王根水，等．红外探测用 PZT 热释电陶瓷材料研究进展 [C]// 2015 年红外、遥感技术与应用研讨会暨交叉学科论坛论文集，2015.

[10] SARAN R, CURRY R J. Lead sulphide nanocrystal photodetector technologies [J]. Nature Photonics, 2016, 10 (2): 81-92.

[11] 李金义，孙福双，张宸阁，等．调谐激光吸收光谱技术在燃煤电厂中的应用及展望 [J]. 激光杂志，2020，41 (4): 8-17.

[12] WITZEL O, KLEIN A, MEFFERT C, et al. VCSEL-based, high-speed, in situ TDLAS for in-cylinder water vapor measurements in IC engines [J]. Optics Express, 2013, 21 (17): 19951.

[13] 李玉娇，宗楠，彭钦军，等．垂直腔面发射半导体激光器的特性及其研究现状 [J]. 激光与光电子学进展，2018: 050006.

[14] 刘芳华，龚鑫，张雅楠，等．808nm 垂直腔面发射激光器阵列抽运的全固态激光器研究进展 [J]. 激光与光电子学进展，2019，56 (12): 120001.

[15] ZHOU D, SEURIN J, XU G, et al. Progress on vertical-cavity surface-emitting laser arrays for infrared illumination applications [C]. SPIE, 2014.
[16] JEROME F, FEDERICO C, DEBORAH L, et al. Quantum cascade laser [J]. Science, 1994, 264: 553-556.
[17] 赵越，张锦川，刘传威，等．中远红外量子级联激光器研究进展 [J]. 红外与激光工程，2018，47（10）：1003001.
[18] 刘峰奇．量子级联激光器研究进展 [J]. 中国激光，2020，47（07）：0701011.
[19] 柳冈，王铁．基于热电材料的新型传感器研究进展 [J]. 化学学报，2017，75：1029-1035.
[20] 石尧文，乔冠军，金志浩，等．热电材料研究进展 [J]. 稀有金属材料与工程，2005，34（1）：12-15.
[21] RAMA V, EDWARD S, THOMAS C, et al. Thin-film thermoelectric devices with high room-temperature figures of merit [J]. Nature, 2001, 413 (6856): 597-602.
[22] DELAIRE O, MA J, MARTY K, et al. Giant anharmonic phonon scattering in PbTe [J]. Nature Materials, 2011, 10 (8): 614-619.
[23] COUCHERON D A, FOKINE M, PATIL N, et al. Laser recrystallization and inscription of compositional microstructures in crystalline SiGe-core fibres [J]. Nature Communications, 2016, 7 (1).
[24] 尹跃超，杨国梁，马浩原，等．热电薄膜材料研究进展综述 [J]. 广东化工，2016，43（12）：90-91.
[25] HSU K F, LOO S, GUO F, et al. Cubic AgPb (m) SbTe (2+m): bulk thermoelectric materials with high figure of merit [J]. Science, 2004, 303 (5659): 818-821.
[26] 张德银，黄大贵，李金华，等．钽酸锂薄膜材料及其热释电红外传感器应用研究进展 [J]. 材料导报，2007，21（3）：10-12，20.
[27] WERNBERG A A, BRAUNSTEIN G H, GYSLING H J, et al. Improved solid phase epitaxial growth of lithium tantalate thin films on sapphire, using a two-step metalorganic chemical-vapor deposition process [J]. Applied Physics Letters, 1993, 63 (19): 2649-2651.
[28] DE MARTINI F, BUŽEK V, SCIARRINO F, et al. Experimental realization of the quantum universal NOT gate [J]. Nature, 2002, 419 (6909): 815-818.
[29] 李雪，邵秀梅，李淘，等．短波红外 InGaAs 焦平面探测器研究进展 [J]. 红外与激光工程，2020，49（1）：0103006.
[30] JÓŹWIKOWSKI K, ROGALSKI A. Numerical analysis of three-colour HgCdTe detectors [J]. Opto-Electronics Review, 2007, 15 (4).
[31] 王鑫，周立庆，谭振，等．制冷型大面阵红外探测器研制进展 [J]. 红外，2019，40（12）：1-9.

[32] 刘洁．带间跃迁量子阱短波红外探测器的研究［D］．北京：中国科学院物理研究所，2019.

[33] 吕衍秋，彭震宇，曹先存，等．320×256 InAs/GaSb 超晶格中/短波双色探测器组件研制［J］．红外与激光工程，2020，49（1）：0103007.

[34] GARCÍA DE ARQUER F P，ARMIN A，MEREDITH P，et al. Solution-processed semiconductors for next-generation photodetectors［J］. Nature Reviews Materials，2017，2（3）.

[35] PARK S，YU S H，KIM J，et al. Iodine-mediated non-destructive multilayer stacking of polymer semiconductors for near-infrared-selective photodiode［J］. Organic Electronics，2019，68：63-69.

[36] YAZMACIYAN A，MEREDITH P，ARMIN A，et al. Cavity enhanced organic photodiodes with charge collection narrowing［J］. Advanced Optical Materials，2019，7（8）：1801543.

[37] QI J，QIAO W，ZHOU X，et al. High-detectivity all-polymer photodetectors with spectral response from 300 to 1100nm［J］. Macromolecular Chemistry and Physics，2016，217（15）：1683-1689.

[38] BREDAS J，DURRANT J R. Organic photovoltaics［J］. Accounts of Chemical Research，2009，42（11）：1689-1690.

[39] MIAO J，ZHANG F. Recent progress on highly sensitive perovskite photodetectors［J］. Journal of Materials Chemistry C，2019.

[40] DOU L，YANG Y M，YOU J，et al. Solution-processed hybrid perovskite photodetectors with high detectivity［J］. Nature Communications，2014，5（1）.

[41] KAGAN C R，LIFSHITZ E，SARGENT E H，et al. Building devices from colloidal quantum dots［J］. Science，2016，353（6302）：c5523.

[42] TANG J，KEMP K W，HOOGLAND S，et al. Colloidal-quantum-dot photovoltaics using atomic-ligand passivation［J］. Nature Materials，2011，10（10）：765-771.

[43] 郭栓运．差分光谱光纤气体传感器的基本原理［J］．应用光学，1989，6：28-31.

[44] 王耀才，石艺尉，姜洪涛，等．光纤传感技术在煤矿中的应用研究［J］．光通信技术，1999，1（35）：4-9.

[45] 曹茂永，张逸芳，张士昌，等．吸收光谱式光纤瓦斯传感器的参数设计［J］．煤炭学报，1997，22（3）：280-283.

[46] 刘文琦，牛德芳．光纤甲烷气体传感器的研究［J］．仪表技术与传感器，1999，1：35-36.

[47] JIN W. Crosstalk analysis of a TMD fiber gas sensor array using wavelength modulation of the DFB laser［J］. SPIE Conference of Fiber Optic Sensor Technology and Applications，1999：326-337.

[48] JIN W. Performance analysis of a time-division-multiplexed fiber-optic gas-sensor array by wavelength modulation of a distributed-feedback laser [J]. Applied Optics, 1999, 38 (25): 5290-5297.
[49] 叶险峰，汤伟中. CH_4气体光纤传感器的研究 [J]. 半导体光电，2001，21 (3): 218-200.
[50] 王玉田，郭增军. 王莉田，等. 投射式光纤甲烷气体传感器的研究 [J]. 传感技术学报，2001，6 (2): 147-151.
[51] 王玉田，郭廷荣，张为俊，等. 高分辨率高灵敏度可调谐近红外二极管激光光谱探测 [J]. 光学与光学技术，2004，(23): 5-8.
[52] 张爱军. 光谱吸收型光纤气体传感器的研究 [D]. 武汉：武汉理工大学，2005，1: 54-57.
[53] 阚瑞峰，刘文清，张玉钧，等. 基于可调谐激光吸收光谱的大气甲烷监测仪 [J]. 光学学报，2006，26 (1): 67-70.
[54] 王晓梅，张玉钧，刘文清，等. 可调谐二极管吸收光谱痕量气体浓度算法的研究 [J]. 中国激光，2006，3 (Suppl): 349-352.
[55] 王艳菊，王玉田，王忠东，等. 光纤甲烷气体检测系统的研究 [J]. 压电与声光，2007，29 (2): 148-152.
[56] 陈玖英，刘建国，张玉钧，等. 调谐半导体激光吸收光谱自平衡检测方法研究 [J]. 光学学报，2007，27 (2): 350-353.
[57] 褚衍平，张景超，管立君，等. 双气室气体检测系统的研究 [J]. 应用光学，2008，29 (3): 390-393.
[58] 肖兵，梁瑛琳，叶一如，等. 提高基于TDLAS的废弃动态浓度测量系统分辨率与灵敏度的方法 [J]. 仪表技术与传感器，2009，5: 99-102.
[59] 齐洁. 光谱吸收型光纤气体传感技术研究 [D]. 南京：南京航空航天大学，2010，2: 1-2.
[60] 张可可. 光谱吸收式光纤气体检测理论及技术研究 [D]. 哈尔滨：哈尔滨工程大学，2012，2: 1-2.
[61] 陈娟，冯锡钰，蒲春华，等. 光纤气体传感器综述 [J]. 吉林工学院学报，1997，18 (3): 14-19.
[62] 姜萌，冯巧玲，魏宇峰，等. 小型化光声光谱气体传感器研究进展 [J]. 激光与光电子学进展，2015，052 (002): 62-72.
[63] KOSTEREV A A, YU A B, CURL R F, et al. Quartz-enhanced photoacoustic spectroscopy [J]. Optics Letters, 2002, 27 (21): 1902-1904.
[64] KOSKINEN V, FONSEN J, ROTH K, et al. Cantilever enhanced photoacoustic detection of carbon dioxide using a tunable diode laser source [J]. Applied Physics B: Lasers and Optics, 2007, 86 (3): 451-454.

[65] 张贵银，关荣华，靳一东，等．强激光诱导 NO 分子的多光子光声光［J］．中国激光，2007，34（8）：1069-1072.

[66] VAN NESTE C W，SENESAC L R，THUNDAT T，et al. Standoff photoacoustic spectroscopy［J］．Applied Physics Letters，2008，92（23）：234102-1-3.

[67] 云玉新，赵笑笑，陈伟根，等．采用激光共振光声光谱技术检测乙炔气体［J］．高压电技术，2009，35（9）：2156-2162.

[68] WANG Q Y，WANG J W，LI L，et al. An all-optical photoacoustic spectrometer for trace gas detection［J］．Sensors and Actuators B：Chemical，2011，153（1）：214-218.

[69] 陈伟根，彭晓娟，刘冰洁，等．基于分布反馈半导体激光器的 CO 气体光声光谱检测特性［J］．中国电机工程学报，2012，032（013）：124-130.

第8章 湿度传感器

8.1 湿度传感器的分类

湿度传感器是能够将环境中的湿度信号转换成相应可用电信号的装置。其在工业、农业、气象、家居生活乃至航空航天等领域，都得到了广泛应用。由于不同应用领域对湿度传感器的成本、尺寸、输出信号及敏感性能参数（如灵敏度、量程、响应恢复速度、稳定性、使用寿命等）要求不同，因此科学家们设计了各种类型的湿度传感器以满足不同的应用需求。湿度传感器按其工作方式可分为水分子亲和力型与非水分子亲和力型两大类。水分子亲和力型湿度传感器是利用某些物质在吸附水分子和脱附水分子的过程中自身特性（如电阻、电容、阻抗等）发生改变，从而实现对湿度的测定。而非水分子亲和力型湿度传感器的工作方式比较多样，如利用不同湿度下材料导热能力的差异对湿度进行测定，或利用水蒸气对电磁波的吸收实现湿度的测定等。非水分子亲和力型湿度传感器通常具有精度高、响应快的特点，但由于存在器件结构复杂、设备体积大、成本高和难以集成等问题，其应用领域受到一定限制。水分子亲和力型湿度传感器具备尺寸小、结构简单、适合集成等优势，如果可以进一步提高其检测精度和稳定性，则未来水分子亲和力型湿度传感器有望成为物联网感知层的重要组成部分。本章主要围绕水分子亲和力型湿度传感器进行介绍。

水分子亲和力型湿度传感器根据分类方式不同又可细分成许多类。按传感材料可分为电解质式、陶瓷式、半导体式、高分子式等；按传感器输出电学量可分为电阻式、电容式、阻抗式等；按探测功能则可分为相对湿度、绝对湿度、结露和多功能四类湿度传感器[1]。本章主要按材料分类，对湿度传感器进行介绍。

8.1.1 电解质湿度传感器

电解质湿度传感器又可分为无机电解质、高分子电解质和固体电解质湿度传感器。本节主要介绍 LiCl 湿度传感器和 $ZrO_2-Y_2O_3$限界电流固体电解质式湿度传感器，高分子电解质湿度传感器会在后续高分子湿度传感器部分做详细介绍。

1） 无机电解质湿度传感器

无机电解质湿度传感器中最典型的是 LiCl 传感器，其也是最早被发明的湿度传感器，它又分为登莫式和浸渍式两种。

（1） 登莫式湿度传感器：湿度传感器的研究始于 20 世纪 30 年代，1938 年美国人登莫（Dunmore）首次制成了以 LiCl 作为敏感材料的登莫式湿度传感器。这类传感器常见结构如图 8.1 所示[2]，图中 A 为柱状衬底；B 为胶合剂和 LiCl 水溶液在衬底及电极上形成的均匀薄膜。登莫传感器的衬底材料多选用聚碳酸酯、聚苯乙烯等工程塑料，电极使用 Ag、Pd、和 Au 丝双线缠绕并通过真空镀金工艺制成梳状电极，胶合剂主要成分为聚乙烯醇（PVA）。

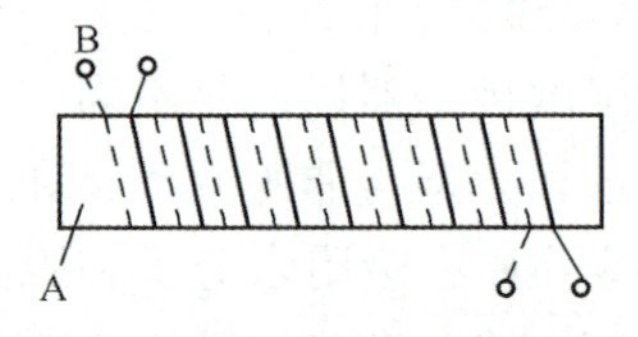

图 8.1 登莫式湿度传感器的结构

（2） 浸渍式湿度传感器：浸渍式湿度传感器结构如图 8.2 所示，通常选用天然树皮为衬底材料，直接在衬底上浸渍聚乙烯醇和 LiCl 的混合溶液制成，其利用树皮内的网状结构促进水分子的吸附和脱附过程。

（3） LiCl 湿度传感器的湿度敏感特性：LiCl 湿度传感器的特点在于 LiCl 本身具有较小的半径，使得其表现出极强的亲水性。因而，其在低湿环境中仍然可以吸附水分子并对湿度变化产生明显的响应。当湿度升高时，器件吸附水分子总数增加，LiCl 吸水后形成 Li^+ 参与导电，从而使薄膜的电导率增大，引起电阻下降。当湿度降低时，器件吸附水分子总量减少，这使得薄膜中正、负离子的电离能降低，减少了可移动离子数，导致电阻率增加。登莫式与浸渍式 LiCl 湿度传感器均采用 LiCl 和聚乙烯醇的混合物制成湿度敏感膜，其量程主要由 LiCl 与聚乙烯醇的比例决定。实际应用中为了满足宽量程的湿度检测，通常将不同量程范围的 LiCl 湿度传感器组合使用。LiCl 湿度传感器具有响应速度快、滞后小（<±2%RH）、成本低、结构简单等优点。它的缺点是长期在高湿环境工作时稳定性差，长时间暴露在烷类、醇类、酮类等 VOC 气体中工作时易被污染，影响其使用寿命。目前国内典型 LiCl 湿度传感器的湿度敏感特性指标见表 8.1。

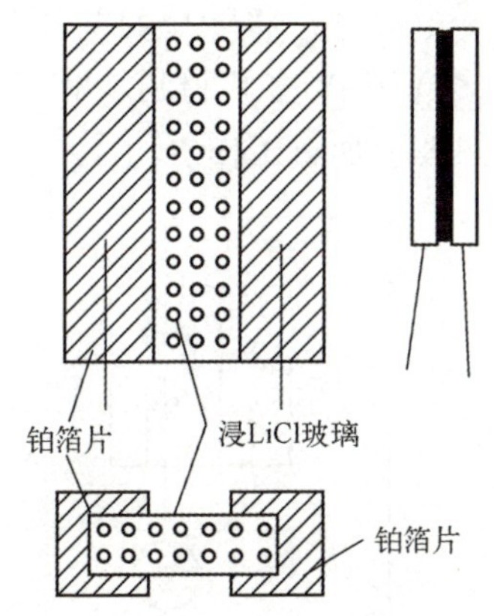

图 8.2 浸渍式 LiCl 湿度传感器的结构

表 8.1 国内典型氯化锂湿敏元件主要技术特性

名称	型　号	精度 /%RH	测湿范围 /%RH	工作温度 /℃	响应时间 /s
氯化锂湿敏元件	MSK-1 MSK-1A	2~3 5	20~95 30~95	-5~+40 -10~+40	<60
氯化锂湿敏电阻器	MS	2~4	40~90	0~10	
光硬化树脂电解质湿度传感器		1~2	15~100	-10~+80	10~40
氯化锂湿敏元件	RL-1	5	20~100	-10~+40	
氯化锂湿敏元件	SL-2 SL-3	2	10~95 40~90	5~50 10~40	
氯化锂湿敏元件	PSB-1 PSB-2 PSB-3 PSB-4	2~3	45~65，55~75 30~70，40~80 30~90 15~90	5~50	

2）限流型固体电解质式湿度传感器

不同于盐类电解质，在一些具有特殊结构的无机化合物晶体中，由于特殊的原子排布方式或杂质的引入会产生可移动的离子（如 O_2^-）。这类可由离子移动而具有导电性的导电体通常称作固体电解质，典型材料是 $ZrO_2-Y_2O_3$，由于其可以在高温下展现出一定的导电性，常用来测定含氧量，近年来人们发现用这种材料制成的限界电流型传感器不仅可以用来测氧，还可以在高温条件下对环境湿度进行测量。

限流型固体电解质式湿度传感器的结构如图 8.3 所示，传感器使用掺杂 Y_2O_3 的 ZrO_2 作为敏感材料，Y_2O_3 的掺杂比例通常为 8%，因为在该掺杂量下 ZrO_2 可以表现出最高的离子电导率。将敏感材料压片后在材料的同一表面设置阳极和阴极，阴极材料多选用 Pt 多孔材料，其可以起到限制气体的作用。做好的元件固定在陶瓷加热体上加热工作。

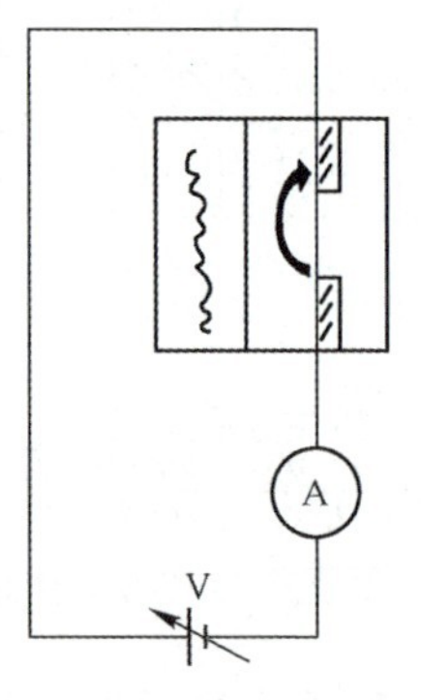

图 8.3　ZrO_2 高温湿度传感器的结构图

限流型固体电解质湿度传感器是根据限界电流型氧传感器的工作原理设计的。限界电流型氧传感器利用氧泵作用获得界限电流，由于电流大小与氧含量有关，因而可以实现含氧量的测定。氧泵作用指的是用微孔结构控制氧从阴极向阳极输送时产生的限界电流作用。而限界电流型固体电解质湿度传感器在高温环境下工作时可以将水蒸气电解生成氧，这样就可以利用限界电流氧传感器的工作原理实现水分子浓度的测量，从而得到环境湿度值。由于限流型固体电解质湿度传感器工作原理比较特殊，因而其湿度敏感性能也与其他湿度传感器有所不同，其主要湿度敏感参数如下：

（1）传感器的感湿特性：在 150℃ 条件下，当水蒸气压由 0 增长到 400mmHg 时，测得的电压-电流特性曲线如图 8.4 所示。从图中可以看出，电压在 1.4V 以下时形成的第一限界电流值（IL_1）随水蒸气压的增加而减小。

相反，当电压超过1.4V时形成的第二限界电流值（IL_2）有增加趋势。由此得到的IL_2随蒸气压的变化曲线如图8.5所示，IL_2与水蒸气压的变化呈线性关系。

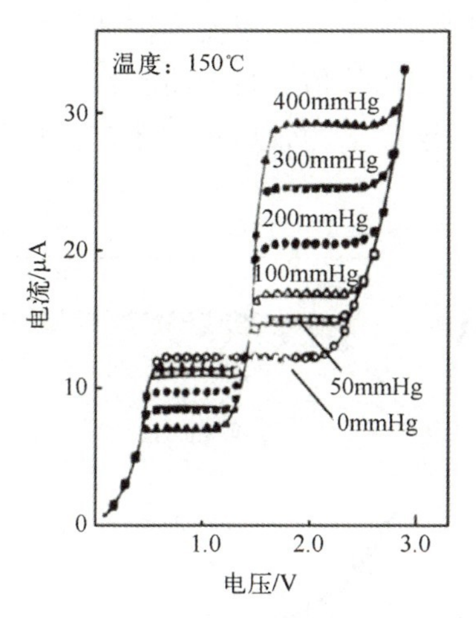

图8.4 ZrO_2高温湿度传感器电流-电压特性

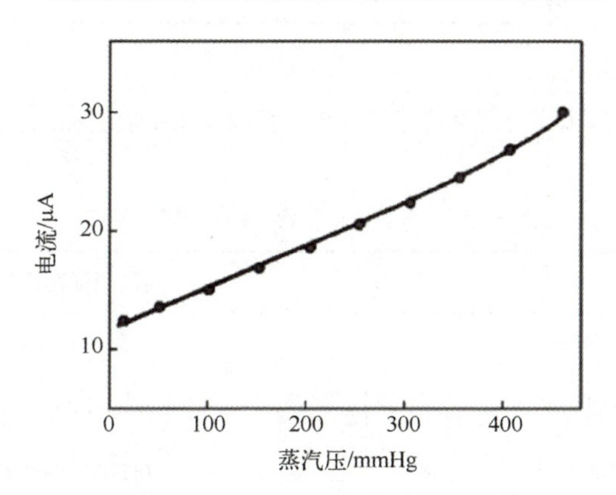

图8.5 ZrO_2高温湿度传感器感湿特性

（2）传感器的温度特性：在环境温度由室温（20℃）升高至250℃的过程中，IL_2的变化量很小（水蒸气压为2mmHg），因而限流型固体电解质湿度传感器能在不同温度下对环境湿度进行准确测量。

（3）传感器的稳定性：在高温、高湿（80℃，90%RH）的加速老化测试中，传感器连续测试10000h，湿度漂移仅为2~5mmHg，在其他抗干扰测试中，传感器也表现出良好的稳定性。

(4) 传感器的响应/恢复时间：图 8.6 为限流型固体电解质湿度传感器在 15℃条件下的响应/恢复特性曲线。从图中可以看出加湿时，传感器的响应时间约为 1min，脱湿时传感器的恢复时间约为 2min，其响应/恢复速度完全满足绝大多数条件下的湿度监测需求。限流型固体电解质湿度传感器对于高温下湿度的监测具有较高的使用价值，目前也在纤维、木材及食品工业等对高温条件下对湿度监控有一定需求的领域得到了广泛应用。该传感器主要特性参数见表 8.2。

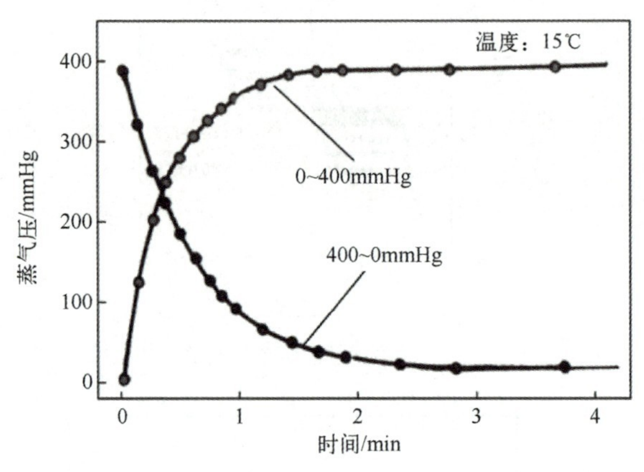

图 8.6 ZrO_2高温湿度传感器的响应特性（图中表明加湿、去湿曲线）

表 8.2 高温湿度传感器特性参数

型　名	高温用湿度检测器
检出方法	限界电流式
材质	ZrO_2
湿度测试范围	0%RH~94%RH
响应时间	1min
使用温度范围	0~300℃
精度	±3%F. S
功率	<8. 5W
用途	食品工业、纤维工业等

8.1.2 陶瓷湿度传感器

陶瓷湿度传感器主要以金属氧化物作为湿度敏感材料[3-5]，因而器件通常具有较好的热稳定性及物理、化学稳定性。通过感湿材料组分和结构的调控，可获得灵敏度高、响应快、湿滞小、热稳定性好的湿度传感器。

1）$MgCr_2O_4-TiO_2$系湿度传感器

$MgCr_2O_4-TiO_2$系湿度传感器是经典的陶瓷湿度传感器，由于其具有灵敏度高、响应特性好、测湿范围宽等优点，已经得到了广泛应用。$MgCrO_4-TiO_2$湿度传感器的结构如图 8.7 所示，其以 $MgCr_2O_4$作为基体材料，在其中加入一定比例的 TiO_2（20~30mol%）以控制晶粒生长及调节器件电阻。陶瓷材料经 1300℃左右高温烧结制成，将所得材料压片制成 4mm×4mm×0.25mm（Ⅰ型），或 2mm×2mm×0.20mm（Ⅱ型）薄片。薄片内部粒径为 1~2μm，晶粒间气孔的孔径为 0.05~0.3μm，比表面为 0.1~0.3m^2/g。在薄片两面涂布氧化钌（RuO_2）电极并在 800℃下烧结，然后制作 Pt-Ir 引线。使用 Ni-Cr 丝在陶瓷薄片上绕制加热线圈，用于传感器的清洗，最后把薄片固定在基板上，即可制得 $MgCr_2O_4-TiO_2$系湿度传感器，其主要湿度敏感参数如下。

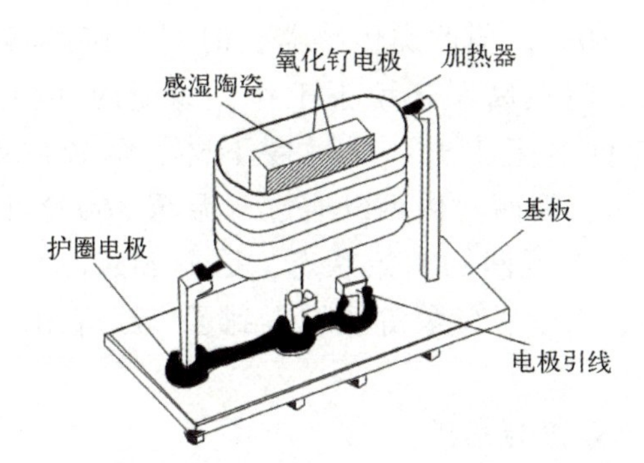

图 8.7 $MgCr_2O_4-TiO_2$湿度传感器的结构示意图

（1）传感器的感湿特性：$MgCr_2O_4-TiO_2$湿度传感器在低湿范围表现出较高的灵敏度，量程几乎可以覆盖全湿度范围。

（2）传感器的温度特性：$MgCr_2O_4-TiO_2$湿度传感器的温度特性如图 8.8 所示，可以看出传感器在 20~60℃范围内，温度对传感器阻抗影响很大，在 60℃条件下，温度系数为 0.38%RH/℃；当温度超过 60℃后，温度对器件阻抗影响变小。

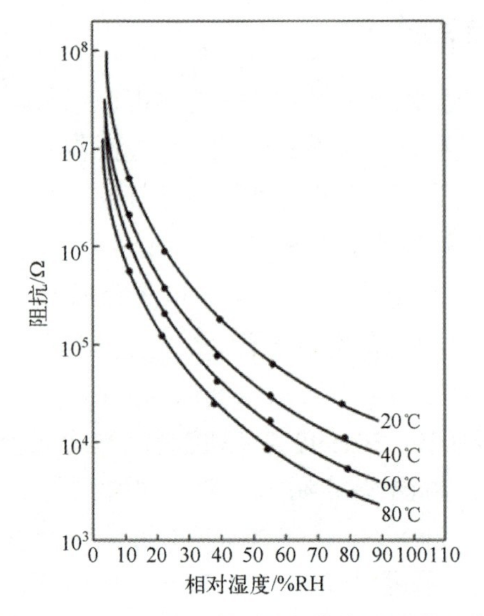

图 8.8 $MgCr_2O_4-TiO_2$湿度传感器的感湿特性

(3) 传感器的响应/恢复特性：$MgCr_2O_4-TiO_2$湿度传感器的湿敏材料是一种多孔陶瓷，比表面积较大，且陶瓷薄片可以做的小而薄，因此其响应/恢复速度很快（10s）。但此类传感器长时间工作后其基线会出现漂移现象，这是由于长时间在高湿环境下工作，陶瓷内部会形成 $Ti(OH)_4$和 $Mg(OH)_2$，导致器件电阻上升、灵敏度下降。陶瓷内部形成的羟基在 350~500℃即可分解，因而器件可以通过升温至 360℃以上进行清洗。高温清洗后，器件的性能可回到初始状态，因而 $MgCr_2O_4-TiO_2$湿度传感器已经在食品、农学、医学、气象等领域得到了广泛应用。其主要性能参数见表 8.3。

2) $ZnO-Cr_2O_3$系湿度传感器

$ZnO-Cr_2O_3$系湿度传感器采用以 ZnO 为基体的氧化物陶瓷材料，掺入一定量的 Li_2O 和 V_2O_5，在 800~900℃烧制成多孔陶瓷粉，然后压制成厚度为 0.2mm 的薄片。在烧结后的元件基片两侧熔接 Pt-Ir 丝制作电极引线，最后固定在密封支座上，传感器结构如图 8.9 所示。此类传感器的最大特点是抗震动，有较好的可靠性。其体积小、低功耗，可在 0.5mW 下长期连续地测湿，且无须加热清洗，是一种优良的陶瓷湿度传感器。

表 8.3　$MgCr_2O_4$-TiO_2湿度传感器性能指标

项　　目	Ⅰ型	Ⅱ型
器件尺寸/mm^3	4×4×2.5	2×2×2.0
加热器电阻丝尺寸/mm	ϕ0.25	ϕ0.15
性能		
工作温度/℃	1~150	1~150
湿度量程（相对湿度）/%RH	1~100	1~100
灵敏度　$R_{1\%}/\Omega$	9×10^7	2.2×10^7
$R_{1\%}/R_{20\%}$	50	2.6
$R_{1\%}/R_{40\%}$	500	7.6
$R_{1\%}/R_{60\%}$	1500	23
$R_{1\%}/R_{80\%}$	4300	67
工作电压/V		
响应时间/s		
吸湿（1%RH~50%RH）/s	<10	<10
脱湿（94%RH~50%RH）/s	<10	<10
加热器		
工作电压/V	<10	<3
电阻/Ω	25	20
清洗时间/s	<60	<30
清洗停止时电阻/kΩ	25	20

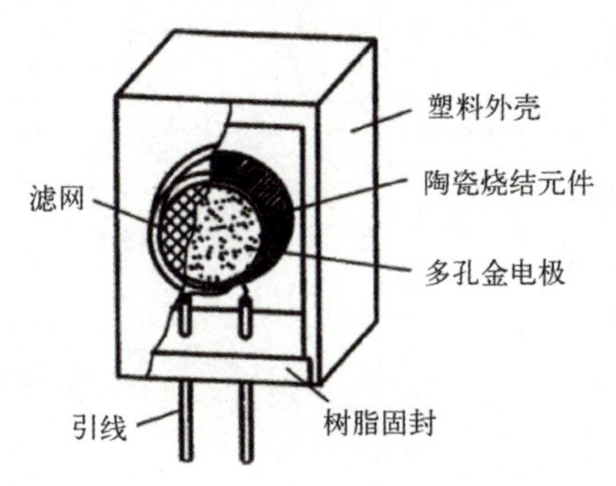

图 8.9　ZnO-Cr_2O_3湿度传感器的结构

ZnO-Cr_2O_3系湿度传感器的湿度敏感膜由粒径为 2~3μm 的 $ZnCr_2O_4$晶粒构成，其晶体结构是尖晶石型。由于烧结过程中掺入 Li_2O 和 V_2O_5，其晶粒表面上形成了一层 $LiZnVO_4$薄膜。$LiZnVO_4$薄膜中含有对湿度敏感的 Li-O 位点，且牢牢固定在 V-O 基质的结构中形成稳定的湿度敏感层。在湿度敏感层表面由于化学吸附形成 OH 原子团，当环境湿度升高时，OH 原子团上形成多层吸附，使得湿度敏感膜电阻降低。

$ZnO-Cr_2O_3$系湿度传感器在不同湿度下的湿度敏感特性曲线如图 8.10 所示，器件的阻抗值与相对湿度之间表现出良好的线性。且器件在稳定性测试（大气放置、高温放置、高温高湿放置及温湿度循环试验等）中表现出良好的稳定性。传感器的主要湿度敏感性能参数如表 8.4 所列。

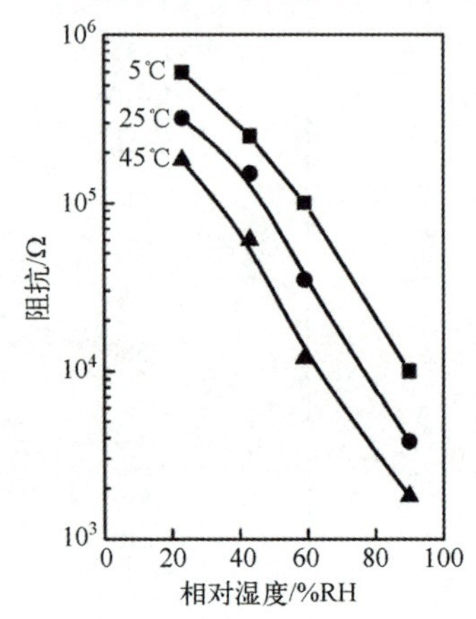

图 8.10　$ZnO-Cr_2O_3$湿度传感器感湿特性曲线

表 8.4　$ZnO-Cr_2O_3$湿度传感器性能指标

项　　目		技术指标			
使用温度范围/℃		0~50			
湿度工作量程（相对湿度)/%RH		30~90			
灵敏度（R_{30}/R_{90}）		1.7-2.0（数量级）			
最大使用功率/mW		AC　1			
常用功率/mW		AC<0.5			
使用频率/kHz		50~1			
存储温度范围/℃		-20~85			
使用温度范围/℃		0~50			
标准湿度特性		（25℃，120Hz）			
湿度（相对湿度)/%RH		30	50	70	90
电阻/kΩ		300	100	10	4
精度（相对湿度)/%RH		±5 或±10			
温度系数（%RH/℃）		<1			
响应时间/min	30%RH~90%RH 相对湿度	<2			
恢复时间/min	90%RH~30%RH 相对湿度	<2			

3）ZrO_2系厚膜型湿度传感器

前文提到的两种陶瓷湿度传感器虽然具有良好的湿度敏感特性和稳定性，但由于器件结构复杂提高了制作成本，且难以保证器件的一致性。近年来，国外利用IC厚膜技术，开发了厚膜陶瓷湿度传感器，在简化了器件制作工艺的同时提高了传感器的一致性，从而满足了批量生产的需求。下面以ZrO_2厚膜湿度传感器为例，对厚膜陶瓷湿度传感器进行介绍。

ZrO_2厚膜型湿度传感器的结构如图8.11所示，通常选用印有插指电极的陶瓷基片作为衬底，湿度敏感层是由多孔ZrO_2材料制成的。其器件制作流程如下：首先，将ZrO_2制成具有一定黏度的浆料，再将ZrO_2浆料印刷在印有插指电极的陶瓷衬底上，经烧结制成湿度敏感层。然后对湿度敏感层进行碱金属化处理以调节其电阻值，并焊接引线。最后，为器件安装防尘过滤膜，完成ZrO_2厚膜湿度传感器的制作。传感器的主要湿度敏感特性如下：

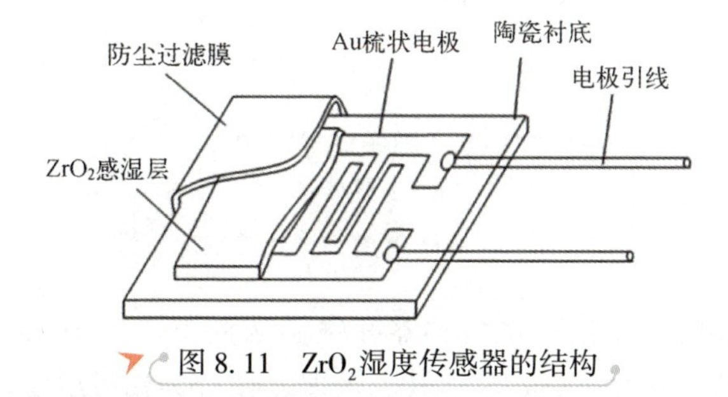

图8.11 ZrO_2湿度传感器的结构

（1）传感器的感湿特性：如图8.12所示，ZrO_2系厚膜湿度传感器电阻随

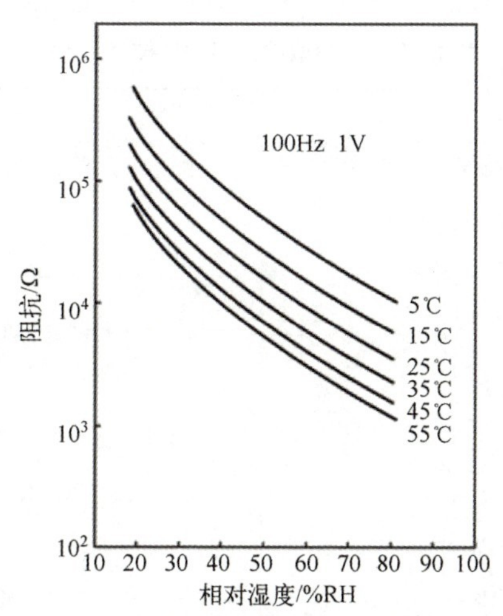

图8.12 ZrO_2湿度传感器的感湿特性与温度曲线

相对湿度增加呈降低趋势，阻值变化范围是100~500kΩ（30%RH相对湿度）到1~5kΩ（90%相对湿度）。

（2）传感器的温度特性：传感器在15~35℃，相对湿度为60%RH时，其温度系数是70%RH/℃。

（3）传感器的响应/恢复特性：图8.13显示了传感器的吸湿（30%RH~90%RH）、脱湿过程（90%RH~30%RH），室温条件下，传感器的吸湿和脱湿过程都可以在60s内达到平衡，可以满足绝大多数应用场景下的湿度检测需求。

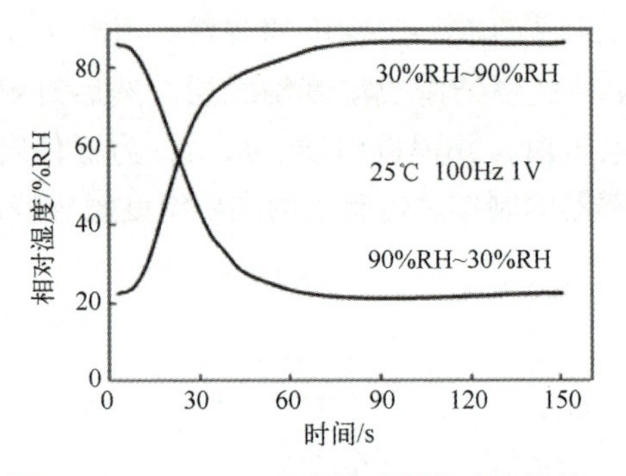

图8.13 ZrO_2湿度传感器的响应特性

（4）传感器的稳定性：将传感器在室温条件下放置1000h，其湿敏特性几乎不发生变化。放置3000h后，其测试偏差在±5%相对湿度以内。

ZrO_2系（GH4007-A型）厚膜陶瓷湿度传感器的详细性能参数见表8.5。

表8.5 GH4007-A的技术参数

项　目	技术指标
使用温度范围/℃	1~60
使用湿度范围（相对湿度）/%RH	10~90
灵敏度	40（R_{30}/R_{90}）
电阻/Ω	1.6×10^4（25℃，60% 相对湿度）
湿滞/%RH	<±5
温度系数/(%RH/℃)	0.7（15℃~35℃，60%RH相对湿度）
响应速度/s	60（30%RH~90%RH，25℃）
使用功率/mW	<0.5
使用频率/Hz	50~1000

从 ZrO_2系（GH4007-A 型）厚膜陶瓷湿度传感器的工艺流程和各项湿度敏感性能指标可以看出，该传感器制造工艺简单、适于批量生产、成本低、体积小、灵敏度高、稳定性好、无须加热清洗、电阻变化范围适合电路设计，也易于进行温度补偿。

厚膜陶瓷湿度传感器还有许多其他材料体系，如适合针对低湿环境测试的 α-Fe_2O_3湿度传感器、抗干扰能力强的 NiO-SnO_2系湿度传感器和 $PbCrO_4$-SnO_2系湿度传感器等，本书不进行一一列举。

4）Al_2O_3涂膜型湿度传感器

Al_2O_3涂膜型湿度传感器是用等离子喷涂法在内电极的导体外喷涂一层 Al_2O_3感湿膜，在膜上制成多孔金电极而成，其结构如图 8.14 所示。

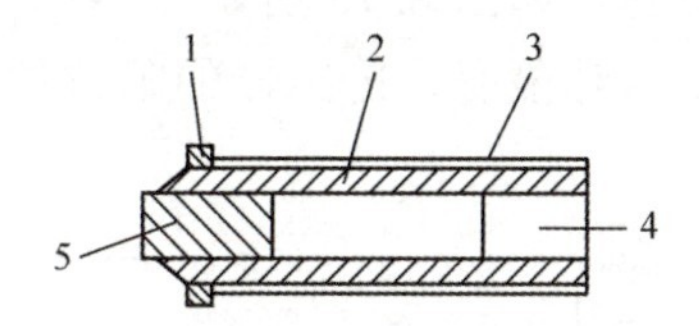

图 8.14 Al_2O_3涂膜型湿度传感器的结构

1—外电极引线；2—Al_2O_3层；3—外电极；4—内电极；5—内电极引线。

该结构可以看成一个介质电容器，当水分子透过多孔金属外电极后，被 Al_2O_3感湿膜吸附，从而引起 Al_2O_3感湿膜介电常数改变，导致传感器电容量的改变。此类传感器的主要性能指标见表 8.6。

表 8.6 涂膜型 Al_2O_3湿度传感器主要技术指标

项 目	技术指标
测试量程（相对湿度）/%RH	20~100
测量精度（相对湿度）/%RH	±5
工作温度/℃	-17.5~57
响应时间/s	10
湿滞回差（相对湿度）/%RH	<2
温度特性/%RH	修正后测湿误差<±3
稳定性/(%RH/年)	<±1

5）Fe_3O_4湿度传感器

Fe_3O_4湿度传感器是在印有插指电极的氧化铝陶瓷衬底上喷涂 Fe_3O_4胶体，制成厚度为 30μm 左右的感湿膜。该传感器的结构如图 8.15 所示，其湿度敏感层由粒径为20nm左右的Fe_3O_4颗粒构成。传感器的主要湿度敏感性能如下：

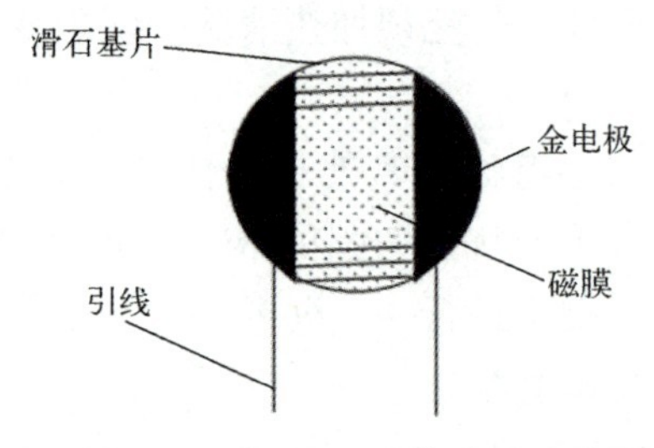

图8.15 Fe_3O_4湿度传感器的结构

（1）传感器的感湿特性：如图8.16所示，Fe_3O_4湿度传感器在高湿区存在一定的湿滞，约为±4%相对湿度。传感器的阻抗值取对数后与环境湿度间存在良好的线性关系。

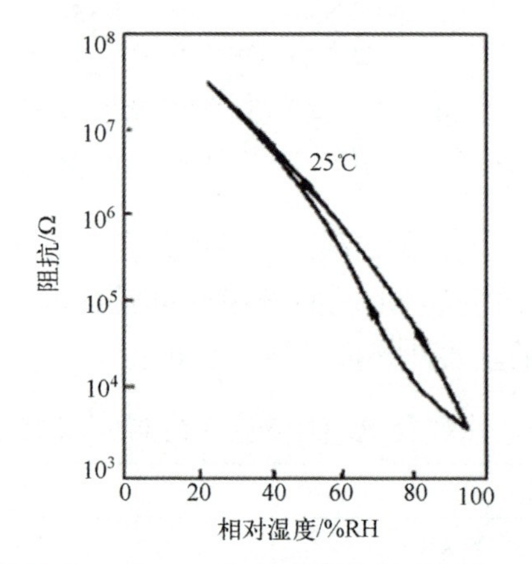

图8.16 Fe_3O_4湿度传感器感湿特性

（2）传感器的响应/恢复时间：Fe_3O_4湿度传感器的恢复时间通常短于响应时间。其吸湿过程约需要5~7min，脱湿过程只需要约2min。

（3）传感器的稳定性：如图8.17所示，传感器在40℃、95%RH下工作1000h后，电阻下降，其相对误差为5%RH。

Fe_3O_4湿度传感器由于成本低，制作工艺简单，适合批量生产，很早就已经商品化并得到广泛应用。但在稳定性测试中，一些传感器在80℃、92±3%RH下工作一个月后性能会出现严重漂移。因而提高精度及稳定性是改进Fe_3O_4传感器的主要方向。

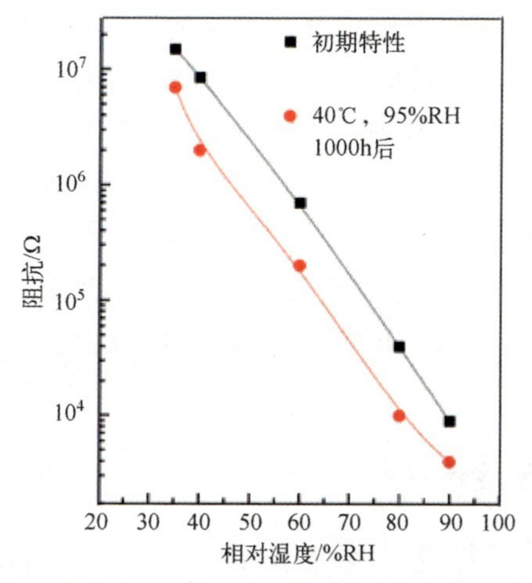

图 8.17 Fe_3O_4湿度传感器的稳定性

6）$TiO_2-V_2O_5$系薄膜湿度传感器

$TiO_2-V_2O_5$系陶瓷湿度传感器以环烷酸钒和 $Ti[OCH(CH_3)_2]_4$为原料，以丁醇、苯为溶剂制得均匀溶液。将溶液浸涂在TiO_2衬底表面，并在150℃干燥10min，在500℃下烧结10min。重复三次上述步骤后，将衬底在600℃下烧结20min，制成湿度敏感薄膜。在薄膜表面制作Au电极，制得$TiO_2-V_2O_5$薄膜湿度传感器。传感器的主要湿度敏感性能如下。

（1）传感器的感湿特性：图8.18为Ti、V比例不同的$TiO_2-V_2O_5$湿度传

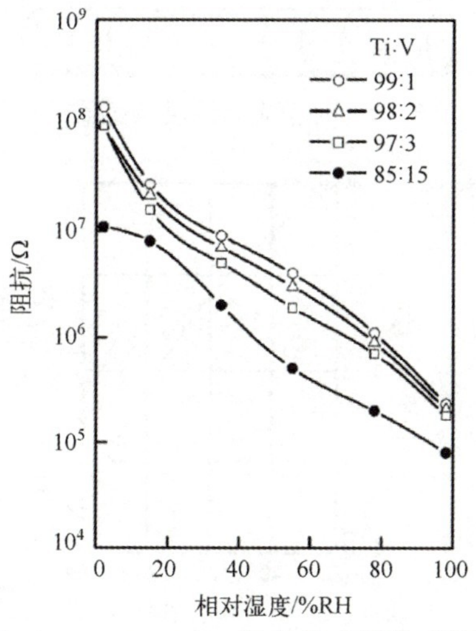

图 8.18 $TiO_2-V_2O_5$湿度传感器的感湿特性

感器的感湿特性曲线。可以看出随着 V 含量的增加，传感器电阻降低。当 Ti、V 的摩尔比例为 85:15 时器件电阻最符合实际应用要求。

(2) 传感器的响应/恢复特性：该传感器在相对湿度为 0.8%RH~80%RH 之间表现出很快的响应恢/复特性。当相对湿度达到 80%RH 时，器件吸湿达到平衡所需时间为 10s，当湿度降低时，器件脱湿达到平衡所需时间为 11s。

综合来看，TiO_2-V_2O_5湿度传感器是一种灵敏度高、电阻适宜、响应/恢复速度快的湿度传感器，如果可以进一步提高器件的稳定性，其将得到更好的应用。

8.1.3 半导体式湿度传感器

1) 硒蒸发膜湿度传感器

硒（Se）蒸发膜湿度传感器是利用 Se 薄膜具有很大的比表面积，有利于吸附气氛中的水蒸气这一特点制得的湿度传感器。其传感器结构如图 8.19 所示，A 为铂电极，B 为 Se 蒸发层。器件以绝缘陶瓷管为衬底，在陶瓷管上镀一层铂膜，并将铂膜刻蚀成两个环形电极，在两电极间蒸发一层硒膜。制得的硒蒸发湿度传感器湿度敏感特性曲线如图 8.20 所示，由于器件结构和感湿材料稳定性好，器件具有耐高温和可连续使用的特点。此外，Ge 薄膜湿度传感器和硅烧结型湿度传感器也具有与硒蒸发膜湿度传感器类似的结构和性能。

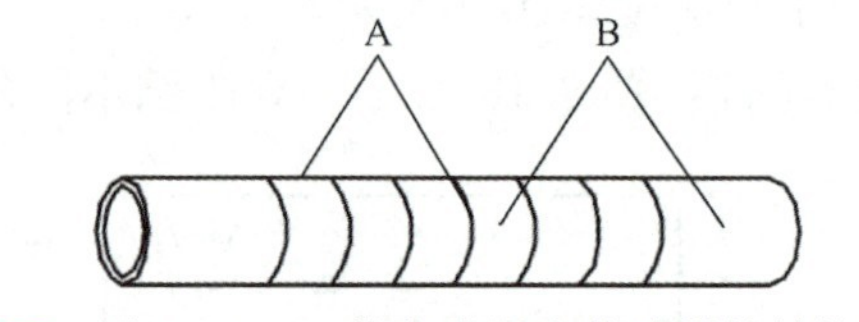

图 8.19 Se 蒸发膜湿度传感器的结构

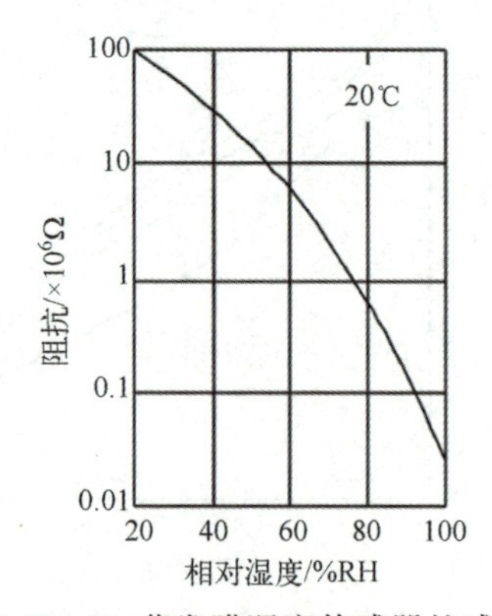

图 8.20 Se 蒸发膜湿度传感器的感湿特性

2）硅 MOS 型 Al_2O_3湿度传感器

硅 MOS 型 Al_2O_3湿度传感器结构如图 8.21 所示。该传感器在 Si 单晶片上用热氧化法生长厚度为 80nm 的 SiO_2膜作为 MOSFET 的栅极，在栅极上用蒸发和阳极氧化法制备出厚度在 1μm 以内，且平均孔径大于 100nm 的多孔 Al_2O_3膜。最后再蒸镀 30nm 厚的多孔 Au 膜，以增加感湿膜的导电型和透水性。

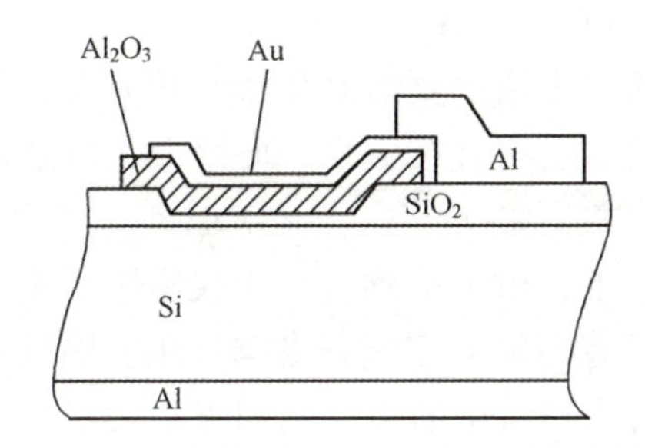

图 8.21 MOS 型 Al_2O_3湿度传感器的结构

硅 MOS 型 Al_2O_3湿度传感器以多孔 Al_2O_3薄膜作为湿度敏感材料，在不同湿度下，Al_2O_3膜内壁上吸附的水分子量会发生变化，从而使得 Al_2O_3膜的电学特性发生改变。利用 MOSFET 的栅极可以控制半导体界面电荷，使得传感器的电容量随相对湿度变化。其湿度敏感特性如图 8.22 所示。该传感器具有响应速度快、化学稳定性好及耐高低温冲击等特点。

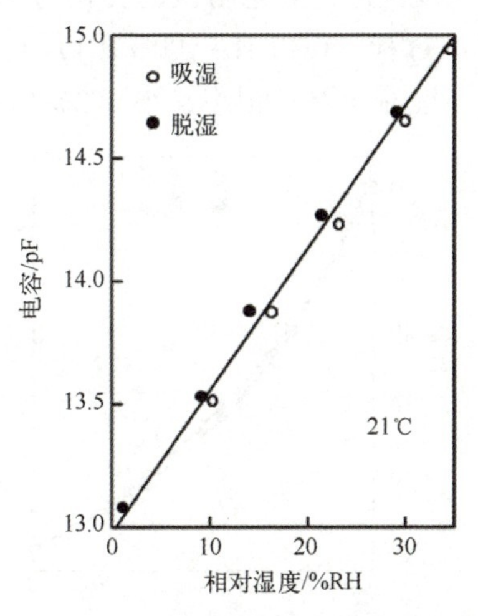

图 8.22 硅 MOS 型 Al_2O_3湿度传感器的感湿特性

8.1.4 有机高分子湿度传感器

有机高分子材料多由较长的碳链构成，水分子被材料吸附后可进入碳链间，使得材料的物理、化学性质发生变化，因而其可以实现对湿度的测量。与无机材料相比，有机高分子材料具有柔性、低成本、易加工、材料结构灵活可调的优势，有利于湿度传感器的低成本、小型化、可穿戴化等发展趋势。

1）聚合物电解质湿度传感器

有机高分子薄膜的亲水性主要与其化学结构有关，其与材料内部有无强极性基团及极性基团的含量有直接关系。而聚合物电解质材料中含有强极性的高分子电解质及其盐类，如$-SO_3Na$、-COOH 等，使得材料具有较强吸附水分子的能力。低湿条件下，由于敏感材料中仅吸附少量水分子，材料内部无法形成导电通道，也没有足够的载流子参与导电，因而材料呈高阻态。在高湿条件下，聚合物电解质材料中的极性基团吸附大量水分子后可使其基团化自由度增加，使得电解质盐中的正负离子起载流子作用，材料电阻降低。根据上述原理，通过监测聚合物电解质材料的电阻值即可实现湿度的监测。目前，国内外开发的聚电解质湿度传感器主要有聚苯乙烯磺酸盐系、聚四氟乙烯-乙烯基吡啶共聚物系、聚乙烯基吡啶与1，4-丁基二溴交联化合物系等。聚苯乙烯磺酸铵湿度传感器的性能如下：

（1）传感器的感湿特性：图8.23是传感器电阻与相对湿度对应关系曲线。在0~100%的相对湿度范围，其电阻值的变化为10^7~$10^2\Omega$，全湿电阻变化达5个数量级并且吸湿过程（0%RH~100%RH）与脱湿过程（100%RH~0%RH）感湿特性差别（湿滞误差）很小，小于2%相对湿度。

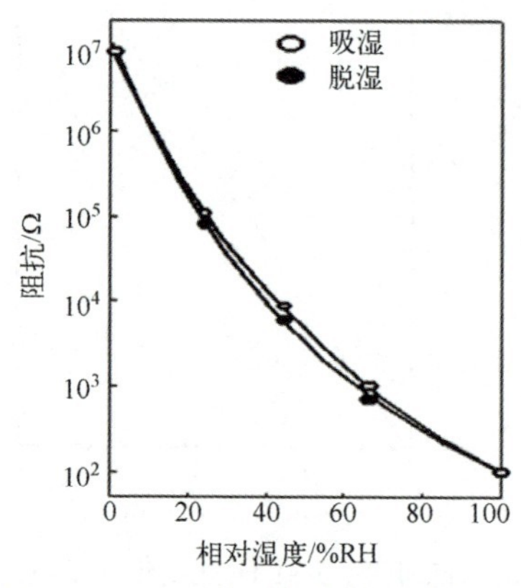

图8.23 高分子湿度传感器的感湿特性

（2）耐湿、耐水性：高分子电解质本来就易溶于水，所以不适合在高湿及结露时使用，但涂上一层树脂保护膜，大大提高了传感器的抗高湿及耐水性，这一方法已在该传感器的耐水试验中得到证实，结果如图 8.24 所示。

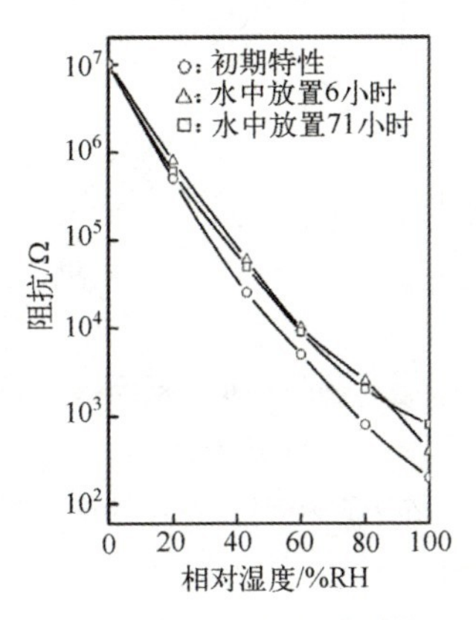

图 8.24　高分子湿度传感器的耐水试验结果

（3）响应特性：通过将器件在 32%RH 和 76%RH 环境中来回切换，测试器件响应/恢复特性，当电阻变化达 90%时，吸湿过程（32%RH~76%RH）的响应时间为 25s 左右，脱湿过程（76%RH~32%RH）约为 45s。显然，由于加上保护膜，响应速度受到一定影响，但不影响使用。响应曲线如图 8.25 所示。

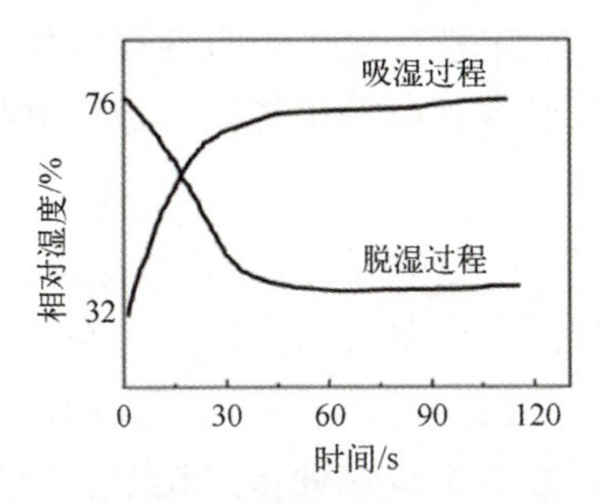

图 8.25　高分子湿度传感器的响应特性

（4）温度特性：PSS 传感器（即聚苯乙烯磺酸盐湿度传感器）因利用敏感膜的离子导电，所以电阻与温度有关，如图 8.26 所示（温度为 15℃、30℃、45℃时的感湿特性）。这种传感器在全湿量程内，温度系数为-0.5~0.6%RH/℃，应用时有必要进行温度补偿。

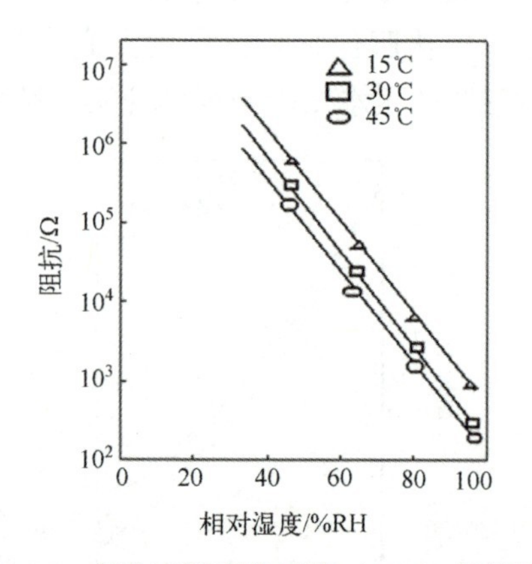

图 8.26　高分子湿度传感器（PSS）的温度特性

综上所述，高分子电解质薄膜湿度传感器特别是 PSS 型传感器，由于采用了湿敏膜上加上一层保护膜后，可以获得耐水性好、全湿范围工作的高灵敏、低成本、易小型化和集成化的优质湿度传感器，该传感器已得到广泛应用。

聚合物湿度传感器的优点在于其稳定性好、成本低，通过材料化学结构的调控可以将器件电阻控制在合适的范围，有利于电路设计和传感器的应用。此类传感器的缺点在于高湿环境中的耐水性较差，但通过以下方法可以在一定程度上提高器件的高湿稳定性：采用亲水性聚合物与非离子型高分子进行无规则共聚；用交联剂在亲水性高分子链间形成交联网络；增强材料与衬底间结合力等。

2）树脂分散型有机高分子湿度传感器

近年来，国内外针对精密仪器及录像机磁头高湿条件下发生结露会导致设备损坏的问题，开发了结露传感器。最初，人们采用向乙基纤维素内添加碳粉的方法或其他类似的方法制造这种传感器[6]，但是，由于采用有机材料热稳定性和化学稳定性不佳，因此器件长期稳定性一直无法保障。随着材料科学的不断发展，这些问题逐步被克服并开发了高稳定型的树脂分散型有机高分子湿度传感器。

树脂分散型有机高分子湿度传感器的结构如图 8.27 所示。传感器的感湿薄膜由吸湿性树脂和碳粉组成，吸湿性树脂是一种亲水性丙烯酸系聚合物，其特征是不溶于水，在 100℃下长期工作仍能保证性能稳定且吸脱湿速度快、湿滞小。传感器衬底使用印有导电碳膏或 RuO_2 浆料的 Al_2O_3 陶瓷。传感器的湿度敏感特性如下：

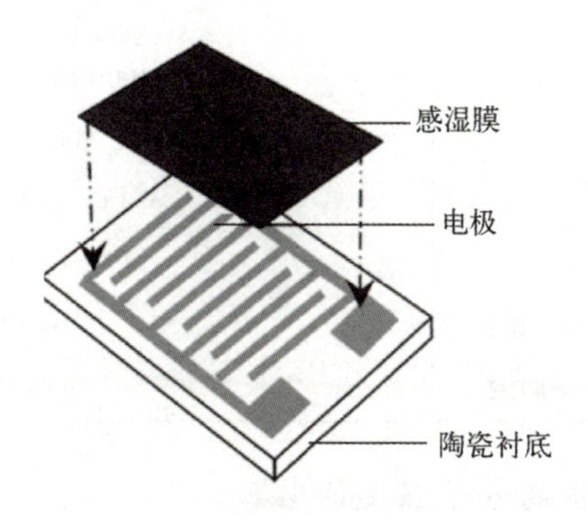

图 8.27　结露传感器的基本构造

（1）传感器的湿度敏感特性：传感器工作时的电阻随相对湿度变化曲线如图 8.28 所示，在相对湿度达到 94% RH 以上时器件电阻迅速增加，在 100%RH 时电阻达到 200kΩ 以上，表现出了开关特性。

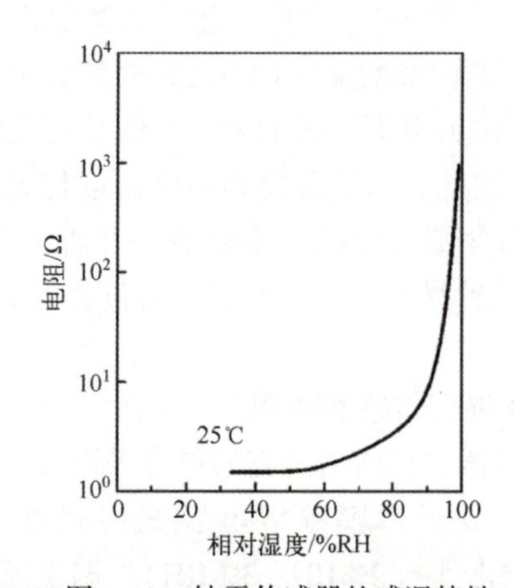

图 8.28　结露传感器的感湿特性

（2）可靠性：经过 1000 个结露循环实验，其结露的开关特性未见变化。如将该传感器用于录像机磁头结露监测，若录像机一年内磁头上的结露现象为 100 次，则该传感器可使用 10 年，是一种很可靠的传感器。

结露传感器的各项性能参数如表 8.7 所列。

表 8.7 结露传感器的特性参数

项　　目	技 术 指 标
电阻值/kΩ	75%RH 时，<10 94%RH 时，2~20 100%RH 时，>200
响应速度/s	25℃ 60%RH~60℃ 100%RH 时，达到 10kΩ，<10
工作电压/V	DC，AC，<0.8
使用温度范围/℃	-10~60
使用湿度范围（相对湿度）/%RH	0~100
湿度检测范围（相对湿度）/%RH	94~100

3）非电解质型有机高分子湿度传感器

自从 1978 年芬兰 Vaisala 公司研制出 Humicap 式高分子薄膜电容式湿度传感器后，许多科研人员进行了这方面的研究与开发工作并使之达到商品化。

高分子电容式湿度传感器是以高分子材料的介电常数随环境湿度而改变的原理制成的。其最重要的就是选择优质的高分子膜材料，对于高分子膜材料的选择应该遵循以下原则：高分子电容式湿敏材料应具有亲水基团；湿滞小的感湿材料中以羰基（-C=O）为好，而以羰基为亲水基的高分子材料中，聚醋酸乙烯（PVAB）、聚丙烯酸酯（PMMA）及醋酸丁酸纤维（CAB）最好，其湿滞小于 1.5%RH；作为低湿滞的材料，CAB 的感湿性能与酯化度、乙酰含量、丁基含量有关。因此，为了获得高精度湿度传感器，对 CAB 材料，应对酯化度、乙酰、丁基含量与湿敏特性做进一步深入研究。通过实验证明，PVAB、PMMA、CAB 三种材料中，CAB 是与温度关系最小的，其温度系数为 -0.1%/℃。

（1）高分子电容式湿度传感器举例。

① 常温用湿度传感器。目前国内有的单位采用 CAB 材料已开发出较好的产品，如 MSR-1 型高分子薄膜湿敏电容式传感器。它具有测湿范围宽（0%RH~100%RH）、湿滞小（2%RH~3%RH）、温度系数低（0.1%RH/℃）、响应快（小于 5s）、稳定性好、可靠性高等特点。其性能指标见表 8.8。

表 8.8 MSR-1 型湿度传感器性能指标

项　　目	技 术 指 标
工作温度/℃	-10~60
工作量程（相对湿度）/%RH	0~100

续表

项　　目	技术指标
频率范围/kHz	10～200
灵敏度	约 0.1pF/%RH（20℃）
电容量/pF	45±5（12%RH20℃）
湿滞回差（相对湿度）/%RH	0%RH～80%RH～0%RH 时，<2 0%RH～100%RH～0%RH 时，<3
温度系数/(%RH/℃)	0.1
响应时间/s	<5（90%变化率）

② 高温型高分子电容式湿度传感器。从上面对 CAB 材料制作的高分子电容式湿度传感器介绍看出：它久置高温环境感湿特征量容易上漂、抗污染差，很难长时间在 60℃以上的高温下工作，这里介绍一种以耐热性高分子材料为介质的湿度传感器。

（2）传感器的湿敏特性。

① 湿度响应特性：该传感器的湿度－电容响应特性曲线如图 8.29 所示，电容随相对湿度呈线性，其灵敏度为 0.12pF/%RH。响应速度如图 8.30 所示，传感器 20℃时，按测程的 63%计算，吸湿响应时间为 7s，脱湿响应时间为 20s。

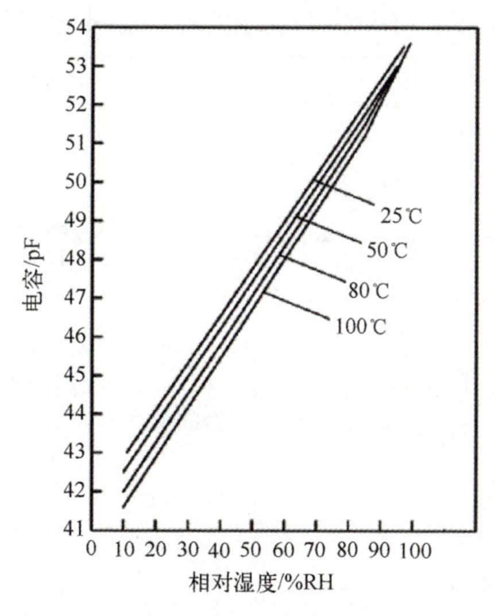

图 8.29　不同温度下湿度传感器的感湿特性

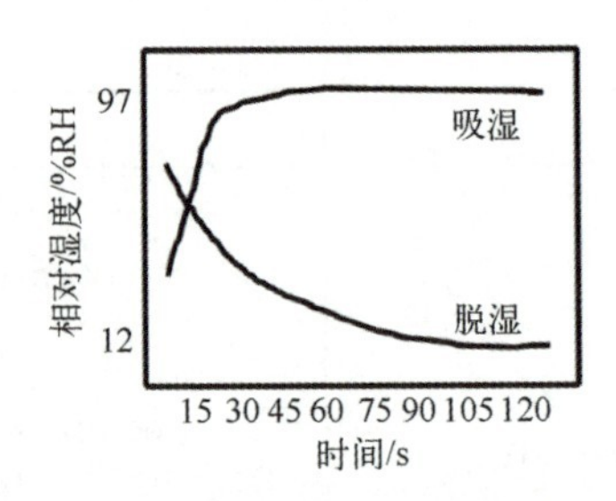

图 8.30 高温湿度传感器的响应速度

② 温度特性：由图 8.29 湿度-电容响应特性曲线中看出，该传感器具有很小的负温度系数。

③ 稳定性：将传感器在水中煮沸 2h，传感器每次上漂 2%RH~4%RH。

④ 在高温、高湿下（80℃，94.5% RH）连续工作 140h，漂移小于 4%RH。高低温循环连续工作 650h，在 80℃ 高温高湿下变化在 3% RH~4%RH。

⑤ 抗污染情况：将传感器分别置于较浓的丙酮、香烟、乙酸、氨水气氛中 4~20h 后测量，对污染前后进行对比可以看出乙酸稍有影响，香烟气氛中变化较大，氨气中变化显著不能使用。表 8.9 给出了 DSM-4 型高温电容式湿度传感器的主要性能指标。

表 8.9 DSM-4 型湿度传感器性能指标

项　　目	技术指标
使用温度范围/℃	-40~100
测湿量程（相对湿度）/%RH	0~100
精度（相对湿度）/%RH	0%RH~80%RH 时，±2（25℃） 80%RH~100%RH 时，±3（25℃）
温度系数（%RH/℃）	-0.1
响应时间/s	吸湿 10（63%测程） 脱湿 20（63%测程）
湿滞（相对湿度）/%RH	±3
电源电压/V	DC 5.00±0.01
输出/mV	0~100
耗用电流/mA	11
寿命/年	>1

综上所述，利用耐热性高分子湿敏材料作介质，并增加保护膜的 DSM-4 型高分子电容式湿度传感器具有全湿范围的响应特性、线性好、响应速度也满足一般测量要求，在 100℃以下的温度环境中工作，有较好的稳定性和一定的抗污染性，它是一种优质湿度传感器。

国内外常用高温介质材料为聚酰亚胺类，由于在合成中有部分残余单体，所以引起其高湿下的长期稳定性不够理想，将聚酰亚胺两端炔基化，可取得良好效果。不断开发和改进高温介质材料是提高这种湿度传感器性能的关键。

8.2 湿度传感器的原理

湿度传感器种类繁多，它们的湿度敏感机理也不尽相同。就水分子亲和力型湿度传感器而言，其湿度敏感机理按敏感材料吸附水分子和脱附水分子的过程中自身主要变化的物理量种类不同，可分为电阻型、电容型、质量型等。电阻型传感器的湿度敏感机理又可根据电阻变化机制的不同分为半导体型和离子电导型两种，本节着重介绍半导体型、离子导电型和电容型湿度传感器感湿机理。质量型湿度传感器会在后续章节中详细介绍，本节不进行介绍。

8.2.1 半导体型湿度传感器的工作原理

基于具有半导体特性的敏感材料制作的湿度传感器，多遵循半导体型湿度传感器感湿机理，如 Se、Ge、Si 蒸发膜湿度传感器及需要加热工作的金属氧化物陶瓷湿度传感器等。

对于 n 型半导体材料来说，其由于表面吸附氧夺取了材料表面的电子，使得材料表面形成电子耗尽层，对于多晶材料，会形成较高的晶界势垒，因而其呈现高阻态。当环境湿度增加时，湿度敏感材料吸附水分子数量增加。水分子具有弱还原性，其吸附在材料表面后会向材料表面注入电子，使得部分吸附氧发生脱附[7]。此时 n 型半导体材料表面主要载流子（电子）浓度增加，电子耗尽层厚度减小，晶界处境界势垒降低，材料体电阻下降。水分子吸附前后 n 型半导体表面能级见图 8.31。

对于 p 型半导体而言，情况则刚好相反。在空气中材料表面的吸附氧从材料表面夺取电子后，材料表面空穴浓度增加，形成空穴积累层，对于多晶材料，可以使晶界势垒降低，呈现出低阻态。当材料表面吸附水分子后，由于水分子向材料表面注入电子，会降低其表面主要载流子（空穴）浓度，使得空穴积累层厚度减小，晶界处势垒增加，最终引起材料体电阻的升高。

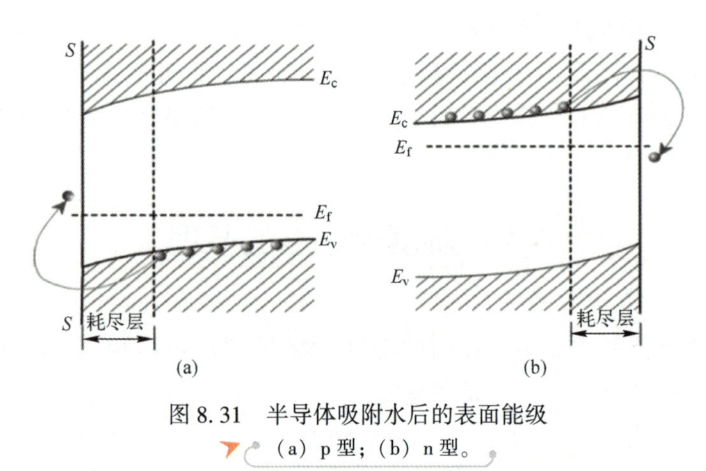

图 8.31　半导体吸附水后的表面能级
（a）p 型；（b）n 型。

8.2.2　离子电导型湿度传感器的工作原理

离子电导型湿度传感器敏感机理根据敏感材料内部是否有盐类电离参与导电，又可细化为质子型导电机理和离子型导电机理。通常，常温工作的氧化物陶瓷传感器和中低湿度范围内电解质型湿度传感器的湿度敏感机理遵循质子型导电机理。而在高湿环境中，电解质型湿度传感器的湿度敏感机理则以离子型导电机理占主导。本节我们以金属氧化物陶瓷湿度传感器介绍质子型导电机理，以聚合物电解质湿度传感器为例介绍离子型导电机理。

（1）质子型导电机理：陶瓷湿度传感器主要由金属氧化物材料构成，其结构单元可看作由金属原子和氧原子周期性排布组成。当环境中的水分子吸附在材料表面后，首先，水分子解离成 H^+和 OH^-离子，H^+与氧化物表面的氧原子结合，OH^-与氧化物表面的金属原子结合，在材料表面形成大量羟基基团，该过程称作水分子的化学吸附过程。水分子的化学吸附过程完成后，当有新的水分子被吸附在材料表面时，材料表面的羟基与水分子间可以通过氢键作用相互吸附形成一层水分子层，该过程称为水分子的物理吸附过程。当材料表面继续吸附水分子时，水分子可以与材料表面的水分子层通过氢键作用结合形成新的水分子层。随着水分子不断被吸附，材料表面上形成多层的物理吸附水分子层，直至水分子的吸附与脱附达到平衡，此时材料表面的水分子层厚度不再增加。在此过程中，材料的电导随着其吸附水分子层的变化而不断发生变化，这种电导变化主要是水分子层中质子输运过程导致的。由于器件中电极的外加电场可以使材料表面的物理吸附水分解成 OH^- 和 $H_3OH_3O^+$，其电荷输送过程可以靠质子传递实现，即一个质子附载在水分子上形成水合氢离子，该水合氢离子释放出第二个质子给第二个水分子，该水分子接收此质子，同时释放出第三个质子，就这样周而复始地进行，使得材料中形成质子导电[8]。随着水蒸气压增加，吸附水层层数增加可促进质子输运反应，使器件电阻降低，该反应也称为 Grotthuss 连锁反应，如图 8.32 所示。

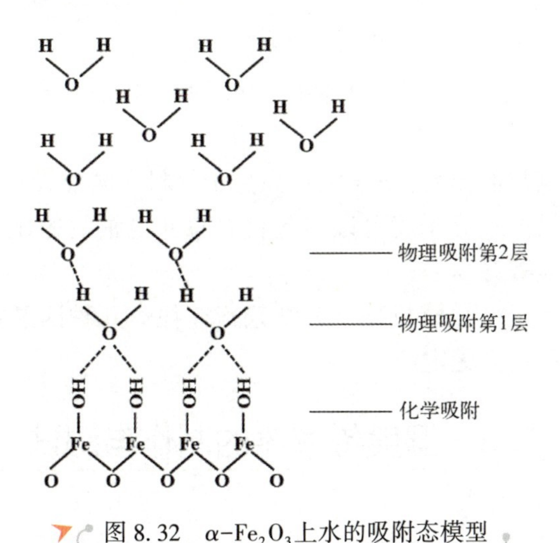

图 8.32 α-Fe_2O_3上水的吸附态模型

（2）离子型导电机理：聚合物电解质湿度传感器的湿度敏感机理在中低湿度条件下与陶瓷湿度传感器相似，都遵循质子型导电机理，只是在化学吸附过程中水分子主要与聚合物材料中的极性基团相结合，且物理吸附过程中水分子可进入有机高分子链间形成吸附水层。当聚合物电解质湿度传感器在高湿条件下工作时，材料吸附水分子的总量急剧增加，材料中的吸附水层层数不断增加，形成良好的离子传输通道。此时材料中极性基团的基团化自由度增加，可电离的离子可以在水层中传输，使得器件电阻显著降低[9]。

遵循离子导电型湿度敏感机理的传感器通常需要在交流电条件下测试，因为长期负载直流电会导致材料极化和电极阻塞等问题，其输出信号多为复阻抗值。

8.2.3 电容型湿度传感器的工作原理

电容型湿度传感器多使用不含盐类官能团且亲水性较弱的有机高分子作为敏感材料，这类高分子材料吸附水分子后自身电阻不会发生显著改变，但介电常数会有明显变化[10]。电容型湿度传感器工作时，水分子吸附方式与聚电解质湿度传感器相似，但由于其内部极性基团较少，因而吸附的水分子总量也较少。吸附水分子后材料的总介电常数会发生改变，其可表示为

$$\varepsilon=\left[V_2\left(\varepsilon_2^{\frac{1}{3}}-\varepsilon_1^{\frac{1}{3}}\right)+\varepsilon_1^{\frac{1}{3}}\right]^3 \tag{8.1}$$

式中：ε_1、ε_2分别为高分子材料和水的介电常数；V_2是高分子膜中吸收的水分子所占的容积比。

由于水的介电常数较大，$\varepsilon_2=81$；高分子材料介电常数通常为3~6，因而材料只要吸附少量的水分子就可以引起材料总介电常数的显著增加，使得器件输出电容信号显著升高。

湿度传感器的湿度敏感机理十分复杂，往往有几种因素共同作用，仍在研究总结中，目前还尚无定论。

8.3 湿度传感器的制作与测试

电阻和电容型湿度传感器的输出信号均为电信号，其易于检测，易于数字化，易于自动化。电阻型湿度传感器的核心是湿敏电阻，其电阻率随吸附水分子的多少而变化，通过监测传感器电阻变化即可实现湿度监测。电容型湿度传感器的核心是湿敏电容，传感器对湿度的监测主要依靠监测器件电容值实现。然而，由于电阻和电容是两种不同的物理量，因而电阻器与电容器的器件结构往往也大相径庭。这使得电阻型和电容型湿度传感器无论在器件结构还是制作工艺上都存在较大差异，电阻型湿度传感器多以平面结构为主，而电容型湿度传感器多采用三明治结构。本节以几种应用比较广泛的高分子湿度敏感器为例，介绍这两类湿度传感器的制作工艺。

8.3.1　平面结构湿度传感器

图 8.33 为平面式厚膜型湿度传感器的结构示意图，其通过丝网印刷法在 Al_2O_3衬底表面预先印制梳状金电极，并在 800℃高温下烧结。然后在电极端处焊出引线。用浸涂、悬涂、滴涂、喷涂或印刷等方式将用湿度敏感材料配制的浆料涂在梳状电极区域，根据材料不同可通过烧结或烘干等方式使浆料在衬底表面形成厚膜。为了防尘及提高器件耐水性，通常在敏感层表面再涂覆一层保护膜。

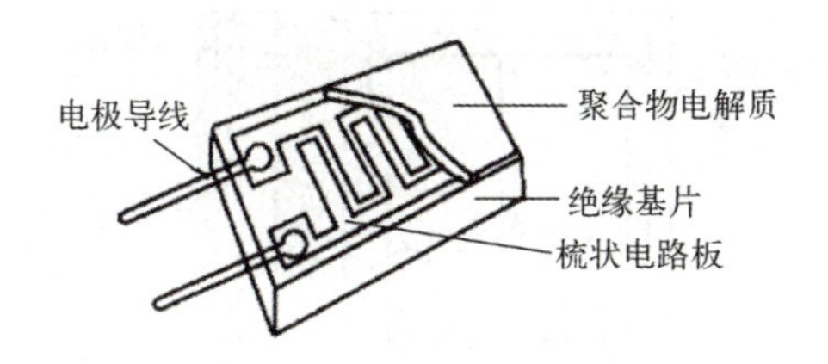

图 8.33　高分子电阻式湿度传感器的结构

以聚苯乙烯磺酸钠湿度传感器为例，高分子膜采用平均分子量为 37 万的聚苯乙烯磺酸钠和平均分子质量约为 9 万的聚乙烯醇混合调制成均匀溶液，然后在衬底表面涂膜、干燥，最后包覆乙基纤维素保护膜制成。

8.3.2　三明治结构湿度传感器

以被广泛应用的三明治型电容式湿度传感器结构为例，三明治型湿度传感器的结构、原理及制作工艺进行介绍。

三明治型湿度传感器主要分为两种结构：第一种是通过压片或其他薄膜制作方法将湿度敏感材料制成厚度约为几十微米的薄片，在其上下两面分别制作多孔金电极，然后夹在两个弹性夹之间并封装，器件结构如图 8.34 所示；第二种结构如图 8.35 所示，在绝缘衬底上制作一对条形或梳状金电极，在电极结构表面制作一层均匀的湿度敏感层，然后在敏感层表面制作 10~20nm 厚的多孔金蒸发膜，构成串联平板电容，最后在电极端点焊接引线并对器件进行封装，这种电容型湿度传感器器件结构在国内比较常用。

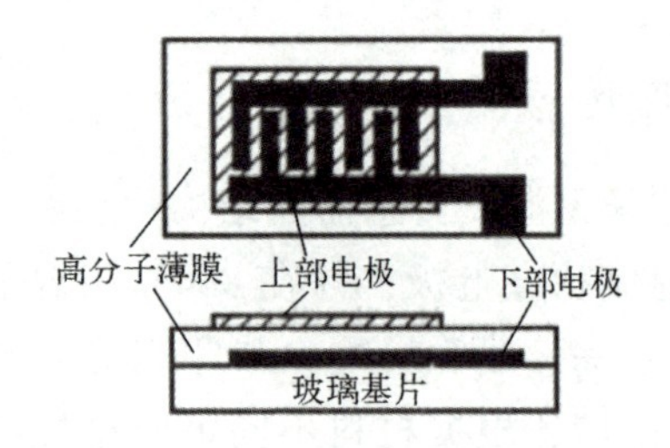

图 8.34 高分子电容式湿度传感结构

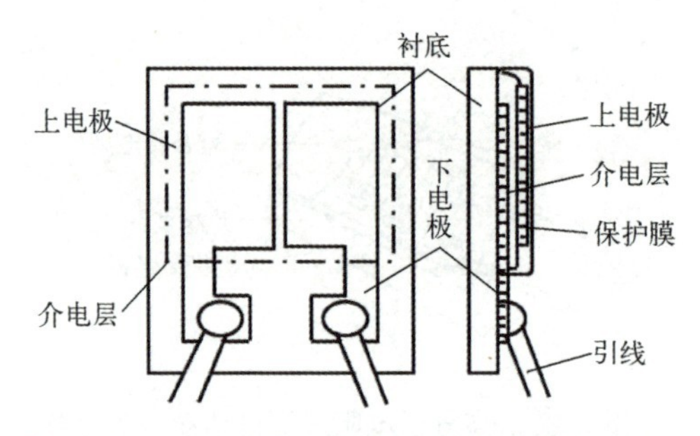

图 8.35 高温型湿敏电容传感器的结构

8.3.3 湿度的发生与校准

在湿度传感器的开发过程中，需要标定器件的电学特性与相对湿度之间的对应关系。因而，如何营造准确的相对湿度环境对传感器的开发和制作而言显得至关重要。目前在传感器开发中，湿度的发生主要通过饱和盐溶液法和动态配气法两种方式。

1）饱和盐溶液湿度发生法

饱和盐溶液湿度发生装置是利用盐溶液上方气氛中水饱和蒸气压符合乌拉尔定律，即在一定温度下，溶液的饱和蒸气压等于纯溶液的饱和蒸气压与溶剂的摩尔分数之积，其公式可表示如下：

$$P = P_0 \cdot x \qquad (8.2)$$

式中：P 为溶液饱和蒸气压；P_0为纯溶剂的饱和蒸气压，x 为溶剂的摩尔分数。由于不同盐类在水中的溶解度不同，因而溶液中溶剂的摩尔分数亦不相同，这使得不同盐的饱和溶液上方水饱和蒸气压不同，即可以发生出不同湿度环境。不同盐的饱和溶液上方气氛对应的相对湿度，如表 8.10 所列。

表 8.10 饱和盐溶液上方相对湿度对照表

溶　　质	饱和盐溶液上方相对湿度/%RH
氯化锂	11
氯化镁	33
硝酸镁	54
氯化钠	75
氯化钾	85
硝酸钾	95

在使用饱和盐溶液湿度发生法时，为了避免温度变化导致饱和盐溶液由饱和态转变为非饱和态，通常在制作饱和盐溶液湿度发生腔时要保证溶液下层有过量的溶质析出，且盐溶液上方要留出足够的测试空间，湿度发生腔的结构如图 8.36 所示。

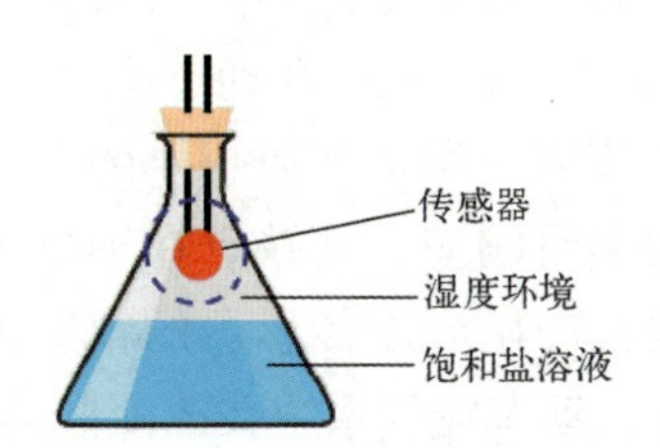

图 8.36　饱和盐溶液湿度发生腔结构示意图

饱和盐溶液湿度发生法的优势在于其结构简单，制作成本低且可以长期使用，该装置可以长期、稳定的营造出高精度的湿度环境，系统误差极小，腔内湿度几乎不发生变化。但其存在的问题是难以实现湿度环境的连续改变，且在进行响应恢复测试时器件要经过空气。饱和盐溶液湿度发生法是目前精度最好的湿度发生方式。

2）动态配气湿度发生法

动态配气湿度发生法是通过多条管路控制干燥、潮湿空气的流量，在测试腔体中营造出所需湿度环境的湿度发生方法。图 8.37 为简易的动态配气系统示意图，管路 X_2中干燥的空气（0%RH）通过气体流量控制器（MFC）直接流入测试腔中。而管路 X_1中干燥空气在通过气体流量控制器后，流入装有水的洗气瓶中，经过洗气瓶的气体被认为达到饱和湿度（100%RH），并流入测试腔中。两条管路前端的气体流量控制器由计算机控制，计算机根据用户设定的相对湿度值自动调整两气体流量控制器的流量，在测试腔中配制出设定的湿度环境。测试系统末端通常会配备一个湿度传感器，通过监测尾气的相对湿度值对腔内湿度环境进行校准。

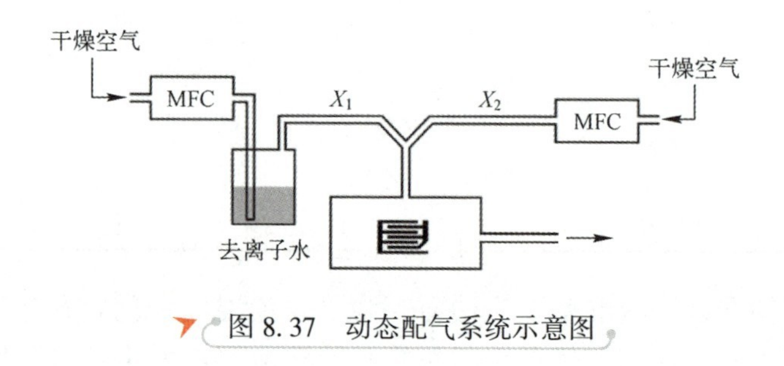

图 8.37　动态配气系统示意图

动态配气系统的优势在于其可以实现整个测试流程的自动化，用户只要设定好各个测试阶段需要的相对湿度值和测试所需时间，系统则可以根据用户需要对各个阶段进行湿度控制。此外在动态配气系统中湿度是连续变化的，用户可以根据需要在系统范围内设定任何想要的湿度，也能看到器件电信号在相对湿度连续变化时的实时响应。其缺点在于整个系统造价相对较高，且对气体流量控制器和尾端校准用湿度传感器的精度依赖度较高，故而系统存在一定的系统误差。此外，动态配气系统在改变腔内湿度值时需要较长时间，以使腔内湿度达到稳定，因而无法观察一些快响应恢复器件真实的响应恢复时间。

8.3.4　几种湿度传感器的检测电路

1）湿度传感器在室内空调器中应用的检测电路

室内空调中通常采用上文介绍的 $ZnO-Cr_2O_3$ 系陶瓷湿度传感器，如图 8.38 所示。

2）湿度传感器在电子炉灶上应用时的检测电路

常见的电子灶中陶瓷湿度传感器 $MgCr_2O_4-TiO_2$ 的测试电路，如图 8.39 所示。

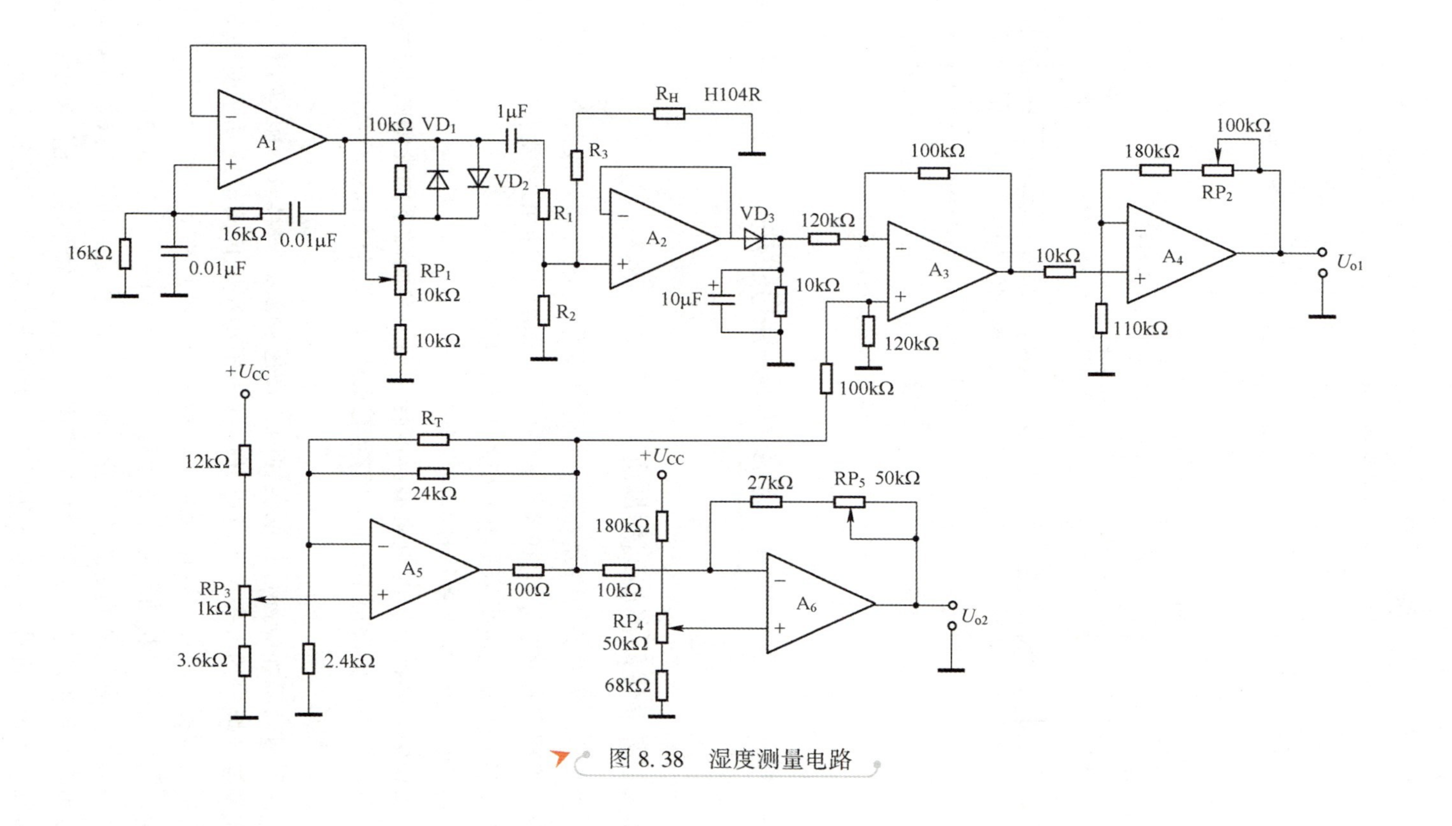

A_1
16kΩ
0.01μF
16kΩ
0.01μF
10kΩ
VD_1
VD_2
1μF
RP_1
10kΩ
10kΩ
R_H
H104R
R_3
R_1
R_2
A_2
VD_3
10μF
10kΩ
120kΩ
100kΩ
A_3
120kΩ
100kΩ
10kΩ
180kΩ
100kΩ
RP_2
A_4
110kΩ
U_{o1}
$+U_{CC}$
12kΩ
RP_3
1kΩ
3.6kΩ
R_T
24kΩ
A_5
2.4kΩ
100Ω
10kΩ
$+U_{CC}$
180kΩ
RP_4
50kΩ
68kΩ
27kΩ
RP_5 50kΩ
A_6
U_{o2}

图 8.38　湿度测量电路

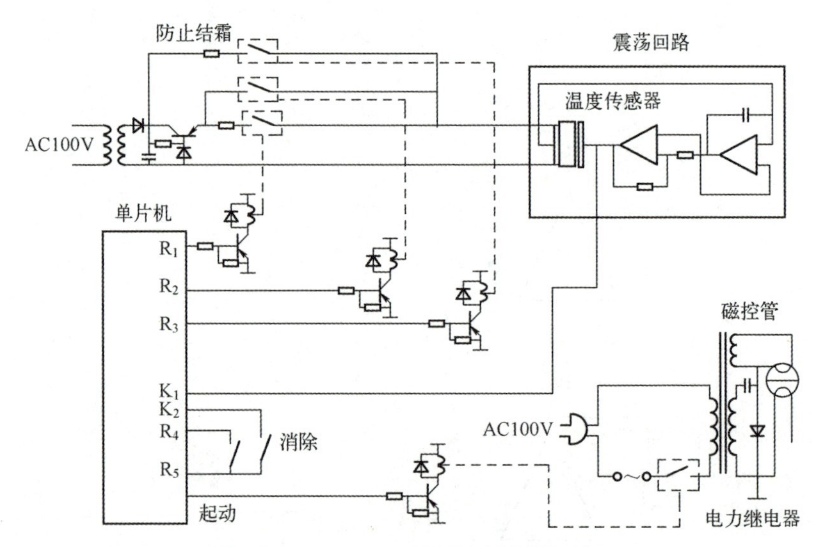

图 8.39　电子烤炉湿度控制电路

8.4　湿度传感器的应用

8.4.1　湿度传感器的选用原则

湿度传感器的基础研究方面，可用于对湿度进行感知或监测的材料和相关测试机理多种多样。但在实际应用中，考虑到测量的便捷、实用等要求，应用较多的主要是电阻型和电容型两大类传感器。

1）电阻型湿度传感器的选型原则

市场中有多种类型的电阻型湿度传感器，在面对不同类型的湿度传感器时，可根据在不同环境中应用的实际需求从以下几个方面进行考虑。

（1）测量环境。

需要对高湿环境进行长期监控时，敏感物质必须具有高湿稳定性，以避免在高湿环境中的流失。此时可以选择陶瓷型湿度传感器或基于交联双亲性聚合物的湿度传感器，以保证元件在对高湿环境进行长期监控过程中的性能稳定。需要对高湿及结露环境（相对湿度大于 85%）进行报警监控时，可选择在高湿下具有高灵敏度的树脂分散型结露传感器，利用非线性的响应特性实现报警和保护功能。需要对较低湿度环境进行检测时，元件需要在低湿段具有高灵敏度，可选择基于电解质系（无机或有机）的湿度传感器。

（2）灵敏度。

不同类型的电阻型湿度传感器的感湿特性是不同的，其中最能反应器件敏感特性的是灵敏度。在选择湿度传感器时，根据实际应用中对灵敏度的基本需求，选择不同类型的传感器。特别是在某些环境检测的过程中，并不需要器件对湿度特别灵敏，不需要选择高灵敏度的传感器。

（3）检测范围。

不同类型的电阻型湿度传感器适宜的检测范围不同。如基于 LiCl 型的湿度传感器可以对不同湿度范围进行检测；基于聚合物电解质的器件一般具有全湿度范围测试的特征；陶瓷型湿度传感器在低湿段灵敏度不高。在选择湿度传感器时针对不同使用场合选用量程合适的湿度传感器。例如，当湿度传感器应用在精密电子元件和谷仓这类高湿环境时，会对元件和粮食造成损害的情况，通常选用量程在 50%RH～100%RH 的传感器。在日常生活中，民宅的环境湿度通常保持在中湿水平，因此家居空调中一般选择安装量程在 40%RH～70%RH 的传感器。

（4）测量精度。

不同类型的湿度传感器测量精度不同，在实际选择的过程中，根据对测试环境的精度要求选择合适的湿度传感器。特别是对于湿度控制非常严格的环境中，可能需要 0.1%相对湿度量级的环境进行测试，此时在选择好湿度测试范围的基础上，选择具有高精度的电阻型湿度传感器。

（5）响应速度。

湿度传感器的响应速度包括对水分子的吸附和脱附两个方面。高分子基的电阻型湿度传感器对水分子吸附快，吸附过程的响应时间（95%低相对湿度变化率）可达 2s 左右，但脱附较慢，一般在 100s 以上；陶瓷型湿度传感器对水分子的吸附和脱附过程均较快，可达 10s 左右；LiCl 电解质型的湿度传感器和高分子型类似，也具有吸附快脱附慢的特征。通过实际环境中对湿度变化检测的要求（检测湿度升高或降低），选择合适的湿度传感器。

（6）稳定性。

长期工作在温度超过 70℃或环境气氛较为复杂的场合，可能会大大缩短化学稳定性和热稳定性较差的传感器的使用寿命。因此，在这种情况下通常选用加热清洗再生型的陶瓷传感器对湿度进行检测。另外，为了保障长期稳定性，可进行线性及温度补偿，为实现更高精度则要配以加热器，在高温高湿时需频繁地加热清洗，以更加准确地测量环境湿度。

2）电容型湿度传感器的选型原则

与各种类型的电阻型湿度传感器不同，电容型湿度传感器的类型较少，绝大部分是基于聚酰亚胺等高分子材料，且制作工艺相对复杂，不容易实现大面积生产，价格较高。用户在选择时可从以下几个方面进行考虑。

（1）检测环境。

电容型湿度传感器一般都具有宽检测范围（0%RH~100%RH）的特征，特别对于低湿下的检测精度较高）电阻型湿度传感器在20%相对湿度以下阻抗高，且易受干扰）。一般来说，可以应用于从0相对湿度开始的低湿环境。

（2）灵敏度。

电容型湿度传感器的基本感湿曲线一般为线性（电阻型湿度传感器是阻抗对数与相对湿度呈线性关系），变化量大多在0.3pF/%RH以上。灵敏度越高越容易实现高精度检测。

（3）温度。

电容型湿度传感器受温度影响较小，约0.05~0.1%RH/℃（电阻型湿度传感器一般在0.5%RH/℃左右）。在温度范围变化较大时，可选用电容型湿度传感器进行检测，而不需进行温度补偿。若是工作温度长期在60℃以上，需要选择具有良好耐热性的高温电容型湿度传感器。

（4）响应速度。

电容型湿度传感器响应速度快，一般在5s以内（95%变化率），用于电容型湿度传感器的高分子敏感材料不具有强的亲水性，当环境湿度发生变化时吸脱附过程较易达到平衡。

（5）稳定性。

典型的聚酰亚胺电容湿度传感器在高温环境中介电稳定性较好，且耐腐蚀，在有机蒸气环境或酸碱环境中具有较好的稳定性。但在高湿或结露环境中长期工作时由于聚合物膜内微孔中水分子的大量吸附，会出现响应值的偏差。

（6）价格。

由于电容型湿度传感器需要在绝缘衬底上制备两层金属电极，并需要对电极的厚度和孔特性进行调控，在工艺上相对于电阻型湿度传感器更复杂，成本和价格更高。可在综合考虑检测环境、稳定性等因素的基础上，选择合适价位的传感器件。

8.4.2 湿度传感器应用实例

湿度的测量和控制，在航天、仓储、环境监测、医疗卫生、健康监控、工农业生产和精密仪器保护等诸多领域具有重要意义。下面简要介绍几类湿度传感器的应用实例。

1）湿度传感器在家用电器中的应用

通常，室内舒适的温度在16~29℃，相对湿度在40%RH~60%RH，为此，将室内空调器控制在一定范围内，就可以创造舒适的环境。图8.40所示为空调湿度控制系统，使用时房间通过设置的湿度传感器获得室内实时湿度信息，单片机接收来自湿度传感器测得的湿度信息，并与预置的湿度数据进行比较，通过阀门控制器控制阀门开合度，进而控制房间的湿度。当房间湿度和所设定值一致时，停止工作。

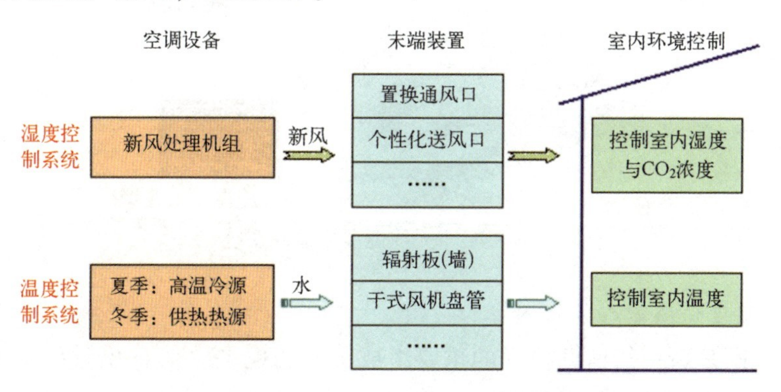

图8.40 室内空调温湿度控制系统

2）湿度传感器在食品、货品储藏及文物保护上的应用

一般湿度传感器作为最常见的环境测量工具，在不同的行业中有着不同的应用。而在粮仓或木料等仓库内控制好温湿度十分重要。实时监控仓库内温湿度变化有助于调控储藏环境的条件，若湿度数据不精确则可能导致粮食和木料等霉烂。在仓库内将温湿度传感器系统进行数据管理与控制来实现对仓库内温湿度实时监测、控制排风扇、空调的工作，是十分必要的。

文物是展现历史的活化石，博物馆收藏的文物都是由不同材料构成的，文物的自然损坏其实就是构成文物的材料受到环境有害因素的影响出现劣化变质。在影响藏品保存的各种环境因素中，最基本并经常起作用的因素是空气的温度和湿度。湿度过高过低，都会对有机质的文物造成严重损坏。利用湿度传感器可以有效提高文物保护的质量。目前，国内已有博物馆选择无线传输的温湿度传感器与监控中心设备结合，组成联动系（图 8.41）。该系统通过放置在各个陈列柜、展厅及文物库中的温湿度传感器采集空气环境信息，中央监控系统可以实时动态显示各个采集节点的位置信息及其空气状态信息，当某个空气环境指标超出限制时，系统自动发出警报信息。

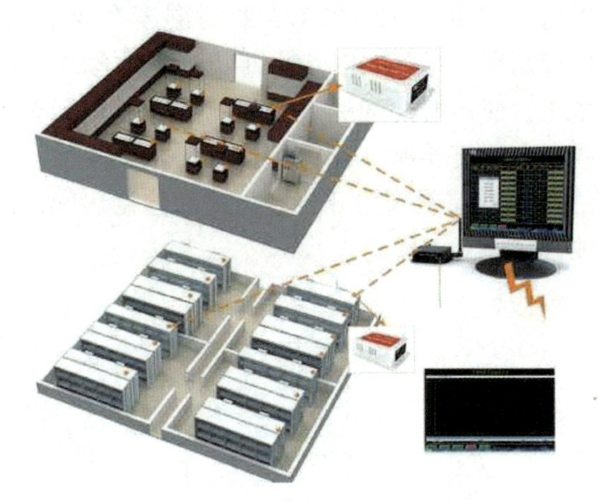

图 8.41　无线温湿度监测系统

3）湿度传感器在物联网中的应用

物联网是新一代信息技术的重要组成部分，也是“信息化时代”的重要发展阶段。而传感器作为物联网的神经末梢，是人类全面感知自然的最核心元件，各类传感器的大规模部署和应用是构成物联网不可或缺的基本条件。对应不同的领域需要选择不同的传感器，其覆盖范围包括智能农业、智能安保、智能家居、智能运输和智能医疗等领域。

（1）湿度传感器在智能农业中的应用。

我国是一个农业大国，耕地面积达 121 亿公顷，近年来随着农业大棚技术的广泛普及，温室大棚数量日渐增多。对于农业大棚来说，其自身作物的生长环境如温度、湿度、光照、CO_2浓度等都要进行检测调控，以保证作物生长在最优的环境中。对这些生长因素进行实时、精确的检测调节是实现大棚农作物生产优质、高产的重要环节。在对国内外温室智能控制进行深入分析的基础上，温室智能化控制存在的诸多因子，我们需要将智能传感器监测和单片机控制相结合，利用湿度传感器对农作物进行检测。

以裕康葡萄庄园使用的智能温室为例（图 8.42），其通过在温室中安装光强传感器、空气温度传感器、空气湿度传感器土壤温度传感器和土壤湿度传感器等传感设备实时监测温室环境。实时监测的环境情况数据不断上传到云平台，工作人员只要使用手机或计算机就可以远程随时随地查看生产现场的各项关键数据。

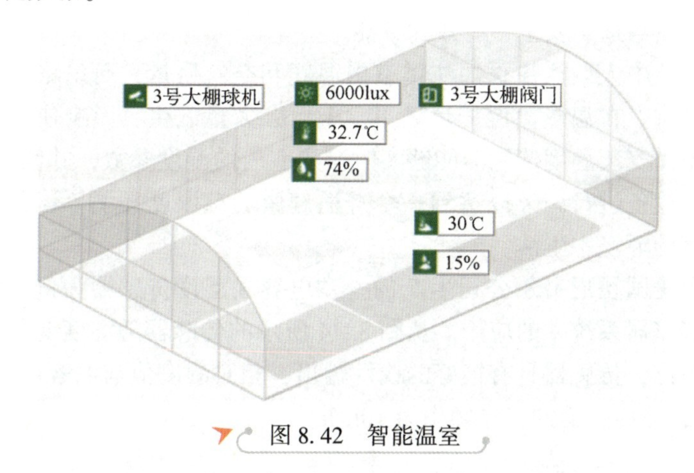

图 8.42　智能温室

图 8.43 给出了温室中三天内空气湿度的变化曲线，湿度对葡萄种植影响非常大，比如葡萄园的空气湿度连续一周超过 80%，就需要注意葡萄是否会发生灰霉病等疾病。而温室中的智能监控系统能够实时监测湿度，如果湿度监测到葡萄园连续一周的空气湿度超过 80%，就会给葡萄园管理员发送预警，提醒他们注意预防灰霉病等疾病。

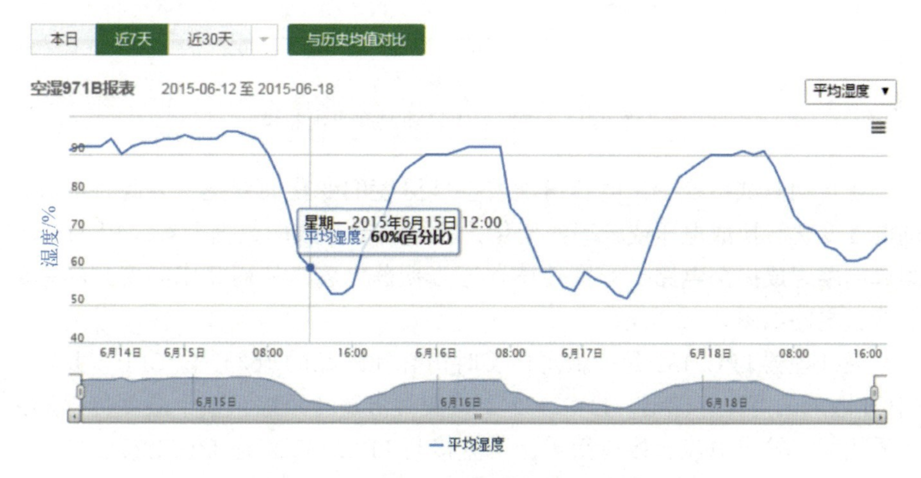

图 8.43　智能温室一周湿度变化监测曲线图

（2）湿度传感器在智能家居控制系统中的应用。

随着时代的进步和发展，智能家居控制系统利用先进的计算机、网络通信、自动控制等技术，将与家庭生活有关的各种应用子系统有机地结合在一起。这使得人们可以通过手机或者互联网在任何时候、任何地点对家中的电器进行远程控制，可以实现对室内的空气温度、湿度、质量进行监测和调节，让家庭生活更舒适、安全、有效和节能。

日常生活中人们往往更加注重室内温度和空气质量，而忽略了湿度对自身健康的影响。在温热潮湿的环境下，细菌会大量滋生，影响住户的身体健康，而在室内安装湿度传感器能够实时监测室内的湿度参数，并联动加湿器、空调、取暖设备进行调节以达到一个舒适健康的温湿度环境，让住户能在一个健康清爽的环境中生活。

本节以美国霍尼韦尔公司生产的一款电容式湿度传感器为例，介绍该传感器在智能家居系统中的应用。从图 8.44 所示的传感器随湿度变化的特性曲线上可以看出，传感器具有极好的线性输出，相对湿度值与电容成比例变化。$T=25$℃时，该传感器的工作频率为 10kHz。

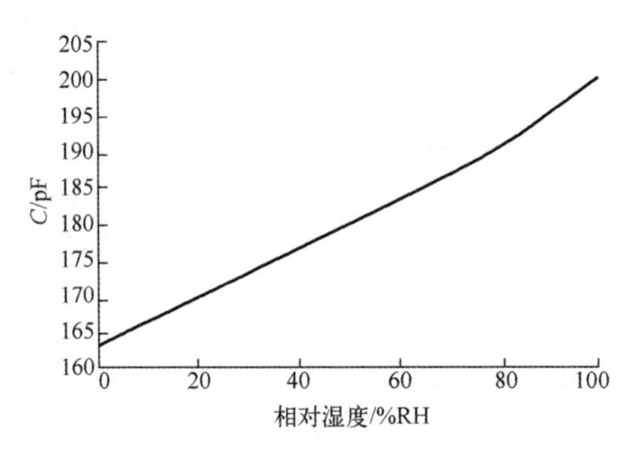

图 8.44　传感器电容随湿度变化曲线

在自动测试系统中，电容值随着空气湿度的变化而变化，因此将电容值随湿度变化转换成电压或频率的变化，就能进行有效的数据采集。用 TLC555 集成电路组成振荡电路，湿度传感器充当振荡电容，从而完成湿度到频率的转换，电路如图 8.45 所示。

微处理器 LPC2132 是一款支持实时仿真和跟踪的 16/32 位 CPU、并带有 64KB 嵌入的高速存储器。LPC2132 支持实时仿真和跟踪，整个湿度传感器由于采用频率输出电流，接口简单，可直接与 LPC2132 普通 I/O 对接，实现了湿度信号到电信号的转换与采集。

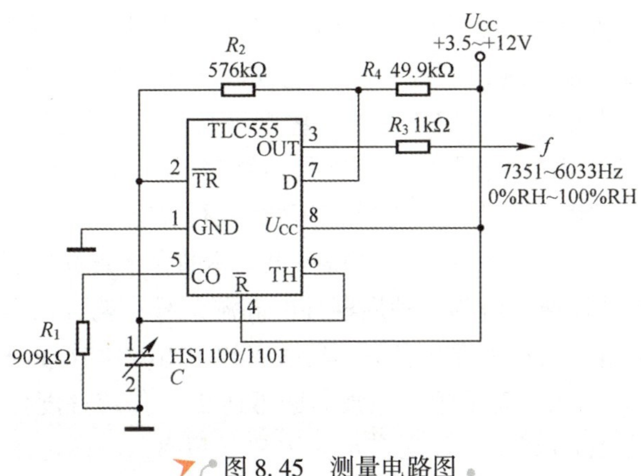

图 8.45 测量电路图

由于该传感器响应速度快、体积小、线性度好、较稳定等优点，将其用在智能家居控制系统中，完成对空气湿度的测试，经过长期应用，性能达到了稳定可靠，同时也实现了对低成本的要求。

8.4.3 湿度传感器的发展趋势及未来应用领域

随着科技的不断进步，许多应用领域对传感器提出了新的要求，如柔性、环保、低成本等。此外，除了满足现有湿度传感器应用领域对传感器各项性能的需求外，目前一些最新的湿度传感器研究报道中，器件的一些性能与传统湿度传感器相比已经不在同一量级，这使得其有望拓展出新的应用领域。

本节聚焦湿度传感器研究的最新前沿报道，介绍目前处在实验室研究阶段的一些新型高性能湿度传感器。

1）快响应型湿度传感器在人体呼吸检测领域的应用

呼吸是人体重要的生命体征，呼吸频率和呼吸深度的变化可以反映出一些人体疾病。呼吸频率加快绝大多数属于代偿性的加快，因此，呼吸频率加快既可见于生理性的原因，也可见于病理性的原因。生理性的原因主要见于运动之后，比如打篮球、踢足球、跳绳、跑步等。病理性的原因主要有：高热，体温每升高一度，呼吸频率加快 8~10 次/min；心血管疾病代偿期，比如患有扩张性心肌病、冠心病、高血压、二尖瓣狭窄等；甲状腺功能亢进以及精神因素等；睡眠呼吸障碍综合征，呼吸暂停是指睡眠过程中，口鼻呼吸气流完全停止 10s 以上，低通气是指睡眠过程中呼吸气流强度较基础水平降低 50%以上，有中枢型、阻塞型以及混合型。呼吸深度则可以反映出人体心肺功能的强弱。

传统呼吸频率监测方式通常使用流速传感器，通过监测呼气流速实现呼吸监测。但流速传感器结构为管状结构，且由于人体单次呼出气体量较大，因而为了使气流顺畅，测试管通常直径也较大，这使得呼吸频率测试设备无法实现低成本、小型化和集成化。在一些湿度传感器研发的相关报道中，科研人员提出了使用湿度传感器代替流速传感器实现人体呼吸频率监测的想法。人体吸入环境气体后，吸入气体在肺部短暂停留，然后会从鼻腔和口腔呼出，由于人体内是一个湿润的环境，这使得呼出气体的含水量远远超过环境气体的含水量。湿度传感器通过监测这种周期性的高湿信号，就可以实现人体呼吸频率的监测。然而健康人在正常状态下呼吸频率约为16~18次/min，单个呼吸周期约为3~4s，在运动状态下单个呼吸周期可达2s。传统湿度传感器的单个响应恢复周期多在1min以上，无法满足人体呼吸频率监测的需求。目前，通过科研人员的不断努力，一些尚处在实验室研究阶段的高性能湿度传感器单个响应恢复周期已经可以达到1s以内[11]。

一些有高分子湿度传感器通过薄膜亲、疏水组分的调控及敏感膜多孔结构的构筑，使得水分子可以快速地进出敏感膜，实现超快的响应、恢复速度。传感器的响应恢复测试曲线如图8.46所示，器件对95%RH湿度的响应时间为0.29±0.08s，对33%相对湿度的恢复时间为0.47±0.02s。器件的单个响应恢复周期低于1秒，远远低于人体呼吸周期，可以满足呼吸频率监测的要求。

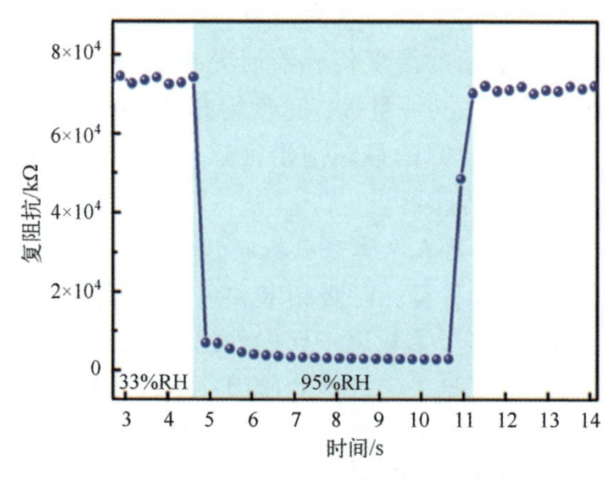

图8.46 超快响应湿度传感器响应恢复曲线

如图8.47所示，该有机高分子湿度传感器可以安置在口罩上实现人体呼吸频率和深度的监测，测试者在使用单车分别保持15km/h和20km/h进行骑行时，可以明显看出在20km/h的骑行状态下，测试者的呼吸频率和深度均有一定程度的增加。图8.48中是测试者在模拟各种呼吸状态下高分子湿度传感器监测到的输出信号，器件可以区分出人体正常呼吸、快速呼吸、缓慢呼吸、深呼吸、无规律呼吸及呼吸暂停等呼吸状态。

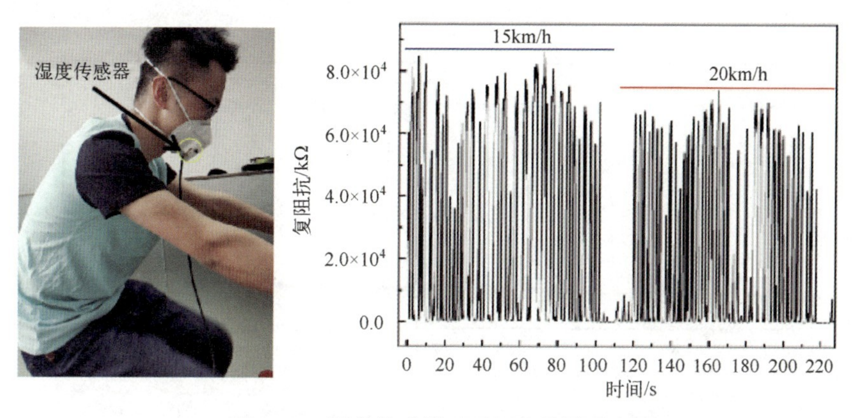

图 8.47 湿度传感器呼吸频率监测示意图

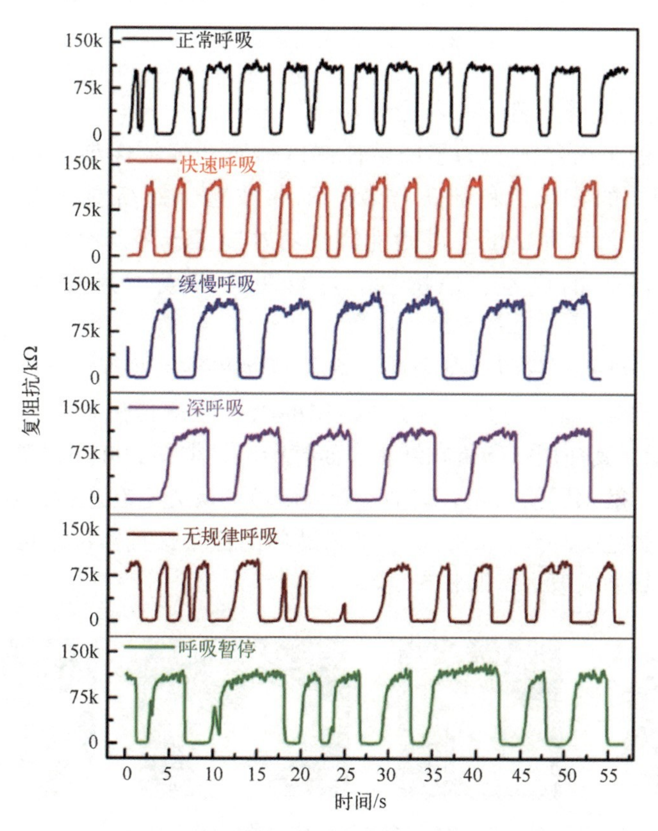

图 8.48 传感器对人体不同呼吸状态实时测试曲线

此外，该传感器还能进行一些简单的手势识别，如图 8.49 所示，传感器可以识别手指的点击、滑动等手势，这使得传感器有望在博物馆防盗等场景得到应用。

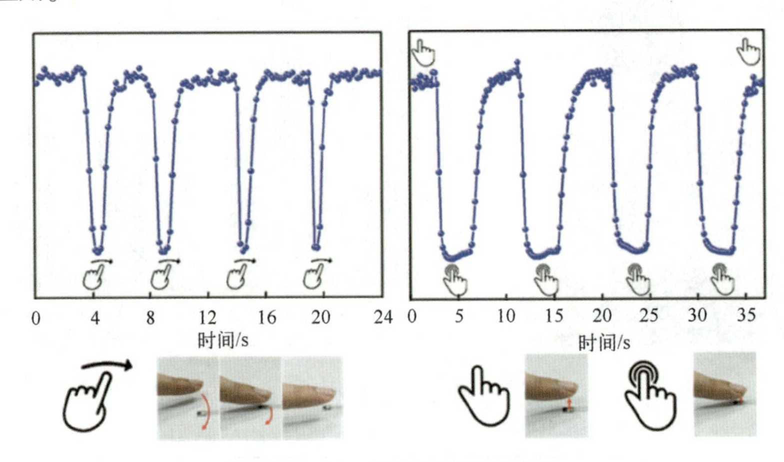

图 8.49 手势识别测试曲线

2）纸基湿度传感器

在过去的十余年间，为了能够使湿度传感器的特性满足人们在生产生活具体应用中的需求，科研工作者们不断致力于提高湿度传感器的灵敏度、响应恢复速度和精度等湿敏性能。随着湿度传感器敏感特性的不断提高，湿度传感器的成本、便携性、可再生性等成了其发展中新的限制因素。

近年来，纸基器件以其低成本、高便携性和环保性等特点逐渐引起了人们的关注。比如一种通过涂写方法制作的纸基湿度传感器，其制作工艺如图 8.50 所示，其使用打印机在纸张表面打印电极框图，并用铅笔涂写框图区域作为电极，敏感层使用灌有碳纳米管分散液的荧光笔在电极区域涂写制得。该器件具有柔性、环保、低成本、工艺简单的优势，且器件结构及尺寸可以根据应用场景的需要进行调整。

图 8.50 纸基湿度传感器制作流程图

该纸基湿度传感器的湿度敏感特性如图 8.51 所示[12]，其可以在 11%RH～95%RH 范围内对湿度进行监测，且在多周期连续测试时器件表现出良好的稳定性，误差在±2.9%RH 以内，多个器件之间也展现出较好的一致性，误差在±3.4%RH 以内，在长期稳定性测试中，传感器的精度漂移率为 0.3%RH/月。传感器的温度漂移率为 0.25/℃。该纸基湿度传感器是一种柔性器件，该器件在柔性测试过程中，在最大弯折程度下误差率仅为 6.7%RH。

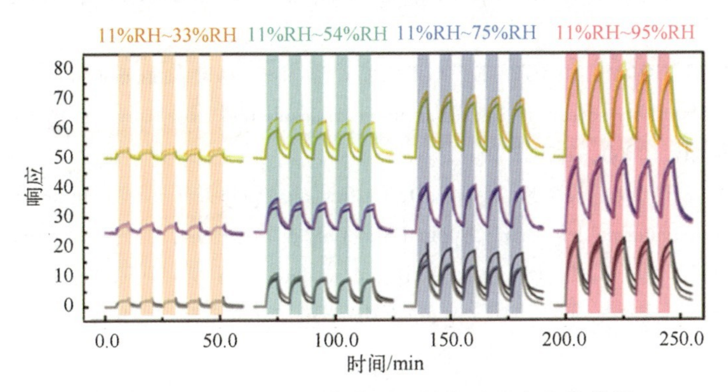

图 8.51 纸基湿度传感器灵敏度随湿度变化曲线

纸基湿度传感器具有柔性低成本的特点，这使其有望在一些医用测湿领域及货品的远程运输等需要用到一次性湿度传感器的领域中得到应用。

参 考 文 献

[1] 赵勇，王琦．传感器敏感材料与器件［M］．北京：机械工业出版社，2012.

[2] 陈同心，杨俊德．氯化锂湿度传感器及其应用［J］．仪器仪表与分析监测，1986，4：10-14.

[3] SAHA D，GIRI R，MISTRY K K，et al. Magnesium chromate-TiO_2 spinel tape cast thick film as humidity sensor［J］. Sensors and Actuators B：Chemical，2005，107：323-331.

[4] TERANISHI S，KONDO K，NISHIDA M，et al. Proton-conducting thin film grown on yttria-stabilized zirconia surface for ammonia gas sensing technologies［J］. Electrochemical and Solid-State Letters，2009，12：73-79.

[5] YING J，WAN C，HE P. Sol-gel processed TiO_2-K_2O-$LiZnVO_4$ ceramic thin films as innovative humidity sensors［J］. Sensors and Actuators B：Chemical，2000：165-170.

[6] CHEN H，PENG Z K，FU G. The nonlinear sensing property and electric mechanism of carbon humidity-sensitive membranes［J］. Acta Physica Sinica，2009，58：7904-7908.

[7] SONG S, YANG H, HAN C, et al. Metal-oxide-semiconductor field effect transistor humidity sensor using surface conductance [J]. Applied Physics Letters, 2012, 100: 101603.

[8] ERNSBERGER F M. The nonconformist ion [J]. Journal of the American Ceramic Society, 1983, 66: 747-750.

[9] CASALBORE-MICELI G, YANG M J, CAMAIONI N, et al. Investigations on the ion transport mechanism in conducting polymer films [J]. Solid State Ionics, 2000, 131: 311-321.

[10] MATSUGUCHI M, HIROTA E, KUROIWA T, et al. Drift phenomenon of capacitive-type relative humidity sensors in a hot and humid atmosphere [J], Journal of The Electrochemical Society, 2000, 147: 2796-2799.

[11] DAI J, ZHAO H, LIN X, et al. Ultrafast response polyelectrolyte humidity sensor for respiration monitoring [J]. ACS Applied Materials & Interfaces, 2019, 11: 6483-6490.

[12] ZHAO H, ZHANG T, QI R, et al. Drawn on Paper: a reproducible humidity sensitive device by handwriting [J], ACS Applied Materials & Interfaces, 2017, 9: 28002-28009.

第9章 其他原理的气体和湿度传感器

本章对基于其他原理的气体传感器进行论述，例如催化燃烧气体传感器、质量感应式化学传感器和声表面波气体传感器。催化燃烧式气体传感器计量准确，响应快速，寿命较长。传感器输出与环境爆炸危险直接相关，在安全检测领域占主导地位，但是其检测范围局限在可燃性气体。基于质量感应式化的传感器主要有石英微天平式和微悬臂梁式，它们的响应只与敏感膜表面吸附的气体质量有关，具有灵敏度高、结构简单、可以在常温下使用等优点。而声表面波气体传感器是根据涂覆在声波传播路径上的敏感膜吸附气体分子，使声波传播特性发生改变，从而实现对气体的检测，具有体积小、成本低、响应时间短、灵敏度高、可靠性好等优点。

9.1 催化燃烧气体传感器

9.1.1 催化燃烧气体传感器的工作原理

催化燃烧气体传感器是利用铂丝的温度效应制作的一类传感器。将气体敏感材料包裹在铂丝线圈上制成催化珠，其中一个催化珠上涂敷对可燃气体有催化作用的催化剂，称为黑元件；另一个催化珠不涂敷催化剂，称为白元件，将这两个催化珠接入惠斯通电桥，当有可燃气体存在时，可燃气体在黑元件表面发生催化燃烧反应释放大量的热，被铂丝线圈吸收引起铂丝线圈温度的升高从而引起电阻的升高；白元件不含催化剂，可燃气体不会在白元件上发生催化燃烧反应，白元件电阻不变。这样，当可燃气体存在时，黑白元件阻值的变化引起惠斯通电桥的平衡被打破从而输出电势差，由于释放的热量多少与气体浓度有关，因此通过检测电势差的大小即可检测被测气体浓度的高低。

由燃烧放热公式：

$$Q_{放}=q\times V_{气} \tag{9.1}$$

$$V_{气}=C\times V_{环} \tag{9.2}$$

得出：

$$Q_{放}=q\times C\times V_{环} \tag{9.3}$$

由吸热公式：

$$Q_{吸}=C_V\times m\times\Delta T \tag{9.4}$$

理想情况下，催化燃烧反应释放的热量完全被催化珠吸收，催化珠与铂丝的吸热比例恒定，所以：

$$Q_{放}\propto Q_{吸} \tag{9.5}$$

即

$$q\times C\times V_{环}\propto C_V\times m\times\Delta T$$

式中：$Q_{放}$为气体燃烧释放的热量；$Q_{吸}$为铂丝线圈吸收的热量；q 为气体热值；$V_{气}$为反应气体的体积；C 为反应气体的浓度；$V_{环}$为气体所处环境的容积；C_V为铂丝的比热；m 为铂丝的质量；ΔT 为铂丝的温度变化。

在设定的体系中，q、$V_{环}$、C_V、m 为定值，所以 $C\propto\Delta T\propto U_{out}$，由此即可通过检测惠斯通电桥输出端电压检测环境中待测气体浓度的高低。

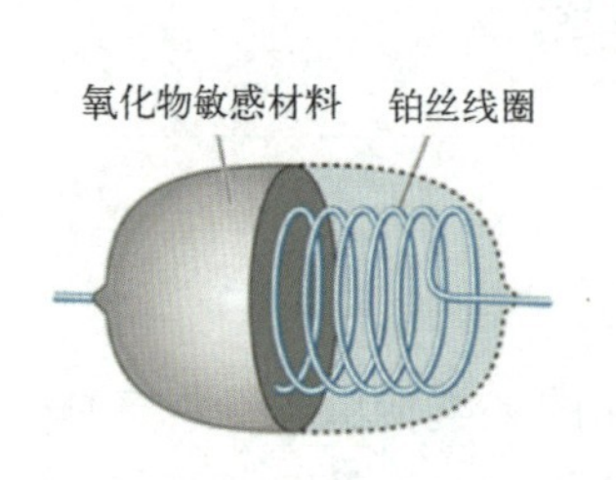

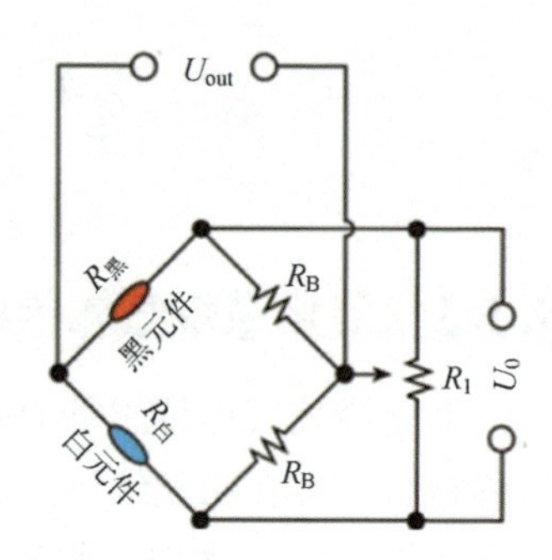

图 9.1　催化燃烧气体传感器结构及电路原理图

9.1.2 催化燃烧气体传感器的制作工艺

催化传感器的制作工艺如图 9.2 所示。

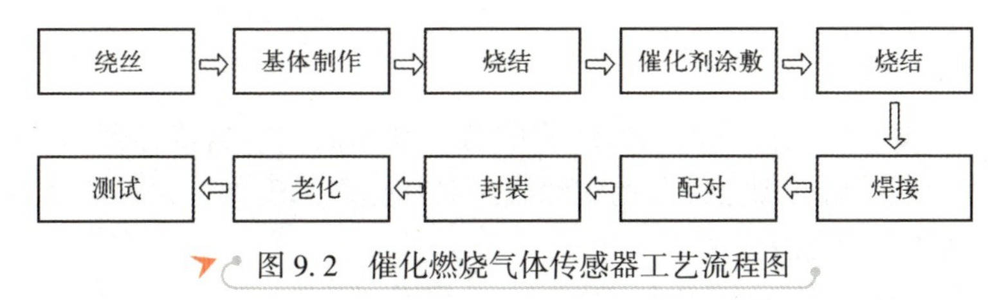

图 9.2 催化燃烧气体传感器工艺流程图

将铂丝绕制成弹簧线圈，然后将基体材料涂敷在线圈上，或者将铂丝线圈浸渍在基体材料溶液中，在马弗炉中高温烧结或者通电烧结制得基体。基体材料一般采用氧化铝或者二氧化锡。然后分别在基体上涂敷催化层，黑元件与白元件分别涂敷不同种类的催化层，其中黑元件的催化层对可燃气体具有较强的催化作用，白元件的催化层对可燃气体不具有催化作用。然后将涂敷有催化层的黑白元件在马弗炉中高温烧结，烧结温度与材料的敏感材料体系有关，一般为 500~700℃。烧结好的黑白元件分别焊接在分体管座上，然后测试分体元件的电阻，电阻值接近的黑白元件配成一对，并封装在一个外壳中，即为催化燃烧气体传感器。传感器在正常使用之前要先通电通气老化，以使敏感材料、催化剂及二者的结合达到稳定状态。最后对传感器的性能进行综合测试。

9.1.3 催化燃烧气体传感器的性能

1）零点

在洁净空气中传感器的输出电压称为传感器的零点。传感器零点的大小和以下因素有关：

（1）黑白元件阻值。

由图 9.1 可以得出传感器输出电压如下式所示：

$$U_{\text{out}}=\frac{R_{\text{黑}}}{R_{\text{黑}}+R_{\text{白}}}\times U_0-\frac{U_0}{2} \tag{9.6}$$

在理想状态下，当空气中没有待测气体存在时，如果黑白元件的阻值相等，$R_{\text{黑}}=R_{\text{白}}$，$U_{\text{out}}=0$，惠斯通电桥处于平衡状态，传感器输出电压为零，即零点为零。但是黑白元件的阻值往往存在偏差，$R_{\text{黑}}\neq R_{\text{白}}$，$U_{\text{out}}\neq 0$，所以在洁净空气中传感器有低电流输出。

（2）黑白元件大小。

元件的大小不同引起热容不同，环境温度变化时，黑白元件温度随环境变化的速度不同。黑白元件温度的差异会导致输出电压的变化，从而影响传感器零点的大小。

（3）基体强度。

基体强度会影响传感器铂丝线圈的有效利用面积，当传感器基体损害造成铂丝线圈裸露后，裸露部分的铂丝线圈对催化珠温度的变化不能及时感应，从而会造成零点的波动。

2）灵敏度

灵敏度是指单位浓度气体输出的电压。影响传感器灵敏度的因素包括以下几个方面：

（1）催化剂的催化活性。

催化剂的活性直接影响可燃气体在传感器表面的反应情况，催化剂活性高，可燃气体燃烧充分，有效反应释放的热量更高，引起的铂丝线圈的温度变化更大，传感器灵敏度更高；反之，则灵敏度较低。催化剂的活性又和催化剂材质、粒度及表面形貌有关，图 9.3 是催化燃烧气体传感器表面结构的 SEM 图。催化剂的粒度越小、孔隙率越大，催化活性越强，但是催化剂粒度越小也越容易吸附干扰物质，造成不可逆恢复，从而影响传感器的稳定性和可靠性，所以催化剂的粒度并不是越小越好。

图 9.3　催化燃烧气体传感器敏感材料表面 SEM 图

（2）催化珠的大小。

催化珠的大小影响催化珠热容的大小。催化珠越大，热容越大，燃烧单位量的可燃气体释放的热量引起的催化珠温度变化越小，所以传感器的灵敏度越低。

(3) 加热电压。

加热电压影响敏感材料对可燃气体的活性，一般情况下，传感器的灵敏度随着加热温度的升高先增大后减小，传感器的加热电压存在一个最优值。另外，加热电压也会影响传感器的稳定性和寿命，传感器长时间在高电压下工作会使铂丝强度下降，引起传感器断丝失效。

(4) 铂丝的电阻率。

在同样的加热电压下，铂丝电阻率越大温度越高，传感器的工作温度又影响传感器的灵敏度，所以铂丝电阻率的大小也是影响传感器灵敏度的重要因素。铂丝越细，电阻率越大。

3) 抗震性

抗震性是催化燃气气体传感器重点关注的指标之一。因为催化燃烧气体传感器本身的结构特点（图9.4），使得催化剂的零点和灵敏度经常会随着传感器的使用发生漂移，这是因为催化珠是靠铂丝悬空焊接在金属管座上的，传感器在使用过程中经常会受到震动，震动过程中会造成催化线圈从催化珠中被拉出，从而造成零点和灵敏度的漂移，严重的造成铂丝断裂。

影响传感器抗震性的因素除了铂丝线径、焊接状况以外，催化珠大小和基体强度也是影响抗震性的重要因素。

(1) 基体强度。

基体强度不够，传感器在受震动时，基体最外层的材料会在铂丝的反复摩擦下脱落，从而引起最外圈铂丝裸露，线圈的有效利用圈数变化，从而引起传感器输出信号的波动。

(2) 催化珠大小。

催化珠越大，传感器受震动时铂丝承受的拉力越大，铂丝线圈被拉出或者拉断的风险越大。所以催化珠在完全覆盖铂丝线圈的条件下越小越好。

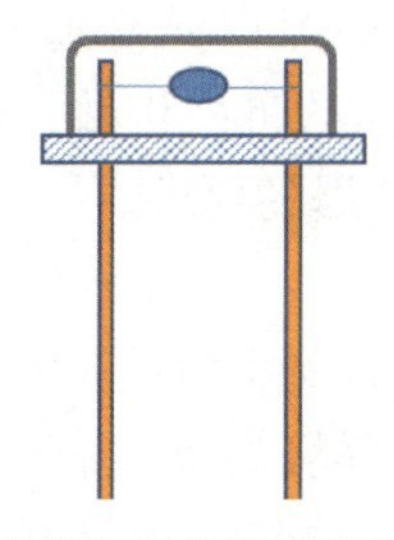

图9.4 催化燃烧气体传感器内部结构示意图

4）抗中毒性

催化燃烧气体传感器经常发生以下几种形式的中毒。

（1）硫化氢中毒。

催化燃烧气体传感器用到的催化剂主要是贵金属铂、钯，或者铂钯的混合物。铂与硫化氢结合会生成不可逆产物 PtS、PtS_2、Pt_2S，钯与硫化氢结合会生成不可逆产物 PdS、PdS_2、Pd_2S，从而造成催化剂失活、传感器灵敏度衰减。

提高传感器抗硫中毒性能，主要从改善敏感材料性能，或者引入添加剂形成和硫化氢的竞争吸附的方法，提升传感器的抗硫化氢中毒的能力。

（2）硅中毒。

环境中含有的有机硅在传感器表面会分解生成二氧化硅，二氧化硅作为颗粒物在敏感材料表面聚集，堵塞传感器进气通道，引起传感器灵敏度的衰减。硅中毒属于物理中毒，主要从改善敏感材料的微观结构和表面形貌，提升敏感材料的利用率方面做工作。

（3）积碳中毒。

乙炔等不饱和烃类在传感器表面发生不完全燃烧会形成积碳，积碳堵塞敏感材料表面微孔从而引起传感器灵敏度降低。传感器的抗积碳问题，可以通过提高催化剂活性、改变工作温度的方法缓解。

9.1.4 催化燃烧气体传感器的应用

催化燃烧气体传感器应用主要包括两大类。

（1）煤矿安全。

催化燃烧气体传感器最主要的应用领域在煤矿瓦斯检测。主要的应用形式可以是由煤矿工人随身携带的便携式检测仪表，也可以与矿灯等工具设备集成。催化燃气气体传感器用于煤矿瓦斯检测必须满足煤矿安全相关标准和防爆要求，所以，图 9.5（a）的黑白元件通常被封装在冶金粉末网中；如图 9.5（b）所示，既保证了气体的自由扩散，也有效地隔断了外界大量气体与催化珠的直接接触，满足了防爆的要求。

（2）家庭商业天然气监测。

催化燃烧气体传感器另一个重要领域是在家庭或者商业的天然气检测。图 9.5（c）是用于家庭及商业环境的催化燃烧气体传感器常用的封装形式。由于催化燃烧气体传感器较半导体气体传感器具有更好的线性，因此也被用于数字显示类燃气报警器。但是催化燃烧气体传感器抗环境干扰能力比较差，厨房的油污等其他挥发性物质相对于半导体气体传感器更容易引起传感器性能的衰减，所以在应用时往往通过加装结构保护装置延长传感器的寿命。

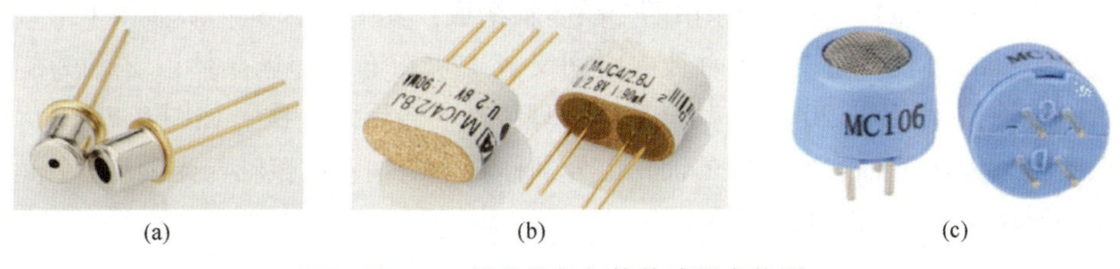

(a)　(b)　(c)

图 9.5　催化燃气气体传感器实物图

9.2　质量感应式化学传感器

9.2.1　石英微天平原理

（1）石英晶体。

石英晶体的主要化学成分是二氧化硅（SiO_2），也是我们生活中常见的水晶。理想的石英呈六角棱柱状，两端是六个柱头面，柱面存在横纹。如图 9.6 所示，R 和 r 面是柱头面，m 面是棱柱面，s 和 x 面可用来判断石英晶体的左右形态。石英的集合体通常呈粒、块或晶簇等形态。

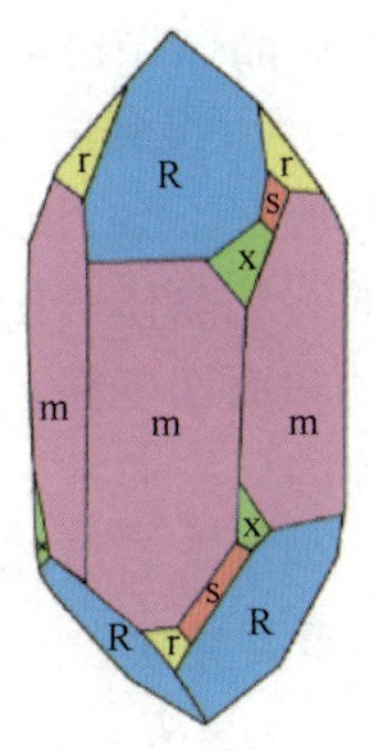

图 9.6　理想的石英晶体结构示意图

晶体的特点主要在于其存在各向异性，即物理特性与晶体的方向息息相关[1]。通常情况下，必须确定晶体轴，即在晶体内部选定一个方向作为参考，目的是为了便于规定物理特性系数的数值。Bravais-Miller（B-M）和正交轴系是石英晶体最为常用的轴系种类，两种轴系各有优点，比如，B-M 轴系更加便于确立自然和原子面，而正交轴系则更便于计算晶体的压电以及机械等特性。如图 9.7（a），B-M 轴系由四个晶体轴组成，其中包括 3 个 X 轴和 1 个垂直于 X 轴的 Z 轴，而 3 个 X 轴彼此之间又成 120°分布，即当晶体以 Z 轴为旋转中心轴，每旋转 120°时，其全部的物理特性便会重复一次。如图 9.7（b），正交轴系包含 X 轴、Y 轴和 Z 轴，也分别称之为电轴、机械轴与光轴，3 个晶体轴成正交关系（彼此垂直）。

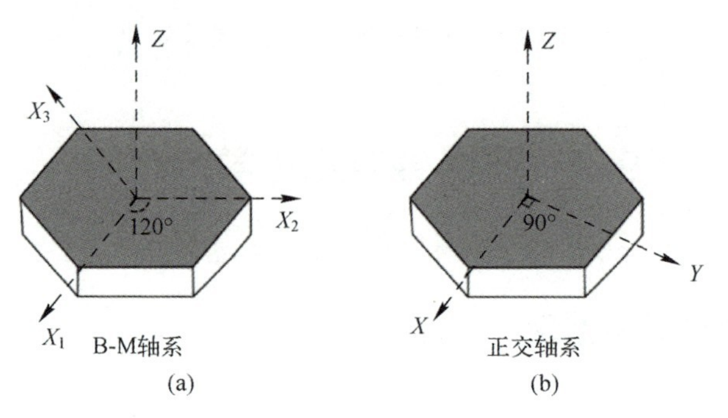

图 9.7 石英晶体的常见轴系

（a）B-M 轴系；（b）正交轴系。

石英晶体的 X 轴是极轴，外界的机械应变可在这个方向产生电极化。当晶片按与 X 轴相垂直、与 Y 轴相平行的方向切割后，所得到的即为 X 切型石英振子，也就是首次用于研制石英晶体振荡器的切型。当晶片按与 Y 轴相垂直、与 X 轴相平行的方向切割后，所得到的即为 Y 切型石英振子。然而，Y 轴不是极轴，在该方向施加伸长应变不会引起电极化，但施加切应变就可以引起电极化[2]。显然不同切型的石英晶体的振动形式存在差异，主要有伸缩振动、弯曲振动、厚度切变振动和面切变振动，并且每种切型所对应的频率范围也不同，所以生产石英晶片的厂家通常采用控制振动模式和晶片尺寸来实现产品所要求的频率。表 9.1 列举了石英晶体的常见切型、表示方式、晶片形状、频率范围和振动方式等重要参数[3]。

表 9.1 石英晶体的常见切型及参数

切型	表示符号	形状	振动模式	频率范围/kHz
NT	(xytl)0°～8°30'/±38°～±70°	长片	宽度弯曲	16～100
MT	(xytl)0°～8°30'/±34°～±50°	长片	长度伸缩	50～200
GT	(xytl)51°31'/±45°	长片	长度伸缩	100～500

续表

切型	表示符号	形状	振动模式	频率范围/kHz
CT	(yxl)37°～-38°	方片 矩形片	面切变	200～500 200～600
DT	(yxl)-52°～-53°	方片 矩形片	面切变	100～320 320～600
AT	(yxl)35°	圆片 矩形片	厚度切变	500～350000
SC	(yxwl)22°30'/34°18'	圆片 方片	厚度切变	高频
LC	(yxwl)11°40'/9°21'	薄片	厚度切变	测温用

虽然X切型、Y切型的石英振子均不是最理想的，但它们的发现也为一些重要切型石英压电振子奠定了基础，例如，后来得以广泛应用的AT切型石英振子，该切型在室温附近频率受温度影响极小，是类似于Y切晶片但绕 X 轴向右旋转35°后切割得到的，该晶片的法线与 Z 轴之间的夹角约55°（如图9.8所示）。

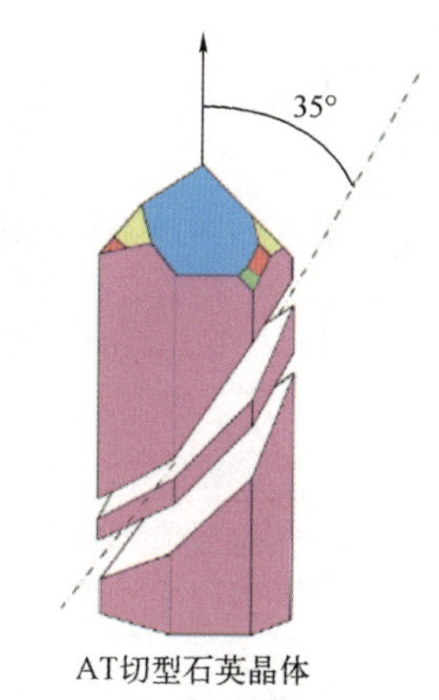

图9.8　AT切型石英晶体

（2）石英晶体的压电效应。

19世纪80年代，法国物理学家Jacques Curie（雅克·居里）和Pierre Curie（皮埃尔·居里）居里兄弟二人发现罗谢尔（Rochelle）盐晶体具有压电效应，并且发现若将这些晶体放在电场中便会出现逆压电效应[4-5]。遗憾的是，这一发现在当时并未得到科学界的广泛关注，直到1918年，贝尔实验室的 Alexander M. Nicholson 研制了第一个真正由 Rochelle 盐晶体控制的电子式振荡器，这才逐渐引起了科学界对压电效应的兴趣。

石英晶体是一种具有压电特性的介质材料，所谓压电即可理解为压力生电。详细地讲，压电就是某些沿固定方向切割所得的石英晶体因机械应变而产生电极化，该极化的强弱和正负均取决于应变，应变的大小决定极化的强弱，而应变的方向决定极化的正负。在晶体上施加机械压力会导致其结构发生形变，晶体表面会产生和应变成正比的电荷或电场，从而出现电位差，该现象为正压电效应（如图 9.9（a）所示）；与之相反，外加电场会导致晶体因受到一定方向的应力，从而产生与电场成比例的应变，该现象称为逆压电效应（如图 9.9（b）所示）。

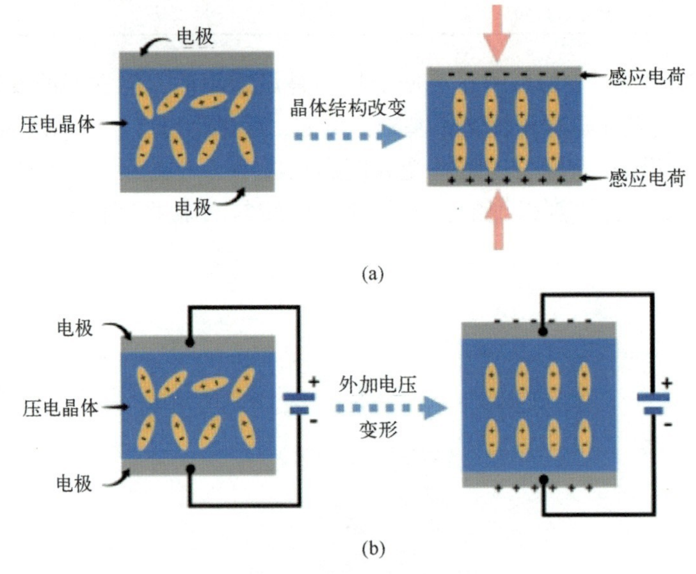

图 9.9 压电效应原理图

（a）正压电效应；（b）逆压电效应。

依据电介质压电效应研制的传感器称为压电传感器，石英晶体微天平就是其中典型的一类。1921 年，英国科学家 Walter Guyton Cady 成功制作出了第一个 X 切型的石英晶体振荡器，但是 X 切型石英晶体极易受温度的影响，所以在实际应用中受到了限制。通过参考前人的理论和成果，1934 年，科学家们成功的制造了 AT 切型的石英晶体振荡器，这种振荡器与之前的相比，具有较高的稳定特性，在室温附近几乎不会受到温度的影响，凭此优点，AT 切型石英晶体振荡器迅速得到了认可，并在无线电台、雷达等领域推广应用。

在接下来的十多年中，人们虽然相继得到了石英晶体在工作中的一些规律，但也只是定性的了解，并不清楚规律背后实质蕴藏的原理。直到 1959 年，德国物理学家 Sauerbery 发现了石英晶体表面质量变化和频率变化之间定量的关系，并定义了著名的 Sauerbery 方程[6]：

$$\Delta f=-\frac{2f_0^2\Delta m}{A\sqrt{\rho_q\mu_q}} \tag{9.7}$$

该方程表明，在空气或者真空环境中，且在石英晶体表面沉积的为均匀刚性敏感薄膜的条件下，石英晶体的振动频率变化与其表面的质量变化之间存在着正比关系。式中：f_0是器件的基础频率，单位是 Hz；Δm 是器件表面因吸附或脱附目标分子而导致的质量变化，单位是 ng；Δf 是因质量变化而引起的振动频率变化，单位是 Hz；A 是器件电极面积，单位是 cm^2；ρ_q是石英晶体的密度，单位是 g/cm^3；μ_q是石英晶体的剪切模量，单位是 $g\cdot cm^{-1}\cdot s^{-2}$。该类型器件因为检测量为质量，扮演者类似于天平的角色，因此被称为石英晶体微天平（Quartz Crystal Microbalance，QCM）。Sauerbery 方程的确立，为 QCM 的研究提供了坚实可靠的理论基础，是 QCM 日后迅速发展的重要前提。最早，QCM 主要被用于在真空或者空气条件下检测薄膜的厚度；后来，Nomura 等人成功实现了 QCM 在液相中的振动；从此，QCM 朝着更加广阔的领域范围发展。截至目前，QCM 已在环境、医学、生物、化学、物理等众多领域有了一席之地。

（3）石英晶体微天平的结构。

石英晶体微天平是由一层薄的压电石英晶片及覆盖在晶片两面的金属电极组成的（如图 9.10 所示）。其中，处于中间位置的石英晶体振荡片是通过沿石英晶体主光轴成 35° 切割得到的 AT 切型石英片子，并且和涂覆在正反两面的金属电极构成三明治结构。各面电极通过一根引线焊接到相应的基座上。晶片和电极的尺寸是导致器件固有频率不同的根本因素。电极所用金属通常有金（Au）、银（Ag）、铂（Pt）等。根据不同规格的检测仪器，石英晶体微天平的型号也不尽相同，可根据实际测量需要选用。

（4）石英晶体微天平的检测电路。

石英晶体微天平振荡电路的形式是多种多样的，现以图 9.11 所示改进的皮尔斯振荡器（Pierce oscillator）基本电路为例[7]，对 QCM 传感器起振电路图进行简要介绍。该电路结构简单、制作成本低，包含的基本组成元件有反相器、电阻、电容和石英晶体。

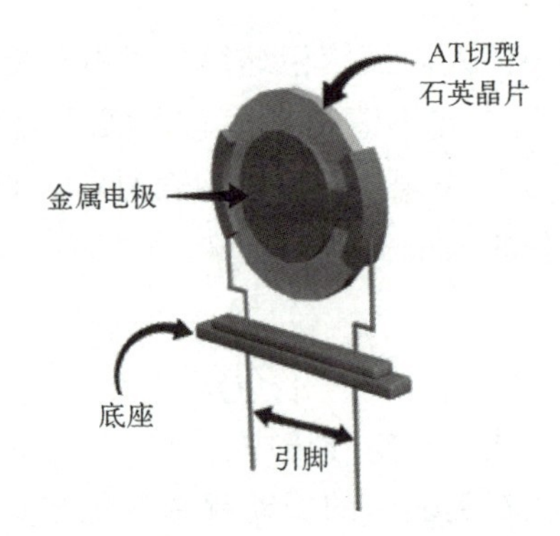

图 9.10 QCM 器件结构示意图

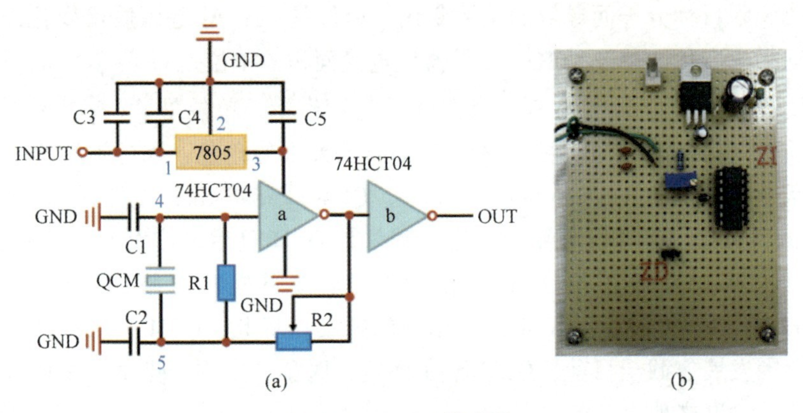

图 9.11 QCM 传感器
（a）起振电路图；（b）电路实物图。

整个起振电路由两个 74HCT04 反相器、一个电阻，一个滑动变阻器、五个电容、一个 7805 三端稳压器和一个 QCM 元件组成。首先，需要一个可将 220V 的交变电压转化为直流电的 9V 稳压电源器连接在电路的输入端。然后，为确保 74HCT04 反相器具有一个可稳定工作的电压条件，加入了一个 7805 三端稳压器。该稳压器的输入电压需≤35V，输出电压范围在 4.8~5.2V，含有三个引脚，分别为输入端 1、公共端 2 和输出端 3。在实际应用中，稳压源部分还包括了 100μF 的 C3、0.1μF 的 C4 和 4.7μF 的 C5，其中 C3、C4 并联在 7805 的输入端 1 和公共端 2 之间，C5 则连接在公共端 2 和输出端 3 之间。输入端 1 与 9V 稳压电源连接，公共端 2 接地，这样输出端 3 便可持续向 74HCT04 反相器输出 5V 的稳定电压。

振荡电路的主体部分中的 74HCT04 反相器是一个高速 CMOS 器件，相当于具有很大增益效果的放大器，反相器 a 和反相器 b 串联可以提高引脚高阻抗特性，从而可以使信号不受影响。主体部分中的其他元件，例如反馈电阻 R_1，它的阻值为 1MΩ，可将其理解为反相器的偏压电阻，能够保证电路在振荡初始状态时处在线性工作区间。R_2是最大阻值为 2kΩ 的滑动变阻器，它能够在电路驱动时适当调节电位，通过降低驱动功率，可以避免高频振荡给信号带来的影响，从而可以有效地降低 QCM 器件的老化和损耗速度。滑动变阻器在电路中起着至关重要的作用，如若将其省略，极可能会导致整个电路无法起振。节点 4 和节点 5 连接了 QCM 器件的两端电极，R_1和 QCM 并联后再与 R_2串联，然后整个部分又与反相器 a 并联。C_1、C_2为负载电容，是电容三点式电路中重要的分压电容，通常选用 22～33pF，两个电容的各自一端连接在 QCM 器件上，另一端接地，并且接地点即为分压点。以上部分形成了正反馈回路，可以确保电路持续振荡在 QCM 器件的谐振频率上。

（5）石英晶体微天平的检测原理。

根据石英晶体的逆压电效应，通过起振器或起振电路等对 QCM 两端电极施加交变电场时，石英晶体会因外加电场产生的应力而发生形变，从而引起机械振动。当外加电场的振荡频率与石英晶体自身固有频率达到一致时会产生共振的现象，该状态下的振动是最稳定的[8-9]。空白的 QCM 基片本身不具有选择性吸附的能力，通常需要对其电极表面进行处理与修饰。比如，在电极表面涂覆一层具有选择性的敏感材料来实现对不同目标的检测。如图 9.12 所示，当已被修饰的 QCM 器件处于待测环境中时，QCM 的整体质量会因敏感材料不断吸附待测的目标分子而逐渐增加，同时便会导致 QCM 的振荡频率随之降低，此过程为吸附过程。而脱附过程与之相反，原本敏感材料表面吸附的目标分子会因器件脱离检测环境而从表面脱附，QCM 的整体质量会随之减少，同时 QCM 的振荡频率就会随之增加，若能完全脱附，振荡频率就可以恢复到初始状态值。所以，可以通过高精度频率计对 QCM 的振荡频率进行实时监测，最终得到 QCM 传感器对待测环境的响应值。

（6）石英晶体微天平（QCM）在气体/湿度传感领域的应用。

近年来，QCM 传感器凭其可在室温条件下工作、具有较宽的检测范围、较快的响应和恢复速度以及可达纳克级的检测精度等优点被许多专家、科研学者广泛关注，并认为 QCM 有望发展成为低功耗、高灵敏的传感器。

气体/湿度是 QCM 传感器应用最广、涉及学科最多的一个领域。从 1964 年 King 成功研制了一种可以检测大气中微量的水和碳氢化合物的压电吸附型传感器后，近十多年来，QCM 传感器的研究更是取得了极大的进展。与传统

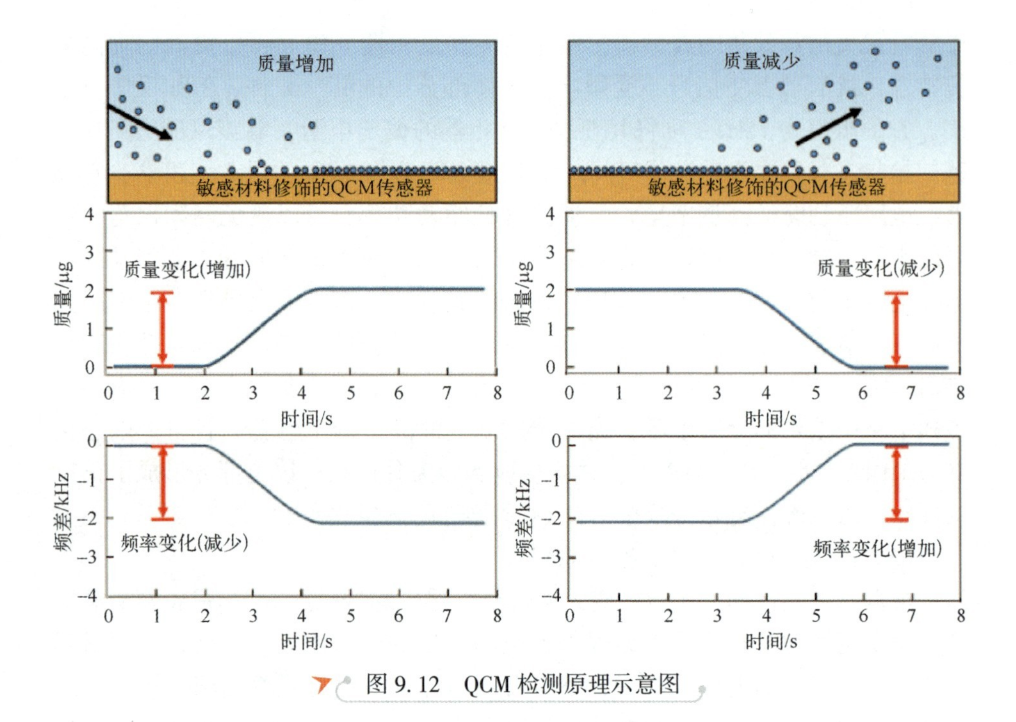

图 9.12 QCM 检测原理示意图

的气体传感器相比，可用于修饰 QCM 的化学敏感材料种类更为广泛，主要包括聚合物、氧化物、配合物、碳基材料以及金属等。其中，有机聚合物在众多敏感材料中占据了很大的比重。这主要因为聚合物具有多样化的官能团，然而特定的官能团结构可以对一类气体或待测环境中的水分子有很好的吸附作用，这与 QCM 传感器的工作原理，即固体敏感材料吸附目标分子的原理是相匹配的。得益于兼容多种敏感材料的优势，使 QCM 在气体/湿度传感领域发挥独特的作用，从而拓宽了应用领域。例如，Yang 等用经 Cu^{2+} 修饰的 Beta 型纳米分子筛制作了 QCM 类神经毒气（DMMP）传感器，研究结果显示，该传感器响应时间为 40s，频率响应值为 103Hz，在经过高温和水汽吹扫脱附处理后，传感器呈现出较好的重复性[10]。李光等通过乳聚法制备了导电聚合物-聚吡咯材料，并将导电聚合物和 QCM 这两种技术结合了起来，制备出了具有常温工作、灵敏度的三甲胺气体传感器[11]。Zhang 等将天然生物材料壳聚糖与二维材料石墨烯复合，制作了灵敏度为 4.8Hz/(mg/L) 的三甲胺传感器，GO 的引入成功增加了三甲胺 QCM 传感器的敏感特性，检测下限达 3mg/L，并通过线性溶剂化能量关系模型对传感机制做了进一步分析[12]。Xu 等利用原位生长法在 QCM 电极表面生长了一层超亲水氧化锌（ZnO）纳米针阵列，通过这种巧妙的设计制得了新颖且响应快（2s）的湿度传感器。研究结果表明，虽然ZnO材料本身只具有相对较低的亲水性，但ZnO纳米针阵列却具有超强的亲水性。这种现象可归于“形态依赖”的传感器特性，特殊的结构不仅减少了材料的表面能，并且还增加了表面粗糙度，这些特点均有利于对水分子的吸附。最终制得的QCM湿度传感器不仅灵敏度高、适应度强、重现性好，并且响应-恢复时间快、湿滞小[13]。Yao等用液体剥离的方式从块状黑磷（BP）上剥离出了BP纳米片，并将其沉积在QCM上制作了新型湿度传感器[14]。实验采用振荡电路的方法，研究了基于BP神经网络的QCM传感器（如频率响应、稳定性、湿度滞后和重复性）的湿度传感特性。实验结果表明，基于BP的QCM传感器对湿度具有良好的对数频率响应，传感器的灵敏度与沉积过程中使用的BP纳米片的数量密切相关。此外，基于BP的QCM传感器在11.3%RH~84.3%RH宽相对湿度范围内具有较高的稳定性，且表现出较小的湿度滞后和较短的响应-恢复时间。Zhang等以MWCNT作为增强相，制备了具有毛细血管结构的壳聚糖包裹MWCNT复合材料，并将所制备复合材料涂覆在QCM传感器上用于在室温条件下对11% RH~95% RH的检测。在实验过程中发现，纯壳聚糖虽然具有良好的感湿特性，但其吸水易溶胀的不足会导致在QCM传感器上的应用受到一定限制。然而，当将增强相MWCNT引入到复合材料中后，壳聚糖因溶胀现象而产生的内应力会传递到MWCNT上，使内应力能够在复合薄膜中均匀分散，从而增强薄膜的力学性能，减少因额外应力而引起的QCM器件频率偏移，最终使得复合材料所修饰QCM器件的灵敏度可达46.7Hz/% RH，具有优异的重复性、选择性和长期稳定性，此外，湿滞和品质因数等参数均得到了明显的改善，大大提高了QCM器件的可靠性[15]。

9.2.2 微悬臂梁原理

（1）微悬臂梁。

微悬臂梁是一种通过体硅加工技术和表面加工技术制备而成，且尺寸在微米级别的微结构。微悬臂梁的主体是一个平板结构，且长度和宽度通常远大于厚度（长度约100~1000μm，宽度约50~300μm，厚度约1~10μm）。其中一端为固定支座，而另外一端为悬空的自由端，在一定外力（负载）的作用下，悬空自由端会产生一定的弯矩。微悬臂梁的材料多为硅基材料，如单晶硅、多晶硅、氧化硅等，但又不拘泥于硅材料，也可以是Al、Au、Pt等。微悬臂梁作为传感系统的关键执行元件，其凭借自身高精度、体积小、易阵列化、成本低等优势，近年来已成为国内外相关领域争相研究的热点。

（2）微悬臂梁的基本原理和工作模式。

微悬臂梁传感器的基本工作原理是将敏感材料固定于梁体活化表面的一端，当分析物吸附在敏感材料表面后便会引起微悬臂梁形状的弯曲或谐振频率的变化。微悬臂梁通常有两种工作模式：静态工作模式和动态工作模式。

① 微悬臂梁静态工作模式。

如图 9.13 所示，将敏感材料修饰在微悬臂梁上下表面的一侧，对另一侧表面进行钝化处理，当有目标分子吸附在梁体功能化一侧表面或与功能化一侧表面上的敏感材料发生反应时，上下表面之间会因存在应力差而导致梁体弯曲，通过测量弯曲程度即可实现对分析物的检测。

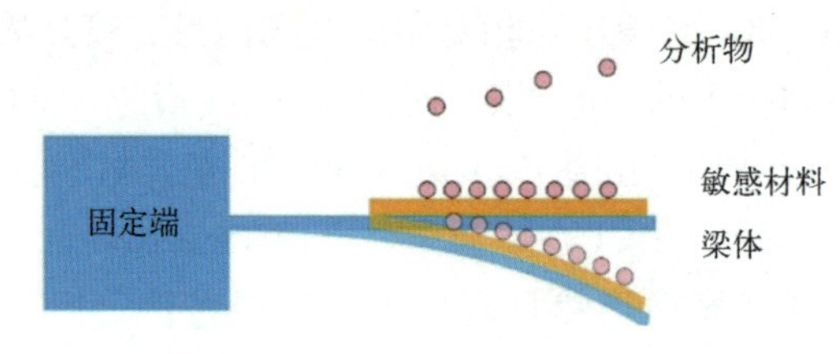

图 9.13　微悬臂梁静态工作原理图

② 微悬臂梁动态工作模式。

在动态模式下，由于功能化表面吸附目标分子引起微悬臂梁质量变化，同时分子间相互作用诱导产生的表面应力导致微悬臂梁刚度变化，最终引起微悬臂梁谐振频率减小，通过对谐振频率的减小值进行测量，即可对吸附的目标分子进行检测。

图 9.14 为微悬臂梁的动态模式工作原理图，如图 9.14 所示，动态模式是通过测量微悬臂梁的共振频率变化来实现对吸附待测物质量变化的监测。当功能化修饰后的梁体表面吸附上了分析物时，分子间相互作用诱导产生的表面应力会导致微悬臂梁的刚度发生改变，从而引起微悬臂梁谐振频率的减小，其工作原理与石英晶体微天平相似，需要采用交变电场或磁场对微悬臂梁进行激励。

（3）微悬臂梁的应用。

最早，微悬臂梁传感器是在气相环境中对吸附目标分子的质量进行测量。随着技术的不断发展和完善，微悬臂梁已经逐步将应用拓展到化学、环境、材料、生物等领域。

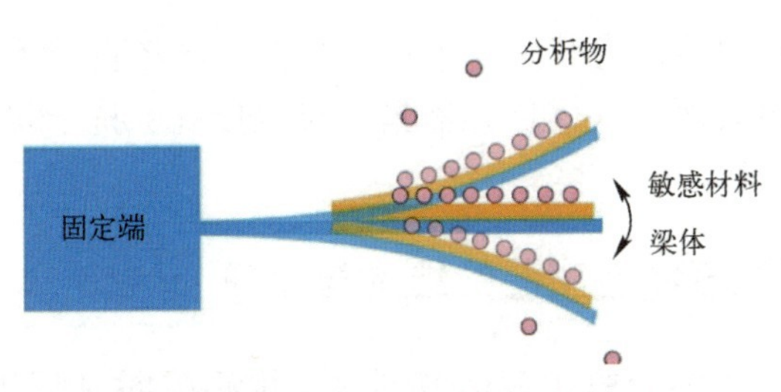

图 9.14 微悬臂梁动态工作原理图

Mertens 等选用硅衍生元素（Si_3N_4，SiOx）作为化学敏感层涂覆在微悬臂梁上，并对 0.26~13mg/L 的氢氟酸（HF）进行了检测。研究发现，在 HF 浓度最低时，悬臂弯曲更加敏感，而频率偏移可用于检测较高的浓度。使用商业化的 Si_3N_4悬臂获得的结果显示出对 HF 的线性敏感性，在细胞入口处的检测阈值为 100nmol 的目标分子。使用 SiOx 涂层悬臂将灵敏度提高到 15nmol[16]。Pinnaduwage 等利用自组装法在微悬臂梁表面包裹了 4-巯基苯甲酸单分子膜，实验结果表明，该器件可以在数十秒内对季戊四醇四硝酸酯等烈性炸药进行痕量（ppt 级别）检测。且认为这种具有快速和可逆检测、高灵敏度、微米尺寸等优势的微悬臂梁传感器，可以开发出一种用于快速和敏感检测爆炸性蒸气的便携式检测装置[17]。Alvarez 等通过使用硫醇自组装单分子层，将与牛血清白蛋白（BSA）结合的农药合成半抗原共价固定在悬臂的镀金面上。固定过程的特点是实时监控悬臂挠度。然后，通过将悬臂暴露于二氯二苯三氯乙烷（DDT）半抗原衍生物的特异性单克隆抗体溶液中来进行特异性检测[18]。

9.3 声表面波气体传感器

声表面波传感器是继陶瓷、半导体和光纤等传感器之后发展起来的新型传感器。声表面波技术是结合材料学、声学和电子学的一门交叉学科。声表面波（Surface Acoustic Waves，SAW）最早是由英国物理学家瑞利在 1885 年研究地震波时发现的，这种声波沿固体表面传播，其能量主要集中在弹性体表面下方 1~2 个波长深度范围内，因此声表面波也被称为瑞利波。但是由于受到当时技术能力的限制，SAW 并没有得到实际应用。直到 1965 年，平面叉指换能器的发明使压电晶体上能有效地激发和检测出声表面波，声表面波器件才得到蓬勃发展。目前，声表面波器件已广泛应用到通信系统和日常消费领域。声表面波传感器作为其中一个重要分支，已经在气体传感器领域得到了广泛的应用。声表面波气体传感器具有灵敏度高，抗干扰能力强、测量再现性好、易于计算机接口连接等优势。

9.3.1 声表面波气体传感器的结构与原理

声表面波气体传感器由声表面波器件、敏感吸附薄膜和信号检测组成。声表面波器件包含压电晶体和晶体上的叉指换能器。当声表面波通过敏感薄膜处下的压电晶体时，敏感薄膜对气体的吸附使得敏感薄膜的相关参数发生变化，从而引起声表面波的传播速度和频率的改变，实现对气体的检测。目前声表面波气体传感器常用结构有延迟线型和谐振器型。如图 9.15 所示为延迟线型声表面波气体传感器的结构示意图。当在输入叉指换能器上施加一个交变电压时，压电晶体的逆压电效应激发出一个沿压电晶体表面传播的波，当声表面波传播到输出叉指换能器时，压电效应将其换成电压信号而输出。两个叉指之间的距离也被称之为延迟距离。

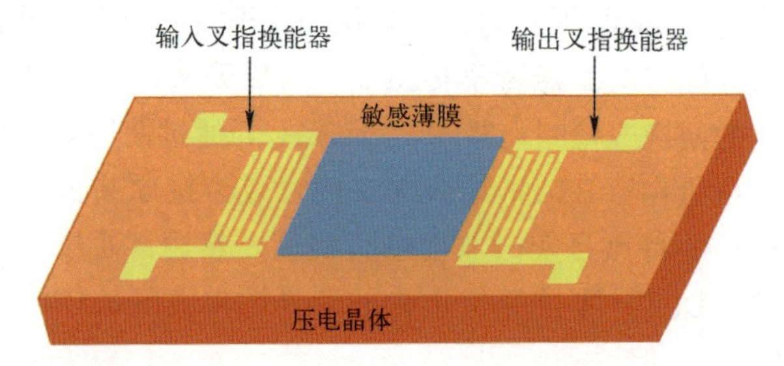

图 9.15 延迟线型声表面波气体传感器的结构示意图

相较于延迟线结构，谐振器器件具有 Q 值高和损耗小的特点，这就使得其相对容易起振，其结构如图 9.16 所示。值得注意的是，因为声表面波谐振器利用了声波在反射栅间的多次反射，当在其上涂覆敏感膜时，敏感膜材料对声波的吸收比延迟线结构要大得多，导致谐振器有较大的衰减从而增加了传感器检测的不稳定性，这就使得其很难提供气体传感器敏感膜成膜所需要的传感区域。而对于延迟线而言，其更容易提供传感器所需要的敏感区域，覆盖膜材料所引起的声波衰减也相对较小。因而在实际应用中，延迟线结构被广泛应用于声表面波气体传感器的研究之中，本书中讨论的声表面波气体传感器都是延迟线结构。

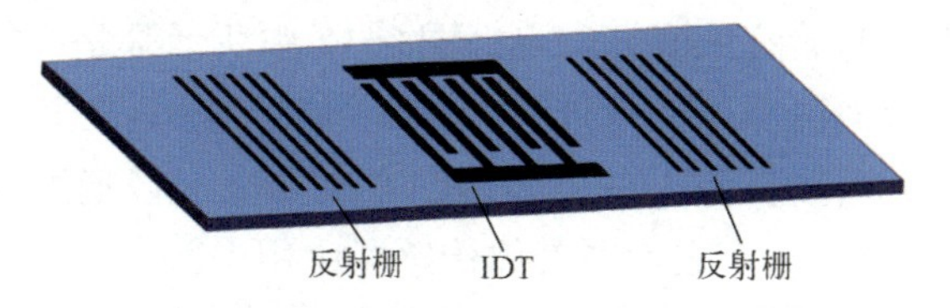

图 9.16 谐振型声表面波气体传感器的结构示意图

1) 压电基底材料的选择

压电材料可作为载体完成声波的能量转换和信号传递。现在的声表面波气体传感器基本上以瑞利波作为声波模式。为了使叉指换能器产生瑞利波，声表面波器件的衬底必须是压电的。压电材料的质量和性能直接影响了声表面波气体传感器的性能，而影响压电材料的质量和性能的物理参数包括声表面波波速、机械耦合系数、传播过程中的损耗以及温度系数。目前常用于声表面波气体传感器的压电材料是石英和铌酸锂单晶，ST-石英材料具有非常小的温度系数，在气体测试时可以忽略温度的影响，但其机电耦合性能差，导致了机械能和电能转换时的能量损耗；而 128^0-$LiNbO_3$的机电耦合性能好，但是温度系数高达 $75\times10^{-6}/℃$，这使得在实际应用在需要采用双通道等方式减小环境中温度的影响。

2) 叉指换能器

叉指换能器，顾名思义就是形状像两只手指交叉状的图案，其沉积在压电基片上，主要用于激励和检测声表面波。叉指换能器的基本结构和参数如图 9.17 所示。

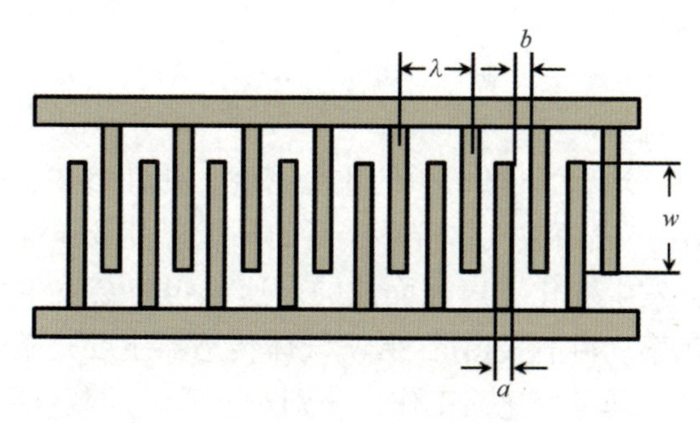

a—指条宽度；b—指条间隔；
w—叉指换能器的有效声孔径。

图 9.17 叉指换能器的基本结构

金属化率为 a 与 b 的比值 $\eta=a/b$。图 9.17 中所示都是换能器的重要几何参数，决定了声表面波器件的性能。指宽 a 和指间距 b 也共同决定了器件的波长 $\lambda=2(a+b)$。当波长为 λ 的声表面波在晶体表面以速度 v_s 传播时，器件的中心频率 $f_0=v_s/\lambda$。在声表面波气体传感器应用中，常采用提高工作频率的方法以尽量提高检测的灵敏度。叉指对数则决定了器件带宽及声表面波的激发强度，声孔径则可以影响声波的激发强度。

3）敏感薄膜的选择

敏感薄膜是声表面波气体传感器中与气体直接作用的部分，敏感薄膜对气体的选择性决定了传感器的选择性。探测不同种类的气体时，需要根据气体的特点选择不同材料的薄膜。也就是说，只要发现了对气体敏感的薄膜，就能研制出针对该种气体的声表面波传感器。除了对气体要有选择性外，敏感膜还要求具有可逆性、高可靠性和高稳定性等。导电聚合物作为敏感材料，其可以在室温工作并且易于制备的特点使其广泛应用于声表面波传感器。另一类常采用的敏感材料是金属氧化物，但是往往只能在高温下工作。近年来，纳米材料由于高比表面积等特点被应用于声表面波气体传感器中，有效地降低了工作温度，有着广泛的应用前景。

4）SAW 气体传感器的工作原理

无论是延迟线型结构，还是谐振器型结构，在整个 SAW 激发、传输的过程中，当气敏材料吸附气体后，会引起气敏薄膜的质量、弹性模量以及电导率发生变化，从而导致 SAW 传播的速度、衰减幅度等物理量的变化，通过测量变化的幅度即可确定目标气体的种类和浓度。下式揭示了 SAW 波速与敏感膜参数的变化关系：

$$\frac{\Delta v}{v_0}=\frac{1}{v_0}\left(\frac{\partial v}{\partial m}\Delta m+\frac{\partial v}{\partial c}\Delta c+\frac{\partial v}{\partial \sigma}\Delta \sigma+\frac{\partial v}{\partial \varepsilon}\Delta \varepsilon+\frac{\partial v}{\partial T}\Delta T+\frac{\partial v}{\partial P}\Delta P\right) \tag{9.8}$$

式中：m、c、σ、ε 分别为气敏薄膜的质量密度、弹性参数、电导率、介电常数，T、P 分别表示声表面波气体传感器所处环境温度及压强。在其吸附了待测气体后，都将会发生变化，声表面波的声速 v_0 也将会发生变化，从而会影响谐振器的谐振频率。目前报道的 SAW 气体传感器主要是基于质量、弹性参数、电导率这三种物理量变化而工作，分别对应质量加载效应、黏弹性效应、声电效应。一般情况下，SAW 传感器会主要基于上述一种或两种机理进行工作。

当气敏薄膜的质量因吸附气体而发生变化，从而对声波的速度、幅度产生扰动时，这种现象我们称其为质量加载效应。一般液相传感器和一些气体传感器基于这种机理工作。对于气体传感器，质量加载效应主要带来的是速度的变化，而对声波幅度的影响很小，可以忽略不计。频率改变与质量加载效应关系如下式所示[63]：

$$\Delta f=(k_1+k_2)\Delta\rho_s f_0^2 \tag{9.9}$$

式中：f_0表示传感器的基频，$\Delta\rho_s$为吸附气体前后气敏薄膜的密度变化，k_1、k_2均为压电晶体的材料常数。

气敏薄膜吸附气体，使得其弹性参数变化（如剪切或膨胀压缩形变等），导致声波速度、衰减发生改变，这种效应我们称之为黏弹性效应。基于这种机理工作的SAW传感器，其采用的敏感膜多数为聚合物。频率变化与黏弹性效应的关系可以表示为

$$\Delta f=p\cdot\Delta E \tag{9.10}$$

式中：p为材料常数，ΔE为气敏薄膜的弹性模量变化量。

当气敏薄膜吸附气体后，薄膜电导率会发生变化，会扰动声波传播的电场，进而对声波的波速和衰减产生扰动，这种效应我们称之为声电效应。基于这种效应工作的多数为基于金属氧化物敏感膜的SAW传感器。频率变化与声电效应的关系可以表示为

$$\Delta f=-f_0\cdot\frac{K^2}{2}\cdot\Delta\left(\frac{1}{1+\left(\dfrac{c_s v_0}{\sigma_s}\right)^2}\right) \tag{9.11}$$

式中：c_s为薄膜电容；σ_s为电导率；K为材料常数。

9.3.2　声表面波气体传感器的性能研究

自1979年Wolhtjen等首次报道了声表面波（SAW）气体传感器的研究工作以来，经过近年的研究与发展，目前已经研制出用于H_2S、NO_2、NH_3和H_2等不同气体检测的SAW气体传感器。与其他类型的气体传感器相比，SAW气体传感器具有以下优点：灵敏度高，检测下限低，抗干扰能力强，适合于远距离传输；输出信号为频率信号，易于与计算机接口组成自适应适时处理系统；采用集成电路中的平面工艺制作，体积小，易于集成化、智能化、低成本和大批量生产。

1）H_2S声表面波传感器的发展

检测H_2S的SAW传感器较早报道于1986年，J. F. Vetelino等基于YZ-$LiNbO_3$压电材料制作SAW延迟线，其中心频率为60MHz，采用双延迟线结构，一延迟线作为参考通道，在另一延迟线的换能器之间镀上WO_3薄膜，用

其作为检测气体的传感通道。在130℃时，传感器对不同浓度（约10μg/L~30mg/L）的H_2S进行了检测，结果表明传感器有很好的线性特性，灵敏度约为0.4kHz/(mg/L)。相续，研究人员通过换用不同的基片材料、采用不同的敏感膜材料或掺杂的方法对H_2S气体检测进行进一步研究。早期，检测H_2S气体的SAW传感器基本上都采用WO_3材料，其中灵敏度情况最好的为1996年J. D. Galipeau等基于27°-石英所设计的工作频率约为260MHz的SAW传感器，检测10mg/L H_2S气体，频率变化约为40kHz。在2004年，M. Urbańczyk等报道了利用聚苯胺作为气敏膜材料对H_2S的检测情况，工作温度虽然较低（34℃），但灵敏度不高，对于20mg/L H_2S气体，频率变化仅约为55Hz。在2006年，据文献报道，采用TiO_2作为敏感材料，在33℃时，检测20mg/L H_2S气体时，传感器的频率变化约为60Hz，检测H_2S的灵敏度并没有得到改善。将不同敏感膜材料的检测情况进行比较，我们发现基于WO_3这种金属氧化物的SAW传感器的检测灵敏度要比聚合物或低温下的TiO_2材料的检测灵敏度高出1~2个数量级，这主要是由于它们的检测机理不同所造成的。

2）NO_2声表面波传感器的发展

Ricco等报道了酞菁铅（PbPc）导电薄膜作为声表面波NO_2探测传感材料。结果表明，与声表面波器件的纯质量响应相比，灵敏度提高了1000倍。然而，由于持续暴露在气体中，传感器氧化，导致传感器信号漂移。证明了湿度干扰是导电聚合物作为敏感膜的局限性之一。Sayago分别使用双壁MWCNT和MWCNT制作了NO_2气体传感器。在25~250℃下观察到对NO_2气体的感应，但对H_2和NH_3没有响应。并且只有在高于100°C的温度下才能观察到良好的传感响应。Thomas等还开发了一种涂有石墨烯层的低成本瑞利波声表面波传感器。剥离还原氧化石墨烯（RGO）沉积在传感区域，该传感器用于检测空气中不同浓度的NO_2，具有25Hz/(mg/L)的灵敏度，功耗低，成本低。

3）NH_3声表面波传感器的发展

氨气是一种具有强烈刺激性臭味的无色气体，它即使在低浓度下也能刺激眼睛、鼻黏膜，使人作呕和头疼。因此，如何精确及时地检测空气中氨气的浓度受到人们的广泛关注。近几年来，科学工作者结合声表面波技术利用有机高分子材料制成LB膜作为敏感材料来监测氨气。M. Penza等利用LB技术将聚吡咯（Polypyrrole）淀积在声表面波器件上，在气体CO、CH_4、H_2、O_2的干扰下，测试了器件对NH_3的响应特性。实验取得了较好的结果，在室温下，以 29 层单分子膜（约 750Å）的 Polypyrrole-LB 膜为敏感材料的 SAW 传感器对 NH_3有良好选择性、灵敏度及较快的响应速度，检测的浓度范围为 46~10000mg/L。Xu 等采用溶胶-凝胶和旋涂复合技术，在声表面波谐振器上制备了 AlO（OH）薄膜，并将其用作高性能氨传感器的敏感层。所制备的 AlO（OH）膜具有异丙醇结构，对 NH_3（氨气）分子具有良好的亲和力，因而可以选择性地吸附和与 NH_3反应。传感器的传感机理是基于质量负载和弹性负载效应之间的竞争。该传感器在室温下工作，对 10（mg/L）NH_3的正响应为 1540Hz，具有良好的灵敏度、选择性和稳定性。

4）*H_2声表面波传感器的发展*

Borguet 等制备了基于 Pd 纳米粒子的声表面波传感器，该传感器在暴露于氢气的情况下产生可测量的变化。暴露在 H_2后，钯膜导电性的变化是传感响应的主要机制。Pd 纳米颗粒声表面波传感器响应时间快，迟滞现象小。在类似的钯纳米粒子薄膜上进行的原位电导测量证实，氢诱导的晶格膨胀导致了导电路径和导电率的变化，这是氢敏感性背后的一个主要原因。Viespe 等首次用 VLS-PLD 方法在传感器表面直接生长氧化锌纳米线，并测试了用于室温工作的 H_2声表面波传感器。这项技术确保了结构和基底表面之间更好地耦合。同时，敏感结构的准平行排列使传感器的有效面积最大化。传感器的灵敏度与氧化锌的沉积体积、活性比表面积和生长形貌呈线性关系。纳米线基声表面波传感器的特性使其更适合于较低的氢气浓度测量。

9.3.3　声表面波气体传感器的应用

1）*声表面波气体传感器与气相色谱连用*

声表面波气相色谱仪是基于声表面波传感器与气相色谱分离联用的有机气体分析仪，气相色谱将有机混合物分离成纯组分，由声表面波传感器进行定量检测，具有灵敏度高、色谱柱升温速度快（约 20℃/s）、体积小等特点，可实现痕量气体的广谱（挥发和半挥发性有机物）、快速（小于 5min）、高灵敏度（十亿分之一到万亿分之一）级现场分析。在公共安全、环境监测、食品和药品检测等方面有着广阔的应用前景。

2）*声表面波电子鼻研究*

电子鼻模拟生物的嗅觉，根据气体传感器阵列的不同响应模式这一特点来检测气体，主要由气体传感器阵列、信号处理和模式识别算法这三个模块组成。目前电子鼻的主要研究集中在气体传感器、模式识别、应用这三个方面。随着传感器的发展，气敏传感器的作用更加明显，气敏传感器及敏感材料能决定电子鼻性能的好坏。1984 年，美国两位科学家首先报道了将不同选择性敏感膜的 SAW 气体传感器组成阵列，再利用模式识别进行气体分类，可以检测多种气体。欧美发达国家在长期研究的基础上，不仅发展了多种 SAW 传感器，而且已经研制了能够装备单兵的 SAW 化学战剂传感器。美国空军实验室、美国海军实验室及 BAE 公司共同研制了一款能够满足作战平台的联合化学战剂检测器（Joint Chemical Agent Detector，JCAD），综合性能优越，工作温度范围广，抗干扰能力强。美国的 Microsensor Systems 公司也推出了指标类似的民用商品危险化学战剂材料检测器 HAZMTCADTM，提供 20 秒的快速模式。欧美国家已经研发出能用于战场的 SAW 电子鼻，能够自动实时检测识别和测量化学战剂，而国内相关研究较少。

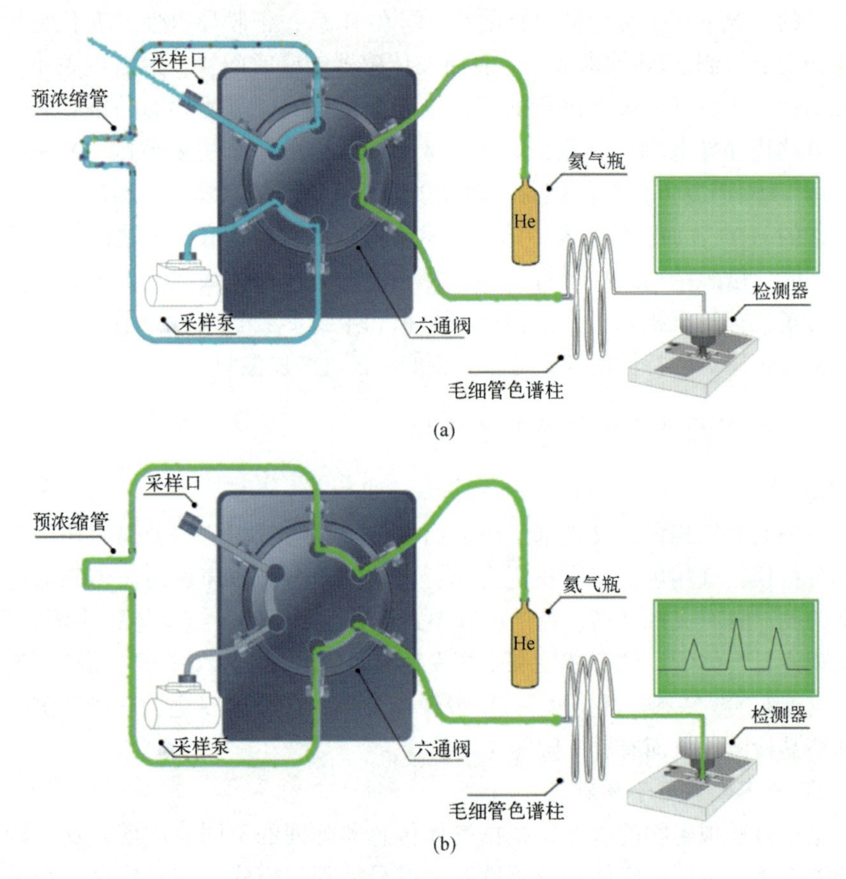

图 9.18　声表面波气相色谱仪原理图
（a）采样；（b）分析。

3）声表面波气体传感器发展趋势

随着相关技术的发展和研究的深入，SAW 气体传感器将会得到越来越广泛的应用。但是从目前的研究来看，还存在一些问题需要解决，比如稳定性不够、受环境温湿度和振动影响比较大、在复杂环境下选择性和灵敏度不够高、膜与待测物间作用的可逆性不够好、对其他气体可能产生误报和漏报等。声表面波气体传感器仍有以下方向值得进一步研究：

① 继续研究气体敏感材料的制备，并优化薄膜制备工艺，使其能够在常温下实现对特性气体的较好的选择性和较高的灵敏度；

② 深入研究气体敏感材料对待测气体的敏感机理；

③ 需要优化声表面波传感器阵列，使其与探测电路结合实现传感器阵列的微型化。同时，优化人工神经网络算法，使传感器阵列实现智能化；

④ 无线无源的特点是声表面波传感器的巨大优势，但是由于声表面波气体传感器的工作温度以及灵敏度等问题，难以实现真正地应用。因此，将声表面波气体传感器实现无线无源，并应用于特定的场景中是重要的发展方向。

参考文献

[1] TUANTRANONT A, WISITSORA-AT A, SRITONGKHAM P, et al. A review of monolithic multichannel quartz crystal microbalance: a review [J]. Analytica Chimica Acta, 2011, 687(2): 114-128.

[2] O'SULLIVAN C K, GUILBAULT G G. Commercial quartz crystal microbalances-theory and applications [J]. Biosensors and Bioelectronics, 1999, 14(8-9): 663-670.

[3] 冯冠平．谐振传感理论及器件［M］．北京：清华大学出版社，2008.

[4] NYE J F, LINDSAY R B. Physical properties of crystals [J]. Mathematical Gazette, 1957, 10(12).

[5] QIAO X, ZHANG X, TIAN Y, et al. Progresses on the theory and application of quartz crystal microbalance [J]. Applied Physics Reviews, 2016, 3(3): 031106-031122.

[6] SAUERBREY G. The use of quartz oscillators for weighing thin layers and for microweighing [J]. Z. Phys., 1959, 155(2): 206-222.

[7] ABDULRAHMAN A, MOHIEDDINE B, DAN B. Quartz crystal microbalance electronic interfacing systems: a review [J]. Sensors, 2017, 17(12): 2799-2840.

[8] KELLER C A, KASEMO B. Surface specific kinetics of lipid vesicle adsorption measured with a quartz crystal microbalance [J]. Biophysical Journal, 1998, 75: 1397-1402.

[9] MARX K A. Quartz crystal microbalance: a useful tool for studying thin polymer films and

complex biomolecular systems at the solution-surface interface [J]. Biomacromolecules, 2003, 4(5): 1099-1120.

[10] 杨涓涓, 任楠, 周嘉, 等. 沸石分子筛修饰的 QCM 类神经毒气传感器 [J]. 传感技术学报, 2006, 19(5): 2111-2118.

[11] 李光, 郑俊褒, 傅均. 采用聚吡咯修饰的 QCM 型三甲胺气体传感器 [J]. 传感技术学报, 2008, 21(5): 715-718.

[12] ZHANG K, FAN G, LI G. Graphene oxide/chitosan nanocomposite coated quartz crystal microbalance sensor for detection of amine vapors [J]. Sensors and Actuators B, 2017, 243: 721-730.

[13] CHA X, YU F, FAN Y, et al. Superhydrophilic Zn onanoneedle array: controllable in situ growth on QCM transducer and enhanced humidity sensing properties and mechanism [J]. Sensors and Actuators B: Chemical, 2018, 263: 436-444.

[14] YAO Y, ZHANG H, SUN J, et al. Novel QCM humidity sensors using stacked black phosphorus nanosheets as sensing film [J]. Sensors and Actuators B: Chemical, 2017, 244: 259-264.

[15] QI P J, XU Z W, ZHANG T, et al. Chitosan wrapped multiwalled carbon nanotubes as quartz crystal microbalance sensing material for humidity detection [J]. Journal of Colloid and Interface Science, 2020, 560: 284-292.

[16] MERTENS J, FINOT E, NADAL M H, et al. Detection of gas trace ofhydrofluoric acid using microcantilever [J]. Sensors and Actuators B: Chemical, 2004, 99(1): 58-65.

[17] PINNADUWAGE L A, BOIADJIEV V, HAWK J E, et al. Sensitive detection of plastic explosives with self-assembled monolayer-coated microcantilevers [J]. Applied Physics Letters, 2003, 83(7): 1471-1473.

[18] ALVAREZ M, CALLE A, TAMAYO J, et al. Development of nanomechanical biosensors for detection of the pesticide DDT [J]. Biosensors &Bioelectronics, 2003, 18(5-6): 649-653.

第10章 气体与湿度传感器MEMS技术在国防领域的应用

10.1 气体与湿度传感器 MEMS 技术在国防领域应用概述

在航空航天、武器装备试验、装备故障健康诊断、全实域作战等各类环境监测中均需要各种各样的物理和化学传感器。传感器技术是信息化战争的基础，在军用飞机、军事坦克、船舰及地面战场警戒系统中，各类传感器的应用都极为广泛。在战场上，一方面借助外部传感器，可快速发现与精确测定敌方目标，并通过计算机，控制火炮，快速精确地打击敌方目标。另一方面，借助内部传感器，可测定火控系统、发动机系统等各部位各类参数，通过计算机控制，用以保证武器本身处于最佳状态，发挥最大效能。在装备健康管理、人员的健康监测、军队战备中，都离不开传感器。传感器技术已经在先进武器装备中起到“千里眼”“顺风耳”“倍增器”的作用，随着现代电子战争发展和需求，传感器技术将会扮演至关重要的角色。图 10.1 是传感器在军事和国防装备中的主要应用，其在军用车辆、导弹、舰船、航天飞机、潜艇、卫星、火箭、无人飞机、地面战场均有广泛的应用。而气体及湿度传感器在对这些武器装备健康管理、作战人员健康管理及安全方面具有重要作用。

在各类武器装备的开放或密闭环境中，气体浓度和湿度处于允许或正常范围内，为任务系统操作人员提供了较好的工作环境，提高作战人员的反应和作战能力。在武器装备的危化品泄漏探测、火灾早期预警检测方面，气体

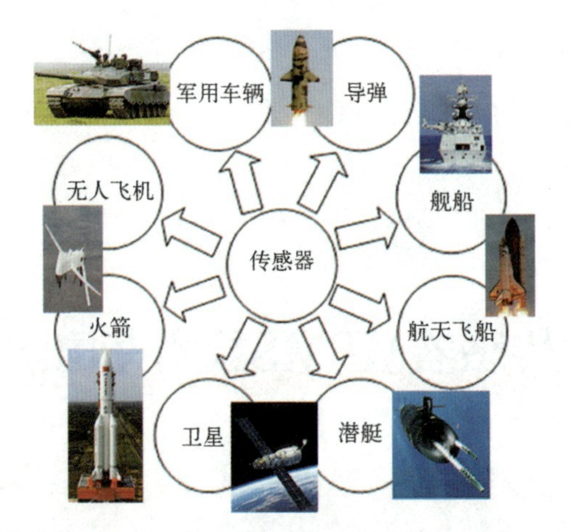

图 10.1 传感器在军事和国防的主要应用

传感器可预防和减少事故的发生，避免重大灾难性损失，并保障武器装备的正常运转和打击能力。军事活动涉及燃料、各种气体（如氧气（O_2）、氢气（H_2）、一氧化碳（CO）、二氧化碳（CO_2））及高危险物质的制作和使用，特别是有毒和可燃气体。在各种气体、燃料的运载和使用过程中，不可避免气体会偶尔泄漏，对作战人员产生潜在的危害，包括窒息、爆炸、失去生命。因此，急需气体传感器实时监测各种环境中的有毒有害气体的浓度，避免上述问题的发生，保证各类军事活动的安全，在这些军事活动中，必须对气体和湿度进行控制。气体和湿度传感器在军事和国防的主要应用如图 10.2 所示。各类环境检测，包括潜艇密闭舱室环境以及野外露营战场环境。危化品渗漏检测包括气、液态燃料、各种冷冻剂、氟利昂等的检测。火灾早期报警包括军用厨房、军用动力设备、电子设备等的火灾早期预警及消防。单兵卫勤医疗包括呼出气体中生理标记物的测量以及便携式可穿戴战场环境有毒有害气体的测量。通过军用发动机燃气尾气测量（包括尾气的气体成分测量）来判断发动机的健康状况，以及通过调控空燃比来提高发动机的燃烧效率。

气体传感器主要在武器装备密闭环境控制系统、武器装备危化品渗漏检测系统、地面战场环境侦测系统以及火灾早期报警系统中用于各种气体的检测。战场环境探测在现代战争中占据重要的地位，是搜集战场信息、决定战役成败、保障人员健康生命安全的关键。武器装备密闭环境中检测的气体有氧气、二氧化碳、一氧化碳、氢气、甲烷，可保障装备及人员的健康和安全；地面战场环境探测具有神经毒剂和糜烂性毒剂的化学战剂、生物战剂、毒素战剂，可避免部队的伤亡并提高战斗力；火灾早期报警系统中检测的气体有

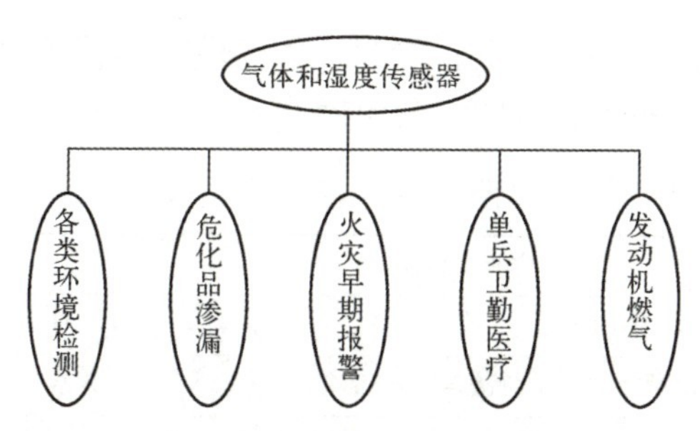

图 10.2 气体和湿度传感器在军事和国防的主要应用

氧气、二氧化碳、一氧化碳，可减少装备及人员的重大损失。上述气体多数都是有毒有害的，通常来源有天然产生、武器装备运行产生、人员活动产生、化学毒气等，在多种地面战场环境下都有可能存在，如丛林作战、城市巷战、山区作战等。

湿度传感器主要用于各种武器装备环境的湿度检测，包括舰船与潜艇的密闭环境、导弹储运箱、巡航弹弹箱、空间站、货运飞船，飞机吊舱、太空舱等。

湿度是军事装备环境监测的重要参数，掌握准确的环境湿度数据，对保障武器装备运行与储存安全，提高装备探测与打击精度，保障人员生命安全都发挥着重要作用，湿度的变化会对武器装备带来绝缘性下降、静电积累、金属材料腐蚀、电子元器件老化、系统短路、隐身涂层脱落等系列故障，导致飞行器、导弹、作战装备性能下降，影响正常任务执行甚至危及人员及装备安全、最终影响战局胜负。航空历史上多次发生因湿度监测与控制不力造成的设备损坏甚至静电引发火灾等严重事故。“信息监听”是军事活动的重要组成部分，先进的军用电子监听设备需要全天候工作，而工作环境中的水分对设备的精度和寿命都会产生一定的危害，进而影响局部战场的成败。为避免此种情况发生，需要在远程添加相对湿度感应功能，实现对军用精密电子设备工作环境的湿度实时在线监控。美国空军太平洋空军司令部曾发生过由于湿度太高，部署在关岛安德森空军基地内的近 10 架 F-22 “猛禽” 战斗机均出现不同程度的技术故障事件。

气体传感器和湿度传感器微系统在下述领域得到广泛的应用：航空航天领域、陆军武器装备领域和潜航器舰船装备领域，即气体和湿度传感器在空、天、地、海等军事领域都有应用。除了军事应用外，气体和湿度传感器微系统在民用领域也有广泛的应用，包括化学和石油化学工业，医疗机构、食物和饮料加工、微电子半导体加工、农业、环境科学等领域。表10.1是气体和湿度传感器微系统在军事领域的主要应用。

表10.1 气体和湿度传感器应用领域及探测的气体

应用领域	功能及作用	探测的气体
航空航天	监测环境中的氧气、有毒气体、可燃性气体	H_2、O_2、CO_2、NO_xH_2O（湿度）
陆军武器装备	化学战剂、生物战剂、有毒有害气体	战剂、爆炸物、推进剂
潜航器舰船	监测密闭环境中的烟雾、氧气、有毒遇害气体、可燃性气体	H_2、O_2、CO_2、CO、H_2O（湿度）、CH_4

10.2 传感器微系统在航空航天装备领域的应用

由于航天器工作环境的特殊性，应用在航天器上的各类传感器相比较于应用在地面上的传统传感器的技术要求更加严格，如体积更小、功耗更低、质量更轻、灵敏度更高以及可靠性更稳定等。为了能够满足以上要求，国外对航天器上的各类气体传感器进行了深入研究，研发出一系列的具有创新性的各类气体传感器。这些气体传感器主要是安装在航天器舱内、发动机喷口处以及宇航员随身携带，用于检测航天器内材料气体释放、管道泄漏和发动机喷口气体成分变化等[1-4]，为航天器和宇航员的安全提供了必不可少的保障手段。

在航空领域，氧气气体传感器具有重要的关键作用，因为它们用于将氧气水平维持在接近零的水平，以消除爆炸的风险。在航空领域飞行安全是飞机制造商最关心的问题之一。除了氧气，各类武器装备的燃料泄漏也是气体传感器探测的主要任务。

在航天方面，气体传感器是不可缺少的眼睛和鼻子，主要用于载人舱内有害气体成分变化监测、航天器发动机工作期间燃料燃烧情况、航天器关键部位气体或液体的泄漏判断以及深空探测过程中行星大气环境检测等方面[5-13]，为航天器产品质量、安全、宇宙环境探知和宇航员身体健康等提供非常重要的参考数据。因此国内外多个宇航研究机构都在大力支持研发适合航天器上工作的各类气体传感器，并多次在航天器上进行应用。地面上气体的监测有多种方法，如气相色谱仪、液相色谱仪、各类质谱仪以及各类气体传感设备，相比较于地面设备和仪器，气体传感器因体积小、功耗低、质量轻、灵敏度高，重复性好、成本低等优点[2]，在航天器上得到广泛应用。

10.2.1　传感器微系统在发动机燃气领域的应用

航天器在发射过程中或在轨运行工作期间，需要检测发动机燃烧室内的各种气体成分，可用于判断、识别、诊断发动机是否工作健康和正常，给出最优的燃料比例控制。由于常规气体传感器无法正常工作在高温状态，美国NASA Glenn 研究中心为解决这一问题，特研发了耐高温 SiC 气体传感器[14]。这种传感器能够在高温下进行正常工作。NASA 的科研人员认为航天器发动机的多个需求决定了 SiC 气体传感器的重要性。航天器在发射过程中需要检测发动机高温燃烧室内燃料中的碳氢化合物气体成分，根据气体成分判断发动机燃烧效率和发动机健康状态，为航天器发射和空间站在轨工作提供预先报警或提示，为进一步提高和改进航天器推进系统的工作效率提供参考数据。

有效检测航空发动机的燃气成分，既可以监测发动机的健康状况，又可提高发动机的燃烧效率。由于发动机燃气温度较高，需要耐高温气体传感器。耐高温气体传感器能够有效地检测 CO、CO_2以及碳氢化合物气体。美国 NASA Glenn 研究中心研发的 SiC 气体传感器结构原理及实物如图 10.3 所示。图中（a）和（b）是 SiC 气体传感器的集成化电路板图和集成微系统，在一块电路板上集成了碳氢化合气体传感器单元、氧气传感器单元和氢气传感器单元。集成板卡的尺寸为 30mm×40mm。传感器集成板卡同时具备无线传输数据的功能。因此可以安装在航天器需求的任意位置，用以分析发动机燃烧室或航天器关键部件周围环境气体成分变化，为航天器推进控制系统和环境保障系统提供重要参考信息。SiC 气体传感器不仅适用于航天器推进系统高温状态下的多种气体检测，也可以应用到其他行业或领域中。

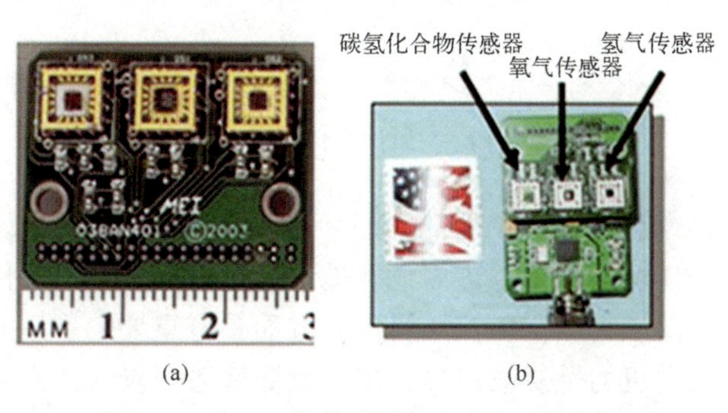

图 10.3　SiC 气体传感器的集成化电路板图

（a）集成氧气传感器、碳氢化合物传感器、氧气传感器、控制电路的 SiC 气体传感器；

（b）集成 SiC 气体传感器、微处理器、存储器、自动测量记录传导模块的传感器系统。

20世纪90年代，欧洲空间局开始实施载人航天器计划，为了保证宇航员生命安全，在载人航天器计划中迫切需要一种能够监测大气环境的系统，用于监测密闭环境内的有毒气体、有害气体、化学材料出气以及偶发事件导致的化学物质泄漏等。该设备在1995年的载人飞行任务中作为有效载荷的一部分，成功地在轨工作了6个月，并于1997年的载人飞行任务中恢复使用。该灵敏气体传感器监测系统被称为智能气体传感器系统，其包含电导有机聚合物传感器阵列和微型石英平衡传感器阵列。他们分别有独立的数字模拟电路和微处理控制器。该系统通过一个微型气泵将监测气体输送到两个传感器阵列，经控制器进行预处理，将输出结果显示在监控器上，整个系统的结构如图10.4所示。该设备能够在5~40℃的环境下工作，当工作电压为27V时，功率不大于12W，重量为3.25kg，设备尺寸为185mm×142mm×173mm。通过RS-232与IBM笔记本电脑进行连接。该系统可以对多种易挥发气体成分进行检测。

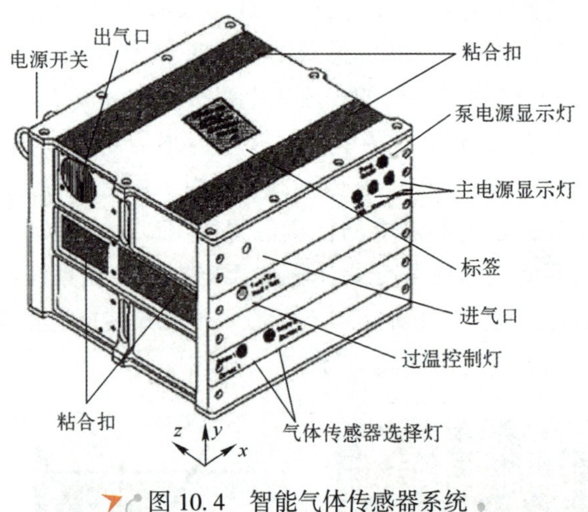

图10.4 智能气体传感器系统

因为航天器燃料成分具有强毒气性，需要实时监测这些成分浓度变化，防止空间站内的环境被污染，进而危害航天员人身安全。氧气传感器在控制航天航空发动机的燃料燃烧以及燃料渗漏方面具有重要的作用。氧气传感器除了可以控制发送机的燃烧效率外，燃料泄漏后遇到氧气会产生危险的有害环境，因此同时测量燃料的泄漏量和氧气的泄漏检测，防止爆炸非常重要。此外氧气的存在经常影响H_2、C_xH_y、NO_x等传感器的响应，在氧气浓度变化的环境下，氧气传感器对氧浓度的准确测量可以帮助准确测量其他气体传感器的响应。因此，氧气传感器和其他微加工的传感器相结合，被认为不仅可以控制航空航天发动机的燃烧、提高燃烧效率，而且能够准确探测燃料的泄漏。

氧气的测量非常重要，根据不同的使用要求和环境，需要使用不同的传感器。对于宽温度范围使用的传感器，国内的中国电子科技集团公司第四十九研究所已经研制出氧化锆固体电解质氧气传感器。如图 10.5 所示，采用极限电流型氧化锆原理，主要测量环境气体的氧气体积百分比浓度，应用于航空、航天、舰船等领域的氧浓度测量。该传感器具有精度高、响应快、稳定性好、工作温度范围宽等特点。该传感器可很好地监测环境中的氧气，避免因燃料泄漏而产生燃烧和爆炸等灾难性事故。

图 10.5　极限电流型氧传感器

除了研制出氧化锆固体电解质，中国电子科技集团公司第四十九研究所还研制出液态电解质低功耗电化学氧气传感器。该传感器在常温下工作，具有响应快、精度高、寿命长、长期稳定性好等特点，可用于测量环境气体的氧气含量，可用于航空、航天、船舶等领域的密闭环境氧气的测量。常温电化学氧气传感器如图 10.6 所示。

图 10.6　常温电化学氧气传感器

美国航空航天局（National Aeronautics and Space Administration，NASA）也采用氧化锆研制出氧气传感器，如图 10.7 所示，该传感器采用微加工技术使得氧传感器尺寸小、热损耗小、能耗低，这种电流型氧传感器比电压型氧传感器测量氧浓度的范围更宽[15-16]。该传感器是在硅基上，采用体硅 MEMS 加工技术和表面 MEMS 加工技术，制作出敏感层、绝缘层、加热电极等结构，包括氧化锆电解质电化学电池区、氮化硅和氧化硅绝缘层、铂加热器。

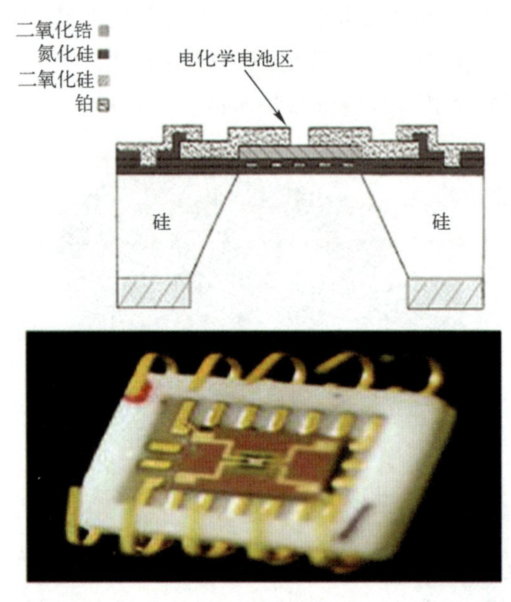

图 10.7　微加工电流型氧传感器的结构及照片

10.2.2　传感器微系统在渗漏监测领域的应用

多年来，飞机制造商及其供应商一直在研究有效的方法，以最大限度地降低各类飞机油箱泄漏造成火灾及爆炸的风险。为了降低风险，高可靠性能的氧气传感器是所有主要飞机中机载惰性气体发生系统（On-Board Inert Gas Generation System，OBIGGS）控制的核心。如图 10.8 所示，英国 SST 的氧化锆氧传感器（氧探头）$O_2S-FR-T_5$已经用于机载惰性气体发生系统中氧气的测量。

此系统通过将容器顶部空间中的氧气含量限制在燃料燃烧阈值以下来降低燃料箱自燃爆炸的可能性。此类空气分离模块是通过分子量将空气供应分配到富含氮气和氧气的空气中来实现的。然后，富含氮气的空气可以循环到

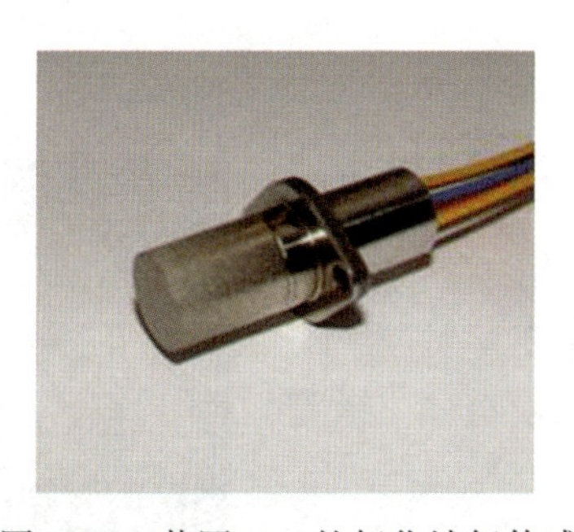

图 10.8　英国 SST 的氧化锆氧传感器

燃料箱的顶部空间中，该顶部空间连续通风以减轻燃料蒸气可燃性的风险。几十年来，军用飞机已经广泛配备了惰化系统，因为在战斗情况下燃烧的风险要高得多。二氧化锆氧传感器是世界上飞机制造商开发的机载惰性气体发生系统技术的核心。这些新型气体传感器采用高强度、耐腐蚀的不锈钢外壳，可在恶劣条件下安装。它们可以承受巨大的高压，并且可以抵抗来自危险蒸气和流体的化学侵蚀。这些气体传感器用于机载惰性气体发生系统部件的空气分离模块，以确保进入的富含氮气的空气适合于保持燃料箱的氧含量低于燃料的燃烧阈值，这通常在 9%～12%的范围内。法兰固定二氧化锆传感器适用于机载惰性气体发生系统应用，扩展温度范围为-100～400℃。该气体传感器能够以 0.1%～100%的度数测量氧气。

气体传感器还用于监测航天器的燃料泄漏。通过监测低浓度的氢燃料或基于氢元素的化合燃料，防止这些燃料浓度达到爆炸条件，造成严重的航天事故。为了保证航天器在发射阶段和在轨阶段推进系统的安全，NASA 研制了一种应用于地面和轨道的航天飞机氢气推进剂泄漏自动检测系统[17]，该系统由氢气传感器阵列、信号处理装置和诊断处理器三部分组成。氢气传感器阵列被放置在可能发生泄漏点位置，如推进系统的燃料箱体、供给管路、发动机元件、法兰、设备的进出口及常规检查难以接近的区域。氢气传感器将周围环境中的氢气浓度转换成电信号，通过分析推进系统上不同位置的氢气的浓度变化，可以确定氢气泄漏源和泄漏量级。图 10.9 是氢气传感器结构图，其将 1 个 PdAg 合金节点（Ag 含量为 13%）、1 个温度探头和 1 个加热头封装成一个检测芯片。该气体传感器基于金属氧化物半导体技术研制，通过加热头将芯片内的温度升高至合适范围，使得氢气等气体成分与 PdAg 反应，产生信号变化。而温度探头主要用于监测温度，反馈芯片温度。氢气传感器已经在 STS-95 以及 STS-96 飞船任务中得到应用。

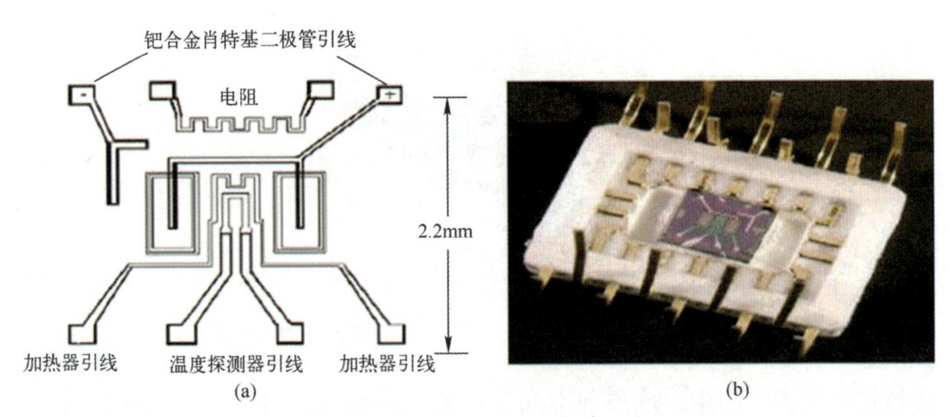

图 10.9 硅基氢气传感器的示意图和封装后的照片
（a）硅基氢气传感器的示意图；（b）封装后氢气传感器的照片。

激光气体传感器在航天飞机和火星大气检测上也进行了多次应用，主要用于测试地球大气环境气体成分以及高空大气环境的水蒸气含量和用于测试火星表面大气中气体成分和含量等。图 10.10 是安装在火星探测器-好奇者号上样品分析仪（Sample Analysis at Mars，SAM）[18]，样品分析仪由调理电路（Electronics）、固体进样管（Solid Sample Inlet Tube，SSIT）、四极质谱仪（Quadrupole Mass Spectrometer，QMS）、气相色谱（Gas Chromatograph，GC）、样品操控系统（Sample Manipulation System ，SMS）、可调谐激光气体检测器（Tunable Laser Sensor，TLS）等系统组成。其中的 TLS 系统主要检测火星表面大气环境中的甲烷含量，由前级光学腔体、赫里奥特池（Herriott cell）、信号接收器等组成。其中，前级光学腔体长度为 9cm，赫里奥特池长度约为 21cm。激光束在前级光学腔体内产生，然后引入赫里奥特池内经过 81 次反射（光束充分与火星气体接触），最后引出到信号接收器上。涡轮泵使得赫里奥特池内产生压力差，火星环境气体进入赫里奥特池内，测试完成后再通过涡轮泵将火星环境气体抽出。通过光束多次反射将路径增加至 16.8m，增加了甲烷对光的吸收强度，增加了设备的灵敏度，使得最小可测浓度为体积分数为 2.7×10^{-9}。

在恶劣环境下与电化学气体传感器相比，光纤气体传感器具有响应快、灵敏度高、抗电磁干扰能力强、体积小、功耗低以及耐高温和抗腐蚀等优势。因此 NASA 利用光在不同气体之间传输时折射率不同的原理研制的光纤气体传感器。该传感器的结构和原理如图 10.11 所示。其工作机理是同一束光分别在待测气体和参考介质中进行传输，由于折射率不同，使得最后合并在一起

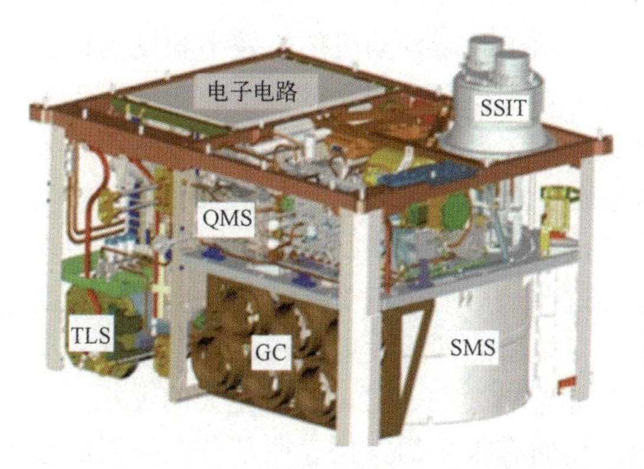

图 10.10　火星样品分析仪的结构和实物图

的光的相位发生偏移，光的强度发生变化。试验证明其可以检测在（20mTorr~760Torr）压力范围内的多种气体成分，如空气、氮气、氩气、氦气、氪气和二氧化碳等气体。基于折射率变化型的光纤传感器适用于航天器舱内有害气体成分和环境气体成分监测，以及航天器舱外泄漏气检测和宇宙环境中气体成分分析等多个方面。

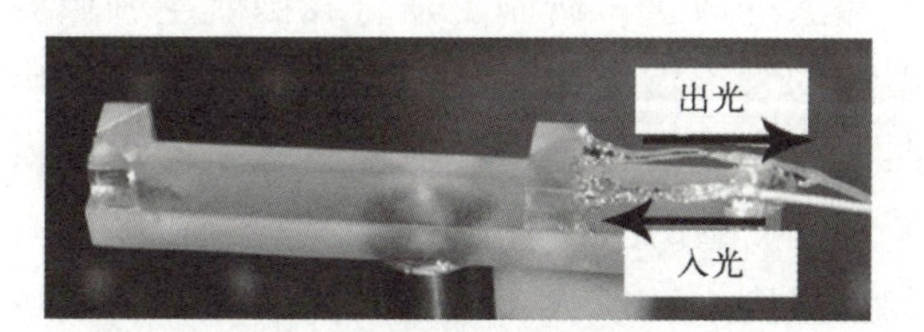

图 10.11　光纤气体传感器的结构

气体和湿度传感器微系统在航空航天领域的应用，通常需要特殊的设计。因为这些传感器系统具有特殊性，普通的商用传感器不能满足这些要求。这些传感器要满足恶劣环境下高温、低温、低气压、振动及冲击的使用要求。航空航天用气体传感器可用于密闭舱室内有毒气体检测、燃料气体（H_2、乙醇、CH_4、肼）的渗漏检测、航空发动机的排气成分监测以及火灾检测。提高航空航天的安全性，显著降低航空发动机航天器在发射或在轨工作期间运行的成本，需要检测发动机燃烧室内的气体成分，用于识别、判断发动机是否工作正常，给出燃料最优控制。但是常规气体传感器无法工作在高温状态，NASA Glenn 研究中心为解决这一问题，特地研发了 SiC 气体传感器。这种传感器能够在高温下进行正常工作。NASA 的科研人员认为航天器发动机的三个需求决定了 SiC 气体传感器的重要性。一是航天器在发射过程中需要检测高温燃烧室内燃料中的碳氢化合物成分，用于判断发动机燃烧效率和发动机健康状态。为航天器发射和空间站在轨工作提供预先报警或提示，为进一步提高和改进航天器推进系统工作效率提供参考数据。二是 SiC 气体传感器用于监测航天器的燃料泄漏。通过监测低浓度的氢燃料或基于氢元素的化合燃料，防止这些燃料浓度达到爆炸条件，造成严重的航天事故。同时因为航天器燃料成分具有强毒气性，需要实时监测这些成分的浓度变化，防止空间站内的环境被污染而危害航天员人身安全。三是检测即将发射航天器出现的意外火源。快速检测和准确定位火源位置是非常重要的，它可以避免大的灾难。一般认为烟雾报警器能够检测出火源，然而有很多的案例表明其存在错误的报警，因此烟雾报警器只能作为火源的辅助检测手段，所以需要单独有效的火源检测技术。

在航空航天领域，湿度不适会加快飞行员疲劳，影响飞行安全，因此军事战机都配备了大量的电子设备，需要保证湿度值在一定范围；而给电子设备通风冷却的空气中也不允许有游离水，否则会导致电子设备发生短路等故障，因此需要对飞机内部进行湿度监控。国内参考波兰的 VAISALA 的湿度传感器，对其进行了深入的改进，研制出适合我国航空领域湿度传感器，使之适用于飞机环控系统的管道湿度测量，根据大量的试验划出湿度随温度、压力、流量的变化曲线，为湿度传感器在航空军机上使用提供依据，进而从根本上解决航空领域湿度测量的问题。

环境湿度的测量也应用在航天、外空间探索等各个领域。国内自主研发的高温型温湿度传感器可以在紫外光线辐射等恶劣危险环境下正常工作，可测试的湿度范围是 1%RH ~99%RH，在保证高精度的同时还具备长期稳定性及使用寿命的优势，可广泛应用于航天工程、基地探空气球湿度测量、燃料管道湿度测量与发射现场排放气体湿度测量。图 10.12 是中国电子科技集团公司第四十九研究所研制的湿度传感器。该传感器采用高分子湿敏电容作为敏感元件，用于测量环境气体的湿度，主要应用于航空、航天、舰船等领域环境湿度的测量。该传感器具有精度高、抗震动、抗冲击、体积小、重量轻、可靠性高等特征。

图 10.13 是中国电子科技集团公司第四十九研究所研制的另一种湿度传感器，该传感器具有耐高温（-40~85℃）、环境适应性强、体积小、重量轻、寿命长等特征。该传感器采用高分子湿敏电容作为敏感元件，用于测量环境气体的湿度，主要应用于航空、航天、舰船等领域环境湿度的测量。

图 10.12 高精度湿度传感器

图 10.13 宽温度湿度传感器

10.2.3 传感器微系统在火灾预警领域的应用

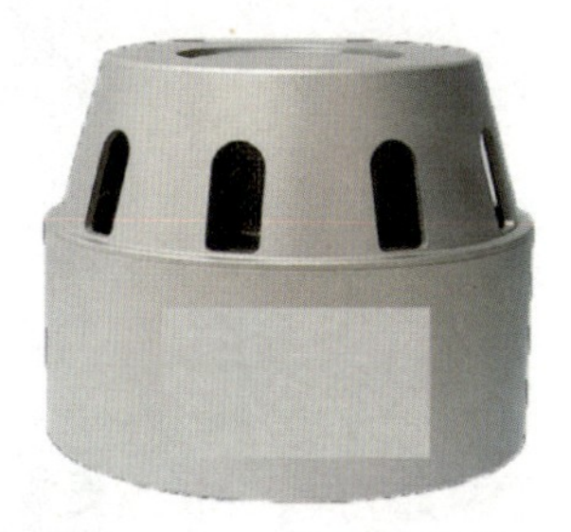

图 10.14 火灾用烟雾探测器

航空航天飞行器上的火灾检测非常重要，除了可以避免灾难性的后果，还可以确定飞行器的工作状态。火灾的检测通常采用烟雾报警器，有的基于光学原理，有的则是基于粒子的离子化原理。图 10.14 是中国电子科技集团第四十九研究所研制的离子感烟探测器。离子感烟探测器是目前工程中应用最广泛的感烟火灾探测器之一，它可以感受物质燃烧初始阶段产生的不可见气凝胶和可见烟雾，对可能的火情进行预警，然后将感受到的火情信号经处理放大后传输给测量控制子系统作进一步处理。适用于航空、航天领域的火灾检测。该探测器具有体积小、抗沾污、可靠性高、抗振动、冲击等优点。

虽然这些烟雾探测器发展地好而且非常敏感，但它们存在误报率的问题，误报率为 1/10~1/100。这些误报有许多原因，包括湿度的变化、气凝胶在烟雾探测器表面的富集、飞行器的污染等[19]。作为补充传统烟雾探测技术的第二种火灾探测方法是检测火灾化学标记物，以此减少误报率并提高飞行器的安全性。虽然许多化学物质是火灾的标记物，但人们特别注重的是 CO 和 CO_2 的浓度比的测量以及它们变化率的测量[20]。NASA 研制的单芯片集成 CO 和 CO_2 传感器如图 10.15 所示。图中的（a）显示的是采用微加工制备的单芯片集成 CO 和 CO_2 传感器的实物照片。图中的（b）是两种传感器的放大图。图中的（c）是两种传感器的示意图。两种传感器均采用金属氧化物作为敏感材料，通过掺杂改性提高传感器的选择性。

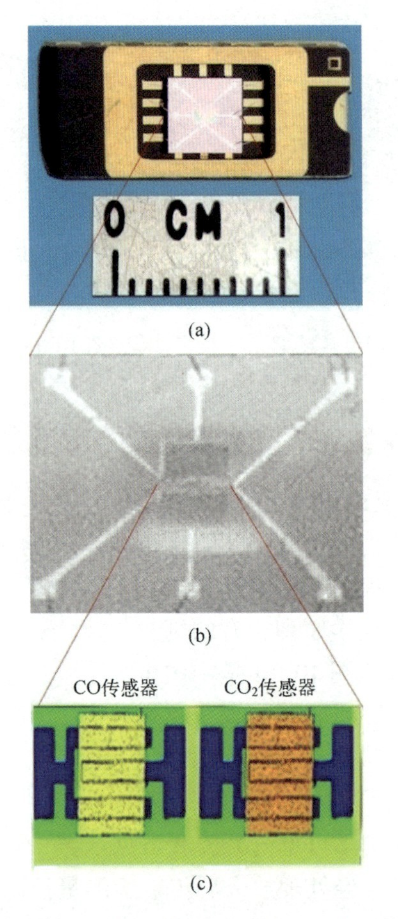

图 10.15 单芯片集成 CO 和 CO_2 传感器

(a) 采用微加工制备的单芯片集成 CO 和 CO_2 传感器实物照片；(b) 两种传感器的放大图；(c) 两种传感器示意图。

航天器上的气体传感器充分利用纳米技术、光学技术、新材料技术、微加工技术以及集成电路等技术的发展，研发出大量新型气体传感器，使得气体传感器技术进入一个高速发展阶段，打破了常规气体传感器检测灵敏度低、检测范围小、功能单一等缺点。在提高气体传感器检测气体能力的同时也大大降低了质量、功耗和体积，增加了航天器有效载荷能力，为航天器和宇航员提供了更高的可靠性和安全性。国外气体传感器在新技术的带领下正朝着微型化、集成化、智能化、多元化和仪器传感器化等方向发展。其质量轻、功耗低、结构小、功能全和可靠性高等诸多优点，使得气体传感器在航天器上的优势越来越明显，应用范围也越来越广，甚至有取代常规大型仪器设备的趋势。新型气体传感器的不断发展为微型化、智能化和高可靠性航天器的发展提供了技术支持。

10.3　传感器微系统在地面武器装备领域的应用

10.3.1　传感器微系统在地面武器中的应用

西班牙的巴塞罗那大学和加泰罗尼亚生物工程研究所研制的新型军用无人机 SNAV（Smelling Nano Aerial Vehicle）内置气体传感器可检测有毒气体，可用于战场环境以及军事建筑物内有毒气体的检测（图 10.16）。该无人机体积小，重量轻，仅 35g。该无人机装备纳米级金属氧化物气体传感器，根据气体和使用的传感器，气体传感器可探测低浓度的一氧化碳、甲烷以及其他挥发性有机气体乙醇、丙酮、苯等，灵敏度可达到百万分之一级。该无人机通过跟踪泄漏气体的浓度来确定气体发生源。

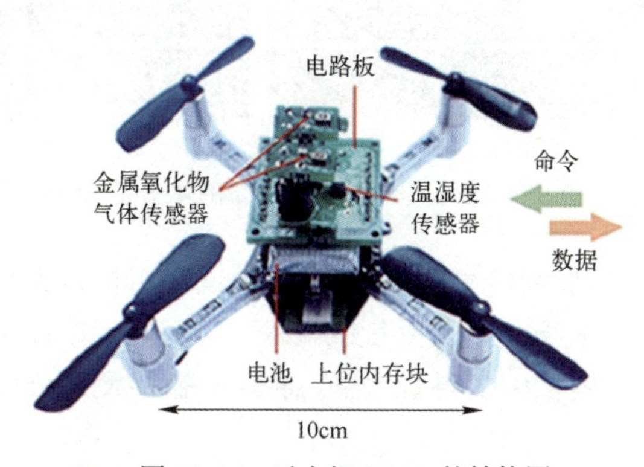

图 10.16　无人机 SNAV 的结构图

坦克的信息化是评价坦克性能的一个重要指标，其气体传感器主要包括氧分压传感器，用来检测坦克尾气成分、控制发动机的燃烧效率，从而使坦克达到加速快，控制自如，以最少能耗保证最大的动力。

机器人是一种机械与电子系统和传感器相结合制成的具有人类智能特征的自动化机器。军用机器人顾名思义即是指用于执行军事任务的机器人。军用机器人，尽管其于 20 世纪 80 年代才逐渐投入应用，但是其技术发展最为迅速，种类也最为多样化，且扮演着越来越重要的战场角色。在未来的战场上，机器人将会代替士兵去做很多比较困难的工作。它可以在沙漠和丛林中行走，可以穿越战线到敌后进行侦察、布雷及运送物资的工作。机器人能在人难以忍受的环境中，或在危险的情况下去执行任务。战场侦察是军用机器人所执行的任务中比例最高的，约占了70%。战场机器人配备先进的雷达、光学/红外、无线电等传感器系统，深入士兵无法到达的战场环境，能够快速获得准确的战场情报。

美国Foster-Miller的Talon军用机器人配备有各种各样的传感器，用来检测战场环境的气体成分、化学成分以及辐照和温度等环境参数，基本可以执行任何对人类有大伤害的侦查和探测任务。Talon军用机器人如图10.17所示。Talon军用机器人配备史密斯先进的便携式化学战剂传感器APD 2000。

(a)

(b)

图10.17 Talon军用机器人配备的化学战剂传感器

除了配备了化学战剂传感器APD 2000，该军用机器人还配备了Draeger多种气体传感器。传感器配有红外敏感技术，可探测可燃性气体和二氧化碳。此外，Draeger可选择20多种化学传感器，能够测量50多种气体，如图10.18所示。

美国Carnegie Mellon's Robotics Institute研制的“龙骑士”(dragon runner)侦察机器人已经在伊拉克战争进行过试验，它可代替士兵的眼睛、耳朵及鼻子在危险情况下执行任务。侦察机器人根据需要装有多种传感器。

在导弹、卫星发射之初，需要在发射现场测量助推燃气的湿度。这就需要湿度传感器在120°C高温环境下保持良好的工作状态，并能够进行全量程的测量（10%RH~98%RH），燃气温湿度的测量数据也为导弹发射获取了一手资料。同时这要求温湿度传感器探头为无源器件（本质安全型），且具备耐温性、耐腐蚀性。

图 10.18　Draeger 多种气体传感器

10.3.2　传感器微系统在战场环境中的应用

每个国家为了应对敌国使用化学武器的攻击，必须配备各种化学传感器。例如美国已研制出微型毒剂报警器、微型芥子气报警器、M21 型遥感式毒剂报警器等气体传感器。图 10.19 是 M21 化学毒剂遥测报警系统。M21 化学毒剂遥测报警系统是美国陆军重点发展、正式列装的化学毒剂遥测传感器。从 20 世纪 50 年代末期开始进行理论探讨，1978 年将研制多年的被动长程红外化学毒剂传感器命名为 XM21。1983 年美国化学兵成立了 XM21 项目办公室。20 世级 80 年代初在美国 Honeywell 公司又进行了 5 年多的工程发展工作。在这期间，硬件部分进行了三次大的改进，鉴别器的算法进一步优化，并在美国各地进行了 4000 多小时的性能评价和算法训练。设计定型以后由该公司进行批量生产。1990 年底生产，“沙漠风暴”海湾战争中成功使用后改称 M21，1995 年 3 月正式列入装备分类，已经应用于陆军和海军陆战队，并提出在直升机、无人机中装备的方案。

德国 Airsense Analytics 制作的 GDA2（Gas Detector Array）便携式有害气体及化学试剂检测系统可用于地面战场环境的监测，如图 10.20 所示。采用四种不同的传感器技术，即金属氧化物（Metal Oxide，MOX）型气体传感器、电化学（Electrochemical，EC）型气体传感器、光离子探测器（Photoionization Detector，PID）、离子迁移谱（Ion Mobility Spectrometry，IMS）等技术，GDA2 气体探测系统可减少误报，并能比单一检测技术更准确提高检测有害气

图 10.19　M21 化学毒剂遥测报警系统

体的种类。可检测神经毒剂、起泡毒剂、血液毒剂、窒息毒剂等化学战剂以及各类有毒工业气体化合物，这些物质可以在几秒中得到检测，检测下限从十亿分之一级到百万分之一级。

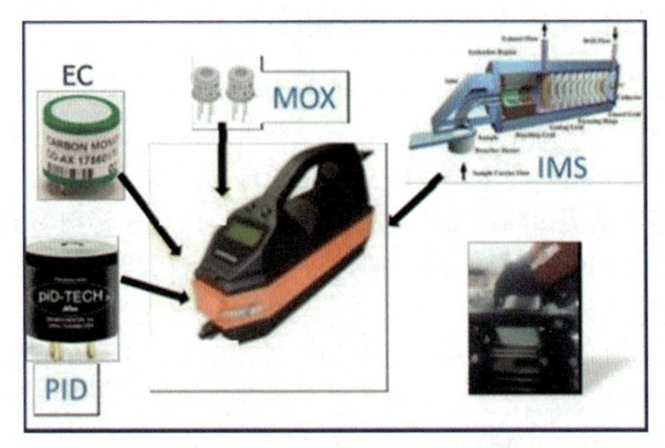

图 10.20　GDA2 便携式有害气体及化学试剂检测系统

10.3.3　传感器微系统在卫勤医疗中的应用

随着载人航天和信息化战争装备的发展，航天用的“生命体征监测系统”和军队用的“战地信息系统”“远程卫勤系统”“单兵救护信息系统”急需通过检测航天员和士兵呼吸频次、呼出气体中生物标记物成分及浓度、心电、体温、脉搏等生命体征参数的传感器[21]。通过多功能生命体征传感器便可迅速查明士兵的受伤情况、脏器损坏程度、疲劳程度、健康状况和精神状态。研制多功能生命体征传感器，通过上述信息系统，建立战场上所有人员的生命体征数据库，系统实时地控制终端与采集战场人员的生命体征信息，及时发现伤病员及生命状态，进而挽救生命，减少战斗中的疾病和伤亡，为战场救护提供有用的信息，以便于制定救治顺序方案，对于降低死亡率、伤残率并提高部队整体的战斗力是非常必要的。

美国国防部已于近日分别同美国多所大学的科研人员签署多份研究合同。按照军方的要求，研究人员将着手开发一些能够通过检测士兵呼吸情况便可迅速查明他们健康状况和精神状态的仪器设备。美国国防部介绍称："人类呼出的气息中包含有大量肌体代谢情况的宝贵信息。通过对这些信息分析，指挥和医护人员将能够迅速掌握士兵的健康情况。"2017 年麻省理工学院的林肯实验室与美国陆军环境医学研究所已经联合研制测试呼出气体的 CO_2/O_2 传感器 COBRA（Carbon Dioxide/ Oxygen Breath and Respiration Analyzer），该传感器安装在胸式安全带上并有吹气把手，该传感器可在需要时进行士兵新陈代谢速率的测量，如图 10.21 所示。

图 10.21 美国陆军研制 CO_2/O_2 呼吸分析仪

目前，医用二氧化碳传感器的应用场合比较多，较为重要的应用包括呼吸机、麻醉剂和婴儿培养箱等，用于监控人体的生命体征。主流的二氧化碳传感器的主要技术路线主要是非色散红外原理（NDIR）。医用二氧化碳传感器第二个重要的应用是测量幽门螺旋杆菌（Hp）。Hp 可引起多种胃病，包括浅表性胃炎、胃溃疡、十二指肠溃疡、非溃疡性消化不良，发展到最后，最严重的就是胃癌。临床上检测 Hp 比较简单的方法是服用碳 13 标记的，或者碳 14 标记的尿素。服用完 10~15min，病人体内 Hp 所产生的高活性尿素酶就会将尿素分解为氨（NH_3）、CO_2，少量 CO_2 通过血液经呼气排出。通过二氧化碳传感器分析呼气中的13CO_2或14CO_2浓度，即可判断患者是否存在Hp感染。作为无创性、快速、廉价的检查手段，人体呼气检测越来越受到医疗界的重视，例如哮喘检测NO，乳糖不耐受H_2检测，判定消化道内的微生物菌群的CH_4检测等。这些检测不同气体，需要用到不同技术门类的气体传感器。比如，哮喘的病理基础是慢性气道炎症，呼出气体中NO气体的浓度测定是一种无创性的、可重复的快速检测方法，可直接检测并立即得出结果。NO的浓度范围是0~100μg/L。在病情恶化时，FeNO可升高，并与类固醇治疗前的嗜酸粒细胞性炎症和气道高反应相关。抗炎治疗后，则会迅速降低，提示治疗有反应，并可用于监测治疗方案。因此，FeNO测定增加了哮喘的检测手段，已被采纳到《全球哮喘防止创议》(GINA) 哮喘管理方案中。用于FeNO检测性价比较高的传感器是电化学传感器。当然，这并不是普通的电化学NO传感器，要在复杂的人体呼出气体中检测出十亿分之一级别的NO并非易事。不过，国内已经有医疗仪器公司实现了设备的研发，并大量地在使用中。医用二氧化碳传感器的第三个重要应用是测量人体呼气末的浓度。人体在不憋气的情况下，呼气末的二氧化碳浓度大约是5.5%vol。呼气末5.5%vol所对应的这个时间点是很多医学测量的时间基准，所以能准确并且快速地对呼气末进行响应，是二氧化碳传感器的一个非常有价值的应用。

美国霍尼韦尔（Honeywell）生产的军用一氧化碳气体传感器SA103，具有防水（IP67）、防灰等功能及三种报警信号（光、声、振动），9V锂电池不用充电，可使用一年。这种坚固耐用的有毒气体探测器对于户外宿营、训练、野外战场、军事基地的士兵非常有用，可警告士兵因通风不良、爆炸、不完全燃烧、野炊造成的有毒有害气体的浓度，如图10.22所示。

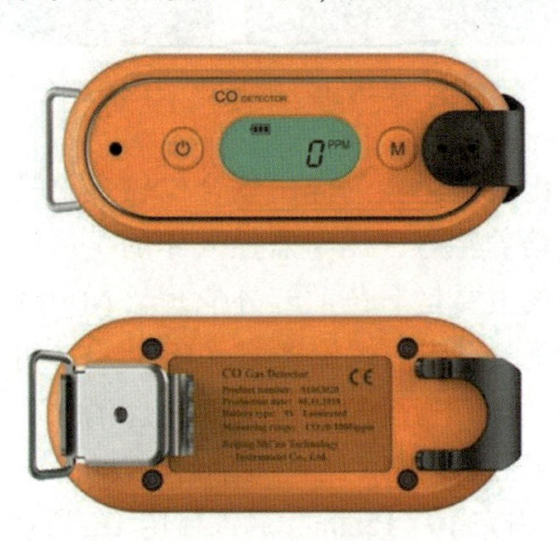

图10.22 霍尼韦尔的SA103便携式一氧化碳气体传感器

10.4　传感器微系统在海洋装备领域的应用

当潜艇处于潜航状态时，舱内空气处于密闭空间中，由于潜艇作战人员生理活动及设备运转，潜艇舱内各种有毒有害气体的浓度会不断增加，达到一定浓度后，会严重影响作战设备的安全和作战人员的健康、精神状态和作战效能。为了保障作战人员的身体健康和潜艇安全，潜艇上必须配备各类气体传感器，用来保证密闭的舱室空间中始终有适宜的大气环境，从而保证潜艇和人员的作战能力。

舰载传感器种类繁多，根据其主要用途大体可分为目标探测跟踪、自身状态检测和环境监测三类。其中环境监测包括对内部系统的监控和对外部战场环境的测量，主要通过温度、气压、湿度、磁场、流速、噪声、烟雾、氧气、易燃易爆气体、有毒有害气体、生化制剂和微生物等传感器来实现。

10.4.1　传感器微系统在潜艇环境中的应用

潜艇是一个密闭环境，人员、武备、机器设备高度集中，由于人体排出物、油料、涂料的挥发，各种物质氧化分解，武器设备的使用等因素，会排放出大量的污染气体。污染气体浓度超过一定限度将会给艇员身体健康带来一定伤害，严重时可危及生命，有些污染物还会损坏武备和设备。潜艇中有害气体的种类繁多，据文献报道有成千上万种，如图 10.23 所示。

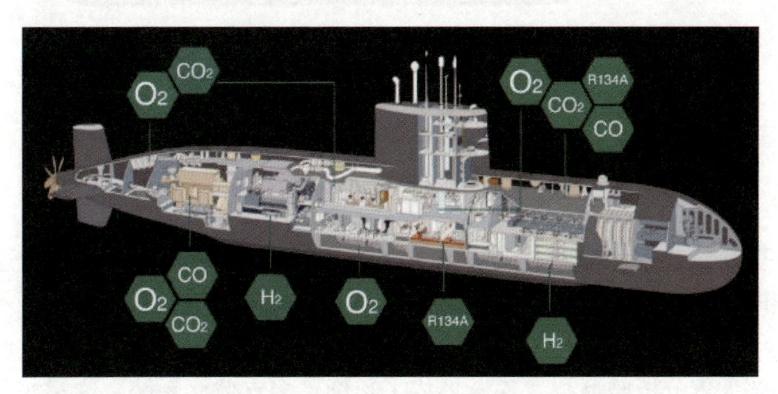

图 10.23　潜艇中有害气体的种类及分布

我国曾对潜艇环境进行过综合测试，定量分析了 98 种气体浓度。美国是潜艇大气研究发展最快的国家，先后研制了五代 MARK 系列大气分析器。美国现役潜艇均装备了一型大气中心监测系统（图 10.24），它由固定收集极式磁质谱仪和红外分析器组成，可连续监测 H_2、O_2、N_2、CO、CO_2、水蒸气、制冷剂气体氟利昂 11、氟利昂 12 和氟利昂 14。1986 年完成了第二代新产品的研制，称为 CAMS-2，它由一台扫描式质谱仪、一个红外分析仪和计算机组成，可以监测多种组分，改变程序后也可以监测其他的组分。20 世纪 90 年代又研制四极质谱技术的潜艇大气分析仪，但到目前为止尚未使用。

英国的安纳劳科斯（ANALOX）公司研发了潜艇用分布式大气监测系统（DAMS，Distributed Atmosphere Monitoring System），该系统具有灵活、耐用、配置全等特点。该系统主要由可编程逻辑控制器、潜艇大气 CO 监测系统、O_2 和 CO_2 气体传感器、冷冻剂传感器、H_2 传感器等组成。可编程逻辑控制器连接到潜艇内各个气体传感器和传感器模块，用于系统操作、警报、数据传输。潜艇大气 CO 监测系统、O_2 传感器、CO_2 传感器实时连续监测生活起居室和机器运转空间 CO、O_2、CO_2 等气体浓度。H_2 传感器和冷冻剂气体传感器用于监测特定位置的 H_2 和冷冻剂的浓度。

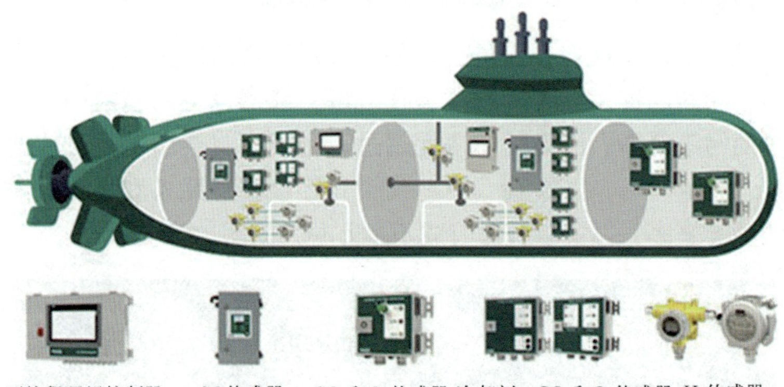

图 10.24 潜艇分布式大气监测系统用各种传感器及分布位置

法国潜艇装备的分析仪器，对 H_2、O_2、CO_2、CO 和氟利昂进行连续监测，同时采用检定管分析仪对其他无机物和有机污染物进行分析。日本未来潜艇的空气成分监测装置采用美国大气中心监测系统，进行集中的监测和控制。潜艇大气分析监测技术逐渐形成了连续、多点监测系统，这对实行潜艇大气成分综合治理、控制空气再生和净化装置、提高大气质量有着重要的意义。我国潜艇大气成分监测技术比较落后，现役舰艇都是分散、单点气体组分测量。而且存在以下的问题和弊端：大气环境分析仪、滤器、智能温湿度传感器的布置分散，不利于操作人员的管理和操控，机舱操作人员必须每隔一段时间去检查一下各传感器的状态，以及是否存在故障，工作非常烦琐报警系统不集中，有的传感器自身甚至不提供报警功能，仪器在发生故障或气体浓度超标后不能及时反映到操作人员处，为事故的发生埋下了隐患。不能够对仪器的数据进行管理和存储，不利于操作和管理人员分析仪器的工作规律和大气浓度的时间规律，不方便对仪器的调试和数据分析。随着武器装备的发展，大气环境集中监测技术成为急需解决的问题。

光纤气体传感器是以光纤技术为基础，将被测气体浓度转变为光信号输出的探测器。美国从事此项研究的有美国海军研究所（NRL）、美国国家宇航局（NASA）、西屋电子公司、斯坦福大学等28家单位，已将该项技术应用于航空航天领域生命维持系统及飞行实验室空气痕量污染物的在线检测试验，采用多孔聚合物和玻璃光纤检测了pH、CO、CH_4、H_2、NH_3等。日本和西欧各国也投入大量经费开展光纤传感器的研究与开发。日本在20世纪80年代便制定了“光控系统应用计划”，该计划旨在将光纤传感器用于大型电厂，以解决强电磁干扰和易燃易爆等恶劣环境中的信息测量、传输和生产过程的控制问题。英国早在1982年就以贸易工业部为首成立了世界唯一的“光纤传感器合作协会（OSCA）”，在光纤传感器研究上也有很高的技术水平。我国在20世纪70年代末就开始了光纤传感器的研究，起步时间与国际相差不远，目前已有上百个单位在这一领域开展工作，光纤传感器气体检测的研究工作于20世纪90年代也陆续开始。已经完成H_2、O_2、CO、CO_2四种光纤气体的研制。

光纤传感器与其他传感技术相比，能适用于舰船强电磁干扰及部分舱室腐蚀性、高温高压、易燃易爆、放射性等恶劣环境。当光纤传感器技术发展到一定阶段以后，将能够实现多种光纤气体传感器在艇内进行分布式测量。而且多组测量信号可以由一根光纤总线传输至监控系统，这样既能充分发挥光纤技术的特点，解决艇内强电磁干扰对传输信号的影响等问题，又能避免目前大量电缆的穿舱问题。因此，针对潜艇内部不同的大气成分，开展不同原理的光纤气体传感器的研究，以提高环境检测的技术水平，为大幅度提高潜艇大气的质量提供技术支撑。纵观潜艇用大气环境气体检测仪器设备的发展历史，从20世纪50年代的热导、热磁、红外组合式分析仪器到20世纪70年代的质谱仪，从20世纪70年代的质谱仪到20世纪90年代的气体敏感式仪器，随着传感技术的发展，舰艇设备技术水平得到不断的提升，预计在不久的将来，随着光纤传感技术的日益成熟，应用这一原理研制而成的气体检测仪器将会成为新一代装备海军的设备。

图 10.25 是芬兰维萨拉公司研制的 HMT338，该传感器具有卓越精度和高稳定性。恶劣条件下的环境气体的湿度测量，具有良好的化学耐受性，可用于高湿度或高化学污染环境下，主要应用于航空、航天、舰船等领域环境湿度的测量。

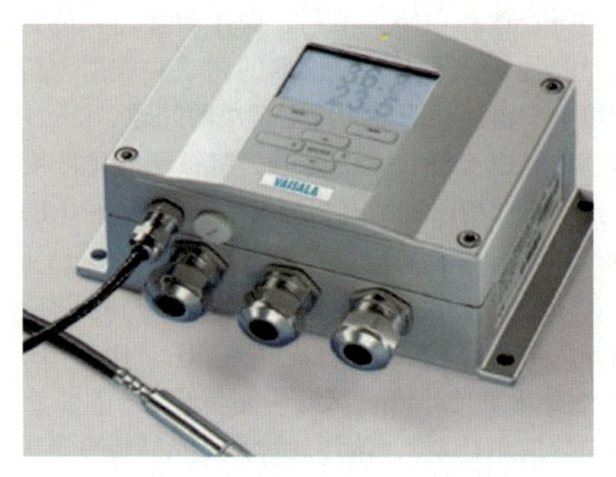

图 10.25 维萨拉 HMT338 湿度传感器

10.4.2 传感器微系统在舰船环境中的应用

在科技应用最前沿的军事装备领域，水面舰艇作为信息和技术高度集成的代表性作战单元，其各项功能操作控制的自动化、智能化和一体化，将是战时提高战场生存和打击能力、非战时执行多种任务的关键。传感器及其应用正是这一关键的核心技术。舰载传感器种类繁多，根据其主要用途大体可分为目标探测跟踪、自身状态检测和环境监测三类。其中环境监测包括对内部系统的监控和对外部战场环境的测量，主要通过温度、气压、湿度、磁场、流速、噪声、烟雾、氧气、易燃易爆气体、有毒有害气体、生化制剂和微生物等传感器来实现。

为了提高隐身性能，现代舰艇大多采取密封或半密封设计，这也要求必须对舰艇内部的状态进行实时监控，以便及时进行毁伤评估，提高火灾、危险气体（液体）泄露和进水等应急情况应对能力，避免出现非战斗减员，保持舰艇整体战斗力。因此气体和湿度传感器也是舰艇环境监测的重要组成部分。

有效的气体探测是军用舰船安全最重要的关注事件之一，所有离岸发生事故的三分之一均与气体有关。美国海军多年致力于开发舰艇环境下可实时远程探测的立体传感器探测系统（volume sensor），其目的是集合多种传感器、探测手段对火灾的各种特征。海军舰艇装备的化学战剂探测主要有两种：点探测设备（接触型）和遥测设备（非接触式探测技术），两者的合理使用，能高效及时地探测化学战剂的存在，确定化学战剂的性质和范围，并发出报警。图 10.26 是军用舰船安装的各类气体传感器。

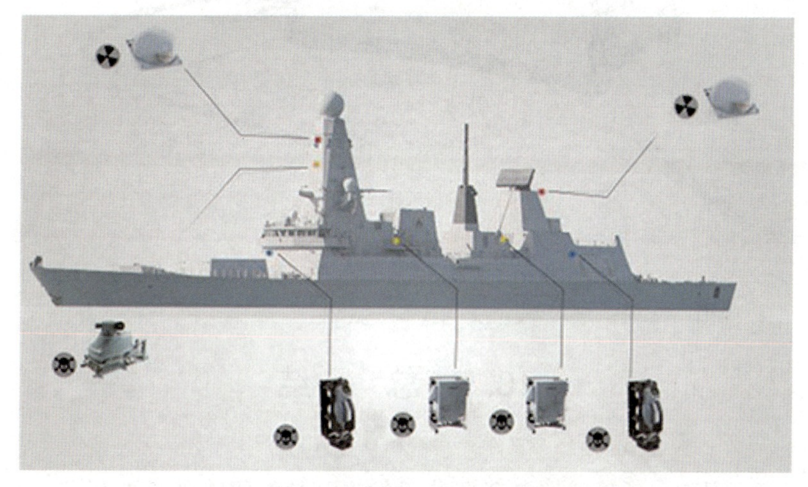

图 10.26 军用舰船安装的各类气体传感器

美国 BRUKER 公司研制了化学和核探测的传感器，RAID-M100 是手提式化学战剂检测器，RAID-S2Plus 是用以检测低浓度的气态化学物质。Radiation Probe 是用以伽马辐照探测。RAPIDplus 是被动台式测试系统，在安全距离范围内可提前对化学战剂，有毒气体进行早期预警，探测距离可达到几千米。

10.4.3 传感器微系统在反潜机环境中的应用

随着各国潜艇技术在不断进步，尤其是核潜艇展现出巨大杀伤力。虽然潜艇强悍，但也有克星——反潜机。反潜机可通过搜索雷达、磁异探测器、各种热成像仪等先进的探测设备对潜伏在几百米深海底的潜艇进行探测和锁定。而反潜机的燃料泄漏等问题会严重影响作其作战效能以及续航能力。

美国的 FRCSE（Fleet Readiness Center Southeast）公司采用了英福康（Inficon）的 Extrima 氢气泄漏探测器（Extrima ® Ex-certified Hydrogen Leak Detector），用来识别和减少美国海军 P-3 猎户座反潜机燃料箱的泄漏，该泄漏探测器可确定泄漏源。采用该燃料泄漏探测器后，美国海军 P-3 猎户座反潜机的留港时间减少 15%，降低了维护成本。Extrima 氢气泄漏探测器如图 10.27 所示。

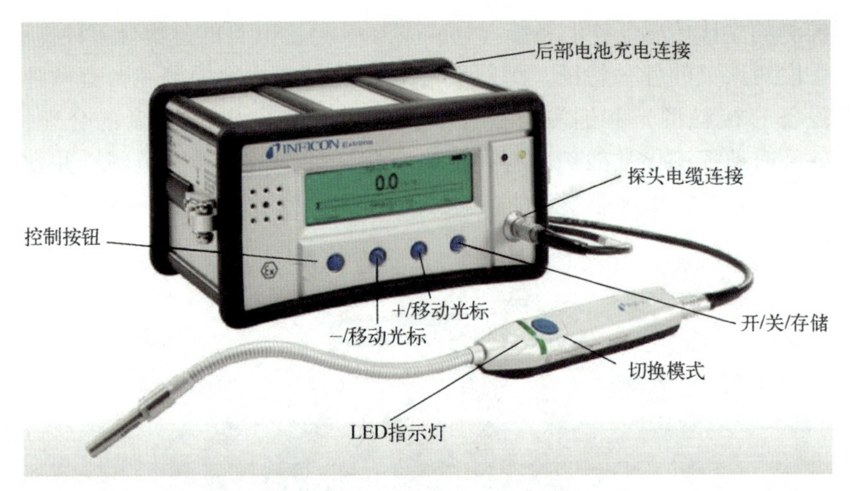

图 10.27 Extrima 氢气泄漏探测器

10.5 总 结

在军事国防上，传感器是武器装备发展和性能提高的重要环节。军事专家认为“一个国家军用传感器制造技术水平的高低，决定了该国武器制造水平的高低，决定了该国武器自动化程度的高低，最终决定了该国武器性能的优劣”。美国国防部专家说过，“当今世界谁掌握了传感器技术，谁就掌握了高科技，谁就控制了世界”。近十几年来，发生的历次局部战争中使用的高技术武器上都装有多种气体传感器和湿度传感器，其在保障武器装备的健康和性能、作战人员的健康和安全有重要作用。气体传感器和湿度传感器在国防领域有着重要应用。当今，气体传感器在军事上的应用极为广泛，可以说无时不用、无处不用。在未来高技术战争中，随着航空航天、陆军装备、海洋装备的发展以及传感器纳米技术、微加工技术的发展，将有更多性能优良的气体和湿度传感器用于各类先进武器。

参考文献

[1] HUNTER G, BICKFORD R, JANSA E, et al. Microfabricated hydrogen sensor technology for aerospace and commercial applications [C]. San Diego, Optics & Photonics, 1994.
[2] MINAKUCHI S, TAKEDA N. Recent advancement in optical fiber sensing for aerospace com-

posite structures [J]. Photonic Sensors, 2013, 3: 345-354.

[3] SINKO J E, KORMAN V, HENDRICKSON A, et al. Miniaturized optic sensor for leak detection in a space environment [J]. Journal of Spacecraft and Rockets, 2010, 47: 680-685.

[4] SEMKIN N D, ZANIN A N, VORONOV K E, et al. A Device for detecting the location of a gas leak in a spacecraft module [J]. Instruments and Experimental Techniques, 2003, 46: 711-716.

[5] JIANG J, LIU T, LIU K, et al. Development of optical fiber sensing instrument for aviation and aerospace application [C]. Beijing: Optical Sensors and Applications, 2013.

[6] PERRY J, KNOX J, HOWARD D. Engineered structured sorbents for the adsorption of carbon dioxide and water vapor from manned spacecraft atmospheres—applications and modeling [C]. San Francisco: International Conference On Environmental Systems, 2008.

[7] SOARES C, ANDERSON M, BOEDER P, et al. Spacecraft contamination control challenges for space missions with organic compound detection capabilities and for potential sample Return [C]. Australia: International Astronautical Congress, 2017.

[8] PERSAUD K C, PISANELLI A M, SZYSZKO S, et al. A smart gas sensor for monitoring environmental changes in closed systems: results from the MIR space station [J]. Sensors and Actuators B: Chemical, 1999, 55: 118-126.

[9] PATIL A. Gas sensors for environmental monitoring [J]. Research Journalof Chemistry and Environmnent, 2012, 16: 1-2.

[10] PETROV KP, WALTMAN S, SIMON U, et al. Detection of methane in air using diode-laser pumped difference-frequency generation near 3.2μm [J]. Applied Physics B, 1995, 61: 553-558.

[11] LIU T, WANG S, JIANG J, et al. Advances in optical fiber sensing technology for aviation and aerospace application [J]. Chinese Journal of Scientific Instrument, 2014, 35: 1681-1692.

[12] YADAV R, DIXIT C. Application of carbon nanotube as a gas sensor [J]. International Journal of Scientific and Innovative Research, 2018, 5(2): 28-31.

[13] LU Y, MEYYAPPAN M, LI J. A carbon-nanotube-based sensor array for formaldehyde detection [J]. Nanotechnology, 2011, 22: (055502)1-4.

[14] HUNTER G, NEUDECK P, BEHEIM G, et al. Anoverview of wide bandgap SiC sensor and electronics development at NASA Glenn Research Center [J]. Ecs Transactions, 2007, 11. 247-257.

[15] HUNTER G, NEUDECK P, OKOJIE R, et al. Development of SiC gas sensor systems [R]. Philadelphia, NASA STI/Recon Technical Report N, 2002.

[16] HUNTER G W, NEUDECK P G, XU J, et al. Development of SiC-basedgas sensors for aerospace applications [J]. MRS Proceedings, 2004, 815: 106-117.

[17] HUNTER G, MAKEL D, JANSA E, et al. A hydrogen leak detection system for aerospace and commercial applications [C]. San Diego: 31st Joint Propulsion Conference and Exhibit, 1995.

[18] MAHAFFY P R, WEBSTER C R, CABANE M, et al. Thesample analysis at mars investigation and instrument suite [J]. Space Science Reviews, 2012, 170: 401-478.

[19] CLEARY T G, GROSSHANDLER W L. Survey of fire detection technologies and system evaluation/certification methodologies and their suitability for aircraft cargo compartments [R]. Gaithersburg: National Institute of Standards and Technology, 2018.

[20] MILKE J A. Monitoring multiple aspects of fire signatures for discriminating fire detection [J]. Fire Technology, 1999, 35: 195-209.

[21] LIM H B, MA D, WANG B, et al. A soldier health monitoring system for military applications [C]. Singapore: 2010 International Conference on Body Sensor Networks, 2010.